||\ 见识城邦

更新知识地图　拓展认知边界

从元宇宙
到量子现实

迈向后人类主义政治本体论

From Metaverses to
Quantum Realities

Towards a Posthumanist Political Ontology

吴冠军 著

中信出版集团 | 北京

图书在版编目（CIP）数据

从元宇宙到量子现实：迈向后人类主义政治本体论 /
吴冠军著 . -- 北京：中信出版社，2023.6（2023.10重印）
ISBN 978-7-5217-5613-5

Ⅰ . ①从… Ⅱ . ①吴… Ⅲ . ①科学哲学－研究 Ⅳ .
① N02

中国国家版本馆 CIP 数据核字 (2023) 第 066430 号

从元宇宙到量子现实——迈向后人类主义政治本体论
著者：　　吴冠军
出版发行：中信出版集团股份有限公司
　　　　　（北京市朝阳区东三环北路 27 号嘉铭中心　邮编　100020）
承印者：　嘉业印刷（天津）有限公司

开本：880mm×1230mm　1/32　　　印张：18　　　字数：373 千字
版次：2023 年 6 月第 1 版　　　　印次：2023 年 10 月第 2 次印刷
书号：ISBN 978–7–5217–5613–5
定价：88.00 元

国家社会科学基金重大项目
《后现代主义哲学发展路径与新进展研究》
（18ZDA017）

成果

献给刘擎教授

目 录

第二章　资本+：从人类世到元宇宙

世界正在坍塌。这个世界里的文明，正在进入剩余时间。恰恰是在这样的背景下，"元宇宙"变得越来越热……

第三章　影像+：当世界在发光

俗话说，"眼见为实"。然而，眼睛看到的那个发光世界，就是事物之真实所是？电影，是一个"影像+"的发光世界。那么，我们这个世界呢？

第四章　现实 +：从元宇宙到多重宇宙

我现下的生活，为什么就不是一个我在玩的游戏？这个世界，为什么就不是一个"元宇宙"？做一个好的玩家，是唯一的负责任的生活态度。

第五章　世界＋：悬浮在语言中的量子现实

量子世界不但自身如同鬼魅，并且使得我们以为很真的那个"现实"，猛然间变成了一个"虚拟现实"。越是探索这个世界的物理底层，我们越是需要从"现实"中醒来。

第六章　政治＋：量子政治学的地平线

认知性实践本身，就是政治性地参与世界化成。这个世界，需要世界内每一个负责任的玩家，一起来改变世界化成的可能性。

尾 论 从现实中醒来

我发现自己降生在一个宇宙中。我们发现彼此降生在了同一个宇宙中。我们发现所处身的这个世界正在塌方。在 game over 前，我们，会怎样做？

导　论　世界化成：一项政治本体论探究

世界是真实的吗？如果你觉得这个问题值得严肃对待，那么，请翻开这本书，它会带你迈上一条"从当下到洪荒"的思想征途。

引　言　世界在塌方，问题在哪里？

你有没有"追更"读网络小说的体验？网络小说大多会有一个平凡主角，让身为读者的你无缝代入，然后不断奇遇、升级、走到世界巅峰，爽劲十足，让你不断求更，根本停不下来。其中的一些作品，在激发爽感的同时，还能激起思考，譬如笔名为"八宝饭"的作者 2021 年完本的小说《道长去哪了》。①

翻开这本小说，扑面而来的浓郁网文风似乎与其他网络小说没什么两样：主角因一起事故从当下穿越到开元后期的唐朝，发现这是一个可以修道长寿乃至飞升成仙的世界；随着故事的推进，主角在各种奇遇以及同历史人物的周旋中不断提升道行……一切都很熟悉，直到主角在帮助历史人物前往各地赈灾，应对民生、灾情问题时感觉不对劲——各种天灾、地震十分剧烈，并且跑东跑西的他还注意到来往各州郡的时日越来越少，也就是说，这个世界正在**地理-物理意义上变小**……

---

① 　八宝饭：《道长去哪了》，起点读书 APP。该作品是《道门法则》的续作。

读到这里已经几百万字，在这个穿越世界中追随主角同历史人物斗智斗勇的读者们竟然发现，是非成败转头空，这个世界整个在塌方。各种悬疑的线索最后指向，这个中唐世界本身是世界之外的八位大拿仙人共同用神识构建出来的，而现在这些仙人本身可能遭遇不测……

我们这个世界的科学家们，大多数并不认为世界会永远持存——核战争与人为导致的灾难可以终结文明，热寂或大挤压可以终结宇宙。[1] 然而这个思路的限制就是，**一切变故的缘由，都是在内部寻找**。

《道长去哪了》的脑洞是，导致这个世界摇摇欲坠的问题不是在里面，而是来自外面。这就像，电脑里的模拟世界出了问题，原因不是系统参数出现问题，而是电脑连着的插线板发生短路。静夜之中不妨再多想一重：我们这个现实世界灾难事件频发、极端天气频出，会不会也是因为支撑这个"世界"的外部电源或神识仙力遭遇了变故？夜里读小说，也能思考顶着天的大问题。

也正是在 2021 年，一个全球性的现象级热潮骤然兴起，那就是"元宇宙"（the Metaverse）。《道长去哪了》里的那个"世界"，不正是一个"元宇宙"——该"世界"的摇摇欲坠，恰恰是因为架构它的"服务器"出现故障。那么，我们这个也正在被体验为灾变迭出的世界呢？是不是架构我们这个"元宇

---

[1] 进一步的分析，请参见本书第二章。

宙"的外部服务器出了故障，使得我们的游戏体验越来越差？

本书，就将追索这个问题。我们可以把这个问题拆解成如下问题：

（1）元宇宙的"世界"，究其根本是虚幻的吗？

（2）如果是，那么当你沉浸在元宇宙中，是玩物丧志吗？

反过来，（3）我们身处其内的这个"世界"，是真实的吗？

进而，（4）为什么存在着"世界"，而非什么都没有？

这些问题，皆是**本体论**的问题。而如下两个与之相关的问题，则可以称为**政治本体论**的问题：

（5）"世界"是否能够被改变？

（6）如果能够改变的话，如何改变它？

面对"元宇宙热"掀起全球热潮的当下现实，我们还可以继续追问：

（7）元宇宙为什么会热？

（8）为什么会在 2021 年热？

在我们的这个世界中，"元宇宙"本身至少存在了十几年——由林登实验室开发、2003 年上线的在线游戏（online game）《第二人生》就被视作首个元宇宙。① 故此，它绝非一个新事物或新概念。并且，目下的技术，实际上远未能实现元宇宙巨头们在各种宣传中所描述的虚拟现实与混合现实体

――――――――――

① 　关于《第二人生》的具体分析，请详见本书第二章与第四章。

验。① 那么，是什么缘故，使得元宇宙猛然间在 2021 年大火呢？进而，对于这个仍在未来、并未全幅呈现自身的事物，我们要如何来对它进行思考与研究？

本书将对上述这些问题，一一做出探讨。

全书共包含六章，分为未来＋、资本＋、影像＋、现实＋、世界＋、政治＋。从当下热点现象切入，本书将对我们处身其中的这个世界的**政治本体论**，展开一个系统性的学理探究。

第一节　陷入奇点：生活在剩余时间中

本书第一章直接从当下"元宇宙热"切入，针对"技术加速主义"时代那掀起社会热潮与资本狂欢，但却尚未显露全貌的种种新技术，在方法论层面上提出一个研究的全新路径：**未来考古学**。尽管"未来"仍然未来，但我们却可以通过"考古学"来展开研究。

什么是"元宇宙"？

在出版于 2022 年的《元宇宙改变一切》这本专著中，被誉为"元宇宙商业之父"的亚马逊前全球战略主管马修·鲍尔写道："元宇宙被设想为一个平行世界，人们将在那里花大量

---

① 就实现元宇宙体验而言当下技术所面临的局限，进一步分析请参见本书第二章第五节。

的时间工作和生活。"① 那么，人们为什么会想要到这个平行世界里去工作和生活呢？

英伟达创始人兼首席执行官黄仁勋认为，沉浸式拟真不但会做到高忠实度的逼真（photorealistic），并且能够将"粒子物理规则、引力规则、电磁规则以及如光和无线电波的电磁波规则"应用到元宇宙中，这样的元宇宙才会使人们愿意在里面进行创造，"你造出一个美丽的产品，看上去是如此美，唯有在数字世界才能获得的美"。②

那么，这样的元宇宙什么时候会到来？脸书首席执行官马克·扎克伯格在 2021 年 10 月 28 日将公司正式改名为"元"，并宣布元宇宙"将会在未来 5 到 10 年成为主流"。③

对于据说正在到来的元宇宙，不少学界评论者并不像业界人士那样为之欣喜雀跃，而是视之为"陷阱""幻境""幻觉空间"，甚至是"技术毒品"。④ 诸如此类的评论，在鲍尔看来，是对虚拟世界的"污名化"。鲍尔认为，恰恰是 2020 年初在全

① 鲍尔：《元宇宙改变一切》，岑格蓝、赵奥博、王小桐译，杭州：浙江教育出版社，2022，第 207 页。原著名为 *The Metaverse and How It Will Revolutionize Everything*。

② Dean Takahashi, "Nvidia CEO Jensen Huang Weighs in on the Metaverse, Blockchain, and Chip Shortage," *Venture Beat*, June 12, 2021, <https://venturebeat.com/games/nvidia-ceo-jensen-huang-weighs-in-on-the-metaverse-blockchain-chip-shortage-arm-deal-and-competition/>.

③ "The Metaverse and How We'll Build It Together—Connect 2021," *Meta* (at Youtube), October 28, 2021, <https://www.youtube.com/watch?v=Uvufun6xer8>.

④ 譬如，刘永谋、李瞳：《元宇宙陷阱》，北京：电子工业出版社，2022；刘永谋：《元宇宙的现代性忧思》，《阅江学刊》2022 年第 1 期；高奇琦、梁兴洲：《幻境与虚无：对元宇宙现象的批判性反思》，《学术界》2022 年第 2 期。

球肆虐的新冠肺炎疫情，遏制住了对元宇宙的这种污名化：

> 我们可以发现人们逐渐消除了对在虚拟世界中度过的时间的污名化，新型冠状病毒肺炎疫情大流行加速了这一进程。几十年来，"游戏玩家"一直在制作"假的"化身（avatar），在数字世界中度过他们的空闲时间，同时实现非游戏性目标，如在《第二人生》中设计一个房间，而不是在《反恐精英》中杀死一个恐怖分子。社会上的很大一部分人认为这种努力是奇怪的、浪费时间的或是反社会的（甚至更糟）……在 2020 年和 2021 年，受疫情影响，很多人被隔离在家。待在家里的那段时间迅速改变了人们对虚拟世界的看法，这是始料未及的。数以百万计的怀疑论者现在已经参与了虚拟世界中的活动［比如《动物之森》《堡垒之夜》和罗布乐思（Roblox）］并乐在其中……这些经历不仅帮助整个社会消除了对在虚拟世界中的生活的污名化，甚至可能会吸引上一代（年长的）人参与元宇宙。①

元宇宙为什么会在 2021 年形成热潮？在鲍尔眼里，无疑这是拜新冠肺炎疫情所赐：以始料未及的方式，人们极大地改变了对虚拟世界的看法，数以百万计的批评者现在自己投身其中并乐在其中。

---

① 鲍尔：《元宇宙改变一切》，第 299—300 页。

　　本书会对"元宇宙热"以及关于它的"污名化"批评，做出一个更深入的分析。

　　通过对元宇宙展开未来考古学考察，我们可以看到，它在本体论层面上并非如诸多评论者所说的那样，是一个"幻觉空间"。反过来，**我们所处身其内的"世界"，一点不比虚拟的元宇宙更真实**。我们在元宇宙中积累的感性经验，同在这个"世界"中所获得的经验，并不存在现象学意义上的实质差异。

　　第一章会进一步提出，人类（智人）所体验的"现实"，始终有一个虚构性的内核，这个内核从当年由哲学所构建的"元物理学"（meta-physics）（形而上学），演变成今天由技术所构建的"元宇宙"。然而，尽管面貌完全不同，但两种"现实"却隐秘地共享着同一种特质，那便是：它们都恰恰指向某种"超现实"（hyper-reality）（"元"作为词根的本义就是超越）。

　　在第一章对未来展开考古学探究（从元宇宙追溯到元物理学）之后，第二章继续考察我们所栖居的当下"世界"，并对如下问题展开分析性的探讨：为什么在这个"世界"中的这个独特时刻，会出现"元宇宙热"？为什么元宇宙会引发资本狂欢？

　　本书并不把"元宇宙热"纯然视作新冠肺炎大流行的一个意外的副产品，而是在"资本＋"的逻辑下对它展开分析。对资本逻辑的分析，最后却意外地揭示出：**这个"世界"正在坍塌**，就像《道长去哪了》里的中唐世界。

第二章会以九节的篇幅，提出一个乍听上去很惊悚（也因此人们恰恰不予以认真对待）的命题：这个"世界"里的人类文明，业已进入剩余时间。

剩余时间不同于现代性所规划的线性时间，而是终结会随时降临的时间，是"余留在时间同其自身终点之间的那个时间"（吉奥乔·阿甘本语）。① 它是收缩自身的时间，内嵌紧迫性，是对那线性而均质的编年体时间的激进打断与悬置。工业革命以降的行星地球，被包括大气化学家、诺贝尔化学奖得主保罗·克鲁岑在内的跨学科学者视作进入了新的地质学纪元，这个纪元被命名为"人类世"（the Anthropocene）。而法国技术哲学家贝尔纳·斯蒂格勒，则把人类世称为"熵世"（the Entropocene）②，标识了"一个行星尺度上操作的大规模且高速的毁灭过程"。③

"人类世"这个概念并不是对"人类"进行人类主义式认肯，而是对"人类"做出去中心化与去特权化的**后人类主义反思**，并开启对"后人类世"的思想探索。④ "人类世"，标识了人

① Giorgio Agamben, *The Time That Remains: A Commentary on the Letter to the Romans*, *trans*. Patricia Dailey, Stanford: Stanford University Press, 2005, p. 62. 请同时参见吴冠军：《"我们所拥有的唯一时间"——透析阿甘本的弥赛亚主义》，《山东社会科学》2016 年第 9 期。

② "Anthropocene"与"Entropocene"在读音上几乎不可区分。

③ 参见斯洛特戴克、斯蒂格勒：《"欢迎来到人类纪"——彼得·斯洛特戴克和贝尔纳·斯蒂格勒的对谈》，许煜译，《新美术》2017 年第 2 期，第 24-25 页。

④ 参见吴冠军：《后人类纪的共同生活：正在到来的爱情、消费与人工智能》，上海：上海文艺出版社，2018。

类文明（"人类世文明"）的灭绝性力量已经抵达行星尺度。人
类世的顶峰，可以被进一步称作"资本世"（the Capitalocene），
在该时代中资本已然成为一个地质学力量，产生行星尺度上的
诸种效应。资本主义系统，倾向于将一切存在物私有产权化与
商品化。当这个逻辑被推进到行星层面后，人类世就进入了资
本世。资本世的内核，就是行星私有化与万物（包括劳动）商
品化。放眼当下现实，各种行星资源——"自然资源"乃至
"人力资源"——被广泛地私有化与产权化，并被组织进资本主
义系统中，成为资本积累的诸种"原始材料"。[①]

　　然而资本主义系统自身的稳定性，结构性地建立在向"外
部"溢出上。[②] 行星尺度上的资本世恰恰意味着，资本主义
的空间性修复潜力已逐渐趋向枯竭。二十一世纪的当下时刻，
"人类世文明"正走向深渊性的**奇点**（Singularity），这意味着，
人类（以及行星上许多其他物种）已经生活在剩余时间中。[③]

　　目下，美国及其西方盟友正在以启蒙式的"普世价值"开
道，发起致暗性的贸易战、技术战，旨在继续维系资本与技

---

① 请同时参见吴冠军：《爱、谎言与大他者：人类世文明结构研究》，上海：上海文
　艺出版社，2023。
② 参见吴冠军：《全球资本主义的结构性困境》，《当代国外马克思主义评论》2019 年
　第 1 期；吴冠军：《"全球化"向何处去？——"次贷危机"与全球资本主义的未
　来》，《天涯》2009 年第 6 期；吴冠军：《现代性的"真诚性危机"——当代马克思
　主义的一个被忽视的理论贡献》，《江苏行政学院学报》2018 年第 5 期；吴冠军：
　《重思"结构性不诚"——从当代欧陆思想到先秦中国思想》，《江苏行政学院学
　报》2019 年第 5 期。
③ 请同时参见吴冠军：《陷入奇点：人类世政治哲学研究》，北京：商务印书馆，
　2021。

术在行星层面上淫秽性的既有展布。^① 然而人类世的"奇点临近"状况，已然无法支撑其表面的繁荣与话语性的"再次伟大"^②——"奇点资本主义"已然趋近于耗尽其自身的潜在修复性能力。对于我们所生活其内的这个当下现实而言，**元宇宙，恰好构成了新的"外部性"**（externality）。就这样，在剩余时间里，我们一起见证了全球范围内各大企业争相涌入元宇宙赛道——尽管相关技术远未臻于成熟。

元宇宙的热潮，并无法解决这个世界本身的危机。赶在世界坍塌前"移民"元宇宙，仍会面临《道长去哪了》里的中唐世界困境——支撑该"世界"运转的外部设施出现故障。"元宇宙世界"，会随着外面"现实世界"的灭世性危机而一起湮灭。

然而，出入元宇宙之"发光世界"（luminous worlds），可以帮助我们重新思考当下"现实世界"的本体论状况（ontological condition）：这个世界，会不会本身亦是一个元宇宙游戏？我们能否确证，自自己有意识开始便身处其内的这个世界具有"现实性/实在性"？

---

① 参见吴冠军：《为什么要研究"技术政治学"》，《中国社会科学评价》2022 年第 1 期；吴冠军：《当代中国技术政治学的两个关键时刻》，《政治学研究》2021 年第 6 期。

② 对特朗普总统"让美国再次伟大"（MAGA, Make America Great Again）论述的分析，请参见吴冠军：《阈点中的民主：2016 美国总统大选的政治学分析》，《探索与争鸣》2017 年第 2 期。

第二节　遭遇发光世界：迈向可变化的本体论

带着这组本体论追问，本书的第三章与第四章分别对**支撑元宇宙的两个已有基石——**电影和电子游戏，展开了分析性的学理探究。

从未来考古学进路出发，电影和电子游戏这两者，诚然是研究元宇宙的重要阶梯。银幕上、电脑屏幕中、VR 头显里的诸个"发光世界"，构成了"现实世界"的虚拟外部性。

本书三、四两章将提出，这些"世界"，除了在资本的自我增值逻辑上同现实构成了某种"空间性"的关系外，在最为"后设"（meta，亦即"元"）的本体论层面上，同我们所处身其内的"世界"亦存在着不同层次的关联，尤其当我们借助量子力学把后者的"分辨率"提升几十个数量级后。

第三章探讨银幕上的"发光世界"。在繁荣的电影研究（film studies）中，却几乎没有关于电影本体论的研究。这本身是一件值得思考的事情。①

经由考古学的分析我们将看到，电影与作为形而上学（元物理学）的"哲学"，实际上在本体论层面上处于对抗的关系。"洞穴"与"后窗"这两个隐喻，妥切地标识出了这份历史性与结构性的对抗。然而，在那正在到来的"后电影状态"

---

① 晚近我对电影本体论所做出的一个学理探究，请参见吴冠军：《爱、死亡与后人类："后电影时代"重铸电影哲学》，上海：上海文艺出版社，2019。

（postcinematic state）下，电影固然遭遇巨大挑战，哲学却并未胜出。[1] 那是因为，对抗的双方，恰恰却又隐在地共享着相似的本体论预设。

　　第三章的核心论旨就是：我们必须同时拒斥"洞穴"与"后窗"所共享的本体论预设，并在两者之间构建一种"中间地带"的电影本体论。我们将会发现，**电影的"发光世界"，同"现实世界"实则具有本体论的同构性**——"现实"像洞穴里的影像那样被构建，两者间并不存在"真实"对抗"虚假"的本体论差别。换言之，我们所处身的世界充其量是一个"影像+"的世界，"现实世界"并不比银幕上的"发光世界"更真实。也正因此，通过研究影像，我们能够更深入地捕捉到"现实"的本体论状态。

　　"中间地带"的本体论，既非"元物理学"（形而上学）所设定的闭合且固化的本体论，亦非"经典物理学"（从牛顿力学到爱因斯坦相对论）所预设的决定论式的本体论。"中间地带"本体论，是一种同量子物理学高度契合的"可变化的本体论"。

　　通过引入物理学的视角，我们可以看到，实际上存在着**两种截然对立的本体论**：（1）提前封闭（foreclosed）的、决定论式的（deterministic）本体论，亦即，关于"是"（being）的本

----

① 关于"后电影状态"的具体分析，请参见吴冠军：《作为幽灵性场域的电影——"后电影状态"下重思电影哲学》，《电影艺术》2020 年第 2 期；吴冠军：《从后电影状态到后人类体验》，《内蒙古社会科学》2021 年第 1 期。

体论；以及，（2）开放的、可变化的本体论，亦即，关于"形成"（becoming）的本体论。

虽然现代的经典物理学是所谓的"认识论转向"后的产物，但却同前现代的元物理学一样，预设了一种闭合了的、不可变化的本体论——区别只是元物理学家（形而上学家）认为自己能掌握所有物理规则（抵达自然、天道），而经典物理学家（现代科学家）则只对观测与实验结果进行描述，并尝试提出解释"现实 / 实在"的模型，亦即，"物理规则"。

晚近几十年来，不少物理学家前赴后继地将其智识努力投于脱离实验观测的各种"大统一理论"（grand unified theory）、"万物理论"（theory of everything）之构建上。实际上，这些物理学家已然成为追寻"关于**整体**的知识"（knowledge of the Whole）的元物理学家。① 理论物理学家李·斯莫林曾慨叹，弦理论（大统一理论的候选者之一，斯莫林自己亦多年倾注其中）"是如此不完备，乃至于其存在就是一个未经证明的猜测"，"尽管实验性支撑与精准表述缺席，但该理论仍被不少它的拥护者带着更像是情感性而非理性的确定性所坚信"，"弦理论如今在学术界具有这样一个统治性的位置，以至于年轻的

---

① 对于"关于**整体**的知识"的进一步讨论，请参见吴冠军：《从精神分析视角重新解读西方"古典性"——关于"雅典"和"耶路撒冷"两种路向的再思考》，《南京社会科学》2016 年第 6 期；吴冠军：《施特劳斯与政治哲学的两个路向》，《华东师范大学学报（哲学社会科学版）》2014 年第 5 期；吴冠军：《辩证法之疑：黑格尔与科耶夫》，《社会科学家》2016 年第 12 期；以及，吴冠军：《政治哲学的根本问题》，《开放时代》2011 年第 2 期。

理论物理学家如果不加入这个领域，在实践上而言就是职业自杀".[①]

　　不同于元物理学与经典物理学，**量子物理学，真正开启了可变化的本体论**。[②] 进而，"可变化"这种本体论状况，则使得"改变世界"成为可能。卡尔·马克思在其著名的"第十一论纲"中提出：

　　　　哲人们以往都仅仅是在以不同的方式**解释世界**；但关键在于，去**改变这个世界**。[③]

然而，在一个提前封闭的、决定论式的本体论中，人们（哲人、科学家）能够做的，就只能是解释世界。改变世界的前置性条件，就在于世界在本体论层面上是未闭合的、可变化的。换句话说，"可变化本体论"在本体论层面上，打开了政治性地改变世界的实践向度。[④]

　　从"可变化本体论"的视野出发，电影研究将不再是形而上学式地讨论电影"是"什么，而是以"追随行动者他们自身"作为研究性进路，探究银幕上的"发光世界"之内与

---

① Lee Smolin, *The Trouble with Physics: The Rise of String Theory, the Fall of a Science, and What Comes Next,* Boston; New York: Houghton Mifflin, 2006, pp. xv, xx.

② 请进一步参见本书第五章。

③ Karl Marx, "Theses on Feuerbach", in Eugene Kamenka (ed.), *The Portable Marx*, New York: Penguin, 1983, p. 158, emphasis added.

④ 请进一步参见本书第六章。

之外的一切能动者（agents）的相互作用（interactions，亦即"互动"）。

能动者们——人类能动者以及非人类能动者——正是通过这样的互相触动，来构建"世界"以及构建彼此。能动者本身的**能动性**（agency），亦恰恰是在互相触动中被构建。

通过在"IMDB"（Internet Movie Database，互联网电影数据库）、豆瓣等平台做出评分与点评，观影者能够能动性地改变影片。这个行动，实际上是一个**政治本体论的行动**，因为它政治性地改变了世界（银幕上那个"发光世界"）。但这个能动性的政治行动（民主性的"投票"），本身是被触动（affected）与被制动（enacted）出来的——正是银幕上的运动影像，触动了观者做出包括评分行动（以及有感而发写影评、在朋友圈推荐给别人抑或大骂一通等等）在内的相应行动。

这种构建性与彼此构建性的互相触动，就被量子物理学家、后人类主义者凯伦·芭拉德称为"内行动"（intra-actions）。内行动既构建出作为聚合体（assemblage）的"世界"，亦构建出了做出内行动的能动者们的能动性，甚至构建出了能动者们的"存在"本身。

第三节　矩阵革命：迈向后人类主义政治本体论

本书第三章与第四章的探讨一脉相连。在第三章中，通过对电影展开的本体论探究，我们发展出了"可变化本体论"论题，该本体论开启了"改变世界"的政治向度。然而观影者所具有的被动性（passivity），使其在作为互相触动的内行动中更多的是被触动与被制动。

在英文中，"electronic game"（电子游戏）这个词被用到的频率，要远低于"video game"，亦即"视频游戏"——这类游戏和各种传统游戏形式（卡牌游戏、棋类游戏、体育游戏、博彩游戏……）不同之处就在于，游戏是通过影像展开的。[①] 然而，电子游戏（视频游戏）的玩家比起电影观者，其能动性有极大的提升——玩家不再只是**被动观影**，而是**主动介入**，同那个"发光世界"之**内**的人类与非人类的能动者发生更深的互动，而不再仅仅只是在该"世界"之**外**去展开能动性的政治行动（如点评、打分、投票等）。

电子游戏也正因此被称作"互动艺术"（interactive art）[②]，"互动"就是"相互作用"（物理学上多采取后一种译法）。正是通过同其他能动者的相互作用，游戏玩家可以在"发光世界"内部，去能动性地改变该世界。于是，关于电子游戏的研究，有必要从艺术学层面推进到（政治）本体论层面。[③]

第四章通过对《黑客帝国：矩阵重启》《头号玩家》《失控玩家》等晚近影片的分析，深入地探究了电子游戏的政治本体

---

① 后文中出于汉语的用语习惯（"视频游戏"几乎没有人使用），对于引文中的"video game"，仍将翻译为"电子游戏"。

② 参见吴冠军：《第九艺术》，《新潮电子》1997 年第 6 期。

③ 参见吴冠军：《从元宇宙到多重宇宙——透过银幕重思电子游戏本体论》，《文艺研究》2022 年第 9 期。

论，并提出如下命题：**"世界生成"**（world-generating），**是电子游戏（尤其是元宇宙游戏）的构成性内核。**

　　既然元宇宙游戏在生成"世界"，那么"元宇宙世界"同它外面那个"现实世界"之间，具有怎样的关系？我们如何来确定，"现实世界"是真的世界，而不是另一个游戏？换言之，我们如何确定"现实世界"比"元宇宙世界"具有更大的"现实性／实在性"，如何确定沉浸在"元宇宙世界"里的玩家们不是**在游戏里玩游戏**？ ①

　　这种关于"现实"的本体论焦灼（angst），恰恰就让《黑客帝国》中的尼奥等英雄，走向了反抗"现实"（一个"矩阵"）的激进政治道路。"元宇宙"（Metaverse），难道不是"矩阵"（Matrix）在我们当下这个现实世界中的代号？

　　于 2018 年去世的理论物理学家史蒂芬·霍金曾借助量子力学，提出著名的"无边界宇宙"模型。根据该模型，宇宙历史不断无缘无故地开始，我们所经历的约 137 亿年宇宙历史，只是它众多可能历史中的一个。大量别的宇宙历史也不断因真

---

① 　2020 年 7 月，一位叫 Foone 的玩家兼程序员利用《我的世界》游戏里的红石电路模块，在游戏中打造出了一台虚拟电脑，然后用这台虚拟电脑运行了《我的世界》，从而实现了在游戏中玩游戏（参见《程序员在〈我的世界〉中打造了一台虚拟电脑，能玩〈我的世界〉》，腾讯网，<https://new.qq.com/rain/a/20200727A0VNEM> ）。另外，很多游戏大作直接提供在游戏中玩游戏的功能，譬如，动作冒险游戏《神秘海域 4：盗贼末路》的开头和尾声，玩家能分别控制内森和内森的女儿，来玩原汁原味的 PS 版《古惑狼》。具有这种"俄罗斯套娃"结构（能让玩家在游戏里玩游戏）的游戏，还有很多，包括《莎木》《辐射 4》《使命召唤：黑色行动》《最终幻想 XV》《生化危机：启示录》等超人气作品。

空中的量子涨落而无缘无故地开始，但它们中的大多数，因为各种物理"参数"不够好很快就消失了。

"无边界宇宙"结构性地囊括"多重宇宙"（multiverse）。从"无边界宇宙"出发，我们就很有必要追思：我们凭什么能够确定自己所居身其内的宇宙，就不是拟真程序的一个运行相对稳定的版本（没有因参数不好而很快"跳出"）？

当然，有很多物理学家并不接受霍金的"无边界宇宙"，他们无法接受量子力学对本体论层面上的随机性（"真随机性"）的确认。一个替代性的模型，乃是把宇宙视作"数学宇宙"，亦即，宇宙在根本上是以数学的方式运行，其代表人物包括有"疯狂的马克斯"之称的当代物理学家马克斯·泰格马克。

"数学宇宙"也结构性地囊括"多重宇宙"，包括量子力学的"多世界阐释"（该解释彻底抹除了本体论随机性）——在这个宇宙模型中，一切数学上允许发生的，都发生过，并且发生过无数次。从"数学宇宙"出发，我们则同样很有必要追思：这许许多多个数学性的"平行宇宙"，同许许多多个数字化的"元宇宙"，有着怎样的本体论的差异与关联？

在对电子游戏的本体论探究基础上，第四章进一步提出**后人类主义政治本体论**。

第三章业已提出，在柏拉图主义形而上学视野下，"现实"对于拟真——譬如，洞壁上、银幕上或VR头显中的"世界"——具有本体论的优先。第四章进一步提出，在人类主义政治哲学视野下，"人"对于非人类——譬如，观众对于银幕、玩家对于非玩家角色（non-player character, NPC）、人对于动物……——具有本体论的优先。内嵌于电子游戏中的政治本体论向度，实际上同时打破了上述这两种本体论等级制。我们所"主体性"体验与"主体间性"彼此确认的那个"现实"，并不具有任何意义上的本体论特权。作为"人类"，我们同样不具有任何意义上的本体论特权。

　　在破除人类主义等级制框架的意义上，第四章从论述电子游戏政治本体论出发，勾画了后人类主义政治本体论：它是对"可变化本体论"的发展，在政治面向上做出了进一步的推进。

　　后人类主义政治本体论意味着，能动者（"玩家"）总是在一个作为聚合体的"世界"（"现实世界/游戏世界"）中展开内行动（"玩"），其能动性本身正是经由"玩"而被构建。"玩家"可以不是人类，而是非人类的能动者（如人工智能）。在光荣株式会社（现为光荣特库摩）出品的《三国志》系列游戏中，人类"玩家"可以随时选择退出，让"电脑"接手继续"玩"下去。经由"玩"（在游戏系统内展开内行动，被攻击、被用计、展开回击……），电脑"玩家"的存在就被构建起来了——在这之前它**既不存在，也没有能动性**。

　　后人类主义政治本体论，可以用如下公式来表述：

worlding = wording/coding + playing/intra-acting

（世界化成 = 语词化/代码化 + 玩/内行动）

我们所处身其内的"世界",用精神分析学家雅克·拉康的术语来说,总是一个符号性秩序,亦即,一个由语言(音素、符号、能指、所指、语词、概念、语法、话语……)所编织而成的秩序。[①]符号化(symbolization)既可以由自然语言来完成,亦可以是经由计算机语言(以及各种语言的混合)来完成。

电子游戏,具有生成一个"世界"——一个"元宇宙"——的潜能;但缺少能动者互相触动的"玩",该"世界"就并不存在。电玩店铺商品架上陈列的与网络游戏发行平台(如 Steam)上展示的那一款款游戏,那些静态地储存于各种介质(光盘、卡盘、硬盘、云端服务器……)上的一串串程序代码,并不打开任何"世界"。这意味着,"世界"不只是一个由语言编织形成的**符号性秩序**,并且是一个由交互能动性的内行动构建起来的**聚合体**。

后人类主义政治本体论的公式揭示出,"玩"是使得"世界"得以存在的构成性元素。"玩",参与世界化成——在这个意义上,**"玩"是一个政治本体论的实践**。没有互相触动("玩"),也就没有聚合体了。当"玩"彻底消失后,"世界"不只是不再有变化,并且实际上不复存在了。也正因此,我们

---

① 参见吴冠军:《有人说过"大他者"吗?——论精神分析化的政治哲学》,《同济大学学报(社会科学版)》2015 年第 5 期。

有必要在政治本体论层面追问：当一个人全情投入玩一款高难度游戏（譬如《艾尔登法环》这样的"魂系"游戏）的时候，他／她真的只是在玩物丧志吗？

在政治本体论层面探究电子游戏，还让我们获得诊断"现实世界"问题的全新视角。

身处这个世界中的我们，习惯于只在世界**内部**思考世界，依循"溥天之下"①的普遍性视角——世界本身，被视为是至大无外的。

进而，这个至大无外的世界之"边界"，可以随着人的认知实践而推展——"天下"可以从已知版图（"中原"）不断扩展，纳入四面的蛮荒，纳入新大陆，可以一直扩大到行星（"地球村"）、太阳系、宇宙……

然而，对电子游戏的政治本体论研究，能够让我们获得从世界**外部**思考世界的视角：也许我们这个世界里的八十亿人，皆是游戏玩家；而这个世界里数以十亿计电子游戏玩家②，则是在游戏中玩游戏。

我们这个世界的边界在不断扩展，也许只是因为：它是一款内嵌"迷雾"系统的游戏——随着玩家不断地玩，"地图"越来越大，甚至还有"扩展包"（"月球包""火星包""银河

---

① 　《诗经·小雅·北山》。

② 　根据 Newzoo 发布的 2021 年全球游戏市场报告，2020 年至 2021 年玩家增长了 5.4%，使得玩家总数已达到了 30 亿。参见《今年全球游戏玩家总数已达到 30 亿，到 2024 年游戏市场规模将达到 2187 亿美元》，超能网，<https://baijiahao. baidu.com/s?id=1704139900980146088>。

包"……）不断问世。

值得追问的是，我们自认熟悉其变迁历史的世界本身，凭什么就不是一款类《文明》的游戏？[①] 对电子游戏的政治本体论探究，开启如下分析视角：世界出现危机（"天下兴亡"），既可以是游戏内部出现高难度的挑战，也可以是外部出现问题导致游戏软件（以及运行它的硬件）本身崩塌，一如《道长去哪了》里的那个中唐世界。世界，会不会是**被穿孔**的——那些"孔洞"，就是联结外部世界的接口？

巴里·索南菲尔德执导的 1997 年科幻电影《黑衣人》片末，镜头从市中心一辆车拉到行星、星系、无数星系、宇宙，再到一颗弹珠、一袋弹珠。这袋包含着我们世界的弹珠，正在被不明的能动者把玩与收集。试想，倘若市中心随即发生一场灭世级的巨大灾变，那么这个事件同弹珠被扔来扔去地把玩，是否会存在着超级鬼魅般的非定域的"超距"作用呢？[②]

第四节　颗粒度：我的高清世界，令我怀疑人生

第三章与第四章对电影与电子游戏的政治本体论探究，使我们不同程度地触及**量子本体论**。这构成了第五章的探讨

[①]　该游戏系列准确的译名是《席德·梅尔的文明》，1991 年推出首作，到 2016 年已推出 6 部作品，《文明 6》还在不断推出新的扩展包。

[②]　"鬼魅"一词，来自阿尔伯特·爱因斯坦对"超距作用"（action at a distance）的描述。

主题。

量子力学揭示出了一个鬼魅般的世界，在那里，能动者可以超越光速地发生"相互作用"、可以改变"过去"、可以穿"墙"、可以"跃迁"，甚至可以同时出现在两个"位置"……

更严峻的问题是，该世界，实际上就是我们这个世界在高精度——"分辨率"提升了几十个数量级——下呈现出的样子。这就如同我们原本只是在红白机（任天堂公司发行的第一代游戏机）上玩《魂斗罗》（一个二维世界），玩着玩着猛然发现自己置身于《赛博朋克 2077》的世界……

"量子现实"不但自身如同鬼魅，并且使得我们以为很真的那个"现实"，猛然间变成了一个"虚拟现实"。量子力学让我们猛然间意识到——借用圈量子引力论核心贡献者卡洛·罗韦利的近著书名——"现实不是它所似"。[①] 我们日常生活中所体验为真的"现实"，是彻底靠不住的，我们需要从"现实"中醒来。[②]

量子力学让我们意识到，**这个世界就像电子游戏一样，是具有颗粒度的**。世界是不连续的，凑近了放大来看，我们看到的不再是平滑的画面，而是充满着"像素"颗粒。

无论头戴式显示器分辨率取得怎样的提升、GPU 算力获

---

① Carlo Rovelli, *Reality Is Not What It Seems: The Journey to Quantum Gravity*, trans. Simon Carnell and Erica Segre, London: Penguin, 2016 (ebook).

② 参见吴冠军：《从现实中醒来》，载吴冠军：《日常现实的变态核心：后"9·11"时代的意识形态批判》，北京：新星出版社，2006，第77—80页。

得怎样的强化，我们都知道"元宇宙"里看到的一切，实际上都是由一个个极其细小的像素组成。但量子力学揭示出，我们日常生活中所体验的"现实"，只是世界在非"高清"模式下呈现出来的"模糊"景象——在日常生活中，我们像极了一群在玩类似《我的世界》这样的"像素风"游戏的玩家，以粗颗粒的方式探索"世界"。

然而令人不安的是，当这个世界的清晰度被提高后，玩家们的"现实感"非但没有增强，反而如同坠入诡秘之域，一切变得极其不真实。"量子现实"揭示出，我们的这个世界，是一个"关于荒谬的世界"（the world of the absurd）[1]——它看似不荒谬，只是因为我们这些玩家习惯以低像素的方式玩游戏。要看清这个世界，我们必须放弃"人类的视角"。[2]

更麻烦的是，我们对这个世界的探索，越看得清晰，就越无法确认它是真实的，亦即，无法确认世界具有客观的、不随人的观测（或意志、意识……）而改变的**底层现实**（underlying reality）。

量子现实，难道不是我们这个世界的底层现实吗？

量子力学的核心奠基人之一的尼尔斯·玻尔直接给出答案：绝对不是。玻尔提出，"日常意义上的一个独立的现实，

---

[1] Alex Montwill and Ann Breslin, *The Quantum Adventure: Does God Play Dice?*, London: Imperial College Press, 2011, p. 213.

[2] Philip Ball, *Beyond Weird: Why Everything You Thought You Knew about Quantum Physics Is Different*, Chicago: University of Chicago Press, 2018, p. 60.

既不能归到现象上, 也不能归到观测的能动单位上"。[1] 量子
实验的结果(海森堡不确定性原理), 使得这种客观存在的
"独立现实"无法成立。

玻尔甚至宣称: "'量子世界'并不存在。"[2] "量子世界",
仅仅是一个由量子力学的各种概念、方程与描述——简言之,
符号性的"量子力学知识"——构建起来的"世界"。

玻尔十分赏识的再传弟子(其高足约翰·惠勒的高足)、
诺贝尔物理学奖得主理查德·费曼曾说: "没人懂量子力学。"[3]
这并非说量子物理学家们都是一帮闲人抑或不懂装懂者, 而是
说包括量子物理学家在内的所有人, 都不知道在没人观测时,
"量子态"是一种怎样的"状态"。[4]

量子力学的诸多实验结果让我们意识到, 当没有人看时,
这个世界发生着各种鬼魅般的事情。

我们可以从实验结果倒推出来, 在没人观测时, 一个对象
竟然可以同时在两个位置上(乃至无数个位置上), 竟然可以
同时穿过两条缝(乃至无数条缝)……然而一旦有人看过来,

---

[1]　Quoted in Jonathan Allday, *Quantum Reality: Theory and Philosophy*, Boca Raton: CRC Press, 2009, p. 416.

[2]　See Abner Shimony, "Metaphysical Problems in the Foundations of Quantum Mechanics," *Internotionol Philosophical Quanerly*, 18(1), 1978, p. 11; also Aage Petersen, "The Philosophy of Niels Bohr", *Bulletin of the Atomic Scientists* 19, 1963, p. 12, emphasis added.

[3]　Michelle Feynman (ed.), *The Quotable Feynman*, Princeton: Princeton University Press, 2015, p. 329.

[4]　在物理学中, "状态"(state)指在给定的时刻对物质特性的完整描述。

不可思议的鬼魅现象立即消失，对象立即回归我们所熟悉的日常现实中的那个"经典模式"（要么在这里，要么在那里，要么走左缝，要么走右缝）。

内嵌在量子力学中的最大问题，就是"测量问题"（measurement problem）：你一测量，"量子现实"就不复存在，变成了我们日常生活中所熟悉的那种"现实"。我们仿似身处《玩具总动员》（1995 年约翰·拉塞特执导的动画电影）中：在银幕上那个"发光世界"里，当有人类看向它们时，所有玩具表现得像普通玩具，可一旦没人看过来，它们全部"活"了过来，大搞派对……①

我们的世界，竟然就是"玩具总动员"的世界——它的"经典"样子，竟然是无数个"看看看"的行为构建出来的。一旦没人看，这个世界就鬼魅横生。换句话说，"只是因为在人群中多看了你一眼"②，"你"才拥有"正常"的样子；在没人看"你"的时候，"你"实际上是一个能够穿墙（一定概率）的崂山道士；甚至在没人看"你"的时候，"你"根本就没有"人形"，而是像"云"（概率云）般存在于茫茫天地间……但只要有人目不转睛地盯着"你"看，"你"就无法施展神通、放飞自我……这诚然匪夷所思。量子力学所开启的观察世界的视角，是一个彻底的**后人类视角**。

---

① 这个例子，我得益自 Tim James, *Fundamental: How Quantum and Particle Physics Explain Absolutely Everything*, New York: Pegasus Books, 2020 (ebook), p. 62.

② 引自《传奇》，刘兵词，李健曲并演唱。

量子力学的实验发现，把二十世纪（乃至人类文明史上）最伟大的物理学家阿尔伯特·爱因斯坦都逼到怀疑人生的境地。有天他甚至把年轻的物理学家亚伯拉罕·派斯拉过来，追问对方"是否真的相信，月亮只有在你看它时才存在"。[①] 坚信这个世界的"现实性/实在性"的爱因斯坦，尽管本人就是量子力学的主要奠基人之一[②]，但终其一生都未能接受量子力学对物理学的激进挑战。他和玻尔你来我往的思想交锋，最后以前者的折戟告终。[③]

量子力学让大量物理学家不得不放弃爱因斯坦式的对"底层现实"的确认，转而把世界视作无数能动者相互作用（亦即，互动）的聚合体。[④] 如罗韦利所言，量子力学使得"现实被约简为互动，现实被约简为关系"。[⑤]

爱因斯坦眼中的世界，在本体论层面上是决定论式的。而从量子力学出发，世界在本体论层面上是开放的、不确定的、可变化的。玻尔的学生、量子引力论奠基者约翰·惠勒，将我们的宇宙称作"参与性宇宙"（participatory universe）：我们的

[①]　Quoted in Ball, *Beyond Weird: Why Everything You Thought You Knew about Quantum Physics Is Different*, p. 99. 根据物理学家乔纳森·奥尔戴的说法，爱因斯坦也曾当面问过玻尔这一问题，see Allday, *Quantum Reality: Theory and Philosophy*, p. 431.

[②]　爱因斯坦并非因对狭义或广义相对论的贡献而获得诺贝尔物理学奖，而是因其早年提出的"光量子假说"，解决了经典物理学所无法解释的光电效应。

[③]　爱因斯坦在世时，贝尔实验尚未问世。请进一步参见本书第六章第一节与第三节。

[④]　值得一提的是，爱因斯坦有大量杰出的追随者，包括量子物理学中几代杰出之士（从埃尔温·薛定谔、大卫·玻姆到当代的李·斯莫林），都坚守这个世界具有现实性的信念。

[⑤]　Rovelli, *Reality Is Not What It Seems: The Journey to Quantum Gravity*, p. 97.

观测行为，不仅能参与宇宙的构建，并且能回溯性地改变宇宙历史。

量子力学所揭示的参与性宇宙，比今天任何的"元宇宙"更为不真实。那么，有没有可能，这个参与性宇宙本身就是一个"元宇宙"呢？

本书第四章（讨论电子游戏本体论的那章）提出：量子力学既增加了我们这个世界是一个拟真游戏的可能性，同时又极大地提升了这件事的难度。

量子力学告诉我们，这个世界只具有有限的颗粒度。世界并不是无穷的，无法被任意细分。"一尺之棰，日取其半，万世不竭"[1] 这件事，并不会发生在我们这个世界上（就算"万世不竭"，但一定会竭）。

倘若这个世界可以无限提升"精细度"（亦即，可以被无限细分），那么，它就不太可能是计算机拟真出来的——至少我们当下所使用的计算机只能模拟有理数，而无法模拟无理数（小数部分是无限不循环的数）。今天那些让我们惊叹不已的元宇宙世界，无论再"高清"，都具有**颗粒性**（granularity），而非真正连续的、可无限细分的。我们这个物理世界同样如是。

量子力学揭示出了我们所处身的这个世界具有**颗粒性**，但它同时也揭示出，这个世界具有本体论层面上的**随机性**。后一状况，使得它超出了经典计算机的拟真能力：所有数学结构都

---

① 《庄子·天下》。

不允许本体论随机性。

费曼在其 1982 年的论文《用计算机拟真物理学》中提出，量子随机性使得经典计算机无力拟真物理世界，但一种新的计算机（一种建立在量子力学上、以量子比特来展开计算的"量子机器"）却可以，"伴随着合适等级的量子机器，你能够模拟任何量子系统，包括物理世界"。① 正是这篇论文，开启了建造量子计算机的努力。发展到今天，量子计算机已经在一组具体领域上，显现出了相对于经典计算机的巨大优势。最近这几年，借助量子计算机所带来的可能性，已有多位物理学家与计算机科学家从算力入手，来探讨我们这个世界被拟真的概率问题。②

如果宇宙是计算机拟真出来的，那么算力就是一个**构成性的**（constitutive）**资源限制**。本书第五章会进一步提出，倘若宇宙真的就是一个拟真出来的元宇宙，那么，量子力学所揭示的各种鬼魅般的现象，可以得到很好的阐释——它们都是编程我们这个世界的程序员在面对有限算力的困境下想出来的一组权宜之计。"量子现实"标识出，我们这个世界底层的浮点运

① Richard P. Feynman, "Simulating Physics with Computers", *International Journal of Theoretical Physics*, 21(6), 1982, pp. 471, 475, 476.

② Scott Aaronson, "Because You Asked: The Simulation Hypothesis Has Not Been Falsified; Remains Unfalsifiable," *Shtetl-Optimized*, Oct 3, 2017; Alexandre Bibeau-Delisle and Gilles Brassard, "Probability and Consequences of Living Inside a Computer Simulation", in *Proceedings of the Royal Society A*, Vol. 477, no. 2247, 2021, pp. 1-17.

算，是具有输出精度范围的。

量子力学及其应用性的发展（量子计算），使本书所讨论的后人类主义政治本体论，不再仅仅是一个"政治哲学"论题。量子力学的"参与性宇宙"命题，使得改变世界的政治实践，得以在本体论层面展开。

玻尔的学生、量子力学奠基者之一维尔纳·海森堡，把科学视作"人与自然之间的**互玩**（interplay）中的一个行动者"。[①] 在我看来，政治学（政治本体论），亦是这样的一个行动者。

实际上，政治学的"量子转向"，在二十世纪二十年代就开启了，几乎和量子物理学的崛起同步。然而，"量子政治学"的那些星星之火，却未能燎原，而且几乎是毫无影响。[②] 本书第六章，将深入探究政治学的"量子转向"及其失败的缘由，并在方法论的层面与政治本体论的层面上重新构建"量子政治学"。经量子转向后的政治学，不再是预测之学——它聚焦改变世界的诸种可能性，而不是去预测世界。

包括现代政治学在内的社会科学，根本性地建立在牛顿主义世界观上。在研究视角上它又可以进一步分为两大派系：（1）聚焦于**意图**（intention）的"内部"视角；（2）聚焦于**行为**（behavior）的"外部"视角。两者皆以"个体"作为研究

---

① Quoted in Ball, *Beyond Weird: Why Everything You Thought You Knew about Quantum Physics Is Different*, p. 78, emphasis added.

② 《尚书·盘庚上》："若火之燎于原，不可向迩。"

聚焦的基本单位，以其不可再分性为前提性预设，而完全无视"亚个体"（sub-individual）的向度。

基于米歇尔·福柯、芭拉德以及亚历山大·温特等学者的探索成果，第六章系统性地重构量子政治学，使之实质性地突破以人类主义为框架的社会科学，突破牢牢支配它的"内部/外部"二元论：**能动性**，而非行为或意图，成为研究的聚焦。

量子政治学的核心洞见是："世界"在本体论层面上是不确定的、开放的；包括人与各种非人类在内的所有能动者，皆在物质性-话语性的互相构建中获得能动性，进而参与到世界化成中。

量子政治学研究，就是以"纠缠化的谱系学"（芭拉德所提出）为方法论，去聚焦性地研究被社会科学忽视的各种"后人类"乃至"亚个体"的能动者的内行动。研究**世界化成**，既要研究世界内部各种能动者的复杂的、非线性因果的、彼此构建性的内行动，也要研究在一个更大的聚合体——"世界"外部更大的"世界"——内的各种能动者所发生的内行动。

结　语　宇宙+：从当下到洪荒

简言之，我们通过研究**能动性的相互作用**（"内行动""互玩"），来研究世界。

而研究世界，就是研究世界化成。

　　进而，研究性–认知性的实践本身，就是政治性地参与世界化成。

　　这个世界，并没有（也不会）如美籍日裔政治学家弗朗西斯·福山所说的那样，已然进入了"历史终点"——一个形而上学 / 元物理学的闭合论述。

　　量子力学告诉我们，这个世界，始终充满着不确定性与开放性。这也就意味着，这个世界，充满着政治性地重新构建的可能性。

　　本书的思想探索，从一个**当下热点现象**切入，依次登上"未来 +""资本 +""影像 +""现实 +""世界 +""政治 +"六层阶梯，最后抵达这个**世界之政治本体论内核**。

　　在这段思想征途中，我们将遭遇并深入探讨如下一组论题：元宇宙、元物理学、奇点、熵、人类世、资本世、技术世、黑暗洞穴、发光世界、无边界宇宙、数学宇宙、参与性宇宙、符号性宇宙（symbolic universe）、时间箭头、量子现实、历史终结、可能性政治……

　　这段旅途，始于当下热点分析，最后则有可能触碰到宇宙的"界槛"，在那里，时间只是一个模糊化的"近似"——不仅"未来"是开放的、不确定的，"过去"亦是未被决定的。在那个无法"区分创造与更新、开始与回归、连续性与断裂性、这里与那里、过去与未来"的界槛上，我们得以"重新配置世界"。①

更为重要的是，我们将看到，那个政治本体论层面上的"神秘界槛"，就潜在于我们的日常生活中——伴随着每一个能动性的相互作用，要么无数个看不见的宇宙在**坍缩**，要么我们眼前这个看上去很真的宇宙在**分岔**。② 这就意味着，所有人类与非人类的能动者，都在参与整个宇宙的**形成**（becoming）。

"未来+""资本+""影像+""现实+""世界+""政治+"，指向的是"宇宙+"。

这段"从当下到洪荒"的思想探索征途，绝不是一个单机游戏式的探险。柏拉图、笛卡儿、莱布尼茨、康德、马克思、海德格尔、拉康、福柯、拉图尔，牛顿、玻耳兹曼、爱因斯坦、玻尔、薛定谔、海森堡、惠勒、霍金、克鲁岑，以及希区柯克、戈达尔、斯皮尔伯格、沃卓斯基姐妹、宫崎英高（……），将作为这段探索之旅的"同行者"，先后"现身"——至少是其"虚拟化身"——本书各章的讨论中。

现在，就让我们开启从元宇宙到量子现实的思想之旅吧。③

---

① 两个引语皆来自芭拉德，see Karen Barad, *Meeting the Universe Halfway: Quantum Physics and the Entanglement of Matter and Meaning*, Durham: Duke University Press, 2007, pp. ix, 91。
② 对于坍缩，量子力学中的操作主义学派给出了"哥本哈根（不）阐释"；对于分岔，量子力学中的实在主义学派给出了"多世界阐释"。
③ 对于非政治学与哲学专业的读者，阅读顺序亦可调整为第一章、第四章、第五章、第三章、第二章与第六章。

第一章　未来＋：元宇宙的未来考古学

智人所体验的"现实"，始终有一个虚构性的内核，这个内核从当年由哲学所构建的"元物理学"，演变成今天由技术所构建的"元宇宙"。

引 言 看未来有什么不一样

我们当下时代的一个核心关键词，不是"当下"，而是"未来"。

从社交媒体到企业界再到学术界，一个经常跳出来的短语就是"未来已来"。[①] 但问题恰恰是：那"已来"的"未来"结构性地就无法是未来，而只能是当下与过去。

如其字面所言，"未来"就是尚未到来。任何对"未来"的直接描述、"研究"，任何一种"看未来有什么不一样"[②]，都实质上是**臆测**（speculation）。

然而在我看来，我们却可以通过某种独特的"考古学"进

---

① 在知网（截至 2022 年 9 月 1 日）上以"未来已来"为关键词检索"篇名"，共得到 570 篇之多，其中学术期刊论文 379 篇，报纸文章 50 篇，硕士学位论文 3 种，学术会议两场。以该词为题的图书亦有两部，分别是南风窗杂志社编：《未来已来：〈南风窗〉"全球思想家"栏目精选》，广州：花城出版社，2016；朱民编：《未来已来：全球领袖论天下》，北京：中信出版集团，2021。大众文化中则有林乔词、岑思源曲、刘丹萌演唱的歌曲《未来已来》，以及朱培伦词、燕峰曲并演唱的歌曲《未来已来》。甚至有直接以此为名的公司：杭州未来已来科技有限公司。
② 《看未来有什么不一样》，童安格、黄庆元词，童安格曲并演唱，收于童安格 1994 年同名专辑中。

路，来对"未来"展开研究——更确切地说，对已有的关于
"未来"的各种论述，进行批判性与分析性的研究。

2019 年 6 月，B 站（哔哩哔哩）里有个昵称为"老师好
我叫何同学"（以下简称"何同学"）的 UP 主，上传了一个约
8 分钟的短视频，题为《有多快？5G 在日常使用中的真实体
验》。这个视频播放量达到惊人的 2800 万，火遍整个 B 站。[①]
在视频中，"何同学"使用 5G 手机拥有了网速飞快的体验，
但在这种新鲜感消逝之后，这位 UP 主"陷入对人生和社会的
大思考"，开始不停地在网上搜索 5G 在"未来"到底有什么
作用。搜出来的答案有 VR、AR、全民自动驾驶、万物互联
等，但"听起来总是太遥远"。出于对这些答案的无感，"何同
学"把问题换成"4G 有什么用"来展开搜索，并把调查时间
限定在 2012 年至 2013 年，也就是 4G 即将商用之时。

使该短视频"出圈"的，便是它所提供的这个调查新事物
的独特视角：**站在当下的位置上——亦即，真正站在"已来的
未来"位置上——回看"前人"的各种关于"未来"的臆测性
说法。**

当站在 2019 年看身处 2012 年的人们对 4G 的预测时，我
们发现：当时绝大多数人都在抱怨"4G 没有什么用，资费

[①] 老师好我叫何同学：《有多快？5G 在日常使用中的真实体验》，哔哩哔哩，
<https://www.bilibili.com/video/av54737593>。感谢我的博士生胡顺让我注意到这
个视频。

还那么贵"；少数具有想像力 ① 的人，想到了 4G 可以使用户"看网络高清视频不再卡"，甚至其中有极少数人想到了"视频直播"，但仅仅是设想"应用于专业的新闻领域"，完全没想到"全民直播"，甚至"直播带货"，也根本没有人"预测"到不久之后就深刻改写人类"观看"模式的"短视频""微电影"……②

当时之人完全没有想到，在短短不到几年的时间内，4G 竟然大幅度地改写了人们的日常生活形态——低头刷短视频、在直播间抢货。

我把"何同学"调研问题的这个独特的方法论进路，称作"未来考古学"。③ 我们所处身的这个时代，多种技术对象（technical objects）皆维持着指数级发展速度。④ 在"技术奇点"（technological singularity）随时可能到来的当下时代，未来考古学将成为一个能够有效获得洞见的研究进路。⑤

---

① 从拉康主义精神分析出发，本书用到"想像""假像""景像"等词时，没有采用"象"这个汉字，而是使用"像"。

② 请进一步参见吴冠军：《一场袭向电影的"大流行"——论流媒体时代观影状态变迁》，《电影艺术》2020 年第 4 期。

③ 这个概念本身借自弗雷德里克·杰姆逊。但杰姆逊并未把这个概念用作方法论进路，而是用它来命名包含时间悖论与乌托邦愿景的科幻写作。See Fredric Jameson, *Archaeologies of the Future: The Desire Called Utopia and Other Science Fictions*, London: Verso, 2005.

④ 典型如英特尔创始人之一戈登·摩尔所经验性提出的"摩尔定律"，集成电路芯片上所集成的晶体管数目每隔 18 个月便会增加一倍。

⑤ 关于"奇点时代"的分析请进一步参见吴冠军：《陷入奇点：人类世政治哲学研究》。

晚近这一波"元宇宙热"所卷起的话语旋涡，诚然已使得我们能够从未来考古学视角来考察"元宇宙"。进而穿过"元宇宙热"的当下喧嚣，考古的挖掘工作可以持续前溯。

第一节　从元物理学到元宇宙：考古智人的"超现实"

2021 年，"元宇宙"这一概念骤然间火遍全网。先是游戏公司罗布乐思成功上市，号称是"元宇宙第一股"的诞生。随后社交媒体巨头脸书将公司名称改为"元"，宣布以"元宇宙"为今后核心发展方向。国内的互联网公司也纷纷提出关于"元宇宙"的战略规划。2022 年 1 月 18 日，微软宣布以 687 亿美元的现金交易收购游戏巨头动视暴雪，并表示游戏在元宇宙发展中"扮演了重要角色"，动视暴雪则宣称游戏"元宇宙化"是公司接受微软收购的主因。

各企业巨头关于"元宇宙"的理解与界定尽管各有侧重，但基本的共识是：元宇宙是一个持久的、具有数据连续性的三维虚拟世界，可由有效的、无限数量的用户同步和持续地体验，具有沉浸性、延展性、持续演化性、虚实互动性等特征。亚马逊前全球战略主管马修·鲍尔在出版于 2022 年的《元宇宙改变一切》一书中写道："元宇宙被设想为一个平行世界，人们将在那里花大量的时间工作和生活。"[①]

---

① 　鲍尔：《元宇宙改变一切》，第 207 页。

"元宇宙"的骤然大火，激发了人们对未来的畅想——一时间关于"元宇宙"的话语此起彼伏、热闹非凡，甚至就其是"乐土"抑或"毒品"产生激烈争论。我们将在下一节对这场争论做一个细致探讨。此处，让我们先穿过晚近的"元宇宙热潮"，试着继续往前追溯。实际上，"元宇宙"并不是一个最近刚刚冒出来的全新概念。那么何妨从未来考古学视角出发，来进一步查看一下"前人"是如何构想这个"新事物"的？

1992 年，美国科幻作家尼尔·斯蒂芬森在其小说《雪崩》中，第一次提出了"元宇宙"。斯蒂芬森这样设想元宇宙：

> 他在一个由计算机生成的宇宙里，计算机将画面描绘在其目镜上，将声音送入其耳机中，用行话讲，这个想像性的地方叫作"元宇宙"。[①]

戴上耳机和目镜、找到连接终端，人就能够进入一个由计算机模拟、同现实世界平行的"虚拟空间"中。人通过"化身"的方式"生活"在这个虚拟空间中，并进而能参与该空间的建造。以大街为例，与现实世界一样，"元宇宙"中的大街也需要建设，开发者可以构建自己的小街巷，依附于主干道，还可以建造专属的标志牌，也包括现实中并不存在的东西，比如高悬在半空中的巨型灯光展示。这条大街与现实世界唯一的区别

---

① Neal Stephenson, *Snow Crash*, New York: Bantam, 2003 (ebook), p. 42.

就在于：它只是一份电脑绘图协议，并不真正存在，没有被真正赋予物质形态。

质言之，《雪崩》里的"元宇宙"，就是一个在"现实世界"中并不存在，但又以某种方式虚拟存在的"空间"。

站在 2022 年的当下回过来看，斯蒂芬森所设想的"元宇宙"看上去并无特别新奇之处。但在整整三十年前，斯蒂芬森却分外精准地勾画出了后来被用于电子游戏乃至军事领域的"虚拟现实"（virtual reality, VR）、"增强现实"（augmented reality, AR）与"混合现实"（mixed reality, MR）技术的发展方向——其精准度远超过 2012 年时人们对 4G 技术的构想。

在斯蒂芬森提出其关于"元宇宙"的构想后，短短数年间，"赛博空间"（cyberspace）就成长为一个全球热议的话题——尽管该概念如今早已冷却，但在二十世纪末它却备受关注，关于"赛博空间"的讨论从媒体到学界此起彼伏、热闹非凡。当时那个已深度互联在一起的计算机"网络"，被视为构建起了一个虚拟的"空间"——屏幕背后那个看不见的"空间"里涌动着巨大的信息流，借助终端电脑、鼠标、键盘等"体外器官"，人们便能够进入其中。

1999 年由沃卓斯基姐妹 ① 执导的科幻影片《黑客帝国》，

---

① 当时是沃卓斯基兄弟，其中拉里·沃卓斯基于 2006 年变性并改名拉娜·沃卓斯基，安迪·沃卓斯基于 2016 年变性并改名莉莉·沃卓斯基。

在银幕上令人震撼地展示出了当时人们对"赛博空间"的想像——电脑屏幕上一串串绿色代码奔涌而出，通过它人们能够进入另一"空间"。随着电影大火，时人开始追问一组以前只有哲学家才思考的本体论问题："现实"有多真实（how real is reality）？如果"现实"只是一个拟真出来的"矩阵"，我们该怎么办？①

哲学家看似同科幻家不是一路人，然而在未来考古学的视角里，这两种人却恰恰经常前后脚登场。②关于"元宇宙"这个"新事物"的未来考古学，并不停止在创造该概念的科幻家笔下，实际上还能继续前溯——一种被"虚构"出来的"现实"，绝不仅仅是一个同科技（以及科幻）相关的事物。

史学家尤瓦尔·赫拉利曾在其深富洞见的《人类简史》中提出：人类语言真正独特的功能，并不在于能够传达"真实"的信息，而是能够传达关于一些根本不存在的事物的信息，并且讲得煞有介事，"'讨论虚构事物的能力'，正是智人语言最独特的功能"。③经由语言来进行"虚构"，这使得一群灵长类动物最终演化为"智人"。

智人的这个特征，不只产生了形形色色的"神话"与"宗教"，并且产生了"形而上学"：当古希腊的哲人们追问宇宙

---

① 对这组问题的进一步探讨，请参见本书第四章。
② 参见吴冠军：《从幻想到真实：银幕上的科幻与爱情》，《电影艺术》2021年第1期。
③ 尤瓦尔·赫拉利：《人类简史：从动物到上帝》，林俊宏译，北京：中信出版集团，2014，第25页。

的"本原",追问一切存在者之后的那个终极存在时,"形而上学"就已经诞生。终极存在超越万物之上,而它必须按照"逻各斯"(理性、语言)给予万物以秩序。将形而上学推上历史高峰的格奥尔格·黑格尔在《逻辑学》中,精心设计了"精神"(Geist)创造"世界"的宏伟蓝图,《逻辑学》就旨在揭示整个"世界"的结构。形而上学集中展示了人类按照其自身的"臆测"所构想、创造出的"世界"。[①] 在这个意义上说,**"元宇宙"首先就出现在了作为"元物理学"的形而上学中。**

当下的"元宇宙热"比起哲学家们的臆测构想——甚至比起斯蒂芬森当年的科幻构想——多出一个关键元素:近十年来不断加速发展的诸种**技术对象**。

对元宇宙而言具有高关联性乃至不可或缺性的技术,包括了如下这些:网络与移动通信技术(5G 乃至已出现在地平线上的 6G)、云计算(使终端设备更轻量化、功能更强大)、边缘计算节点(解决成本与网络堵塞问题)、芯片技术、人工智能(尤其是机器学习,使元宇宙里的非玩家角色接近乃至超过人类水平,有效提升系统运行效率与智慧化程度)、自然语言处理(有效提升用户与系统之间的交流)、智能语音、智能穿

---

① 详细的分析请参见吴冠军:《从精神分析视角重新解读西方"古典性"——关于"雅典"和"耶路撒冷"两种路向的再思考》,《南京社会科学》2016 年第 6 期;吴冠军:《辩证法之疑:黑格尔与科耶夫》,《社会科学家》2016 年第 12 期;吴冠军:《施特劳斯与政治哲学的两个路向》,《华东师范大学学报(哲学社会科学版)》2014 年第 5 期;以及,吴冠军:《政治哲学的根本问题》,《开放时代》2011 年第 2 期。

戴设备（如头戴式显示器）、全息影像技术（针对裸眼的影像技术）、传感技术（体感、环境等）、脑机交互技术（乃至脑机接口）、虚拟现实引擎（制造全场景沉浸感）、三维建模与实时渲染技术、光线追踪技术、数字孪生技术、区块链（支撑元宇宙经济体系，保证系统规则的透明执行，确保底层数据的可追溯性与保密性）、物联网（使元宇宙获得外部现实中的万物信号并发生信息交换，乃至管理后者）……①

　　这些技术对象以彼此集成（integrated）与互相触动的方式，使得"元宇宙"一词里的"meta"，获得了其作为古希腊语词根的"超越"之意。换言之，**这些技术对象正在使得"元宇宙"成为超越"现实"的一种"超现实"**。②

　　目下的技术仅仅是实现了部分感官（视觉、听觉）的"虚拟化"体验，至于触觉、嗅觉、味觉、温度感觉等，还只能在"元宇宙"游戏之外的"现实"中获得。③然而，通过技术的指数级发展与迭代，"元宇宙"自我规划的愿景并不是海市

---

①　有学者把元宇宙的技术集群概括为"BIGANT"（大蚂蚁）：B 指区块链技术（Blockchain），I 指交互技术（Interactivity），G 指电子游戏技术（Game），A 指人工智能技术（AI），N 指网络及运算技术（Network），T 指物联网技术（Internet of Things）。参见《元宇宙 BIGANT 六大技术全景图》，知乎，<https://zhuanlan.zhihu.com/p/441371759>。

②　此处的"超现实"并非让·鲍德里亚笔下的"hyper-reality"，也不是超现实主义者们笔下的"surreal"，而是"meta-reality""ultimate reality"，也可按照中文习惯称为"元现实"或"终极现实"。本书第四章与尾论中会用到鲍德里亚意义上的"超现实"（亦即现实与拟真无缝衔接，甚至无法区分）。

③　进一步参见吴冠军：《从后电影状态到后人类体验》，《内蒙古社会科学》2021 年第 1 期。关于"温度"感觉的进一步分析，请参见本书第五章第六节。

蜃楼：它旨在使人的各种感官得到全方位的"虚拟化"，让人同其虚拟"化身"完全融为一体，从而产生强烈的临场感、沉浸性和交互性。可以设想在未来的"元宇宙"里，当你的"化身"捡起一块石头，就能感到石头的重量，伸手触摸虚拟女友的脸就能感受到肌肤的温暖……

当然，这些当下想像是远远不充分的。问题的关键乃在于：人们对未来的"预测"，无法根本性地脱离当下技术状况对其思维的限制。这就意味着，不管我们愿不愿意承认，我们都是"何同学"视频里那些当年畅想 4G 的人。我们根本就无法去充分地讨论——遑论穷尽——"元宇宙"所带来的可能图景。

我们可以谨慎地提出：经由未来（尚未到来）的诸种作为"体外器官"的技术对象，人的感知在现象学意义上，将以目下无从想像的方式被深层次地重组。[①] 于是，在技术对象的加持下，"元宇宙"在某种意义上指向了超越"现实"的更高层次的"宇宙"——不仅仅是"虚拟现实"，更可能成为某种"超级现实"。

当下尽管热流涌动，但今天的人们多是倚赖诸种当下视角（技术、理念、意识形态……）来畅想"元宇宙"的未来，似乎这个未来总是会和当下构成一个连续性的图谱。从未来考古

---

① 就技术对感官的现象学重组，进一步讨论请参见吴冠军：《速度与智能：人工智能时代的三重哲学反思》，《山东社会科学》2019 年第 6 期；同时请参见吴冠军：《再见智人：技术–政治与后人类境况》，北京：北京大学出版社，2023，第二章。

学的视角出发，我们则可以看到：生活在柏拉图主义或黑格尔主义"元物理学"（形而上学）之"超现实"中的人们，无法想像二十世纪末"赛博空间"之"超现实"，就如今天在 5G 移动网络中刷短视频的人们，实际上无法想像"元宇宙"之"超现实"。

正是在这个意义上，我同意姜宇辉的如下论见："元宇宙或许并不是离我们最近的未来，而恰恰相反，是有史以来与人类历史和当下现实距离最远、鸿沟最深的那个断裂的未来。"[1] 我们有必要在当下的"元宇宙热"中，去陌生化那个备受关注的"未来"，并运用未来考古学的研究进路，对那个可能根本无可想像的未来去做出一些前提性思想准备。

第二节　"为自然立法"：当康德住进元宇宙

经由上一节中的未来考古学考察，我们已能够看到：人类（智人）所生活其内的"现实"，始终有一个虚构性的内核，这个内核从当年哲学加持的"元物理学/形而上学"，演变成今天技术加持的"元宇宙"。然而，尽管面貌完全不同，但两种"现实"却隐秘地共享着同一种特质，那便是：**它们都恰恰指向某种"超现实"。**

---

[1]　姜宇辉：《元宇宙作为未来之"体验"——一个基于媒介考古学的批判性视角》，《当代电影》2021 年第 12 期，第 21 页。

那么，"现实"的虚拟内核（"超现实"），在本体论层面上意味着什么？

当下的"元宇宙热"中，以刘永谋为代表的学者所采取的研究思路，和未来考古学颇为相似。刘永谋认为对于新事物"哲学家最好不要太早发言"，他本人之所以对于"元宇宙"仍然发言，是因为"'元宇宙'术语虽新，但从哲学上看本质，并没有什么新东西"。[1] 就像"何同学"从对 5G 的发问很快转到对 4G 的发问上，刘永谋把对"元宇宙"（新事物）的讨论很快转到对"赛博空间"（旧事物）的讨论上——"类似东西的讨论，我甚至在读博期间，也就是差不多二十年前思考过"。[2]

当年"赛博空间"讨论最热的时候，对它的一个主导性批评就是："赛博空间"并不是真正的物理空间，而是上网的人想像出来的空间；它仅仅存在于人们的大脑中，故此本质上和"神话"无异。[3] 而在刘永谋看来，所谓的"元宇宙"不过是"赛博空间的高级阶段"，故此就是一种"幻觉空间"，"元宇宙越成熟，越容易让人产生幻觉"。于是，当你进入"元宇宙"，你实际上是陷入幻觉空间，就像是"各种癔症病人、被催眠的人'看到'各种奇怪东西在某种空间中展开"一样。[4]

---

[1] 刘永谋:《元宇宙、沉浸与现代性》，腾讯网，<https://xw.qq.com/amphtml/20211206A080Q300>。

[2] 同上。

[3] Vincent Mosco, *The Digital Sublime: Myth, Power, and Cyberspace*, Cambridge, Mass.: The MIT Press, 2004.

[4] 刘永谋:《元宇宙、沉浸与现代性》。

持"幻觉论"的学者，很自然地就会把陷入"元宇宙"的体验同"吸毒"做比较，"当人吸毒之后，物理世界会变得虚幻，而幻觉世界会变得真实。当世界等于完全的感觉沉浸，当感觉被切断，世界便会消失"，"和吸毒不同，在元宇宙中，你可以和人共享幻觉，而吸食毒品你只能'自嗨'，无法与人分享环境"。[①] 刘永谋进而提出，当代技术要为"元宇宙"这种新型"毒品"的蔓延承担责任，"全身沉浸性的元宇宙的出现和发展体现了技术现代性、工具理性对现实和意义、神圣和世俗的割裂，这种割裂正是技术现代性发生危机的核心和对自身的异化"。[②]

那么，"元宇宙"在本体论层面上，是否就是一个"幻觉空间"，而生活在其中的人就是在吸食"技术毒品"？我们是否应该认同这种针对"元宇宙/赛博空间"的未来考古学见解？

乍看上去，"幻觉论"没啥毛病："元宇宙"确实同"现实"泾渭分明。在"元宇宙"中的一切事物，并非物理意义上的"真实"存在——无可置疑，它们皆是"虚构"、"虚拟"或"增强"出来的。与之相对，在"现实"中，一切物体、肉体、人、事件及其因果链等等，都在"客观"意义上"真实"存

---

① 刘永谋:《元宇宙、沉浸与现代性》。
② 同上。

在。①"现实"是真正的物理空间，人"真实"地生活在这一空间之中，在其中进行吃、喝、睡觉等活动，才能满足自身的生理需求。生活在"元宇宙"这种想像出来的幻觉空间中，即便时时刻刻都在享用"山珍海味"，生理-物理层面上仍然什么也没发生。

然而，问题并没有那么简单。从未来考古学视角出发，"元宇宙是否幻觉空间"这个问题，我们实可求助于思考"我能认识什么"问题的十八世纪德国哲学家伊曼纽尔·康德的洞见。因为对该问题的追思，康德本人当年从一个天体物理学家一路转行成为道德哲学家与美学家。

康德提出，科学研究者必须从做出本体论判定（"现实"是否幻觉），转到认识论探索（能否对"现象"进行描述并总结规律）。②实际上，我们将"现实"（reality）中的一切体验为"真实"（real），就在于它们是可感（诉诸感官/感性）、可知（诉诸理解力/知性）的。人的"意识"——康德笔下主体性的"先验统觉"（transcendental apperception）——根据感官系统得来的信息形成"现实感"，亦即，将作为信息源头的对象判断为"真实"。但这种"现实感"在康德眼里是成问题的，必须通过纯粹理性批判加以衡断和廓清。

---

① 量子力学对这种经典物理学视角下的实在论提出了挑战。详细的分析请参见本书第五章。

② Immanuel Kant, *Immanuel Kant's Critique of Pure Reason*, trans. Norman K. Smith, London: Macmillan, 1929.

　　经验性的感知，以及基于其的实证主义方法论，都从来不关涉本体论的"现实性 / 实在性"问题，而是只负责采集环境或研究对象的信息——并且总是不完全的信息——传递给"意识"。这就导致了，"意识"所获得的"现实感"，跟"'现实'本身是否真实"（Is 'reality' itself real）这个本体论问题完全无关。

　　这就是为什么康德坚持"人为自然立法"，而非古典形而上学主张的"自然为人立法"：在他看来，一切"现象"［在本体论层面上同"物自体"（things-in-themselves）无关］，都是人的"意识"来确定的。先验统觉处理感性材料，从而获得经验。理解力和理性则处理经验性现象彼此关联的普遍性法则（如物理规则、道德规则），从而知晓如何实践以及如何判断。康德把认识论问题同本体论问题相区分，提出科学研究者只需要关注认识论问题而大可悬置本体论问题。康德将他提出的这个建议称作"哥白尼式革命"，而这个革命在哲学史上则被称作"认识论转向"。

　　统合可感、可知的"意识"（"先验统觉"），能进入"元宇宙"中继续感知——甚至对比"现实"中各种既有物理规则之束缚，"意识"在"元宇宙"里能够更为"自由"地驰骋、感知上天入地或翻江倒海的畅快……"元宇宙"不只是在技术层面上确证了"人为自然立法"（人开发出这个"现实"），并且在认识论意义上确证"人为自然立法"：当一个人穿戴上 VR 头显等作为"体外器官"的技术设备进入"元宇宙"后，他 /

她的"现实感"实际上被重组了。

于是，如果你判定"元宇宙"是幻觉空间，你就可以以完全相同的方式判定"现实"是幻觉空间：因为你是以同样的方式去感知"现实"。

实际上，"元宇宙"里的一切事物、事件无法被视作真实存在着的，恰恰是因为：根据"现实"中的各种规则、法则，它们无法被判断为"真实"。你进入"元宇宙"后，可感、可知并没有被阻断，而是会依照全新的"物理规则"来感知——譬如可以在全新的引力规则下感受天地"一跃"间的快感。

"元宇宙"中的一个科学研究者可以通过各种经验性的感知信息，来逐步定位到那里面的"物理规则"并对之加以持续不断的证伪/证实。倘若你真的是一个具有纯粹理性批判精神的科学家，彻底以实证主义-经验主义的方式，来研究自己所处身其内的那个"现实"，那么，即便你取得再多成绩、奠立再多的"知识"（亦即，科学哲学家卡尔·波普尔笔下的"世界3"），你都无法对该"现实"本身是否真实，做出"科学"判断。

康德之后的哲学家，也不会去一口做出如下判定："元宇宙是幻觉空间""进入元宇宙是吸毒"。[①] 那是彻彻底底前康德主义哲学家（"形而上学家"）才会说的话。当然，做出上述判定的刘永谋在以下论点上仍然是对的：对于"元宇宙"这个新东西，哲学家（后康德主义哲学家、"批判"的哲学家）可以

---

① 关于元宇宙与"吸毒"的进一步比较，请参见本书第四章第四节。

发言。哲学家尤其可以展开的思想实践就是，**通过未来考古学进路来重新激活以往哲学家言论里的洞见。**①

有意思的是，在刘永谋看来，要对抗"元宇宙"这种幻觉空间，对抗技术所导致的"个体世界、历史世界的虚幻性"，就"只能用指向终极关怀的形而上追问来救治"。② 我们看到：对于"幻觉论"者而言，能应对"元宇宙"这种技术造成的"幻觉空间"的，恰恰是形而上学的"终极关怀"。于是乎，针对技术"拟真"所制造的虚拟性的"救治方案"，就是去加大哲学"臆测"所制造的虚拟性的剂量。③

第三节　听自己的还是听大他者的：从康德到拉康

上一节我们提出：如果你判定"元宇宙"是幻觉空间，那么就可以以相同方式来判定"现实"是幻觉空间。也就是说，如果"元宇宙"无法摆脱其"虚拟性"内核，那么，"现实"同样无法摆脱其"虚拟性"内核。

这一节，就让我们进一步从未来考古学视角出发，借助精神分析学家雅克·拉康关于真实-想像-符号的拓扑构架，来思考"现实"本身的"虚拟性"。

---

① 参见吴冠军：《如何在当下激活古典思想——一种德勒兹主义进路》，《哲学分析》2010 年第 3 期；吴冠军：《邓正来式的哈耶克——思想研究的一种德勒兹主义进路》，《开放时代》2010 年第 2 期。

② 刘永谋：《元宇宙、沉浸与现代性》。

③ 关于哲学（形而上学／元物理学）与影像之间的关系，请参见本书第三章第一节。

在 2017 年发表于《鹦鹉螺》杂志的题为《意识形态是原始的增强现实》的文章中，拉康的再传弟子、哲学家斯拉沃热·齐泽克特别分析了当时因"增强现实"体验而成为现象级游戏的《宝可梦 GO》。在齐泽克看来，这款游戏的成功就在于，它用数字技术给玩家提供了一个"中介性框架"（intermediary frame），使各种"虚拟元素"有效地对"现实"做了增色性质的补充，"如果没有这个框架，原本那个现实则会让我们毫无兴致"。①

齐泽克的分析并没有停留在这里。他进一步提出：

> 我们关于"真实"现实的"直接"体验，已经就像一种**真实现实、增强现实与混合现实的混合物**而被结构化。②

在齐泽克眼里，这个让我们熟悉到提不起兴致的"现实"，已经是一个充满虚拟元素的"现实"。"真实现实"，同样是通过诸种"中介性框架"而被结构化的。

《宝可梦 GO》所提供的"中介性框架"，对应着拉康所说的**想像性的"幻想框架"**。而在这个被我们体验为真实的"现

---

① Slavoj Žižek, "Ideology Is the Original Augmented Reality", *Nautilus*, October 26, 2017, available at <https://nautil.us/ideology-is-the-original-augmented-reality-236862/>, emphasis added.

② Ibid.

实"（也就是提不起兴致的那个"现实"）中，"中介性框架"不仅仅有想像性的"幻想框架"，还包含**符号性的"意识形态框架"**。

齐泽克引用分析哲学家丹尼尔·丹尼特的"异己现象学"（heterophenomenology）提出，所谓的"主体性的体验"，本身已然是哲学家（尤其是康德主义哲学家）的"符号性的虚构"。换言之，我们不能假设：人们只是无法触及康德所说的"物自体"，但可以触及"现象"。相反，"主体性体验的宇宙是被重构出来的，同我们通过阅读文本来重构一部小说的宇宙的方式完全相同"。[1]

小说文本所构筑起来的宇宙，是充满"孔洞"的。譬如，阿瑟·柯南道尔在《血字的研究》中颇为细致地描述了夏洛克·福尔摩斯的公寓，但并没有描述公寓书架上有多少本书。小说的宇宙，不是一个彻底构建完成了的宇宙。在齐泽克看来，丹尼特的洞见是，我们无法假设主体性体验是连贯的，而非充满"孔洞"、充满不连贯的碎片，"裂缝被引入我自身的第一人称体验中"，"主体是其自身的虚构"。[2]

我们在阅读内含大量印刷错误的文章时，很多时候并不会注意到错误——除非在做校对文本的工作时。这意味着，**我们自己填补了"孔洞"**。阅读文章是这样，体验"现实"也是这

---

[1]　Žižek, "Ideology Is the Original Augmented Reality", op. cit.

[2]　Ibid. 齐泽克把丹尼特视作一个"原拉康主义"（proto-Lacanian）哲学家，尽管丹尼特本人肯定不会接受。

样。这个宇宙是连贯的，那是因为：我对"宇宙"的体验，被我构建为连贯的。① 诚如齐泽克所写，"'直接体验'，是我**记忆为**我的直接体验"。②

于是，当评论者们强调元宇宙的"现实"是虚构出来的时，他们没有意识到，自己所处身其内的这个宇宙的"现实"，也是虚构出来的。原因有两层：（1）人们是用相同的方式（亦即，康德所说的对"现象"的体验），去体验"元宇宙的现实"与所谓的"真实现实"；（2）这份主体性体验，本身亦是经过符号性虚构［亦即，拉康所说的"符号性阉割"（symbolic castration）］加以保留而形成的。

我们可以进一步借助拉康所提供的术语，把"虚拟性"分成如下三种形态："真实的虚拟"（real virtual）、"想像的虚拟"（imaginary virtual）、"符号的虚拟"（symbolic virtual）。

"真实的虚拟"是一种纯粹的形式，不涉及任何物质性的内容。以一尊苏格拉底铜像为例：用于制作这一铜像的铜料可以铸成任何事物，但只有苏格拉底形象这一形式本身，才使这些铜料成为苏格拉底铜像。该形式本身诚然是虚拟的，但却构成了事物之所以"是"的定义性内核。

对于"想像的虚拟"，齐泽克曾举过一个形象的例子来加以说明：当我与他人交流时，我的感官会接收到这个人正在

---

① 量子引力论提出，这个宇宙并不是平滑的、连续性的，而是离散的。进一步讨论请参见本书第四章第四节与第五章第六节。

② Žižek, "Ideology Is the Original Augmented Reality", op.cit., emphasis added.

呼气、身上有其个人化的味道等等感性材料，但在实际接触中，我会把这些感知给过滤掉，因为我并不是在与这个真实的他人交流，而是与一个经过"中介性框架"处理的"虚拟"形象相处，这一虚拟形象是我在抹去他人令我难以忍受的特质后想像出来的。人们之所以会沉浸在"元宇宙"中，甚至喜欢"元宇宙"甚于"现实"，很大程度上是因为，那里比"现实"更为满满充盈着"想像的虚拟"——那里没有"丑人""排泄物""体味""口臭"……

就"现实"的虚拟性内核而言，更为关键的是"符号的虚拟"。对"现实"的探究上，结合二十世纪"语言学转向"成果的拉康，比发起"认识论转向"的康德更迈进了一步。拉康提出，人们对"现实"的体验，并不只是从感官系统到"意识／先验统觉"那么简单，而是**经过"符号性的向度"**（亦即，各种形态的语言）**的中介**。"现实"，是一个符号性的秩序（symbolic order）。对此，齐泽克阐释道：

> 符号性的向度就是拉康所说的"大他者"（the big Other），那个将我们关于现实的体验予以结构化的无形的秩序，关于诸种规则与意义的复杂网络，它使得我们看见我们所看见的——依据我们看见它的方式（以及使我们看不见——依据我们看不见它的方式）。①

①　Slavoj Žižek, *Event: Philosophy in Transit*, London: Penguin, 2014, p. 119.

"现实"本身，是由符号性向度（"大他者"）所结构化出来的。正是大他者，使得"现实"变得很虚拟：符号秩序的边界，就是"现实世界"的边界。由于康德没有聚焦符号性的向度，所以他认为人为自然立法，进而为道德实践立法。对于康德而言，道德实践并不以"现实世界"之实在性为前提。人无法确认"现实世界"是否真实，但却可以为自身在世界内的行动确立准则。

而在拉康这里，大他者扮演了"立法者"这个角色：在作为符号秩序的"现实"中，大他者告诉你你看到什么、听到什么、事物运行的规律是什么，并告诉你该如何行事、什么是"正常"的社会现象……[1]换言之，人并无法如康德所说能够彻底自主地行动（自己给自己的行动立法），大他者结构性地使人陷入他律（heteronomy）的状态。

更无奈的是，你可以挑战大他者，但无法干掉它——你只能通过参与它而进入"现实"。[2]如齐泽克所言，"所有实际行动都显得是另一种'看不见'的力量（其地位是纯粹虚拟的）

---

[1] 参见吴冠军：《大他者到身份政治：本质主义的本体起源与政治逻辑》，《文化艺术研究》2022年第3期。

[2] 参见吴冠军：《有人说过"大他者"吗？——论精神分析化的政治哲学》，《同济大学学报（社会科学版）》2015年第5期；吴冠军：《"大他者"的喉中之刺：精神分析视野下的欧洲激进政治哲学》，《人民论坛·学术前沿》2016年第6期。

的‘表面形式’”。[①] 大他者始终以一种不在场的方式在场，保持一种纯粹“虚拟”的状态。即使一位法官是个瘦弱胆小的人，但一旦他穿上制服，被大他者符号性委任后，我们就会遵从这个法官所宣读的判决——我们服从的不是“真实”在场的那个瘦弱之人，而是“虚拟”在场的大他者。[②]

上述所分析的这三重“虚拟性”说明了，我们所体验的“现实生活”，实质上结构性地具有“虚拟”属性。

以此反观“元宇宙”。诚然，那里“想像的虚拟”要比“现实”充盈得多。但就“符号的虚拟”而言，那位“现实”中的大他者，在“元宇宙”中看上去变得羸弱很多——在那里人们的行动往往更肆无忌惮、更无法无天。

在“现实”中，一个人的“身份”必须得到大他者的符号性委任，这样才能融入整个社会关系之网中。当这个人进入“元宇宙”后，则不用老是听大他者的话做一个好人、老实人，或者做一个“正常”的男人或女人。在那里，一个人可能更能肆无忌惮地做其“真实”想做的事：你可以是一位和蔼可亲的“老师”，但这往往并不阻碍你又成为一个杀人如麻的“狂战士”；你也可以任你的心意改变自己的“性别”身份，或者改写对男人/女人的“正常”界定（譬如异装）。在“元宇宙”中，你更能够为自己的实践立法，而不是遵从大他者的律

---

① 齐泽克：《幻想的瘟疫》，胡雨谭、叶肖译，南京：江苏人民出版社，2006，第188页。
② 请进一步参见吴冠军：《爱、谎言与大他者：人类世文明结构研究》。

令——当然，这种立法往往会更有萨德主义味道而非康德主义味道。①

在本体论层面上，对比"元宇宙"所塑造的虚拟空间后，我们至少能看到，**"现实世界"并不一定就更真实——它本身已经很大程度上是"虚拟的"**。"元宇宙"反而在一定程度上，削弱了大他者的虚拟在场，使得进去之人可能在其数字化身之下展露"真实"面目（在做其"真实"想做的事时顾忌会更少些）。

实际上，我们在"元宇宙"中所面对的，是**一个虚拟性本身被激进重组的"虚拟现实"**。技术重组了感官之诸种体验的同时，也重组了虚拟性的结构——符号性的虚拟现实被削弱，而想像性的虚拟现实则被大幅增强。

第四节　没有红丸或蓝丸，只有有毒的解药

在前面两节中，我们通过未来考古学进路，先后把康德、拉康拉入元宇宙的讨论。就这两位思想家的见解而言，强调主体之自主、自由的康德，似乎比强调主体被诸种结构化力量操控的拉康，更和"元宇宙"气质相符。

对比"现实"，"元宇宙"之所以具有吸引力，就在于在那

---

① 拉康曾经提出"康德伴随着萨德"（Kant avec Sade）这个论题，指出康德和萨德貌似对立，实际上是一伙的。关于这个论题的具体讨论，请参见吴冠军：《爱、谎言与大他者：人类世文明结构研究》，第六章第二节。

里：（1）"想像的虚拟"被大幅增强；（2）"符号的虚拟"（大他者）被削弱。两者加起来，使得人们在"元宇宙"里的生活，能获得巨大的"自由度"——甚至上天入地都行。

对比"元宇宙"里的生活，在"现实世界"中，人类即便在文明的意义上成就非凡，依旧受制于诸多限制，这些限制至少体现在三个向度上：

（1）**包括时间与空间在内的物理规则的限制**。人的生命时间跨度总是有限的，个体在有限的时间中同时也要受到物理空间的限制。[①]

（2）**各种稀缺（在资本主义秩序中体现为金钱）的限制**。贫穷不仅限制了人的想像力，更使人被迫束缚在狭隘的分工体系之中。[②]

（3）**作为符号性禁令的大他者的限制**。要想在"现实"中生活下去，人们不得不老老实实遵从各种外加的符号性规范，并接受"规训"（discipline），让这些外在规范

[①] 关于时间箭头的进一步讨论，请参见本书第二章第一节与第五章第六节；以及，吴冠军：《"我们所拥有的唯一时间"——透析阿甘本的弥赛亚主义》，《山东社会科学》2016 年第 9 期。

[②] 请进一步参见本书第二章；以及，吴冠军：《人类世、资本世与技术世——一项政治经济学-政治生态学考察》，《山东社会科学》2022 年第 12 期；吴冠军：《"全球化"向何处去？——"次贷危机"与全球资本主义的未来》，《天涯》2009 年第 6 期；吴冠军：《爱的算法化与计算理性的限度——从婚姻经济学到平台资本主义》，《人民论坛·学术前沿》2022 年第 10 期；吴冠军：《爱的革命与算法革命——从平台资本主义到后人类主义》，《山西大学学报（哲学社会科学版）》2022 年第 5 期。

内化为自身的行为准则。[①]

面对这个"现实"中的重重限制与束缚，人很少能够"随心所欲不逾矩"[②]地生活。正是因为"现实"中，因"摧眉折腰事权贵"或其他生存性状况"使我不得开心颜"[③]的人比比皆是，所以处理抑郁、歇斯底里的拉康式精神分析学家，远比阔论自主、自由的康德式哲学家更为贴近"现实"。

然而，在"元宇宙"中，你不但可以随意选择和改变自己的"身份"，而且能够做自己想做但在"现实"中不敢做、无法做之事，去释放自身最为隐秘的"欲望"。在"现实"中来场说走就走的旅行成本很大，只有少数人能这么玩、享有如此大的"自由度"。但在"元宇宙"中，这根本不成为问题（连"超光速旅行"也不成问题）——你甚至可以这一刻在"魔都"上海的外滩边，下一刻就在"花城"巴黎的铁塔前，还可以玩很多"现实"中不可能有的感官体验项目。个体诸种被压制的愿景或欲念，在"元宇宙"中可以得到极大释放。在这个意义上，我们确实可以提出如下命题：个体在"元宇宙"中，能够获得被"现实"中的大他者所结构性剥夺的"自由感"。

---

① 请进一步参见本书第六章第五节；以及，吴冠军：《绝望之后走向哪里？——体验"绝境"中的现代性态度》，《开放时代》2001 年第 9 期；吴冠军：《从规范到快感：政治哲学与精神分析的双重考察》，《同济大学学报（社会科学版）》2022 年第 5 期。

② 《论语·为政》。

③ 李白：《梦游天姥吟留别 / 别东鲁诸公》。

尽管如此，我们却不能把"元宇宙"简单地视作**主体性自主**（你为自己立法）对**结构化操控**（大他者为你立法）的胜利，视作个体对大他者之压制的解放。

实际上，在"元宇宙热"骤然兴起的当下，判定"元宇宙"的解放性或压制性，都是为时过早的。从未来考古学视角出发，或许我们可以从法国技术哲学家贝尔纳·斯蒂格勒那里获得洞见。尽管 2020 年辞世的斯蒂格勒并没有见证当下的"元宇宙热"，但他在一般意义上对作为"体外器官"的技术对象，展开了一个深具洞见的"药理学"（pharmacology）分析。在斯蒂格勒看来，技术既是推进文明的一剂"良药"，但同时也是毒性巨大的"毒药"，它在解毒的同时又在下毒。[①]

诚然，建立在当代诸种前沿技术之"座架"（Gestell，马丁·海德格尔的术语）上的"元宇宙"，在日常现实中可以当"解药"服用，但该"解药"自身的毒性也很强。在"元宇宙"里人们所感受的"自由感"（大他者在场感的削弱），主要是针对人们所熟悉的"现实"中的各种规范。然而在我看来，即便在"元宇宙"中，拉康主义精神分析研究仍然有广阔天地，那是因为，**那里将产生出新形态的大他者**——身体在"现实"中而意识进入"元宇宙"的那些玩家，实际上只是从一个大他者控制下的牢狱（"现实"），逃到另一个大他者的牢狱（"元宇

---

① Bernard Stiegler, *For a New Critique of Political Economy*, trans. Daniel Ross, Cambridge: Polity Press, 2010, p. 47.

宙")里，甚至很多时候将不得不同时接受两个大他者的规训与压制。

今天，当你进入《英雄联盟》这样的游戏时，你的"化身"就会被一串数据所定义（譬如物理攻击力、法术攻击力、技能冷却时间等等），之后你在那个虚拟世界里的每个行动和互动所产生的影响，亦都会被即时性的数据变化所记录（如被撞击或攻击到会引起生命值降低）。

在"现实"中，发生在你身上的物理意义上的"因果效应"，来自一个巨大无形的网状聚合体（我们称其为"世界"）。在这个聚合体中，其他的人类与非人类能动者同你产生各种交互性的触动。这些极其复杂的触动中的绝大多数，并不能即时性地呈现为量化的数据变化。[①]

即便晚近以来，通过各种穿戴或植入设备（智能手表、手环、心率带……），人们的生活正越来越呈现为一串串数据变化。但这种对碳基生命的"数字化"，本身是一种本体论层面上的蛮横操作，并无法做到贴合——拉康主义精神分析把这种本体论操作称作"阉割"。[②]

[①] 关于因果效应与触动的进一步讨论，请参见本书第五章与第六章。

[②] 关于"阉割"的分析，请进一步参见吴冠军：《日常现实的变态核心：后"9·11"时代的意识形态批判》；吴冠军：《"卡拉OK式礼乐"：卡拉OK实践与现代性问题》，《文艺理论研究》2015年第4期；吴冠军：《女性的凝视：对央视86版〈西游记〉的一个拉康主义分析》，《文艺理论研究》2016年第6期。See also Guanjun Wu, *The Great Dragon Fantasy: A Lacanian Analysis of Contemporary Chinese Thought*, Singapore: World Scientific, 2014.

然而，在硅基计算机服务器与大数据云计算所打造的"元宇宙"中，不只你的每一个行动都会被记录下来，而且行动中每个细节步骤都是可以被追溯的——你每时每刻都在留下自己的数字痕迹。这种对个体生活无缝式的数据全记录，使得"元宇宙"根本性地成为一个大他者眼里彻底透明的"数字全景监狱"。

在出版于 1975 年的《规训与惩罚：监狱的诞生》中，法国思想史家米歇尔·福柯将现代社会视作"全景监狱"的比喻众所周知。[①] 但即便是在已高度数字化的当下社会中，仍然会有大量未被数字化的漏网之鱼——我把这样的人称作"余数生命"。[②]

然而，在"元宇宙"中你的生活所产生的所有数据，都将无可逃遁于新形态大他者的监视。根据当代德国哲学家韩炳哲的看法，"数字全景监狱里的居民不是被抓捕的罪犯。他们生活在对自由的假想中。他们自愿地自我展示和自我曝光，并且用以此产生的信息供养着数字全景监狱"。[③] 换言之，**生活在数字全景监狱里的人们，恰恰都会"自由感"爆棚，并"自由地"成为这座监狱里的居民。**

[①]　Michel Foucault, *Discipline and Punish: The Birth of the Prison*, trans. Alan Sheridan, New York: Vintage Books, 1995.

[②]　参见吴冠军：《健康码、数字人与余数生命——技术政治学与生命政治学的反思》，《探索与争鸣》，2020 年第 9 期。

[③]　韩炳哲：《在群中：数字媒体时代的大众心理学》，程巍译，北京：中信出版集团，2019，第 103 页。

在谈到扎克伯格所启动的"元宇宙"项目时，齐泽克写道：

> 元宇宙将成为超越我们断章残篇、伤痕累累的现实的一个虚拟空间，在该空间里我们将平滑地通过我们的化身来互动，并伴随着增强现实的诸种元素（现实与各种数字符号相交叠）。它将彻彻底底是被实现化了的形而上学：一个彻底吸收现实的形而上学空间，只有当它通过数字导向来操控我们的认知与介入时，我们才被允许碎片式地进入该空间。这里的关键就在于，我们将获得一个**被私有化占有的共通之物**（*a commons which is privately owned*），**一个私人的封建领主监视与管控我们的互动**。①

在这位拉康主义哲学家看来，尽管我们借助诸种技术座架而能够以数字"化身"的形态来生活，但"元宇宙"究其实质就是被实现化了的形而上学空间——在该空间中，一个数字形态的大他者更加高效地监视与管控一切。我们逃离"断章残篇、伤痕累累的现实"，而奔向似乎实现"随心所欲"式生活、时刻获得爆棚"自由感"的"元宇宙"，实际上，却只是请来了一个全新形态的"私人的封建领主监视与管控我

---

① Slavoj Žižek, "Boringly postmodern and an ideological fantasy: Slavoj Žižek reviews Matrix Resurrections", *The Spectator*, <https://www.spectator.co.uk/article/a-muddle-not-a-movie-slavoj-i-ek-reviews-matrix-resurrections>, emphasis added.

们的互动"。

意大利哲学家吉奥乔·阿甘本对人有个著名的论断：人是"向自己的沉浸而觉醒的生物"。[①]"元宇宙"的兴起，可以被视作沉浸在"现实"中过久的人们，借助技术而寻求"自由感"的努力。然而我们所面对的，并不是《黑客帝国》中的"红丸"，吃下去只有解放而无任何副作用。在"现实"中，解药同时带有毒性："元宇宙"本身引入了一个全新形态的"现实"（"超现实"），引诱人们全情沉浸。

在阿甘本看来，人与动物的区别恰恰不是沉浸，而是敞开。作为人而生活，就是去悬置我们所熟悉的"现实"，去不断回到没有被意义化的原初起点。[②]只有不断在那个点上重新出发，我们才有力量不至于从完全**"沉浸"**在**"现实"**中，转为一头**"沉浸"**在各种各样从**"现实"**角度看是虚拟的**"超现实"**中——它们可以是荒诞不经的古代神话，蒙昧独断的"元物理学"（形而上学），抑或光怪陆离的后人类数字"元宇宙"。[③]

[①] 阿甘本：《敞开：人与动物》，蓝江译，南京：南京大学出版社，2019，第 86 页。

[②] 关于没有被意义化的原初起点的进一步探讨，请参见吴冠军：《共同体内的奇点——探访政治哲学的"最黑暗秘密"》，《江苏行政学院学报》2022 年第 1 期；以及，吴冠军：《陷入奇点：人类世政治哲学研究》。

[③] 请进一步参见吴冠军：《话语政治与怪物政治——透过大众文化重思政治哲学》，《探索与争鸣》2018 年第 3 期。

结　语　从未来返回当下

在上一节那段引述文字中，齐泽克除了提到"私人的封建领主监视与管控我们的互动"，亦充满洞见地提出，"元宇宙"给作为玩家的我们提供了"一个被私有化占有的共通之物"。

诚然，对于所有进入其内展开探索、游戏乃至生活的人而言，"元宇宙"，就实质性地构成了一个"共通之物"。

然而，**这个"共通之物"恰恰是有"产权"（property right）的；而绝大多数终日沉浸在"元宇宙"中的玩家，却并不是拥有其产权的人。**

要追索谁是"元宇宙"的私有化占有者，我们就需要来到"元宇宙"外面的"现实"中。

下一章，就让我们从未来返回当下，来批判性地分析当下"元宇宙热"之台前幕后的那些推手。

第二章　资本＋：从人类世到元宇宙

世界正在坍塌。这个世界里的文明，正在进入剩余时间。恰恰是在这样的背景下，"元宇宙"变得越来越热……

引 言 返观我们这个当下世界

尽管"未来"仍然未来，但我们却可以通过"考古学"来展开研究。在上一章中，我们采取未来考古学的方法论进路，考察了智人从"元物理学"到"元宇宙"的关于"超现实"的想像性-符号性-技术性构建。

上一章进而揭示出，这个"超现实"，恰恰构成了"现实"的虚构性内核。

在本章中，让我们进一步聚焦眼前的"现实"，聚焦我们所生活其内的这个当下世界——"元宇宙热"骤然兴起，恰恰同这个世界的当下状态紧密相关。

我们这个世界的当下状态是："力不若牛，走不若马"[1]的智人这个物种，已然使得整个行星，进入了"人类世"。[2]

智人不只是在**物理**层面上改变了行星面貌，并且在**本体论**层面上改变了这颗行星——它把星球改变成了"世界"。在德

---

[1] 《荀子·王制》。

[2] 参见吴冠军:《陷入奇点：人类世政治哲学研究》，第53-92页。

国哲学家马丁·海德格尔看来，人的独特性就在于，

> 人不仅仅是世界的一个部分，并且在"拥有"世界的
> 意义上，是**世界的主人与奴隶**。人拥有世界。①

在海德格尔的论述中，我们能解析出三个论题：（1）世界，是
一个人造物，而非自然之物；（2）世界被人所"拥有"，而非
其他的非人类，尽管人和非人类都是世界的一部分；（3）人以
不平等的方式"拥有"世界，某些人成为世界的主人，另一些
人则成为奴隶。

也正因为世界是人造之物并且被一部分人所拥有，它不但
可以被"解释"，也可以被"改变"。②

那么，就让我们对当下这个"世界"，来做一个分析性的
透视。要弄清"元宇宙"为什么会爆火，就必须要弄清当下
"世界"处于一个怎样的状态。

---

① Martin Heidegger, *The Fundamental Concepts of Metaphysics: World, Finitude, Solitude*, trans. William McNeill and Nicholas Walker, Bloomington and Indianapolis: Indiana University Press, 1995, p. 177, emphasis added.

② 参见马克思提出的"第十一论纲"："哲人们以往都仅仅是在以不同的方式解释世界；但关键在于，去改变这个世界"（Marx, "Theses on Feuerbach", op.cit., p. 158）。关于改变世界的本体论探讨，请进一步参见本书第五章与第六章。

第一节 时间的箭头与尽头：作为熵世的人类世

"人类世"这个将人类、行星与时间关联在一起的概念，进入学界视野的时间并不长。

2000 年，诺贝尔奖得主、大气化学家保罗·克鲁岑与生物学家尤金·斯托默以"人类世"为题，合写了一篇篇幅短小的文章。[1] 随后数年间，克鲁岑独著以及与人合写多篇论文阐述"人类世"，并引起越来越多的、来自不同学科的学者之关注与跟进。[2] 在克鲁岑看来，工业革命（尤其是 1784 年詹姆斯·瓦特发明蒸汽引擎）以降，人类这个单一物种仅凭自身，对这个行星的面貌变化所造成的影响就如此之大，以至于构成了一个独特的地质学纪元。

人类世的到来，一方面标识了人类这个物种所发展出的"文明"的巨大力量，另一方面也恰恰指向它在行星层面所导致的诸种巨大问题。行星尺度的生态变异与随时可能到来的技术奇点，使物种意义上的人类，生活在**剩余时间**中。而全球共同体秩序在本体论层面上的无根性，则使得人类即便取得高度的文明性成就，但结构性地内嵌彼此杀戮至死的**文明性危**

---

[1]　Paul J. Crutzen and Eugene F. Stoermer, "The Anthropocene," *IGBP Newsletter* 41, 2000, pp. 17–18.

[2]　Paul J. Crutzen, "Geology of Mankind: The Anthropocene," *Nature* 415, 2002, p. 23; Paul J. Crutzen and Will Steffen, "How Long Have We Been in the AnthropoceneEra?" *Climatic Change* 61 (3), 2003, pp. 251–257; Paul Crutzen and Eugene F. Stoermer, "Have we entered the 'Anthropocene'?", *Global IGBP Change*, October 31, 2010.

机。①

故此，我们有必要用"人类世文明"（Anthropocenic civilization）一词，来取代"人类文明"（human civilization），从而标识出这个文明当下的双重性格——既成就非凡，又危机缠身。② 在进入人类世之前，农耕生活的人类已经通过有组织的活动不断影响和改造着行星。但在晚近数百年的人类主义（humanism，汉语学界通常译为"人文主义"或"人本主义"）框架下，人类开始**有意识地**做这件事，行星被按照人类对它的"知识"而重制。

在人类世中，人类"文明"已经取得如此强大的支配性力量，以至于"自然"变成了一个彻底的**虚构**。人类学家布鲁诺·拉图尔提出：在人类世中，整个地球的"人工化"（artificialization），使得"自然"这个理念同"原野"（wilderness）一样被遗弃，"好也好坏也好，我们进入了一个**后自然**时期"。人类世令作为稳定背景的"自然"荡然无存，并进而使"社会科学与自然科学的区分，被彻底模糊化了；自然与社会皆无法完好无损地进入人类世界，等待被和平地予以

① 参见吴冠军：《"我们所拥有的唯一时间"——透析阿甘本的弥赛亚主义》，《山东社会科学》2016年第9期；吴冠军：《共同体内的奇点——探访政治哲学的"最黑暗秘密"》，《江苏行政学院学报》2022年第1期。
② 参见吴冠军：《爱、谎言与大他者：人类世文明结构研究》。

'调和'"。①

技术哲学家贝尔纳·斯蒂格勒在其《负人类世》一著中，进一步将人类世称为"熵世"，因为在这个时期熵剧烈增加，尤其是生物圈熵增速度急剧蹿升，"人类世抵达了其生命界限"。在斯氏看来，人类世就是"一个行星尺度上操作的大规模且高速的毁灭过程"。②

那么，什么是"熵"？"熵世"（一个后自然的地质学纪元）何以是一个毁灭过程？

"熵"（entropy）这个古希腊词被十九世纪物理学家和数学家鲁道夫·克劳修斯引入热力学，用以度量热量的单向不可逆过程（亦即，热量只能从高温物体传到低温物体，而非相反）的单位。物体所包含的热量，就是其内部快速运动的分子能量的度量。实际上，能量（无论是机械能、化学能、电能还是势能）都会把自己转化为热能，它会传到冷的物体，但不再

---

① 在现代，"自然"已经不具有规范性的向度（"自然法""自然正确""自然秩序"……）。拉图尔讲得很犀利：自然科学研究"没有人的自然世界"，而社会科学则研究"没有对象的社会世界"；然而，在人类世中，两者皆不再能够成立。Bruno Latour, *Facing Gaia: Eight Lectures on the New Climatic Regime*, trans. Catherine Porter, Cambridge: Polity, 2017, pp. 142, 22, 3, 112, 120-121, emphasis in original.

② Bernard Stiegler, *The Neganthropocene*, trans. Daniel Ross, London: Open Humanities Press, 2018, pp. 14l, 51-52; 斯洛特戴克、斯蒂格勒：《"欢迎来到人类纪"——彼得·斯洛特戴克和贝尔纳·斯蒂格勒的对谈》，《新美术》2017 年第 2 期，第 24-25 页。

能够免费取回来了。^① 在这个过程中，能量总值并未减少（根据热力学第一定律亦即能量守恒定律，孤立系统的总能量不会变），但有用性却会下降——如果存在着一个高温热源与一个低温热源，我们就可以利用它们来做功（如运作热力机械），但如果两个热源都有相同的温度，就无法用以做功。

在孤立系统中，熵只会增加或保持不变，但永不减少。这就是著名的热力学第二定律，在经典物理学里，它是唯一能够标识出时间"箭头"的定律：只有在有热量转化的地方，才会有过去与未来的差别。^② 孤立的封闭系统中，总能量保持不变，但熵却会增加，而且无法回转。如果仅仅从能源守恒来看，那么我们就不用担心能源危机，然而当我们消耗了燃料后，尽管世界上总能量没有变少，但变得更难使用，并且更加分散（"耗散"）。

熵亦可以大致对应一个封闭系统的无序程度。^③ 水晶里的分子排列相当有序，熵很低；而空气里的分子随机运动，熵就很高。事物进入无序状态，要比进入有序状态容易得多，并且在没有能量从外部输入的情况下，一个系统内部的事物会自然而然地倾向于变得无序，就如你的书房如果无人打扫（从外部

---

① 譬如，将沸水倒入盛着温水的缸中（抑或把一块冰放进水缸中），分子保持不变，但分子之间的相互碰撞，使得能量在缸中逐渐均匀分布——要变回原来的状态，则十分困难。

② See Carlo Rovelli, *The Order of Time*, trans. Erica Segre and Simon Carnell, New York: Riverhead Books, 2018 (ebook), pp. 20-21.

③ 值得加以强调的是，熵度量的是一个系统的无序（而非有序）程度。

"做功")的话,便会倾向于变得越来越乱。

统计力学创始者路德维希·玻耳兹曼从原子尺度出发(克劳修斯那个年代的物理学家对原子尚毫无概念),把熵界定为"关于原子的特殊微观尺度排列方式的数目的度量,从宏观尺度的视角来看无从区分"。[1] 换言之,给定任何一个系统,在不改变宏观的总体特征的前提下,计算组分有多少种不同的排列方式(微观状态的数量),得出的结果就是系统的熵。

水晶里分子排列方式的数量(分子无法随机运动),要远小于空气里分子排列方式的数量(分子不断随机运动)。在空气里挥一挥手,就重排了数以亿亿计的空气分子的位置,但并不改变空气的宏观特征。如果一块水晶里有同样多分子改变了位置,那它的晶体结构必然遭到破坏,宏观特征发生剧烈改变——出现这个状况,很可能是水晶碎成了一大堆水晶碎片。此时分子排列方式的数量剧烈增加,这也就意味着,熵剧烈增加。

熵度量的是微观状态的数量,一个系统的可能微观状态越多,熵就越高。[2] 高熵状态意味着组分重新排列不会太显眼(在挥手前空气分子是均匀分布的,挥手后仍是均匀分布),而低熵状态则意味着组分排列一旦改变就会马上被注意到。

---

[1] Quoted in Sean Carroll, *From Eternity to Here: The Quest for the Ultimate Theory of Time*, New York: Penguin, 2010, p. 37.

[2] 譬如,10 枚硬币排成一行,最有秩序的状态是 10 个都是正面或 10 个都是反面,这两种状态都只有一种排列构型。反之,最均匀(也是最混乱)的情况则是 5 个正面、5 个反面,排列构型的数量则高达 252 种。

　　理论物理学家、科普达人史蒂芬·霍金用拼图板作为例子：只有一个排列方式可以拼成一幅完整图案，没有不改变外观的重排法；而无序放置，则可以有非常巨量的排列方式，并且排列发生变化后不太会被注意到。前者是低熵状态，后者则熵很高。[①] 由于低熵状态对应的微观排列方式要远远少于高熵状态的微观排列方式，当系统发生演化时，通向高熵状态的演化，具有压倒性的概率。孤立系统倾向于从不常见的排列演化为常见排列，这是热力学第二定律的更精准表述。

　　我们看到，熵告诉了我们一个处于某特殊状态的封闭系统的演化方向。如理论物理学家卡洛·罗韦利所写，

　　　　让世界运转的不是诸种能源（sources of energy），而是诸种低熵源（sources of low entropy）。没有低熵，能量将会稀释成相同的热量，世界会在一种热均衡状态中睡去——过去和未来不再有任何区分，一切都不会发生。[②]

热均衡态，就是熵达到最大值的状态，无法再变成别的状态：所有粒子都均匀分布，做着随机运动，所有互相触动的物体都

① Stephen W. Hawking, *The Theory of Everything: The Origin and Fate of the Universe*, Beverly Hills: Phoenix Books, 2005, pp. 107-108.
② Rovelli, *The Order of Time*, pp. 96-97.

是同样的温度。① 这种彻底均质的状态，充满无序的变动，但不再有差异化的变化与流动。尽管能量没有减少，但变成不再可以使用。熵不会再增加，但也不会减少，系统彻底陷入死寂，不会再有变化。世界处于热均衡态，便不再有时间的向度，在里面，因果关系确定的事件可以继续发生——物理学把这种状态称作"热寂"（heat death）。处于均衡态的宇宙，不可能具有复杂性：倘若有复杂性存在，粒子随机运动会立即把它破坏。一切生命（具有复杂性与自组织性），在该状态中都不再可能存在。

好在我们所处的行星既不是一个封闭系统，也远远没有达到热均衡态。能量（热量）从高温的太阳流向低温的地球，而地球则会再辐射给更低温的太空——否则地球迟早会和太阳达成热均衡，温度一样高。关键是，地球辐射给太空的热量的熵，比它从太阳那里得到的要高得多。地球上的所有生命，都要感谢这个不起眼的热量流动过程。如果整个行星熵增速度使得它来不及以高熵辐射方式散发出去（我们已经把工业化的废料乃至生活垃圾往太空投放了），那么这个行星将越来越不适合生命生存。

---

① 当然，理论上存在着极小的可能性，均衡态发生熵减（随机运动的粒子恰好回到更有序的状态）。热力学第二定律并不是牛顿引力定律那种始终成立的绝对定律，而是一种统计定律，亦即绝大多数情况下成立。换言之，如果你对一个均衡态观察时间足够长，原则上是有可能看到系统熵减的，但看到冷空气和暖空气达成热均衡态后又再次变回冷空气与暖空气的这个时间（被称作"庞加莱回归时间"），可能超过宇宙本身存在的时间。

人类世的危机，便正在于此：在人类世中，行星正在快速变得不适合生命生存，行星层面的熵急剧增加。

人类世的快速熵增并不只是显现在物质层面上，并且还显现在文化层面上。理论物理学家肖恩·卡罗尔曾引用托马斯·品钦的短篇小说《熵》中的一段话，来论述我们当下所处身的社会-文化状况：

> 他看到年轻一代看待麦迪逊大道的脾性，就和他自己当年看待华尔街一模一样；他也在美国的"消费主义"中找到一种相似的趋势，从概率最低到最高，从差异化到同一性，从有秩序的个性到一种混乱。……他预见了其文化的热寂，在那里理念就像热能一样不再能够得到转移，因为每个地点最终都将有相同分量的能量；相应地，智识性的运动将停歇。①

人类（智人）从其他物种中逐渐脱颖而出，得益自智慧的有效传递（"智识性的运动"）与文明的负熵性秩序（政治智慧的成果）。② 然而在今天，人类文明，已成为行星层面的人类世文明。如果说人类文明的定义性特征（defining feature）是

---

① Quoted in Carroll, *From Eternity to Here: The Quest for the Ultimate Theory of Time*, p. 40.

② 我笔下的"负熵性秩序"一词里的"负熵"（negentropy），来自量子物理学家埃尔温·薛定谔，进一步的讨论请参见本章第三节。

负熵性秩序的话，那么人类世文明的定义性特征，恰恰便是该
秩序的坍塌。

在人类世文明中，负熵正在被剧烈消耗——从行星层级
"热战"（两次世界大战）到晚近的诸种全球政治危机（如唐纳
德·特朗普发起的一系列贸易战、技术战）以及生态灾难（如
2019 年烧掉地球三分之一个肺的亚马孙森林大火）。同样在人
类世文明中，我们正在集体性地见证第六次物种大灭绝；而这
个大灭绝进程，最终将包括人类自己。

诚然，人类世可以被妥当地称为"熵世"——行星层面的
无序与混乱程度，正在加速飙升。正是在这样的背景下，2020
年 8 月于全球新冠肺炎大流行中选择告别这个世界的斯蒂格勒
这样形容人类世："一个行星尺度上操作的大规模且高速的毁
灭过程。"

熵，是时间箭头。

热寂，是时间尽头。

行星尺度上剧烈熵增的人类世，是一个加速进行着的毁灭
过程。①

---

① 请进一步参见吴冠军：《陷入奇点：人类世政治哲学研究》；吴冠军：《爱、谎言与
大他者：人类世文明结构研究》。关于时间箭头的进一步讨论，请参见本书第五章
第六节。

第二节　启蒙与致暗：对行星的人类主义–资本主义占有

从"人类世"所引发的讨论来看，这个概念尽管以"人类"（anthropos）为词根，但并不简单地是人类主义框架下以"人类"为中心的概念，而是一个**自我反思性**（self-reflexive）的概念——它激发人类对自身活动所带来的行星性效应（planetary effects）的反思。

"人类世"概念内嵌着对"后人类世"的思想探索，它激发走出人类世、终结人类世的诸种努力。[1] 在生态哲学家提摩西·莫顿看来，"人类世是第一个真正反人类中心主义的概念"。[2] 人类中心主义，正是人类主义的逻辑产物。而媒介理论家尤西·帕里卡则在其论人类世的专著中，直接将人类世称作"人类淫世"（the Anthrobscene）。[3]

人类世，恰恰是人类在人类主义框架下所展开的各种淫秽操作的产物。

"人类世"概念向我们引入了一部纯正的黑色电影（film noir）——带着各种花哨小装备的侦探最后发现他自己是罪犯，借助小装备发现这些小装备就是凶器。生态史学家杰里

---

[1]　参见吴冠军：《后人类纪的共同生活：正在到来的爱情、消费与人工智能》。

[2]　Timothy Morton, "How I Learned to Stop Worrying and Love the Term Anthropocene", *Cambridge Journal of Postcolonial Literary Inquiry* 1(2), 2014, p. 262; Timothy Morton, *Dark Ecology: For a Logic of Future Coexistence*, New York: Columbia University Press, 2016, p. 24.

[3]　Jussi Parikka, *The Anthrobscene*, Minneapolis: University of Minnesota Press, 2014.

米·戴维斯在《人类世的诞生》开篇写道："人类世的诞生应伴随着警觉性反抗，反抗多样的社会生态系统的衰竭，反抗多样系统被脆弱的、饱和的单文化（monoculture）所取代。"① 人类主义，恰恰是这样一种"单文化"：人类主义框架里的"人类"，正在成为一个行星尺度上的灭绝性力量。

人类主义的"启蒙"，使得自由、平等、权利、自主等等价值成为占据领导权位置（hegemonic position）的一组话语包。"启蒙"（enlightenment）本意就是引光，康德号召人要有勇气让理性之光照进来，代替上帝之光。然而，人类主义并不只有"启蒙"，还结构性地存在着**淫秽的暗层**——人类世，就是"致暗"（endarkenment）的产物。②

"启蒙"和"致暗"，结构性地关联在一起：资本主义，便正是人类主义的暗黑分身。资本主义从诞生之日起，就不停歇地将整个行星产权化——就这样，在法理层面上"自然"消失了（被"文明化"了）。行星地球，成为"人类的地球"：它**归属**于"人类"（实际上是一小部分人）。让-雅克·卢梭曾写道：

① Jeremy Davies, *The Birth of the Anthropocene*, Oakland, California: University of California Press, 2016, p. 6.
② 我从大卫·基希克那儿借来"endarkenment"一词，但此处用法是我自己的。参见 David Kishik, *The Power of Life: Agamben and the Coming Politics*, Stanford: Stanford University Press, 2012, pp. 17-44; 以及，吴冠军：《从规范到快感：政治哲学与精神分析的双重考察》，《同济大学学报（社会科学版）》2022 年第 5 期。

> 谁第一个把一块土地圈起来并想到说"这是我的",
> 而且找到一些头脑十分简单、居然相信他的话的人,谁就
> 是**文明社会的真正奠基者**。①

具有人类主义-资本主义之双身结构的现代性,把"这是我的"从一句只是头脑简单之人才会轻信的"话",进一步变成了不容置疑的"权利"。

作为"自然权利"的产权,恰恰是一种旨在消灭"自然"的权利。产权,实际上是一种人为施加的符号性-规范性禁令(symbolic-normative prohibition)。它构成了压制——你**不能碰**这些东西,因为它们**不是你的**;"外星人"(抑或行星上的"病毒""害虫"……)**无权**染指这颗行星,因为它**属于人类**。

智人的狩猎采集生活,既无劳动亦无财产——所有维持自身生命与繁殖的活动,并非劳动,而是生理活动的一部分。②农业革命一方面将人组织起来从事耕种,从而产生出劳动这种不单纯以获得即时性生理满足为目的的"反自然"活动,另一方面,农耕生活形态中对剩余粮食与种子的储存,则形成了财产,并产生社会等级。

在现代性的开端处,财产成为约翰·洛克所说的三大基本

---

① 卢梭:《论人类不平等的起源和基础》,李常山译,北京:商务印书馆,1997,第111页,字体的着重格式为我所加。

② 同样,性生活不是劳动。而性劳动的承担者,则是妓女、男妓等"性工作者",抑或性奴。

"权利"之一，并且劳动本身也被组织到产权结构中——个体可以通过"自由"出售其劳动力，从而进入资本主义秩序中。这样一来，劳动从人类文明的基础活动，转型为资本积累的基础方式。

实现这个转变的关键人物，就是洛克。洛克把财产确立为三项基本的"自然权利"（生命权、自由权和产权）之一，是人之为人的一种权利，而不是由别人或社会所给予。进而，洛克把人的劳动也产权化了，并且把产权建立在劳动之上。他这样论证：

> 每个人都拥有对于自己的人身（person）的所有权；除了他自己，任何别人对此都没有权利。我们可以说，他身体的劳动以及他双手的工作都属于他自己。[①]

由于身体"属于"自己，通过身体劳动产生的成果，也就"属于"劳动者自己。经由洛克的这一论证，劳动，成为产权的基础——我劳动的成果，就是"我的"。

对洛克对产权的论证，我们有必要加以分析。暂且不论日常生活中，不事劳动却"占有"成果之人比比皆是。在抽象理论层面，洛克的论证自身便存在一个根本问题：我把木头做成

[①]　洛克：《政府论》（下篇），叶启芳、翟菊农译，北京：商务印书馆，2007，第18页。

椅子，椅子就是我的了，但木头本身也一并被侵占了做何解呢？①

政治哲学家罗伯特·诺齐克就曾质疑洛克的说法："为什么一个人的资格应该扩展到整个物品上面，而不是仅限于他的劳动所创造的**附加价值**上面？"②如果说你占有自己的人身，故而占有劳动的话，那么凭什么对劳动所施加的对象进行占有呢？

在规范性的意义上，劳动，实际上并无法证成产权——任何资源经你劳动后就是"你的"，那等于**剥夺别人对它劳动的资格**。

洛克进一步提出，"上帝'把地给了世人'，给人类共有"，并且人们在取用"地上"的各种资源时会将"足够多而同等好"的资源留给其他人。③在这里，洛克恰恰借助前现代的宗教话语，而开启了人类中心主义模式——行星，被"上帝"给予了人类。

我们看到，劳动无法证成产权，上帝就出场了。然而，即便存在上帝，并且上帝如此偏心人类以至于将行星私相授受，那至少一切资源"人类共有"。从"人类共有"，并无法正当地跃迁到"个人私有"。我们有必要追问：在对行星资源开启产

---

① 如果说"木材"（作为这种"原材料"的木头）是买来的，谁又有资格卖出它呢？
② 诺齐克：《无政府、国家和乌托邦》，姚大志译，中国社会科学出版社，1991，第209页，字体的着重格式为原作者所加。
③ 洛克：《政府论》（下篇），第17页。

权模式下，"人类"既然不会把资源留给其他物种，为什么那些已经占有资源的人，会把资源留给别人呢？

由洛克所确立的作为自然权利的产权，从来是关于"个人私有"的权利，它通向的是政治理论家克劳福·麦克弗森所说的"占有性个人主义"。① 洛克没有处理的关键问题是，从属于"人类的"，是如何进一步变成属于"我的"？从人类主义（属于人类）到资本主义（属于少数人类）的跨步，没有任何启蒙的根据（甚至也没有前现代的根据），它是一个彻底淫秽的致暗性操作（endarkening operation）。

就这样，经过洛克的权利术语之转换，行星的诸种共通之物，便被**正当地**私有化与产权化了——在现代性体系中，"权利"，实际上就是授予正当性的核心话语装置（此前这类装置有"上帝""天""自然法"等）。② 以前评书里山大王劫道时，惯常会先呼喝一句口号，来对自己的劫掠行为进行证成：

> 此山是我开，此树是我栽，要想打此过，留下买路财。

这个强盗逻辑，不正是洛克的逻辑？我已经对这座山做过劳动

---

① See Crawford B. Macpherson, *The Political Theory of Possessive Individualism: Hobbes to Locke*, Oxford: Oxford University Press, 2011.

② 参见吴冠军：《现时代的群学：从精神分析到政治哲学》，北京：中国法制出版社，2011。

了，这就是属于我的了，后来者要踏足的话，当然得交钱！

即便按照洛克提出的劳动证成产权的说法，启蒙的权利话语，仍然恰恰掩盖了如下致暗性的状况：在人类世文明中，劳动者的绝大部分劳动成果，从来都不归于劳动者。

在前现代的奴隶主义与封建主义等级制结构中，劳动成果绝大部分到了奴隶主、领主与贵族手里。与工业革命相伴随的，是人类主义（人类中心主义）的兴盛，是自由、平等、权利等启蒙理念的盛行，并被推升为"普世价值"。[①] 在产权逻辑与占有性个人主义模式下，形式上，人人都平等地拥有"占有"的权利。然而，在行星资源的产权化（"原始积累"式圈地）过程中，绝大多数人被排除在外，并不占有任何作为生产资料的资源，甚至也不占有任何作为基本生活资料的资源（你不能随便摘别人家树上的野果，也不能在别人拥有的土地上锯木造房）。这些人唯一占有的——亦即，可产权化的——就是自身身体及其固有能力。

只占有其自然"肉身"之人，便成了实质性的**无产者**，这就是人类主义（占有性个人主义）的致暗性秘密。

在资本主义的市场中，为了生存（获取生活资料），这些无产者别无选择，只能"自由地"出卖其劳动力。劳动力"商品"买卖双方之间形式上是平等的，但在"自由交换"的表

---

① 吴冠军：《多元的现代性：从"9·11"灾难到汪晖"中国的现代性"论说》，上海：上海三联书店，2002。

象（启蒙）之下，却是暗黑的价值窃取（致暗）。在《资本论》中，卡尔·马克思写道：

> 劳动力能够以一种商品出现在市场上，仅仅是也只能是当它的占有者（劳动力归属的个体）将它作为一种商品拿出来售卖时。为了使其占有者可能把它作为商品来售卖，他就必须拥有它、可以随意处置它，他就必须是他自身劳动能力（换言之，他的人身）的自由所有者。[①]

马克思清晰且深具洞见地指出，这份对自己人身的拥有权与"自由"处置权，正是资本主义系统将劳动力"商品化"的前置性条件。由于劳动者向雇用者售出了其劳动力（包括体力的与智力的），其劳动创造的产品就成为后者的财产。而劳动力获得的报酬，则结构性地少于商品中凝结的劳动价值——那"多出来"的隐秘价值，就是资本增值的方式。

在人类世文明的话语表层，我们看到人类主义的高歌猛进。然而，在文明的各个阴暗角落处，则遍布对行星的劫掠性的私人化（资本主义占有）。

我们进一步看到了，在以自由、平等、权利等一系列启蒙价值为宣称的现代社会中，无产者不得不出售的劳动，成为资

---

① Karl Marx, *Capital: A Critique of Political Economy Vol. 1.* trans. Ben Fowkes, London: Penguin, 1976, p. 271.

本家获得"多余价值"(surplus value)的来源。[①]

在晚近的数字时代,"复制权利"(copyright,版权)看似平等地保障所有人的利益。然而实际上创作者(不管是小说作者、电影制作者还是软件制作者),却结构性地倚赖传播与发行,才能够生存下去。进而,绝大多数创作(尤其是集体性创作)还依赖于投资才能进行。故此,作品版权中的绝大部分(甚至是全部),不得不被转让出去。换言之,创作者没有选择地让发行商、平台、投资方收取多余价值。

诚如政治经济学家罗纳德·贝蒂格所写,

> 正因为拥有传播手段,资本主义阶级便能够攫取媒介信息之实际创作者的艺术性与智性的劳动。为了能得到"出版"(广义上而言),实际创作者必须将他们作品的所有权转让给拥有发行手段的人。[②]

就这样,"复制权利的拥有,越来越多地到了有批量制造与发行之机器与资本的资本家手中"。[③] 在贝蒂格看来,"对诸种智性与艺术性的共通之物的圈地并非不可避免或必须如此,即便

---

① "surplus"就是"超"(sur)+"多出来"(plus),本书中译为"多余价值",强调"多出来"这一层含义。

② Ronald V. Bettig, *Copyrighting Culture: The Political Economy of Intellectual Property*, Oxford: Westview, 1996, p. 35.

③ Ibid., p. 8.

对资本逻辑的强调令其看上去非如此不可"。[1] 在今天，作为"金主爸爸"的平台，几乎可以使所有数字时代的创作者低头，自愿地——别无选择地——出售其劳动力。

马克思提出，在市场上可以花钱买到的所有商品中，劳动力是唯一能够榨取多余价值（价格少于其所创造价值）的商品形态。在出售劳动力以获得生活资料的无产者与获取多余价值从而不断使资本增值的资本家之间，贫富将不断分化。在人类世文明中，只有战争、革命、瘟疫与社会崩溃这个四个因素，可以暂时改写贫富分化状况。[2]

这，就是资本主义的致暗之处：**只有资本家能获得那多出来的价值，并在产权结构中固定下来。**"自由"（自由支配人身）、"平等"（权利的形式平等）、"产权"（作为权利的占有）等人类主义的启蒙价值，恰恰使得资本主义的致暗操作成为可能。

第三节　低廉、淫秽与吃里扒外：从人类世到资本世

于是，从人类世视角出发，我们看到了以下两个人类状况：首先，大量行星资源被直接产权化（作为圈占的原始积

---

[1] Ronald V. Bettig, *Copyrighting Culture: The Political Economy of Intellectual Property*, p. 5.

[2] 参见沙伊德尔：《不平等社会：从石器时代到 21 世纪，人类如何应对不平等》，颜鹏飞译，北京：中信出版集团，2019。

累）；进而，对于那些无外部资源可占而只能靠出卖自身劳动获取生活资料的人，其体力与智力所创造的成果亦被转成资本家的财产（作为剥削的资本积累）。

就这样，行星上的共通之物——"自然资源"与"人力资源"——皆被资本所圈占。实际上，"资源"这个词本身，就已然赤裸裸地标识出了行星在资本主义结构下的异化。

当代世界的贫富分化状况，已达到触目惊心的程度：2020年根据产权来考察全球财富分布状况，1%的人占据了46%的财富。[①] 换句话说，人类世文明将整个行星变成独属于人类的"资产"，进而其中将近一半被1%的人划走，别的人类和其他物种都不再能够染指。不仅如此，行星上所有其他物种，已然彻底变成能够被占有的"自然资源"的一部分（抑或沦为需要被消灭的"害虫"）；而出售劳动力的人类，亦被转变成"人力资源"（抑或沦为失业的"无用阶级"[②]）。

在平等、自由、权利等启蒙价值的高光之下，作为物种的人类——包括其自然能力与集体性的一般智力（general intellect）——所构筑的人类世文明，却被其中的极少数人所把持。而该文明在行星层面所造成的代价，则由行星上包括人类在内的所有物种一起承担。

[①] See "Global share of wealth by wealth group, Credit Suisse, 2021", The Wikipedia entry of "Economic inequality", <https://en.wikipedia.org/wiki/Economic_inequality#/media/File:Global_Wealth_Distribution_2020_(Property).svg>.

[②] "无用阶级"这个概念来自尤瓦尔·赫拉利。参见赫拉利：《未来简史：从智人到智神》，林俊宏译，北京：中信出版集团，2017，第286-295页。

也正因此，唐娜·哈拉维、杰森·摩尔等当代学者，提议用"资本世"一词来代替"人类世"，或至少专指其中最晚近的一百多年——在该时段中，资本主义结构深层次地改造了文明秩序，并进而影响行星面貌。①

后人类主义者哈拉维把人类主义称作"世俗的一神教"，并认为人类世的代表性图像标识，不应该是燃烧着的旷野山林，而应是"燃烧着的大写之人"（the Burning Man）："那被叫作人类世和资本世的时代的诸种丑事，便是诸种**灭绝性力量**的最晚近和最危险的尝试。"② 在哈拉维的论述框架中，资本世施加给行星的灭绝性效应，是人类世的升级版。

根据历史地理学家杰森·摩尔的界定，资本世指的是"这样一个历史时代，它由**特权化资本之无止境积累**的诸种关系所型塑"。③ 这诸种关系，使得资本已然成为一个地质学力量，产生行星尺度上的诸种效应。摩尔认为，资本施加在行星上的最根本效应，就是使之变得**低廉**（cheap）。根据摩尔的分析，由资本所组织起来的这些关系，至少从七个面向上把整个世界和行星低廉化：它们系统性地制造低廉自然、低廉货币、低廉

① Donna Haraway, *Staying with the Trouble: Making Kin in the Chthulucene*, Durham: Duke University Press, 2016, pp. 47-51, 99-103; Jason W. Moore (ed.), *Anthropocene or Capitalocene?: Nature, History, and the Crisis of Capitalism*, Oakland: PM Press, 2016.

② Haraway, *Staying with the Trouble: Making Kin in the Chthulucene*, pp. 2, 46, emphasis added.

③ Jason W. Moore, *Capitalism in the Web of Life: Ecology and the Accumulation of Capital*, London: Verso, 2015, p. 176, emphasis added.

工作、低廉关爱、低廉食物、低廉能源、低廉生命。[①]

摩尔以作为地质学记录的一根鸡骨头为例来说明"低廉自然"。今天我们吃的鸡肉与 100 年前的鸡肉有天壤之别。今天的鸡是二战后人类任意提取与重新组合诸种来自亚洲丛林的基因材料，而生产出的"最有利可图的禽类"，这种禽类几乎不能行走，几个星期就长大成熟。如果我们再对围绕这种禽类的整个生产、商品化、消费系统进行考察的话，就可以进而清晰地看到资本世的低廉工作、低廉关爱、低廉食物、低廉能源、低廉货币、低廉生命等等面向……[②]

我要接续摩尔而提出如下命题：较之人类世（"人类淫世"）而言，**资本世不仅更低廉，而且更淫秽。**"资本世"，标识了人类世文明对自身价值（生命、权利、平等……）的致暗性的淫秽越界。

马克思的政治经济学批判，揭示出资本主义对人类主义所展开的致暗操作——通过该批判性视野，我们定位到资本主义系统对"人"的异化。在现代性的"主体/对象"二分框架中，表面上你是人而非对象，但你的"权利"却仍使你不得不出卖劳力，把自己变成工具、变成机器的一部分，为资本家制

[①] Jason W. Moore, *Capitalism in the Web of Life: Ecology and the Accumulation of Capital*, pp. 223-306; see also Raj Patel and Jason W. Moore, *A History of the World in Seven Cheap Things: A Guide to Capitalism, Nature, and the Future of the Planet*, Oakland: University of California Press, 2017.

[②] Patel and Moore, *A History of the World in Seven Cheap Things: A Guide to Capitalism, Nature, and the Future of the Planet*, pp. 3-5.

造多余价值。你丧失了对自己生命中诸种至关重要面向的实际掌握（尽管形式上"占有"），包括你的身体、体力与智力意义上的"劳动力"。在形式上彻底平等（拥有平等的"人权"）的工人和资本家之间，实际上彻底没有平等——对奴隶们、农奴们的"解放"是虚伪的，他们在成为"自由"的工人后，却多了新的枷锁。

可见，马克思是用政治现代性来批评经济现代性，所以他把自己的研究称作"政治经济学批判"。当然，对这个批判，现代社会主流的经济学家们并不接受。

其实，现代性无法处理如下悖论：**自愿做奴隶**。现代性的人类主义-资本主义这个双身结构的"命门"，正是这一悖论。对人类主义的诸种"普世价值"，资本主义恰恰暗地做出了各种淫秽越界：人类主义挺立"人"的价值，而资本主义则恰恰将"人"实质性地加以"异化"。连诺齐克都被拉进对"人权"价值的淫秽越界这条沟里。在其名著《无政府、国家与乌托邦》中，他写道："一个自由体系是否将允许这个人把自己出卖为奴隶？我相信它将允许。"[①]

故此，人类世文明不仅仅是把"自然"彻底变成一种虚构，它自身提出的那些听上去光鲜亮丽的价值（诸种人类主义价值），却在资本的逻辑下同样被实质性地逾越与背弃。在资本世中，人表面上具有崇高价值（启蒙），然而实际上又保有

① 诺齐克:《无政府、国家和乌托邦》，第 328 页。

自愿做奴隶的淫秽暗门（致暗）。

实际上，**奴隶是效益主义逻辑，它同现代性是能够相合的：尽管违反政治现代性，即人权理念，但符合经济现代性，即效益理念。**现代性一边由道德实践理性来高擎"人是目的"的伟光正旗帜，另一边则毫无违和地由经济计算理性把人变成可量化的"人力资源"。奴隶的实质，就是人被对象化，作为工具的一部分。奴隶很低廉，这些低廉生命，可以使得获取人力这种"资源"的成本大幅低廉化。现代社会，可以非常理性地暗搓搓接纳奴隶。

作为对人类主义框架中的"人"（平等而自由的人）的淫秽越界，奴隶，实际上始终是当代世界日常秩序运作的一部分，只是人们选择性地视而不见。诚如杰森·摩尔同其合作者拉杰·帕特尔所写，在今天，"奴隶制仍然存在"，"二十一世纪被强制劳动的人，要远远比大西洋奴隶贸易时期多"。[①] 两人深有洞见地提出，大多数女性、原住民、奴隶以及各殖民地人民被资本主义低廉化，而这种低廉化是通过**保持社会的界线**而达成，这些人被划到界线的外部，成为被排除在外的"社会弃民"（social outcasts），不再是"人"。"资本主义最阴险的会计性的诡计，就是把大多数人类放到自然而非社会的范畴，这开启了保持内外界线的一种厚颜无耻的行动。"[②] 通过淫秽越界

[①]　Patel and Moore, *A History of the World in Seven Cheap Things: A Guide to Capitalism, Nature, and the Future of the Planet*, p. 30.

[②]　Ibid., pp. 24, 92.

将"社会弃民"纳入日常劳动，资本世便获得了使自身繁荣的低廉劳动。

既低廉又淫秽的资本世，堪称**人类世的顶峰**，同时又是**对人类世的否定**——为了获得低廉劳动（从而获得更多的多余价值），"人"可以被以"社会弃民"的方式转变成低廉生命。在我看来，政治哲学家南希·弗雷泽晚近提出的术语"食人资本主义"（cannibal capitalism），极其妥帖地形容了资本世的繁荣机制：资本主义既吞噬人的生命（使之低廉），也吞噬行星的生命（使之熵增），以此延续其自身的生命。

上一节已经分析了，资本主义是人类主义的暗黑分身。然而，这个暗黑分身恰恰是"食人"的：**资本主义的数百年繁荣，正是建立在人类主义的繁荣上，并以之为食**。在资本主义框架中，"人"（平等而自由的人），无时无刻不在被淫秽地、厚颜无耻地摆上餐桌，等待被吞咬、被享用。吉奥乔·阿甘本把当代自由主义-资本主义社会称作"生命政治"典范，也正是因为它结构性地把"人"变成"牲人 / 神圣人"（homo sacer），然后以这种"赤裸生命"为食。[①] 在阿甘本看来，"如

---

① 参见阿甘本：《神圣人：至高权力与赤裸生命》，吴冠军译，北京：中央编译出版社，2016。以及，吴冠军：《生命权力的两张面孔：透析阿甘本的生命政治论》，《哲学研究》2014 年第 8 期；吴冠军：《阿甘本论神圣与亵渎》，《国外理论动态》2014 年第 3 期；吴冠军：《"生命政治"论的隐秘线索：一个思想史的考察》，《教学与研究》2015 年第 1 期；吴冠军：《生命政治：在福柯与阿甘本之间》，《马克思主义与现实》2015 年第 1 期；吴冠军：《关于"使用"的哲学反思：阿甘本哲学中一个被忽视的重要面向》，《马克思主义与现实》2013 年第 6 期。

果说今天不再存在某一种鲜明的神圣人的形象，这或许是因为**我们所有人潜在地都是神圣人**"。① 也正是在"食人"的意义上，地质学意义上的资本世，同时是人类世的顶峰与否定。

值得进一步探讨的是，在《食人资本主义：我们的系统是如何正吞噬着民主、关爱与行星，以及我们能做什么》这部出版于 2022 年的著作中，弗雷泽用"咬尾蛇"（the ouroboros）这个神话形象，来形容食欲旺盛的资本主义社会：

> ［资本主义社会］授权一种官方指定的、为投资者们与占有者们集聚金钱化价值的经济，同时吞噬所有其他人的非经济化的财富。这个社会将财富装盘端给大企业阶级，邀请他们将诸种我们创造性的能力与维系我们的地球当作一份美食享用——并且没有义务来重新填满他们所消耗的、修补他们所损坏的。而这就是一个制造麻烦的菜单。**就像啃吃自己尾巴的咬尾蛇，资本主义社会靠吞食自己的实体而生机勃勃。**它是一个全力以赴进行自我损毁的精力旺盛者。它周期性地引致危机；与此同时，它常态性地吃掉我们生存的诸种基础。②

---

① Giorgio Agamben, *Homo Sacer: Sovereign Power and Bare Life*, trans. Daniel Heller-Roazen, Stanford: Stanford University Press, 1998, p. 115, emphasis added.

② Nancy Fraser, *Cannibal Capitalism: How Our System Is Devouring Democracy, Care, and the Planet—and What We Can Do about It*, London: Verso, 2022, p. xv.

在认肯弗雷泽之批判指向的基础上，有必要提出的是：用"咬尾蛇"来论述"食人资本主义"，实际上并不妥当。这里的问题恰恰在于，"资本主义社会靠吞食自己的实体而生机勃勃"，这件事根本无法达成。

在《什么是生命》这部奠基性的作品中，量子物理学家埃尔温·薛定谔提出了他对生命的界定："生命以负熵为食"（life feeds on negentropy）。薛定谔用"负熵"一词，来指可用来做功的"自由能量"。[1] 生命为了维持自身的低熵状态（组织化的秩序状态），需要从周围环境中汲取负熵性的能量。薛定谔写道：

> 一个活着的有机体持续性地增长它的熵——或者可以说，生产正熵——并因此逐渐趋近于最大熵的危险状态，亦即，死亡。唯有从其环境中持续地汲取负熵，才能够避开死亡，亦即，活着。故此，负熵是十分正面的东西。一个有机体赖以为生的，正是负熵。或者，以不太吊诡的方式来说，在新陈代谢中最根本的事，就是有机体成功地消除当它活着时而不得不生产出来的熵。[2]

---

[1] 提出"负熵"一词的薛定谔曾表示如果他纯粹面对物理学家的话，就会使用他们更熟悉的"自由能"这个表述。

[2] See Erwin Schrödinger, *What Is Life? The Physical Aspect of the Living Cell*, Cambridge: Cambridge University Press, 1992, p. 71.

生命尽管体现了从有序走向无序——亦即，不可逆地走向死亡——的熵增过程（作为热力学第二定律的熵定律），然而在薛定谔看来，生命了不起的地方就在于，它能从环境中汲取"秩序"（负熵），来抵消自己所产生的熵增，从而让自己保持在一个相对固定和低熵的水平上。

这就有力地解释了我们司空见惯以至于很少去思考的如下现象：**要维持生命，就必须进食**。实际上，进食就是增加负熵的过程——生命体摄入较有秩序性的东西（不管是水果、蔬菜抑或动物的肉），而排出熵高得多的排泄物。① 故此，在薛定谔这里，生命与非生命的根本性区别，就在于前者具有"推迟趋向热力学均衡（死亡）的神奇能力"。②

薛定谔的生物物理学分析实际上揭示出了，"咬尾蛇"式生命无法成立——这种生命恰恰以自身的负熵为食。要知道，蛇吃了自己的尾巴，就会受伤，从而大幅熵增，丧失自身的"内稳态"（homeostasis）。换言之，依赖于吃自己的器官，就不可能降低自己的熵，从而维系住自身有组织的秩序状态。"食人资本主义"肆无忌惮地吞噬人与行星，恰恰是无法继续维系住生机勃勃的格局的。资本世的繁荣，另有其生物物理学–空间地理学机制。

诚如薛定谔所论，**负熵性能量，只能是从外部输入**。资本

---

① 熵很高意味着可用能量很少，之所以许多植物仍能利用这些已经熵很高的排泄物，是因为它们有能力直接从太阳光中汲取负熵性能量。

② Schrödinger, *What Is Life?* pp. 73-74.

主义并未（或者说尚未）如弗雷泽所形容的一味咬食自身，而是把贪婪的大口，不断向**外部**咬去。换言之，资本主义是食人的，但在吃法上，我们需要看到：尽管资本主义同时"吃里""扒外"，但在其食谱上，"扒外"的比重要远远大得多。资本主义的茁壮成长，同它的食谱结构紧密相关。

资本主义自其在欧洲的诞生之日起，就不停歇地吞食着整个行星（将它"产权化"）——不论是欧洲早期资本主义的向外殖民掠夺，还是当代对冲基金在全球范围内的破坏性盈利（1997 年亚洲金融危机就是典型的破坏案例）。资本主义系统内在固有地渴求越界性"溢出"。当这种溢出性的吞咬行动在行星层面达到总体化时，地球就从人类世进入了资本世。

第四节 外部的处女地：从资本世到元宇宙

上一节我们揭示了，资本世的内核是**既低廉又淫秽**。这双重特征，使得资本世同人类世确实可以有所区分。

进一步地，我们有必要看到：资本主义秩序的日常繁荣状态（乃至秩序的稳定性），建立在向**外部**的淫秽越出之上，

可以说，资本世的**常态**，就是**出轨**——越出自身的轨道，吞食外部的资源。没有这种溢出性的吞食，资本主义秩序就无法自持，会不断陷入经济危机与金融崩塌。我们有必要对资本主义这种溢出性的食谱结构，进行一个系统性的分析。

在现代社会中，货币本身并不是资本——藏在床底下的

钱，在资本主义系统中是"死钱"。只有那些不断寻求让自身增值（至少让自己不贬值）的金钱，才是资本。积累是资本的内禀属性。如摩尔和帕特尔所写，"只有当货币被沉入商品的生产中、不断循环往复地予以扩大时，在这个循环中它才**成为资本**"。[1] 当资本不再能够找到盈利性出口时，它就会大幅贬值。

资本不同于钱的地方就在于，前者不断在寻找**盈利性的地点**（并不断追求盈利的最大化），而决不容许自身"躺平"，处于静止状态。故此，低利率就成为让货币动起来的金融手段——货币低廉化，才能更有效地转成资本。也正是在**资本的不断运动**中，货币关系越来越主导性地成为人与物以及人与人之间的关联，掌控生活、工作，规介与调配自然资源以及社会资源。就这样，越来越多的人，开始依靠货币关系来维系自己的生存。

但问题是，大家都在找盈利性地点，而在一个系统内部，这些地点增长的速度却跟不上——哪怕在技术创新风起云涌的时代。这就意味着，大量资本即便到处跑，也难逃自身不断贬值的命运。这种情况剧烈到一定程度，就会把整个系统拖入衰败轨道，导致繁荣的"泡沫"周期性地被击破。

我们看到：**缺乏盈利性投资，是资本主义经济危机的真正**

---

[1] Patel and Moore, *A History of the World in Seven Cheap Things: A Guide to Capitalism, Nature, and the Future of the Planet*, p. 27, emphasis in original.

核心。当盈余资本找不到盈利性出口，经济便陷入停滞，并引起大规模失业、资本贬值。

在这样的背景下，"出轨"（资本到"外部"搞花头），便成为资本家明着暗着在渴求的事。外面就是比里面香——外面更低廉的工人、更脆弱的金融体系、处女地般的市场、等待被占用和掠夺的资源……

"外部"即便再没用，也可以做垃圾场：资本主义系统源源不断生产出来的废料，被不断转到"外部"，譬如，正在被垃圾场化的海洋，乃至外太空。[①] 人类世，就是整个行星变成熵极其高的垃圾场的地质学纪元。正是在这个意义上，我们可以恰当地把人类世（人类淫世、熵世）的顶峰，称作资本世。

资本主义从来不是一列在轨道内前行的火车。**资本家骨子里都是出轨者**，精心盘算着那些**不出现**在生产计算中的成本或者利润——这些隐在的淫秽地点，被阿瑟·庇古、詹姆斯·米德等经济学家称作"外部性"。[②] 资本世，诚然是低廉与淫秽交织在一起：资本主义系统的构成性元素，正是那既低廉又淫秽的"外部性"。当欧洲殖民者们看到新大陆时，他们眼中的是一片"处女地"——资本世的淫秽，就具现在这种眼神中。

---

① 海洋中塑料瓶的数量预计将在 2050 年超过鱼的数量。See Boris Worm (et al.), "Impacts of Biodiversity Loss on Ocean Ecosystem Services," *Science* 314 (5800), 2006, pp. 787-790.

② Arthur Cecil Pigou, *The Economics of Welfare*, London: Macmillan, 1920; James Meade, "External Economies and Diseconomies in a Competitive Situation," *Economic journal* 62 (245), 1952, pp. 54-67.

哲学家吉尔·德勒兹用"去领土化"（deterritorialisation）与"再领土化"（reterritorialisation）来形容资本对空间的侵占：资本不断地到处"游牧"，强硬地破开原先的诸种对空间的领土化形式，创造出平滑的、畅通无阻（unhindered）的空间，然后对它施以再领土化的淫秽操作，从而使其变成新的盈利性地点。[①] 地理学家大卫·哈维则用"空间性修复"这个概念，来描述资本主义系统对"外部性"的内在固有渴求——它必须倚靠外部空间来"修复"自身，从而保持资本的盈利性积累。[②] 历史性地来看，正是应付过度资本积累（大量盈余资本在国内找不到盈利性出口）的危机，产生了十九世纪以来的帝国主义和二十世纪九十年代以来的"全球化"的地理扩张。

政治理论家汉娜·阿伦特在分析帝国主义时曾精辟地指出，"帝国主义扩张由一系列奇特的经济危机所引发，过度储蓄所导致的资本生产过剩和'剩余'货币，在本国范围内再也无法找到生产性的投资场所"[③]，这时就会出现负的经济增长

[①] 故此，德勒兹用"相对去领土化"（relative deterritorialisation）来形容资本的运动，而用"绝对去领土化"来形容哲学的运动，因为前者并没有真正去领土化。Gilles Deleuze, *Two Regimes of Madness, Texts and Interviews 1975-1995*, ed. David Lapoujade, trans. Ames Hodges and Mike Taormina, New York: Semiotext(e), 2006, pp. 378-379; Damian Sutton, "Virtual structures of the Internet", in Damian Sutton and David Martin Jones, *Deleuze Reframed: A Guide for the Arts Student*, London: I. B. Tauris, 2008, p. 39.

[②] David Harvey, *The New Imperialism*, Oxford; New York: Oxford University Press, 2003, pp. 87-89, 108-109, 115.

[③] Hannah Arendt, *Imperialism* (part two of *The Origins of Totalitarianism*), New York: Harcourt Brace Jovanovich, 1968, p. 15.

率，并引发资本大幅贬值，这个态势进而会导致金融系统崩盘、实体经济遭受急剧摧残、社会陷入深度恐慌。

于是，在资本主义系统中，经济必须保持持续增长，甚至至少让人们相信它能继续保持增长。**一旦这种增长或关于增长的信念不能保持，很可能随后会引致大范围的经济衰退与萧条。**

阿伦特早已指出：那种曾在几个世纪前造成马克思所说的"资本的原始积累"以及各种更深层次的积累的那种简单掠夺的原始罪恶，最终必须不断得以重复，否则积累的动力可能会突然停止。[①] 哈维在出版于 2003 年的《新帝国主义》（彼时全球金融危机尚未发生）中认为，马克思所分析的"原始积累"的所有特征，在当代都仍然强有力地存在着，甚至变本加厉。特别是资本主义世界 1973 年之后所形成的强大的金融化浪潮，完全展现出前所未有的投机性与掠夺性特征，通过各种金融操作以及金融衍生工具，对民众进行深度掠夺与资产剥夺。哈维建议，"原始积累"概念应该重新被阐述为一个去时间性的概念——"通过剥夺的积累"（accumulation by dispossession）。[②]

我们看到，**劫掠性的积累**，事实上并非"初期的"或"原始的"，而是资本主义的根本特征。

晚近"资本世"概念被提出，进一步地揭示出了这个状

[①] Arendt, *Imperialism*, p. 28.
[②] Harvey, *The New Imperialism*, pp. 145-148.

况。水、空气、森林、土地，在资本世中皆被大幅度地私有化——资本主义已经成为一个深层次影响行星面貌的地质性力量。更有甚者，近些年来资本家更是通过专利权的方式对遗传物质、物种材料进行生物性掠夺。除了加剧对行星资源、物种资源以及社会公共资源的私有化掠夺，资本家更总是垂涎"外部"，哪怕是距离地球五千五百万公里开外的火星……伴随着对"外部"的淫秽垂涎，地球上的生物多样性在资本世急剧缩减。摩尔和帕特尔的描述是鲜活的："资本家们看到的海洋，是这两样东西：我们即将捕捉的海鲜的储存设施；我们在陆地上产生的废渣的乱葬坑。"① 淫秽并精于利润最大化的资本家们不会主动去"听海"，"听，海哭的声音……"②

在资本世里，"人道主义国际援助"也成为一件相当淫秽的事。资本的"空间性修复"操作，存在着一个关键性的环节，那就是过剩商品被送去的"外部"，必须拥有可支付的手段，譬如，黄金、白银以及后来的美元储备（英国当年通过鸦片贸易从中国大量榨取白银），抑或具备可以进行贸易的商品。那么，如果情况是，该地区并没有可资交换的货币储备或商品呢？这个问题尽管棘手，但并不能阻止资本"向外"出轨——即便通过暂且让对方"赊账"的方式来实现资本"向外"移动，也好过在国内饱和市场状态中不断贬值。

---

① Patel and Moore, *A History of the World in Seven Cheap Things: A Guide to Capitalism, Nature, and the Future of the Planet*, p. 23.
② 《听海》，林秋离词，涂惠源曲，张惠妹演唱。

　　"国际援助"就成为资本出轨操作的一个好用的白手套——向没有可资交换的商品或货币储备的"赤贫地区"主动出借货币，并让对方用这些货币来购买自己的过剩商品（甚至包括武器）。我们看到，美国晚近所实施的国际援助，几乎总是与购买其商品和服务联系在一起，并且以开放市场准入作为前提。这样一来，许多第三世界的贫穷国家成为剩余资本的"接收器"，从而进入资本流通的体系。而"国债"的偿还，则使得资本输出国（债权国）成功规避资本的贬值，而风险完全转嫁到接收国（债务国）身上。[①] 就如出轨构成了婚姻的"作弊"（cheating）一样，朝向"外部性"的资本出轨，构成了"人道主义国际援助"的作弊，让它实质性地成为一个谎言。[②] 在这里我们又一次看到，资本世构成了对人类世（"人道"）的淫秽越界。

　　当年法国思想家乔治·巴塔耶在分析美国的"马歇尔计划"时就提出，"马歇尔计划"并不是一场革命。尽管战后的欧洲亟需美国的产品，但没有办法进行偿还。"马歇尔计划"，就成为将过剩的产品转移至欧洲的唯一途径，"无偿递送物品是必要的：**送走**劳动的产品是必要的"。作为战后世界上最强大的国家，美国通过"马歇尔计划"这个方式，有效消耗了自

---

① 　请同时参见 Harvey, *The New Imperialism*, pp. 117-119.
② 　请进一步参见吴冠军：《爱、谎言与大他者：人类世文明结构研究》，附录引言。

身的过剩能量。①

由于资本主义系统的稳定性建立在向"外部"出轨上，那么，倘若不再存在那样的"外部"呢？

今天深度全球化的世界（"地球村"），便面临着这样的问题："空间性修复"的潜力已逐渐趋向枯竭，全球资本主义的市场正在逐渐地趋向整体性饱和。

那么，当一个地区的剩余资本不但在其内部的任何地方都找不到盈利性投资机会，并且在其他地方也找不到盈利性投资机会的时候，将会产生什么样的结果？

后果不难看到——现在金融危机越来越不会再只是"某某地区的金融危机"，而是具有"全球性"的属性。

在资本世中，即便是行星尺度的劫掠性积累，仍有大量剩余资本在整个地球上都找不到盈利性出口。这种行星尺度的"过度积累"状况，势将带来一轮又一轮全球范围的经济-社会危机，致使信贷体系难以运转，资产流动性不复存在，从金融机构到实体企业纷纷被迫陷入破产，资产所有者或业主无法继续保持自己的财产，而只得被迫以极低价格转让给那些拥有流动资金的资本家……

在一个**高度成熟的全球资本主义系统**中，大规模、大范围的金融海啸是无从避免的：通过大量的资本贬值、无数人的倾

---

① Georges Bataille, *The Accursed Share: An Essay on General Economy, Volume I: Consumption*, trans. Robert Hurley, New York: Zone Books, 1988, pp. 174-175, emphasis in original.

家荡产、社会财富被深度毁坏，一些受灾相对较轻的资本家则趁机以极低的价格购入经过大幅贬值的资本资产，从而再次将其投入盈利性的资本循环之中。在至大无外的全球资本主义秩序里，只有全面的经济危机，才能使得剩余的资本找到盈利性的出路，才能带来之后的一轮经济增长（或者说"复苏"）。[1]

没有"出轨"通道的资本世，将陷入持续性的经济震荡，就如同人类世里那些出轨终止后的婚姻生活，反而夫妻间会剧增各种持续性的日常冲突……

难怪 2021 年"元宇宙"会骤然大热：**在没有新大陆可去的当下，元宇宙构成了"虚拟的外部性"，成为资本眼中新的香喷喷的"处女地"。**截至 2021 年年底，元宇宙的"房价"已经赶超现实中一线城市的房价，歌手林俊杰在社交媒体上宣布，他花费 123 000 美元在《分布式大陆》中购置了 3 块虚拟土地并征求"邻居"，这个价格已超过很多大城市的房价。[2]

---

[1] 当资本的"修复"越来越微弱时，资本之追求自身利润最大化的逻辑，会倾向于直接走向主动制造危机，在大破坏中使资本获得盈利性出路。臭名昭著的对冲基金就是其中最显著的例子，它通过高回报的许诺广泛集资，然后反复利用"杠杆"和"做空"的策略来制造市场大幅下跌，通过对包括货币体系在内的金融市场本身进行破坏的方式来赚取暴利（乔治·索罗斯的量子基金及朱利安·罗伯逊的老虎基金都曾创造过高达 40% 至 50% 的复合年度收益率）。在对冲基金的操作下，赢者的收入不仅以输者同等的损失，而且以输者更大的损失，以及货币体系及经济机制的崩溃和失效为代价。资本世表面高扬自由竞争的价值，而暗层则以大欺小、"不讲武德"。进一步的分析请参见吴冠军：《"全球化"向何处去？》，《天涯》2009 年第 6 期。

[2] 《突然火爆的"元宇宙房产"到底是什么？记者体验了一次"元宇宙购房"》，北青网，<https://t.ynet.cn/baijia/31873566.html>。

当对行星的劫掠在资本世中达到总体化时，元宇宙，便带来了新的"空间性修复"（尽管是一个"虚拟空间"），成为一块新的"绿洲"。难怪在史蒂文·斯皮尔伯格执导的 2018 年影片《头号玩家》（改编自影片编剧恩斯特·克莱恩的同名小说）里，那个令全世界人都沉浸其中的元宇宙游戏，就叫作"绿洲"（oasis）。

在其著作《电子游戏》中，游戏理论家詹姆斯·纽曼提出："典型来说，电子游戏创造'世界'、'土地'或'环境'，供玩家们探索、穿越、征服，甚至在某些情况下动态地操纵与改变这些地点。"这意味着，"玩，至少部分性地是一种殖民行动，把诸种改造施加在空间上"。[①] 德勒兹主义者大卫·琼斯则用《吃豆人》作为例子，提出"游戏者控制'吃豆人'的诸种行动，能够被视作对这个空间的一个再领土化"，"'吃豆人'看起来就是终极殖民者，其生命中唯一的目标就是尽可能多地消耗，在这个过程中尽力糟蹋所占之地"。琼斯引用史蒂文·普尔的分析，"吃豆人"是一个纯粹的消耗者（消费者），吃东西就无比开心，并且永不停下。后来的《古墓丽影》系列畅销游戏作品，皆变本加厉地贯彻终极殖民者与消耗者的操作。[②] 在这些学者看来，"电子游戏就是资本主义的实践"。[③]

---

① James Newman, *Videogames*, London: Routledge, 2004, pp. 108, 109.

② David Martin Jones, "Gaming in the labyrinth", in Sutton and Jones, *Deleuze Reframed: A Guide for the Arts Student*, pp. 14, 21.

③ Ibid., p. 24.

如果引入弗雷泽的"食人资本主义"概念的话，那么，"吃豆人"无疑称得上是资本主义最好的形象代言人。

如果如纽曼与琼斯所分析的，电子游戏本身便结构性地内嵌对空间（"世界""土地""环境"……）的殖民主义侵占，那么，从电子游戏发展而来的元宇宙，则是将对空间的殖民主义侵占，进一步推进到了"虚实共生"的境地。

第五节　资本先行：元宇宙有多坏？

如何在资本主义背景下思考元宇宙？

诚然，我们可以把"元宇宙"视为近二十年来的"数字资本主义"浪潮中的一个最新浪花。

然而在我看来，有必要将"元宇宙"单单拿出来进行分析，因为它呈现出独特的空间地理学特征。

我同意政治经济学家乌尔里希·道拉塔的看法，"数字资本主义"、"平台资本主义"抑或"数字经济"等概念，并不意味着一种新的资本主义，而只是既有资本主义的"新阶段"。[①]
在出版于 2022 年的《数字资本主义》一书中，媒介理论家克里斯蒂安·福克斯令人信服地提出，在获取利润上，谷歌与脸书靠广告、亚马逊靠商贸、奈飞靠娱乐、优步靠运输，这些数

[①]　Ulrich Dolata, "Privatization, Curation, Commodification. Commercial Platforms on the Internet", *Österreichische Zeitschrift für Soziologie* 44, Suppl. 1, 2019, pp. 194–195.

字企业巨头全部没有开辟全新的领域，而只是借助诸种数字技术重组了既有领域，使之发生"转型"。[①]

　　而**元宇宙，是一个彻底"多出来"的新的领域**——更确切地说，在当下 80 亿人[②] 和所有其他物种一起居住其上的这颗行星之**外**，纯然"多出来"的一个新的"世界"。对于已高度全球化了的既有资本主义系统而言，元宇宙标识了纯粹的"外部性"。

　　从这个角度出发，我们就能理解晚近兴起的"元宇宙热"——这个现象级热点，在话语层面上，可以说是由资本一手制造出来的。几乎在短短几个月内，数十家数字企业巨头纷纷宣布自己的元宇宙布局规划，脸书更是直接于 2021 年 10 月 28 日官宣改名为"元"，以此"映射其建设元宇宙的聚焦"，而微软则在 2022 年 1 月 18 日宣布以 687 亿美元的现金交易收购游戏巨头动视暴雪，并表示游戏在元宇宙发展中"扮演了重要角色"。其余如罗布乐思、维尔福（Valve）、埃匹克游戏（Epic Games）、英伟达、字节跳动、腾讯等跨国巨头企业和著名游戏公司，纷纷进军元宇宙，砸下真金白银来抢占赛道。

　　资本之"出轨"逻辑抵达行星层面意味着，**空间性竞争**转变为**时间性竞争**——已覆盖整个行星的资本能抵达任何地点，

①　Christian Fuchs, *Digital Capitalism: Media, Communication and Society*, Volume 3, London: Routledge, 2022, pp. 31, 28.

②　2022 年 11 月 15 日，联合国表示全球人口正式达到 80 亿。参见《全球人口突破 80 亿，这意味着什么？》，界面新闻，<https://baijiahao.baidu.com/s?id=1749552269892433850>。

那么现在关键是，能多快地抵达。在极短时间内兴起的"元宇宙热"，就是各大企业时间性竞争的产物——技术可以还没有到位，但资本已经跑到那里了。

就在马克·扎克伯格宣布脸书改名"元"的六天前，游戏理论家伊安·博格斯特在《大西洋月刊》发表《元宇宙是坏的》一文，提出"一个元宇宙就是一个宇宙，但更好，更高级，是一个给上等人的上等宇宙"。他写道：

> 元宇宙的概念之所以吸引科技巨头们，是因为它将技术化了的消费者关注的平淡现实，关联到关于逃离的科幻之梦上。在扎克伯格那已然低忠诚度的社交网络与 APP 遭受了经年累月的批评之后，你能理解为什么一个逃离舱口对他而言是有吸引力的。元宇宙提供了一个将诸种**世界性的麻烦**抛在身后、迁往各种更绿色的牧场的方式。一个露天矿工或一个私募资本合伙人都是这么想的：尽可能多捞一笔，然后就头也不回地走掉。①

在博格斯特看来，元宇宙不仅"坏"在一次性地"割韭菜"，还"坏"在让既有社会阶级进一步区隔化，并且，它更是"坏"在提供一个逃离"世界性麻烦"的幻想性出口。最令博

---

① Ian Bogost, "The Metaverse Is Bad", *The Atlantic*, October 22, 2021, available at <https://www.theatlantic.com/technology/archive/2021/10/facebook-metaverse-name-change/620449/>, emphasis added.

格斯特气愤的是，我们这个时代把扎克伯格这样的很"坏"的资本家，欢呼为英雄。

"元宇宙热"是资本先行，亦即，**资本先于技术而行动**。

2021年3月10日上市的罗布乐思在其 IPO 文件中，写下"元宇宙正在实现"（Metaverse is materializing）的宣言。然而在技术层面上，情况却并非如此。

即便就元宇宙体验最为重要的沉浸性元素而言，目前的 VR 头显设备在芯片算力、画面分辨率、刷新率、传输延迟率上，仍然无法给用户带来完全沉浸式的具身临场感，更遑论触觉、嗅觉、味觉、温度感等体验的阙如。[①]

进而，元宇宙并不是一个技术的单点突破，而是一组技术"群"构成的**聚合体**，包括网络通信技术、算力技术（GPU、CPU 和 ASIC 专用集成电路芯片）、云计算、边缘计算、游戏引擎、三维建模技术、实时渲染技术、计算机视觉、机器学习、自然语言处理、智能语音、图形学算法、传感技术、脑机交互技术、全息影像技术、VR、AR、MR、数字孪生技术、区块链、物联网、头戴式显示器（乃至脑机接口）……尽管这些技术当下大多已出现在了地平线上，但离能成熟地支撑起元宇宙构建，还有着不小的距离。

---

① 对于人眼而言，16K 分辨率是没有窗纱效应的沉浸感起点。如果想要流畅、平滑、真实的 120Hz 以上刷新率，即使在色深色彩范围都相当有限的情况下，1 秒的数据量也高达 15GB。目前包括 Oculus Quest 2 在内的大部分产品只支持到双目 4K，刷新率为 90Hz 至 120Hz，还只是较粗糙的玩具级产品。

在技术达到成熟之前，元宇宙实则还仅是一个营销概念，一个由资本所迫不及待开启的热潮。

2022 年 2 月入选美国国家工程院院士，并坐上世界首富宝座的埃隆·马斯克，认为目前 VR 头显技术并不成熟，低刷新率与延迟会让人很快产生疲劳和"晕动病"（motion sickness），元宇宙目前只是一个"营销热词"。[①] 维尔福（推出《半条命》《反恐精英》《求生之路》等著名游戏系列以及运营 Steam 平台）创始人加布·纽维尔则认为，"元宇宙是胡扯（bullshit）"，"大多数谈论的人完全不知道自己在说什么，显然他们并没有玩过大型多人在线游戏（MMOG）"，"围绕元宇宙有一大堆快速致富的图谋"。在他看来，现在的所谓"元宇宙"，是"一堆基于区块链的《第二人生》仿冒品，以数百万的价格向愚蠢的商业品牌出售虚拟房地产"。[②]

在《元宇宙改变一切》这本出版于 2022 年、为元宇宙摇旗呐喊的著作中，马修·鲍尔一方面提出"整整几代人最终会移居元宇宙并在其中生活"、元宇宙带来的变化"总价值将达到数十万亿美元"[③]，另一方面也深入地分析了技术状况对元宇宙发展的根本性限制。在鲍尔的分析中，技术不足所导致的限

---

① 《马斯克评元宇宙：现在就是个流行的营销术语》，上游新闻，<https://baijiahao.baidu.com/s?id=1719719817242275437>。

② Paul Tassi, "Valve's Gabe Newell Takes A Flamethrower To The Metaverse And NFTs", *Forbes*, <https://www.forbes.com/sites/paultassi/2022/02/26/valves-gabe-newell-takes-a-flamethrower-to-the-metaverse-and-nfts/>.

③ 鲍尔：《元宇宙改变一切》，第 7 页。

制，至少集中在三个方面：网络带宽、芯片算力、硬件设备。

互联网并不是为同步共享体验而设计的，今天很少有服务与应用需要超低延迟交付。那些看上去像是实时的、连续的和双向的联结（譬如 Zoom 视频会议、奈飞的流媒体服务），实际上都是成批的、单向的、经过不同路由的非实时数据包。基于网络连接并不可靠，现下网络游戏实际上主要内容是离线的，亦即，尽量提前向用户发送尽可能多的数据，而在游戏过程中则尽量少发送（玩家在游戏中只能使用一套有限的预装动画或表情进行互动）。

可以说，很少有在线体验需要高带宽、低延迟和连续连接，除了实时渲染的多用户虚拟世界。在虚拟世界的交互体验中，人对延迟的感知阈值是非常低的，会对轻微的错误与同步问题非常敏感，这就需要高带宽的互联网连接与持续，来维系低延迟的服务器连接（包括进出）。在元宇宙游戏中，如果玩家甲落后于玩家乙 75 毫秒，那么当玩家甲朝他认为玩家乙所在的位置开枪时，玩家乙以及虚拟世界服务器都知道后者已离开该位置——这便产生了互相冲突的体验，服务器不得不决定哪个体验必须被拒绝（通常是滞后者的场景内容被拒绝）。

由于网络连接的不可靠，元宇宙还必须包括有预测能力的人工智能程序，能够在玩家网络中断时接替他们，然后等网络恢复时再把控制权偷偷交还给玩家。在鲍尔看来，"延迟是通向元宇宙之路的最大网络障碍"。①

及时发送足够的数据，仅仅是维系元宇宙体验的一部分，同样重要的是足够的计算能力，来理解数据、运行代码、评估输入、执行逻辑、渲染环境等。

用计算机拟真一个虚拟世界，必须面对持续性（persistence）的挑战。一个玩家砍倒了一棵树，后面过来的玩家看到的是一颗倒下的树，抑或仍旧是未倒下的树？树是否会生物降解？玩家的虚拟鞋穿久了是否会磨损？化身身上是否会留下岁月痕迹？由持续性所产生的复杂性，是实时渲染的劲敌。一个虚拟世界的持续性信息越多，计算需求就越大，这也就意味着，可用于其他活动的内存与计算资源就越少。元宇宙如果想要让玩家的活动都具有持续性的效应，那就需要极其强大的计算资源。②

并发性（concurrency），则是对处理器算力的另一个巨大挑战。《堡垒之夜》这样的游戏，已经能在一局比赛中容许数十个生动逼真的玩家之数字化身参加，每个化身都可以做多样的动作，并与一个生动且有形的世界进行互动。然而即便是《堡垒之夜》，玩家人数一旦上到三位数后，算力也会立即撑不住（《堡垒之夜》的人数限制是 100）。2020 年说唱歌手特拉维斯·斯科特在《堡垒之夜》举办虚拟演唱会，有超过 1250 万

---

① 鲍尔：《元宇宙改变一切》，第 95-114 页、第 64-70 页、第 89 页。
② 鲍尔：《元宇宙改变一切》，第 59-64 页。

人参加了这场演唱会，然而这些人实际上是在 25 万个不同副本中参与了这场现场演唱会（并且不同副本中演唱会的开始时间存在差异），看到 25 万个版本的斯科特。

要提高并发性，服务器在单位时间内处理、渲染和同步的数据量就会呈指数级增长。鲍尔引用英特尔高级副总裁兼加速计算系统与图形事业部主管拉贾·科杜里在 2021 年底的判断："要实现真正意义上的持续性、沉浸式、大规模且可供数十亿人实时访问的计算，需要满足的条件更多：与当今最先进的技术相比，计算效率需要提升至目前的 1000 倍。"[①]

此外，VR 与 AR 设备的表现能力，亦构成了元宇宙体验的关键限制：它们不仅要像电视或电脑屏幕那样显示当前创建的帧，而且还必须自己渲染这些帧。增加每帧渲染的像素数以及每秒的帧数（刷新率），都需要强大的处理能力，并且这种处理能力还需要内置于可以舒适地戴在头上的设备中。

进而，我们还需要 VR 与 AR 设备追踪玩家的手乃至表情，以便可以在特定虚拟世界中进行重现。增加这些摄像头则会进一步增加头显的重量与体积，并需要更强大的计算能力，以及更多的电池电量。鲍尔引用扎克伯格的感慨："我们这个时代最艰巨的技术挑战可能是将超级计算机装进镜框。"[②]

基于技术所带来的诸种基础性限制，在鲍尔看来，元宇宙

---

① 鲍尔：《元宇宙改变一切》，第 115–130 页、第 70–75 页。
② 同上引书，第 179–205 页。

距离"想像力是唯一限制"的愿景还很远。①

尽管当下"元宇宙热"尚停留在资本狂欢阶段，尽管马斯克、纽维尔等业界领袖给"元宇宙热"大泼冷水，我们亦需要看到：金融资本的先行，确实会带动技术的快速迭代。②换言之，很可能我们这个世界乃至其绝大多数人口沉浸于元宇宙的那一天，比影片《头号玩家》所设定的2045年会更早，甚至早很多。

就在2022年6月，扎克伯格的"元"公布了四款VR原型机和概念机，正式提出挑战"视觉图灵测试"。图灵测试用来测试人工智能是否能够达到人一样的智能。而"视觉图灵测试"则是测试VR设备展现的虚拟现实场景，是否可以欺骗人眼和人脑，让人以为眼前世界就是现实世界。尽管在像素密度、显示亮度、佩戴体验上仍有所差距，但展现出的技术进展速度仍然非常惊人。③

面对这种资本先行的状况，为了进一步推进分析，让我们

---

① 鲍尔：《元宇宙改变一切》，第119页。然而，鲍尔在书末却表示："我对未来充满信心。实时渲染的三维虚拟世界在元宇宙中的核心位置会越来越明显。网络带宽、延迟和可靠性都将得到改善。计算能力将增加，从而实现虚拟世界更高的并发性、更高的持续性、更复杂的模拟和全新的体验（然而，计算资源永远供不应求）。"见该书，第370页。

② 相反的例子同样存在，如硅谷曾经估值达到100亿美元的Theranos，因其滴血验癌技术无法达到其所宣传的准确度，而于2016年轰然倒塌，对它，本章第七节还将论及。Hulu 2022年出品的美剧《辍学生》极具张力地呈现了这家曾经的"独角兽"企业的现象级的从兴起到覆灭的全过程。

③ 《扎克伯格展示四款VR头显原型》，新浪VR，<https://baijiahao.baidu.com/s?id=1736213813134300997>。

以技术趋于成熟后的元宇宙——亦即，理想状态中达成自身所设定之愿景的元宇宙——为分析对象。

马克思曾做出一个著名的"反达尔文主义"论断："人体解剖对于猴体解剖是一把钥匙。反过来说，低等动物身上表露的高等动物的征兆，只有在高等动物本身已被认识之后才能理解。"[①] 换言之，要深入地批判性分析一个对象，不是先去看它的初级形态（猴子），而是恰恰相反，去看它的"成熟"形态（人类）。

从这个反达尔文主义视角出发，让我们做出如下追问：元宇宙（技术全面成熟后的元宇宙），是否构成了已然耗尽"外部性"的全球资本主义系统的"绿洲"？它是否构成了熵增不断加速、无可持续的人类世的"绿洲"？

第六节　迈向"游戏资本主义"

在展开进一步分析之前，让我们先提出两个彼此关联的要点。

（1）在占有性个人主义的产权框架下，在80亿行星人口中只占极低比例的资本家，**拥有**这个"宇宙"。

---

① 　马克思：《经济学手稿（1857—1858年）》，《马克思恩格斯全集》第30卷，北京：人民出版社，1995，第47页。

（2）同"多余价值"一样，元宇宙，纯然是一个**多出来**的宇宙——一个由许许多多人智力劳动乃至体力劳动所共同创造（包括大量一般智力），但产权归属于资本家的"多余宇宙"（surplus universe）。

基于上述两点，我们可以看到：元宇宙尽管以"去中心化"为其启蒙式的宣称，然而恰恰以**资本的再度中心化**为其致暗性的内核。

结合前五节的分析，我们可以进一步提出：**资本主义的产权逻辑（私有化）与出轨逻辑（外部性），是元宇宙生成机制之逻辑基底**——当它们被抽走之后，"元宇宙热"将立即不复存在。

在当下的资本世中，我们看到：一方面，行星层面疯狂产权化的原始积累从未消失；另一方面，尚未到来的"未来"（以及彻底虚拟的"外部"），在今天也被提前产权化了，成为"一个被私有化占有的共通之物"（齐泽克语）。

政治经济学家尼克·戴尔-威德福曾用"未来主义式积累"（futuristic accumulation）这个概念，来论述一般智力被私有化为"知识产权"以及"技术租金"（technological rent）的当代资本积累模式。① 在我看来，当下的"元宇宙热"，实可称得

---

① 　Nick Dyer-Witheford, "Digital Labour, Species Becoming and the Global Worker", *Ephemera* 10 (3–4), 2010, p. 487.

上是资本家们在"掠夺式积累"模式之外，正在推行"未来主义式积累"的一个典范性标识。

这里的关键是：在当下这个因资本主义"掠夺式积累"而导致行星尺度上剧烈熵增的人类世中，作为"多余宇宙"的元宇宙，为"未来主义式积累"提供了**无垠的空间**。

让我们进一步结合案例来进行考察。

由林登实验室开发、2003年上线并且至今仍在运营与更新的在线游戏《第二人生》，经常被视作首个元宇宙。[①]《第二人生》官网首页上写道："探索、发现、创造，一个新世界在等着你……"[②] 在纽维尔眼里，《第二人生》这种存在了近二十年的"实际的元宇宙"，"已经做了所有的事，并且比这些新来者做的多得多"。[③] 也正因此，这个技术上尽管相当初级，但被视作已做了所有的事的"实际元宇宙"，具有典范性的分析价值。在这个"新世界"里，玩家被称为"居民"：他们通过可运动的化身，在三维建模的广袤"世界"里展开"第二人生"。然而，"第二人生"，真的是"第一人生"的绿洲吗？

在尼克·戴尔-威德福及其合作者格雷格·德·彼尤特看来，《第二人生》标识了"游戏资本主义"（ludocapitalism）的

---

① Nelson Zagalo (et. al.), *Virtual Worlds and Metaverse Platforms: New Communication and Identity Paradigms*, Hershey: Information Science Pub, 2012.

② See <https://secondlife.com>. 关于作为"虚拟世界"的《第二人生》的一个批判性讨论，请参见吴冠军：《现时代的群学：从精神分析到政治哲学》，第185—192页。

③ Tassi, "Valve's Gabe Newell Takes A Flamethrower To The Metaverse And NFTs", op.cit.

兴起。[1] 在《第二人生》中，用户诚然可以免费进行"基本游戏"。然而当你成为"拥有"土地的居民后，林登实验室会按月收取费用。也就是说，你必须成为"氪金族"，才能使你的"第二人生"至少居有其"所"。当然，在游戏中你可以买卖与出租你的虚拟房产。今天元宇宙房产的买家们，也肯定不是冲着"房住不炒"而斥巨资的（目下技术并无法让用户获得关于"住"的丰富体验）——他们皆在坐等房价上涨以获利。现实世界的房价已经到了无法再飙升的价格高位，元宇宙里的虚拟房产，则成为那"多出来"的外部性，使资本溢出性地奔涌而去。在《第二人生》最巅峰的那几年，有大量玩家靠着"炒房"而成为富豪。

在《第二人生》中，你也可以进行商业性或艺术性的各种内容创作，并在游戏中用"林登币"进行买卖。当然，在《第二人生》中更为琳琅满目的，是现实世界商品的虚拟展示。IBM、苹果、阿迪达斯、耐克、丰田、尼桑、戴尔等众多企业巨头，在《第二人生》中开设有销售"门店"，林登实验室会从每一单销售中进行提成。许多现实世界中的企业巨头更是在《第二人生》里拥有"私人岛屿"（光 IBM 就购置了 12 座），仅供其员工和 VIP 客户进入——这构成了元宇宙里的"海天

---

[1] Nick Dyer-Witheford and Greig De Peuter, *Games of Empire: Global Capitalism and Video Games*, Minneapolis: University of Minnesota Press, 2009, pp. xi-xii. "游戏资本主义"这个概念由朱利安·蒂贝尔所造，see Julian Dibbell, *Play Money: Or How I Quit My Day Job and Struck It Rich in Virtual Loot Farming*, New York: Perseus Books, 2006, p. 299.

盛宴"……①

我们可以清晰地看到,《第二人生》这个已真实存在的"多余宇宙",以虚实叠加的方式,构成了当下全球资本主义秩序的外部性,并且这个外部性,具有远胜于现实世界的**可延展性**。

在 2009 年的著作《帝国游戏:全球资本主义与电子游戏》中,戴尔-威德福和彼尤特根据当时正迈向巅峰期的《第二人生》的数据提出:"约 20% 的居民,构成了持有大量林登币的少数人,其余居民被迫生活在虚拟贫困中。"② 可见,玩家们的"第二人生",同样是贫富分化严重的人生——分化程度比现实世界好上那么一些。沉浸在《第二人生》里的玩家,既包括在其第一人生中买不起电脑、缴不起宽带费,而只能蹭网吧的贫困者,也有不差钱,甚至大把撒钱的"氪金族",还有不少人用林登币进行"洗钱"。诚如戴尔-威德福和彼尤特所分析的,

> 《第二人生》的居民们,是阶级划分的、财产拥有的、商品交换的、货币交易的、网络化的、能源消耗的主体,他们是**一个完备意义上资本主义秩序的主体**。欢迎来到你的第二人生——它非常像你的第一人生。③

---

① 参见百度百科"海天盛宴"词条,<https://baike.baidu.com/item/ 海天盛宴 >。
② Dyer-Witheford and Peuter, *Games of Empire*, p. vii.
③ Ibid, emphasis added.

基于这一分析，戴尔-威德福和彼尤特把《第二人生》视作"游戏资本主义"的典范。而在我看来，更恰当的名称是"元宇宙资本主义"：并不是所有电子游戏作品，而恰恰是元宇宙游戏（从《第二人生》到"元"新近推出的《地平线世界》），构成了当下高度全球化了的资本主义系统的外部性。

进而，从人类世视角来考察的话，**元宇宙，对于资本而言是一个"多出来"的宇宙，然而对于行星而言，却并非纯然"多出来"的宇宙**——元宇宙里的每个虚拟居民，都对行星增加了现实的碳排放。根据 2006 年数据，《第二人生》每个"居民"所耗费的电量相当于一个真实的巴西公民所耗电量。换言之，元宇宙如果是一个"绿洲"的话，它是一个并不会缓解人类世生态危机的"绿洲"（如果不是加剧的话）。

对于当下现实世界而言，元宇宙这个虚拟世界，显然不构成一个革命性的"绿洲"——这是一个**从全球性的"平台资本主义"升级出来的"元宇宙资本主义"**。

以脸书为典范的平台，为所有用户搭建出数字底层设施（digital infrastructures）；而以"元"为典范的元宇宙，则为所有用户搭建出数字底层世界规则（包括物理规则）。从脸书到"元"这个"战略转变"，并不是简单**升级**数字资本主义，而是激进**转向**元宇宙资本主义——资本主义系统从搭建"平台"跃升到构建"世界"。

然而，这个"世界"并无法独立存在：它在能量供应上完全倚赖现实世界，并增加行星的熵值。这个"世界"在底层规则上哪怕拥有迥然不同的物理规则，却也依然忠实地贯彻现实世界的资本主义逻辑。是以，元宇宙看上去很新，很"后人类"，然而它实际上很旧，很人类主义（占有性个人主义）。

在意识形态话语层面上，元宇宙被宣传为给用户提供了一个全新的、去中心化的、能够自由驰骋的宇宙——甚至可以打破现实世界的物理规则而自由飞天入地（在《第二人生》中玩家可以飞行甚至"超距传送"[1]）。但在资本主义系统下，任何"自由"皆有门槛，皆是启蒙同时致暗——穷人在哪里都买不起"房产"，在哪里都只能做"无产"阶级。我们知道，进入元宇宙至少得拥有或借到包括智能穿戴设备在内的一套专用硬件设备。这也就意味着，元宇宙这个"新世界"有一道无形大门，并不是生活在行星上的所有人想进就都能进。[2]

即便具备了接入元宇宙的硬件设备，玩家们仍要直接或间接地为软件支付费用，而且这个费用实际上购买的不是软件本身：玩家并不"拥有"它，而只是软件的一个**使用授权**（license）。经济学里的"稀缺"预设在"数字经济"里并不成立，然而"数字资本主义"仍以该预设来获取巨额的多余价值。对此，政治经济学家安德烈亚斯·维特尔做过一个精到的分析：

---

[1] 对游戏拟真世界中各种突破经典物理学的现象的讨论，请参见本书第六章第三节。

[2] 为了回避马克思主义政治经济学分析，在沃卓斯基姐妹1999年执导的影片《黑客帝国》中，进入元宇宙的"门槛"被转换成计算机利用人类肉身为其提供能源。而这个设定在物理学层面上导致了低级纰漏。

事实上，大多数知识产权都是非排他性的。这意味着，它们被一个人使用时并不妨碍其他人使用同一物品。进而，数字对象非但不是排他性的，并且储量天生就很充裕。因此，所有通过数字权利来拯救版权的努力，都是荒谬的，因为这些努力创造出**人为的稀缺性**。它们把充裕的对象，转变为合法的稀缺物品。讽刺的是，在数字时代只有创造人为稀缺性，资本主义积累才能被满足。[①]

如果说数字资本主义使得一套软件可以"卖"无数遍（但实际上并没有卖出所有权），那么，在元宇宙资本主义里，情况更加升级。

元宇宙里所有的物品、道具、服饰、装备乃至房产，都不存在稀缺性：每个数字对象都可以"卖"无数遍。作为"多余宇宙"，元宇宙的世界（不同于已陷入人类世的现实世界）里一切"资源"不仅仅可再生，而且几近无限。然而，元宇宙资本主义建立在"人为的稀缺性"上：通过售卖数字物品、虚拟资源（"内购""充值""月卡"……），元宇宙世界的拥有者们，得以源源不断地获取巨额的多余价值。

面对导致 2008 年全球金融危机，但自身却"大而不能倒"

---

① Andreas Wittel, "Digital Marx: Toward a Political Economy of Distributed Media", in Christian Fuchs and Vincent Mosco (eds.), *Marx in the Age of Digital Capitalism*, Leidon: Brill, 2016, p. 95, emphasis added.

（too big to fail）的金融资本巨头时，哲学家阿兰·巴迪欧曾激烈抗议：为什么我们要"为了确保有权势的那些人的生存，对贫穷的所有形式坚持严密控制"，使之永远保持贫穷？[①]

这个抗议对于元宇宙资本主义更加掷地有声：为什么我们要为了确保现实世界里有权势的那些人继续在元宇宙里有权势，而人为地制造稀缺性，并通过这个方式，在元宇宙中严密地施加贫穷的所有形式？

进而，为什么不能去真正创造性地搭建元宇宙世界的底层规则，并让它们在大量玩家的游戏过程中不断演化迭代？

除了使元宇宙继续成为资本主义系统的新的"外部性"，为什么不能使这个"新世界"成为探索资本主义之替代道路的实验室？

马克思号召的"改变世界"[②]，为什么不能从元宇宙中开始？

第七节　从行星工厂到元宇宙工厂

元宇宙的资本主义向度，并不仅仅在消费、流通与金融领

[①] Alain Badiou, *The Communist Hypothesis*, trans. David Macey and Steve Corcoran, London: Verso, 2010, p. 5.

[②] 这就是著名的"第十一论纲"："哲人们以往都仅仅是在以不同的方式解释世界；但关键在于，去改变这个世界。" Marx, "Theses on Feuerbach", op.cit., p. 158. 请同时参见吴冠军：《第十一论纲：介入日常生活的学术》，北京：商务印书馆，2015。关于改变世界的讨论，请进一步参见本书第五章与第六章。

域。尽管多余价值是在流通领域进行实现与积累的，但根据马克思的政治经济学分析，它是在生产领域被制造出来的。

我们有必要看到，在生产领域，元宇宙资本主义亦具有独有的特征。

元宇宙资本主义的剥削（掠夺劳动者所创造的多余价值），并不仅仅针对那个"多出来"的世界的实际创作者们（亦即，包括程序师、美术师、历史与文化设计师、规则设计师、项目协调师等在内的元宇宙开发者），而且针对所有的消费者（元宇宙玩家）。换言之，当你进入元宇宙后，你并不仅仅是玩家，同时还是一个劳动者，并且是一个没有报酬的劳动者。

这就是元宇宙资本主义里"多出来"的劳动——元宇宙的拥有者不仅靠虚拟物品，并且靠"多余劳动"来攫取多余价值。制造虚拟物品的人为稀缺性与产权结构，是元宇宙资本主义的致暗性操作。而使元宇宙玩家成为"多出来"的无偿劳动者的，是一个更为隐蔽的致暗性操作——它不仅将劳动低廉化，而且使之隐形化和无偿化，从而产生巨额的多余价值。

何以如此？

这一节与下一节中，就让我们对那"多出来"的劳动展开一个分析。

在元宇宙世界中，**生活就是生产**。元宇宙的这种独特生产模式——借用安东尼奥·奈格里与迈克尔·哈特的术语——就是"生命政治生产"（biopolitical production）。作为"非物质劳动"的生命政治生产，直接"生产出社会生活本身"。[①]

"非物质劳动"这个概念，在马克思主义学术共同体内部遭到了激烈批评：奈格里与哈特被批评为在当代"帝国"中极大地边缘化工厂劳动。质疑者们追问道：在当下现实世界中，物质性劳动真的已经被非物质劳动所取代了吗？但在我看来，"生命政治生产"相当妥切地揭示出了元宇宙资本主义的生产模式。

玩家在元宇宙中所有的活动，皆在非物质性地**生产内容与数据（元宇宙的政治经济学向度）**，并通过这个方式**参与"世界"的构建（元宇宙的政治本体论向度）**。[②] 元宇宙的玩家们，既是消费者（用户），同时也是内容生产者与数据生产者（劳动者）。在《帝国游戏》中，戴尔-威德福和彼尤特用"非物质劳动"概念来分析生产"非物质产品"的游戏产业：

> 尽管非物质劳动理论家们有时过度论述了他们的案例，但我们同意关于技术的、情感的与沟通性的工作的一个新的荟萃，是二十一世纪资本的一个特征。电子游戏提供了一个显著的地点，来进行批判性的探索。人们只要想一下一款"马里奥"游戏的开发如何囊括制作硬件与编程软件必须用到的高级技术能力，许多种艺术家（从动画

---

① Michael Hardt and Antonio Negri, *Multitude: War and Democracy in the Age of Empire*, New York, Penguin, 2004, p. 146.
② 关于元宇宙的政治本体论分析，请参见本书第四章。

师、音乐师到概念设计师）的情感技能，以及所有这些活动同工作室团队合作所需要的协调，就能看到这种工作同非物质劳动的定义构成了多么紧密的对应。[①]

我们看到，在戴尔-威德福和彼尤特笔下，"非物质劳动"被仅仅用来指游戏制作环节中的技术-情感-沟通工作。但在我看来，这个分析是不充分的。

我引入"非物质劳动／生命政治生产"概念，并不只是旨在揭示元宇宙游戏开发中所涉及的程序员与艺术家们的劳动，而是为了进一步提出，**作为消费者的玩家，恰恰亦是生成多余价值的非物质劳动者**。倘若没有玩家在里面活动，元宇宙就是一套在储存介质上的凝固的程序代码。倘若仅仅有玩家注册但不活动，那么程序软件里只是多了一些静态的数据包。只有活跃玩家在里面展开各种活动、不断激发程序执行相应代码并产生数据交换，一个"世界"才被撑开——元宇宙软件随之成为元宇宙"世界"，在里面各种"事件"得以发生。[②]

对于脸书这样的社交平台而言，用户越多，它就越具有平台属性，就越能产生集聚效应。元宇宙里的玩家越多，不仅仅造成更大的流量，使元宇宙软件的 IP 更有价值，而且会使得元宇宙更具有"世界"属性。故此，元宇宙里的玩家，是无偿

① 　Dyer-Witheford and Peuter, *Games of Empire*, pp. 4-5.
② 　在元宇宙里玩家通过交易虚拟房产而获利，抑或坠入爱中，这些"虚拟事件"可以是相当"真实"的。

的劳动者——玩家们的生命政治生产，制造出了巨大的多余价值，亦即，一个多出来的、不断更新的"宇宙"本身；而这个宇宙，并不**属于**他们。

通过引入"生命政治生产"概念，我要提出这样一个挑战性命题：元宇宙资本主义内嵌一个暗黑秘密，那就是**娱乐即劳动**。

元宇宙不仅仅有社交属性（符号性-沟通性的联结与互动），并且具有沉浸性的娱乐属性，如纽维尔所说，元宇宙和大型多人在线游戏有鲜明的继承关系。[①]"娱乐即劳动"这个论题充满了悖论性：这两件事难道不正是结构性地背道而驰？人们在工作时间里劳动，而在闲暇时间里娱乐；在工作时间里娱乐抑或在闲暇时间里劳动，恐怕都会引起惩罚或抗议。

然而，元宇宙中那些高度娱乐性的游戏活动，本身恰恰就是一种劳动。元宇宙资本主义让我们看到，资本主义的"出轨"逻辑，不只是在**空间向度上**展开（不断吞食外部性），而且在**时间向度**上展开（越出工作时间轨道，吞食闲暇时间）。

为了论证这个命题，我们需要引入两个重要的思想资源：社会工厂-行星工厂（planet factory）论题与生产性消费者-观众商品论题。

和奈格里同一辈的意大利哲学家马里奥·特朗蒂在二十世

---

① 《头号玩家》以及肖恩·列维 2021 年执导的影片《失控玩家》，皆鲜活地在大银幕上呈现了元宇宙的娱乐属性。

纪六十年代提出了"社会工厂"概念。他的论点是："建立在资本主义基础上，社会关系从不和生产关系相**分隔**；生产关系几乎和**工厂的社会关系**完全等同"，"当整个社会被缩减为工厂，工厂则似乎趋于消失"。① 当然，直到今天，行星上仍有大量看得见的工厂（尤其在第三世界），但特朗蒂笔下的"工厂消失"，指的是资本主义系统（"工厂的社会关系"）已然整个地融入社会中。这意味着，劳动并不仅仅在有形的工厂或写字楼之内，而是广泛地存在于整个社会中。

"社会工厂"概念，让我们关注到半个世纪以来的资本主义隐秘动向：**劳动的去场所化**。而劳动的去场所化，总是和**劳动时间的去边界化**结构性地关联。

经典马克思主义视角下的剥削，主要聚焦于正式工作场所中的雇佣劳动，多余价值来自必要劳动时间之外的"多出来"的多余劳动时间（工资未覆盖这部分劳动）。然而，当代数字技术早已使得人们能够在任何地方、任何时间进行劳动——晚上9点多手机上收到的工作信息，双休日微信群里激烈的工作讨论……我们还有必要看到更广泛的劳动形式，如职场女性回家后陷进去的"第二轮班"（the second shift）②，大学教授节

① Mario Tronti, *Workers and Capital*, trans. David Broder, Verso, 2019 (ebook), p. 30, emphasis in original.

② 阿莉·霍克希尔德提出，在今天美国的"平等型夫妻"中，妻子却陷入了"职场妈妈不下班"的第二轮班困境。See Arlie Hochschild and Anne Machung, *The Second Shift: Working Families and the Revolution at Home*, New York: Penguin, 2003, pp. 213, 62.

假日埋头写论文——在资本主义秩序中，家务劳动与"居家科研"皆能够产生出多余价值。

文化批评家乔纳森·克拉里的著作《7天24小时》尽管只是聚焦"晚期资本主义"下的睡眠消失问题，而没有专门讨论劳动问题，但克拉里认为是马克思发现了对时间的资本主义再组织："马克思认识到资本主义与对时间的再组织是多么不可分割，尤其是作为多余价值创造方式的活劳动时间。"[1] 而在当代，对时间的资本主义再组织已几乎覆盖生活的所有面向：随着整个生活世界被数字技术转变成"社会工厂"，闲暇时间与工作时间已不再可以清晰区分。

近年随着平台资本主义兴起的"零工经济"，进一步推进了"社会工厂"：大量网约车司机、代驾，都是不分场所与时间的"自由劳动者"，他们和平台并不构成传统的雇佣关系。不少人白天工作结束后，就成为代驾司机或网约车司机，整个城市于是变成了下一个工厂。戴尔-威德福认为当代人已经身处"行星工厂"中：

> 如果1844年我们有了工厂，在二十世纪中叶我们有了福特主义社会工厂的话，那么，现在我们有工厂行星，或者说行星工厂。这个政权不只将生产、消费与社会再生

---

① Jonathan Crary, *24/7: Late Capitalism and the Ends of Sleep*, London: Verso, 2013, p. 62.

产（例如福特主义）吸纳其中，并且将生命的诸种基因性
与生态性向度吸纳其中。①

根据戴尔-威德福的分析，行星工厂一方面导致了人类世的温
室效应与物种大灭绝，换言之，它正在加速剥夺人类自身继续
在这行星上生存的可能性。另一方面，行星工厂的自动化程度
已使人工智能上升成为一般智力，各种超级计算机、机器人正
在加速迭代，使人类劳动越来越边缘化。②

在行星工厂中，资本也许还有明天（找到新的外部性），
但作为物种的人类则几乎看不见明天——戴尔-威德福用"奇
点资本主义"（singularity capitalism）一词③来标识这样一种深
渊性的未来。资本世就指向了这样一个没有人类而只有资本的
未来。

正是在这个背景下，"元宇宙热"兴起了。元宇宙既构成
了全球资本主义的新的外部性，又让人们以"化身"的方式来
展开全新生活——资本家们因前者而鼓吹元宇宙；陷于人类世
的人们，则因后者而憧憬元宇宙。然而，**元宇宙中的生命政治
生产，使得人们只是从行星工厂，进入了元宇宙工厂。**

扎克伯格在近 80 分钟的元宇宙宣传片中，专门介绍了在

---

① Dyer-Witheford, "Digital Labour, Species Becoming and the Global Worker", op.cit., p. 485.

② Ibid., p. 486.

③ Ibid., p. 495.

元宇宙中如何工作：人们不论何时何地都可以远程协同工作，极强的临场感可以满足与同事的情感交往需求，可以在元宇宙中拥有一个专注自己工作的数字空间……然而，这只是元宇宙对既有工作方式的重组，扎克伯格没有说的是，即便你在元宇宙中进行纯娱乐性的活动，你也在为他以及其他元宇宙拥有者们进行无偿的劳动。

在《资本论》中马克思曾说："诸瞬间，是利润的诸要素。"[1] 在元宇宙中的每个瞬间，你都在为资本家的利润而劳动——不管你自己是否意识到。"移民元宇宙"的你，将陷入打扮成"绿洲"的巨型工厂中。

德勒兹主义者戴米安·萨顿在 2008 年就提出，在像《网络创世纪》这样的在线游戏中，玩家的知识产权与相应劳动，尽皆被像"艺电"（Electronic Arts，著名的美国电子游戏巨头）这样的游戏拥有者给剥削走了。[2]

而在这里我们可以进一步提出：玩家们在 MMOG 及其当代升级形态"元宇宙"中的"玩"的实践，实是参与世界之构建的劳动。[3] 正是这份被伪装为"玩"的劳动所创造出的多余价值，使得资本主义（"食人资本主义"）在行星层面上抵达总体化程度后，具有了能够继续繁荣的可能性。

---

[1] Marx, *Capital: A Critique of Political Economy Vol. 1*. p. 352.

[2] Damian Sutton, "Virtual structures of the Internet", in Damian Sutton and David Martin Jones, *Deleuze Reframed: A Guide for the Arts Student*, London: I. B. Tauris, 2008, pp. 40-41.

[3] 对"玩"的实践的进一步分析，请参见本书第四章。

第八节 致暗时刻：自由劳动，娱乐至死

现在我们看到，对于逃离行星奔向"绿洲"的人们而言，元宇宙世界实际上是一个巨大的工厂，在那里劳动本身被娱乐所遮盖：当被剥削的过程本身充满快感时，资本主义的非人类"血汗工厂"，便变成了后人类"乐土"。

进入元宇宙进行游戏的玩家，在主体性的层面上诚然是娱乐。但问题的关键是，**主体性的体验，并不影响或改变元宇宙本身的资本逻辑与产权逻辑**——元宇宙的拥有者们获取了所有用户的游戏活动所带来的多余价值。

足球俱乐部的拥有者通过球员们的踢球活动而获取多余价值，这个状况并不因为后者在球场上踢得很爽而发生变化。同样，在家带孩子的母亲尽管很享受和孩子在一起，但不意味着她的投入不是劳动；面对"非升即走"的教授尽管在撰写论文时可能会体验到知性的愉悦，但并不意味着撰写本身不是劳动。

元宇宙用户既是玩家，又是劳动者，但他们的境况还不如足球俱乐部的球员——后者至少被认为是"效力"某个足球俱乐部。玩家们创造出多余价值的游戏活动，在当前资本主义意识形态下被纯然界定为娱乐，而不被承认为劳动，故而彻底是无偿的（并且还需要花钱）。

就这样，元宇宙玩家实际上成为一种隐秘的"生产性消

费者"（prosumer）①，其活动的生产性，被表层的娱乐性所遮蔽。很相似地，"饭圈"的粉丝亦是一种生产性消费者：粉丝的劳动被娱乐所遮盖，其劳动所创造的多余价值则尽归资本所有。②

平台资本主义已然十分擅长制造"生产性消费者"，亦即，把它的用户变成无偿的劳动者。例如，我们登录平台时碰到的各种验证码（辨认字符或看图识物），表面上是让登录者自证不是机器人，实际上则是让我们无偿地为平台的机器学习（文字识别算法以及图像识别算法）提供人工反馈。③我们也经常碰到平台让利给用户（商品价格优惠抑或 1 元抽 iPhone），但要在平台上做很多任务（各种小游戏粘连平台逗留时间，乃至更露骨的传销式拉人）——这同样是典型的"生产性消费"。

对于元宇宙资本主义而言，"生产性消费者"这个概念已

---

① "生产性消费者"一词由未来学家阿尔文·托夫勒同其妻海蒂·托夫勒在 1981 年著作《第三次浪潮》中所造。See Alvin and Heidi Toffler, *The Third Wave*, New York: Bantam, 1981, pp. 278-279.

② 关于粉丝劳动的研究，请参见 Abigail De Kosnik, "Fandom as Free Labor", in Trebor Scholz (ed.), *Digital Labor: The Internet as Playground and Factory*, London: Routledge, 2013.

③ 2007 年验证码的发明者路易斯·冯·安利用验证码让人们免费做文本识别（"reCaptcha"计划），而谷歌收购该技术后，则进一步用来训练人工智能图像识别。关于人工智能算法的进一步分析，请参见吴冠军：《爱的革命与算法革命——从平台资本主义到后人类主义》，《山西大学学报（哲学社会科学版）》2022 年第 5 期；吴冠军：《告别"对抗性模型"——关于人工智能的后人类主义思考》，《江海学刊》2020 年第 1 期；吴冠军：《速度与智能：人工智能时代的三重哲学反思》，《山东社会科学》2019 年第 6 期；以及，吴冠军：《再见智人：技术-政治与后人类境况》，第二章到第四章。

不够确切，我用"玩家劳动者"（plaborer）这个概念，来形容元宇宙的用户。

对于玩家劳动者们而言，**闲暇时间与工作时间彻底无可区分**。大肆推行"996"（早上 9 点上班、晚上 9 点下班、一周工作 6 天）的资本家，诚然面目可憎，但大肆推行元宇宙的资本家，我们更需要警惕——"996"（抑或相反的灵活工作制），至少让人意识到工作时间正在侵吞闲暇时间，然而，在元宇宙资本主义中，娱乐本身就是在劳动。闲暇时间，就这样以波澜不惊的方式，被彻底地转化为多余劳动时间。

在二十世纪七十年代，政治经济学家达拉斯·斯迈瑟——在我看来，他实是第一个把娱乐与劳动关联起来的思想家——就写道："垄断资本主义下的物质性现实就是，人口中的绝大多数人的所有非睡觉时间，都是工作时间。"[1] 半个多世纪前，人们没有元宇宙，也没有网络，但是人们把大把时间用来看电视。斯迈瑟提出"观众商品"概念：观众的观看时长，是电视台卖给广告商的商品。换言之，观众通过看电视这个主体性的娱乐活动，恰恰生产出了让电视台获利的商品。因此，看电视是创造价值的劳动，并且是无偿劳动。

斯迈瑟对资本主义系统所刻意维系的一个"常见误解"，做出了深具洞见的分析与辩驳：

[1] Dallas W. Smythe, "Communications: Blindspot of Western Marxism", *Canadian Journal of Political and Social Theory* 1(3), 1977, p. 3.

在资本主义下，你的劳动力成为一种个人性的占有，似乎你可以自由支配劳动力。如若你在一个岗位上工作并获得报酬，你卖出了你的劳动力。离开了该岗位，你的工作就似乎成为你不卖的东西。但这里有一个常见的误解。在岗位上，你所卖出的所有劳动时间，并没有都获得报酬（否则利息、利润、管理层的工资就没法支付了）。离开岗位后，你的劳动时间（通过观众商品）依然被卖出，尽管你没有卖它。①

就这样，资本主义通过电视，制造出了一种"自由与闲暇的假像"。②斯迈瑟对媒介研究所做出的独特贡献是，当雅克·拉康、让·鲍德里亚等学者聚焦电视的符号性-意识形态效应时，斯氏独辟蹊径地聚焦电视的多余价值生产。

克拉里在《7天24小时》中，也专门提到了电视的重要性。尽管克氏并不认为看电视构成了劳动，但同样观察到了该活动对多余价值的创造："即便没有物理性劳动发生，[电视也]是这样一种安排——其中个体的管理和多余价值的生产相重叠，因为新的积累由电视观众的体量所驱动。"③

晚近的平台资本主义，其侵吞闲暇时间的淫秽出轨能力远

---

① Smythe, "Communications: Blindspot of Western Marxism",op. cit., p. 48.

② Ibid., p. 47.

③ Crary, *24/7: Late Capitalism and the Ends of Sleep*, pp. 81-82..

胜于电视。诚如福克斯在《数字劳动与卡尔·马克思》一书中所写，"脸书、谷歌与类似大企业的社交媒体的用户在线的所有小时，构成了工作时间，其中诸种数据商品被生成出来，并构成了实现利润的潜在时间"。[1] 我要接着福克斯进一步提出：平台资本主义侵吞闲暇时间的淫秽性达到如此程度，以至趋向于抵达时间**总体化**的"天花板"。

知识付费平台"得到"的创始人罗振宇曾提出"国民总时间"概念，认为时间会成为商业的终极战场，而"得到"的目标则被界定为做"时间的朋友"。[2] "国民总时间"这个概念，恰恰揭示出了：平台资本主义已经将所有人的所有时间，全部纳入多余价值的生产机器之中。马克思尝言：

> 时间是一切，人什么也不是：人至多是时间的肉身架子。质量不再重要，数量独自决定一切；一小时就是一小时，一天就是一天。[3]

资本主义系统，并不仅仅不断地**吞食空间**，而且一直致力于**吞食时间**。实际上，资本主义正是在这个意义上"食人"——吞食作为"时间的肉身架子"的人。在吞食"时间的肉身架子"

---

[1] Christian Fuchs, *Digital Labour and Karl Marx*, London: Routledge, 2014, p. 117.

[2] 百度百科 "国民总时间" 词条, <https://baike.baidu.com/item/ 国民总时间 >。

[3] Karl Marx, "The Poverty of Philosophy: Answer to the *Philosophy of Poverty* by M. Proudhon", in Karl Marx and Frederick Engels, *Collected Works, Vol. 6 (1845–1848)*, New York: International Publishers, 1976, p. 127.

上，资本主义这位吞食者，在无法全然掌控食物之**质量**的状况下，对**数量**就变得贪得无厌。这个致暗性操作，在平台资本主义这个"新阶段"，则迈向了**总体化**，瞄准了所有"时间的肉身架子"的一切。

在分析社交平台时，福克斯认为"劳动将自身呈现为玩，而玩则成为价值-生成的一个形式"。[①] 在我看来，这段分析用在脸书上还不是最妥切的，但用在转型成"元"之后的脸书，则是极其恰当的——在元宇宙中，**玩家们的玩，就是价值-生成的活劳动**。

媒介理论家尼尔·波兹曼在二十世纪八十年代曾针对电视媒介提出"娱乐至死"的命题："美国电视全心全意致力于为观众提供娱乐"，"电视上每个镜头的平均时间是 3.5 秒，所以我们的眼睛根本没有时间休息，屏幕一直有新的东西可看"。波兹曼强调，"我们的问题不在于电视为我们展示具有娱乐性的内容，而在于所有的内容都以娱乐的方式表现出来"。[②] 随着元宇宙产业的到来，人们**既是娱乐至死，亦是劳动至死**：每时每刻，不只是眼耳等感官，手乃至全身都被调动起来。元宇宙资本主义的"割韭菜"操作，不仅仅是让你**掏钱**，更是让你**掏时间**。

在今天，指数级迭代的人工智能对人类社会的"全面赋能"，实际上意味着人类自身的"全面赋闲"，越来越多的年轻

① Fuchs, *Digital Labour and Karl Marx*, p. 357.
② 波兹曼:《娱乐至死》，章艳译，桂林：广西师范大学出版社，2004，第113-114页。

人"毕业即失业"——人工智能使资本不再纯然倚靠人类劳动（"人力资源"）来获得多余价值。[①] 而人类世的生存状况，则使得越来越多的人寻找**逃避的出口**（宗教性的或技术性的"绿洲"）。在人类世文明的当下时刻，"元宇宙"概念被资本隆重推出，对所有有大把"闲暇时间"又向往"虚拟世界"的人产生强大的吸引力。

尤瓦尔·赫拉利认为人工智能会把大量劳动者甩出，使他们成为资本主义秩序中的"无用阶级"。[②] 然而，这个判断为时过早。"下岗"并不意味着停止劳动：元宇宙资本主义，正等着这些"无用阶级"在其中竭尽全力地劳动。"后工作"（post-work）时代，人们并非不工作，而是**工作不再有偿**：一方面失业率飙升，雇佣劳动减少，另一方面以娱乐面目出现的免费劳动剧增。"free labour"既可以指"自由劳动"，也可以指"免费劳动"，在资本主义系统下，它只能指向后者："自由"结构性地被异化。启蒙，结构性地致暗。

在讨论异化的时候，马克思曾写道："最后，一切都将在**非人**的权力之统治下，这也会落在资本家身上。"[③] 在最后的时刻，资本的逻辑，将吞食作为物种的人类，包括资本家本

---

① 参见吴冠军：《竞速统治与后民主政治——人工智能时代的政治哲学反思》，《当代世界与社会主义》2019 年第 6 期。

② 赫拉利：《未来简史：从智人到智神》，第 286-295 页。

③ Karl Marx, *The Economic and Philosophic Manuscripts of 1844 (and the Communist Manifesto)*, trans. Martin Milligan, New York: Prometheus, 1988, p. 125, emphasis in original.

身——这个时刻，"食人资本主义"终于成为一条彻底的咬尾蛇。在资本世（奇点资本主义）中，资本还会有明天，然而人类（包括资本家在内）不会有明天。

马克思反对的不是劳动，而是劳动的资本主义组织方式。**元宇宙具有潜能成为"改变世界"的实验室，成为一个自由劳动（自由创造）得以展开的新世界**。然而，通过娱乐与游戏，元宇宙资本主义致力于将劳动时间总体化，并通过彻底无偿的多余劳动时间，获取巨额的多余价值。

简言之，在行星加剧熵增的人类世中，作为物种的人类，进入了剩余时间。我们所生活的当下，实际上可被更妥切地称为资本世——资本主义对空间的溢出性吞食，在行星层面业已达到了总体化，而元宇宙资本主义，则是资本对时间最为总体化也可能是最后一次的吞食。

第九节　陷入奇点：技术世与剩余时间

我们现在看到，"元宇宙热"，恰恰是兴起于资本主义系统在行星层面耗尽其外部性的时刻。在资本世中，技术创新，每每能凭空创造"多出来"的盈利性地点。在空间性修复逐渐耗尽后，技术创新便成为资本增值的最后一个倚仗。

马克思亦对此深有洞悉——正是他发明了"一般智力"这个概念。马克思笔下的"一般智力"（以及"科学与技术的一般状态""一般社会知识""社会个体""人类头脑的一般力量"

等概念）[1]，主要就是指成为"一种直接生产力"的技术。在《政治经济学批判大纲》中，马克思写道：

> 真实财富的创造开始较少倚赖劳动时间与被雇佣的劳动量……，而更倚赖科学的一般状态，倚赖技术的进步，抑或这一科学应用到生产上。……劳动不再那么多地被包含在劳动过程中，相反，人类开始更多地作为看管者与调介者而关联到生产过程自身中。……在这个转型中，不是人自身施作的直接人类劳动，也不是他工作的时间，而是他对自己一般生产力的挪用、他对自然的理解和他通过作为一个社会身体的存在对自然的掌控。一言蔽之，这是呈现为生产和财富的巨大基石的社会个体（social individual）的发展。[2]

在十九世纪中期马克思已洞察到，凝结**集体性-社会性一般智力**的技术，会成为资本积累的巨大基石。在二十一世纪全球资本主义秩序中，一旦有新的技术冒出来，"风险资本"就会蜂拥而来，不惜承担高额风险，提前抢占可能被新技术打开的盈利性地点。

---

[1]　对于马克思所造的这一连串可互相替代的术语的分析，请参见 André Gorz, *The Immaterial*, Calcutta: Seagull, 2010, p. 2.

[2]　Karl Marx, *Grundrisse: Foundations of the Critique of Political Economy*, trans. Martin Nicolaus, London: Penguin Books, 1993, pp. 704-705.

一个晚近的抢占盈利性地点失败的著名案例是：硅谷估值曾达 100 亿美元的独角兽企业 Theranos，因其所宣称的滴血验癌技术最后无法实现，而于 2016 年轰然倒塌；创始人兼 CEO 伊丽莎白·霍姆斯 2022 年 11 月 18 日被裁定包括刑事欺诈罪在内的 4 项罪名，获刑 135 个月（即 11 年零 3 个月）。[①] 先后投资 Theranos 总计 7 亿多美元的风险资本（如 ATA）、私募股权公司（如 PFM、堡垒投资集团）和私人投资者（包括媒体大亨鲁伯特·默多克、甲骨文创始人拉里·埃里森、特朗普总统任上的教育部长贝琪·德沃斯、手握沃尔玛的沃尔顿家族、拥有考克斯企业的考克斯家族等）统统血本无归。

然而，在空间性修复已经趋近耗尽的当代世界，高风险的技术领域，实际上已是资本别无替代的选择。于是，元宇宙在资本的推动下晚近骤然大热，即便它所需要的技术"群"中，很多技术远未臻成熟。元宇宙所建构的虚拟世界，构成了行星之**外**纯然"多出来"的一块处女地，尽管这个"新世界"在生态上绝非凭空"多出来"——元宇宙世界对于算力的高要求（世界的模拟、场景的渲染、网络带宽的占用、各种各样的互动……），意味着庞大的能耗，会对行星增加巨量碳排放，推动其熵值的加速增加。

诚如生态人类学家阿尔夫·霍恩伯格所分析的，工业革命

---

① 《美国"血检骗局"终结！美滴血验癌公司创始人入狱 11 年》，腾讯网，<https://new.qq.com/rain/a/20221121A015HO00>。

以降的技术（"现代技术"），被不妥当地简单界定为那些写进历史教科书中的伟大名字的个体发明（通常是盎格鲁-撒克逊白人）。被无意忽略或有意掩盖的是，它们深度倚赖对化石燃料的消耗，深度倚赖全球资本主义系统对化石燃料的攫取与不均衡的消耗——这就是晚近三百年来发源于欧洲的基于化石燃料的"技术进步"与落后的"前现代技术"之间的最大不同，"没有柴油的拖拉机就像饿死的有机体一样无生命"。①

霍恩伯格用"化石燃料资本主义"一词，来指"高技术现代性"（high-tech modernity）的暗黑内核："这些技术是**资本积累、特权化的资源消耗**和**诸种工作负荷与环境负荷之替换**的一个索引。"② 在资本主义状况下，并不存在政治上——政治经济学与政治生态学意义上——中性的"技术对象"和"技术进步"。一切技术的使用，都带来能源消耗与生态代价。在行星层面上，能源消耗极度不平等；然而其生态代价，却是所有人类与其他物种共同承担。

也正因此，霍恩伯格建议用"技术世"（the Technocene）这个概念来取代"人类世"：克鲁岑在其讨论人类世的种子性文章中提及 1784 年瓦特发明蒸汽引擎，却只是归于个人性的独创成就，而完全没有反思"这个'发明'所隐涉的殖民主义

---

① Alf Hornborg, "The Political Ecology of the Technocene: Uncovering Ecologically Unequal Exchange in the World-System", in Clive Hamilton, François Gemenne, and Christophe Bonneuil, *The Anthropocene and the Global Environmental Crisis: Rethinking Modernity in a New Epoch*, London: Routledge, 2015, p. 61,

② Ibid., pp. 60-61, emphasis added.

与奴隶制".[1] 霍恩伯格写道：

> 传统史学将"工业革命"描绘成英国独创性的产物，是注定要在全人类中传播的贡献。然而，对十八世纪晚期英国转向化石燃料的一个细致审察，揭示出人为气候变化的历史起源，从一开始就基于高度不公平的全球进程。故此，将人类世叙事中担任主演的人类（anthropos）设想为人类物种，是高度误导性的。"人类"（humanity）作为一个集体，从来都不是历史的代理人。世界社会不同区段对工业革命技术成果的接触，始终保持着极度不均衡。**现代化石燃料技术的这种不均衡分布，事实上是它存在的一个条件。** 它对人类的诸种承诺，一直都是虚幻的：高技术现代性的富裕，不可能被普遍化，因为它建立在全球劳动分工之上；而这种分工，正是同诸人口之间巨大的价格差异与工资差异相匹配的。**我们所理解的技术创新，是不平等交换的一个索引。**[2]

"人类世"概念里的"人类"透着十八世纪的启蒙光芒，掩盖了过去两百多年，资本主义系统与化石燃料技术在行星层面上展开的诸种淫秽的致暗操作，"截至 2008 年，自 1850 年以来，

---

[1] Hornborg, "The Political Ecology of the Technocene: Uncovering Ecologically Unequal Exchange in the World-System", op. cit., pp. 62, 60.

[2] Ibid., pp. 59-60, emphasis added.

不到世界人口 20% 的人口，其碳排放量占总排放量的 70% 以上；今天，一个普通美国人的碳排放量，相当于非洲和亚洲一些国家 500 名普通公民的碳排放量"。① 在霍恩伯格看来，资本主义的拜物教不仅仅只有"商品拜物教"，并且还有"技术拜物教"，后者将资本主义对行星资源——包括人这种"生物物理资源"——的剥削，掩藏在对"技术进步"的欢呼之下。

我们业已看到，"人类世"、"资本世"与"技术世"，都是具有强大批判性分析力的概念。如本章第一节所分析的，"人类世"概念的提出，并不是简单地对"人类"进行人类主义式认肯，而是对"人类"做出去中心化与去特权化的后人类主义反思，并开启对"后人类世"的思想探索。实际上，在**资本与技术皆系人类所创造的意义**上，当下文明诚然可以被妥当地称为"人类世文明"。

此处关键的是，从"人类世"到"资本世"再到"技术世"，我们不应简单视其为概念层面的竞争与替代。在我看来，这三个概念使我们得以从不同角度，去追索人类主义-资本主义这个现代性的双身结构所制造的诸种行星效应。② 进而，它

---

① Hornborg, "The Political Ecology of the Technocene: Uncovering Ecologically Unequal Exchange in the World-System", p. 61.

② 这三个概念并不如表面上看上去那样彼此对立或无法兼容，奥利弗·洛佩兹-科罗纳与古斯塔夫·马格拉尼-桂雍尝试将这三个概念打通："我们是技术性的主体，经济性地发展出对自然的转型。" See Oliver López-Corona and Gustavo Magallanes-Guijón, "It Is Not an Anthropocene; It Is Really the Technocene: Names Matter in Decision Making Under Planetary Crisis", *Frontiers in Ecology and Evolution*, Vol 8, 2020, <https://www.frontiersin.org/articles/10.3389/fevo.2020.00214/full>.

们共同指向了如下境况：资本逻辑驱使下的技术发展与生态变异，将人类（以及行星上所有其他物种）推向一个深渊性的"奇点"，在该处人类世文明中一切已有的符号性规范与价值都将失效。[1]

在物理学上，"奇点"指一个体积无限小、密度无限大、引力无限大、时空曲率无限大的点，用奇点定律提出者之一史蒂芬·霍金的话说，"在这个奇点上，诸种科学规则和我们预言未来的能力将全部崩溃（break down）"。[2] 奇点，实际上宣告了物理学自身的失败。[3]

在当下这个技术呈指数级发展的时代，"奇点"——"技术奇点"——亦被用来指即将到来的一个事件点，在该点上，一切"人类主义"叙事（价值、规则、律令……）都失去描述性-解释性-规范性效力。这就意味着，"技术奇点"事件（以及其后的事件），就像发生在黑洞之事件视界（event horizon）内的事件抑或宇宙大爆炸那样，完全越出人类世文明的既有符号性坐标。按照人工智能与机器人学研究专家默里·沙纳汉在《技术奇点》一著中的看法，会让我们陷入"技术奇点"的技

---

① 参见吴冠军：《陷入奇点：人类世政治哲学研究》，第 53–92 页。

② Stephen W. Hawking, *A Brief History of Time: From the Big Bang to Black Holes*, New York: Bantam, 2009, p. 84.

③ 提出奇点定律的霍金本人在随后的研究生涯里，恰恰致力于提出可以绕过奇点（大爆炸奇点、大挤压奇点、黑洞奇点）的宇宙模型，那就是"无边界宇宙"模型。关于"无边界宇宙"的讨论，请参见本书第四章第六节。

术发展有如下两种：人工智能与神经技术。① 而在我看来，基因技术与元宇宙技术，同样会带来"奇点"。

进而，我们并不只是面对雷·库兹韦尔（《奇点临近》作者、奇点大学创始人兼校长）、沙纳汉等人所聚焦的"技术奇点"。② 我们需要进一步看到：所有加剧行星尺度上熵增的化石燃料技术，都在把我们驱向"生态奇点"（ecological singularity），使我们事实上生活在**剩余时间**中。③

人类世、资本世与技术世，用斯蒂格勒的术语来说，皆意味着"无法生活、资不抵债、不可持续"④ 的**熵世**，皆指向了一个"行星尺度上操作的大规模且高速的毁灭过程"。尼克·戴尔-威德福便把这种行星层面上的毁灭背后的暗黑推手，称作奇点资本主义。

现代人——实则可以追溯到从以狩猎采集为生的早期智人算起的人类物种——曾以"自然"为起点，构建起人类世文明。而二十一世纪的当下时刻，这个文明正走向深渊性的"奇

---

① Murray Shanahan, *The Technological Singularity*, Cambridge, Mass.: The MIT Press, 2015, pp. xv–xvi. 请进一步参见吴冠军：《速度与智能：人工智能时代的三重哲学反思》，《山东社会科学》2019 年第 6 期；吴冠军：《竞速统治与后民主政治——人工智能时代的政治哲学反思》，《当代世界与社会主义》2019 年第 6 期；吴冠军：《爱的革命与算法革命——从平台资本主义到后人类主义》，《山西大学学报（哲学社会科学版）》2022 年第 5 期。

② 库兹韦尔的论点，请参见 Ray Kurzweil, *The Singularity Is Near: When Humans Transcend Biology*, London: Penguin, 2006.

③ 关于剩余时间的进一步讨论，请参见吴冠军：《"我们所拥有的唯一时间"——透析阿甘本的弥赛亚主义》，《山东社会科学》2016 年第 9 期。

④ Stiegler, *The Neganthropocene*, p. 103.

点"。对"后人类世"的当代探索，意味着激进地迈出奇点资本主义的符号性统治，以"奇点"为"命运共同体"（包括人类与非人类）背景，重新在行星尺度上构建文明（"后人类世文明"）。

时间，是关键：当下时刻，已然是人类世文明的"致暗时刻"，作为物种的人类已经生活在剩余时间中。不同于现代性所规划的线性时间，剩余时间是终结随时会降临的时间，用阿甘本的话说，是"时间用以走到一个终点的时间"。①它是内嵌紧迫性的时间，是收缩自身的时间，是对那线性而均质的编年体时间的激进打断与悬置。

也恰恰在奇点资本主义所启动的剩余时间中，当下的美国及其西方盟友正在以光鲜的"普世价值"开道，而发起致暗性的贸易战、技术战，旨在继续维系资本与技术在行星层面上淫秽性的既有展布。但问题在于，人类世（资本世 / 技术世 / 熵世）的"奇点临近"状况，已然无法支撑其表面的繁荣与话语性的"再次伟大"——奇点资本主义（全球资本主义 / 化石燃料资本主义），已然趋近于耗尽其自身的潜在修复性能力。

我们需要联合行星上的一切能动者（亦即，所有人类与非人类的能动者），为共通的"命运共同体"而奋力拼斗。这个世界留给我们的时间，也许不多了。

---

① Agamben, *The Time That Remains: A Commentary on the Letter to the Romans*, p. 67. 请同时参见吴冠军:《"我们所拥有的唯一时间"——透析阿甘本的弥赛亚主义》,《山东社会科学》2016 年第 9 期。

结　语　从引光到致暗，以及另一种光

我们所处身其内的世界，正陷入它的致暗时刻。

启蒙的"引光"运动，在让世界充满理性的光明之同时，亦带来资本逻辑的致暗性效应——人类世文明，业已进入剩余时间。

是否会有"后人类世文明"，在深渊性的奇点之后兴起？

这就取决于当下人类是否能作为同一个物种、同一个文明（人类世文明）及其代价之承载者，去展开行星尺度上的合作（乃至和行星上所有非人类的能动者展开合作）。

走出当下致暗时刻，唯有"世界社会不同区段"的能动者，在面向奇点的剩余时间里能够彼此相向而行，平等地而不是特权化地、共通地而不是占有式地、后人类主义地而不是人类中心主义地（甚至美国中心主义地）、富有智慧并且争分夺秒地，在行星上重新构建政治性-文明性的联结。

借助头戴设备呈现的元宇宙，是另一种"发光世界"——该世界，构成了"现实世界"的虚拟外部性。这种世界，除了在资本的自我增值逻辑上同现实构成了某种"空间性"的关系外，在最"后设／元"的本体论层面上，同我们所处身其内的世界，实际上亦存在着诸种同构性，值得我们进一步加以探讨。

下面两章中，就让我们在本体论与政治本体论的层面上，分别讨论作为"现实世界"之虚拟外部性的"发光世界"的两个形态：电影和电子游戏。这两者，构成了元宇宙之"发光世界"的两大前置性基石，故此有必要从未来考古学进路出发，来重新加以探究。

第三章　影像＋：当世界在发光

俗话说，"眼见为实"。然而，眼睛看到的那个发光世界，就是事物之真实所是？电影，是一个"影像＋"的发光世界。那么，我们这个世界呢？

引　言　沉浸式体验：陷入发光世界

1895 年 12 月 28 日，卢米埃尔兄弟 ① 邀请当时巴黎的社会名流，到卡普辛大街 14 号大咖啡馆的地下室。众人在黑暗中，看到了白布上的运动影像。这是第一次，电影被正式放映与观看。

此后的一个多世纪，被艺术研究界称作"电影的世纪"：许许多多人走进黑暗的电影院，沉浸在银幕上那个"发光世界"中。

电影热，绝不亚于今天的元宇宙热，那是一个业已持续一个多世纪、至今仍高潮迭起的热潮。与之相较，元宇宙目下的"热"，还只是因资本先行而掀起的媒体热潮——它充其量只是"预热"。电影，则早已是全球最大的娱乐产业之一。许许多多资本巨头，在电影产业中赚得盆满钵满，达成了资本的惊人增值。许许多多无名之人，因出演一部影片而成为被万众追捧的"明星"，甚至产生世界性的影响。

---

① 　奥古斯塔·卢米埃尔同其弟路易·卢米埃尔，被视作电影和电影放映机的发明人。

然而，电影研究在当下学界中的位置，相较于电影产业在当下资本主义秩序中的位置，要边缘化得多。我们有必要重新追问：在本体论的层面上，电影所打开的那个"发光世界"，是一个怎样的世界？这个世界，是如何发生变化的？运动的影像，在政治本体论层面上意味着什么？[①]

在探讨元宇宙 VR 头显里那个充满未来感与酷炫度（虚拟现实引擎、光线追踪技术、三维视觉、数字孪生技术……）的"发光世界"之前，就让我们先深入探索，那个已让无数人深深沉浸其中的银幕上的"发光世界"。

我们将会发现，电影的"发光世界"不只是影像的世界，而且是一个"影像+"的世界。

第一节　陷入发光世界，抑或陷入洞穴

自电影诞生至今的一百多年里，电影与哲学的关系始终有些尴尬。尽管有一些哲学家（如德勒兹、齐泽克等）倾注心力讨论过电影，但我们不得不正视如下两个状况：（1）那些"跨界"研

---

① 请参见吴冠军：《爱、死亡与后人类："后电影时代"重铸电影哲学》，导论；以及，吴冠军：《作为幽灵性场域的电影——"后电影状态"下重思电影哲学》，《电影艺术》2020 年第 2 期；吴冠军：《从"后理论"到"后自然"——通向一种新的电影本体论》，《文艺研究》2020 年第 8 期；吴冠军：《一场袭向电影的"大流行"——论流媒体时代观影状态变迁》，《电影艺术》2020 年第 4 期；吴冠军：《电影院里的"非人"——重思"电影之死"与"人之死"》，《文艺研究》2018 年第 8 期；吴冠军：《作为死亡驱力的爱：精神分析与电影艺术之亲缘性》，《文艺研究》，2017 年第 5 期。

究电影的哲学家，在主流的哲学界却恰恰受到排挤，甚至被归入异类；（2）在蔚为壮观、很多大学甚至建有专门院系的电影研究界（film studies），却始终没有"电影哲学"的确定位置——一个例证就是，几乎不存在"电影哲学"教席。[①]

实际上，不只是"电影哲学"没有位置，甚至"电影理论"也被建议取消。二十世纪九十年代在电影研究界涌起的"后理论"（post-theory）话语，就以关于电影的"宏大理论"——代表性的有"拉康主义精神分析、结构主义符号学、后结构主义文学理论与阿尔都塞式马克思主义的各种变体"——为批判靶子。从这个清单来看，"宏大理论"几乎是二十世纪后半叶法国哲学的代名词。[②]

"后理论"研究的倡导者、电影学界领军人物大卫·博德维尔与诺尔·卡罗尔提议"一种中等限度的探究"，即，以"逻辑反思、经验调研"为方法论，采取"零敲碎打"（piecemeal）的方式来研究电影。[③] 卡罗尔尤其提出以基于认

---

①　连"电影哲学"都没有一个通用的词来统一表示，学者们各自使用自己界定的 "philosophy of film" "film philosophy" "film-philosophy" "filmosophy" "cinematic philosophy" 等词语。See Thomas Elsaesser, *European Cinema and Continental Philosophy: Film as Thought Experiment*, New York: Bloomsbury, 2019, p. 20.

②　卡罗尔甚至列出一串当代法国哲人名字，作为"理论"的代表人物：路易·阿尔都塞、雅克·拉康、罗兰·巴特、米歇尔·福柯、朱莉娅·克里斯蒂娃、皮埃尔·布尔迪厄、吉尔·德勒兹、雅克·德里达以及克里斯蒂安·麦茨等。David Bordwell and Noël Carroll, "Introduction", and Noël Carroll, "Prospects for Film Theory: A Personal Assessment", both in Bordwell and Carroll (eds.), *Post-Theory: Reconstructing Film Studies*, Madison: University of Wisconsin Press, 1996, pp. xiii, 37.

③　Bordwell and Carroll, "Introduction", op.cit., pp. xiii-xiv.

知心理学的认知主义来对抗缺乏科学性的精神分析，在观影上去研究"诸种认知的和理性的进程"而不是"诸种非理性或无意识的进程"。在卡氏看来，以精神分析为代表的宏大理论家们"没有任何数据"，缺少"经验性地基"，只是"在调制理论，但没有任何经验性的约束"，故此，他们只是在"神秘化电影"，"在有令人信服的认知主义论述的地方，没有任何意义去更进一步找寻一个精神分析论述。并不是精神分析被不公正地或莫名其妙地排斥，而是它**被退休**了，直到有好的理由出来假定不是这样"。①

正如电影学者罗伯特·辛纳布林克所论述的，电影研究界的"后理论"话语，实际上是以"认知主义-自然主义进路"，来对所有缺少经验性地基、没有数据支撑的"理论"，展开地毯式的进攻。自其被提出后，"后理论"进路很快就和晚近的神经科学与演化生物学一起，形成了"令人生畏的研究范式"（formidable research paradigm）。这个研究范式认为，电影"能够通过宽泛意义上诸种'自然主义'术语（同诸种物理性、生理性、生物性和演化性进程相参照），来被分析和理解"。该范式要求电影研究展示出"累积性的、可验证的结果"，倡导以"平直语言"代替"形而上学黑话"。② 任何无法达到上述要求

---

① Carroll, "Prospects for Film Theory: A Personal Assessment", op.cit., pp. 62, 65-67, emphasis in original; Noël Carroll, *Mystifying Movies: Fads and Fallacies in Contemporary Film Theory*, New York: Columbia University Press, 1988.

② Robert Sinnerbrink, *New Philosophies of Film: Thinking Images*, London: Continuum, 2011, pp. 17, 4, 15.

的"电影理论"抑或"电影哲学",都被支配电影研究界的这个"令人生畏的研究范式",实质性地排挤在外。

这使得哲学家、精神分析学家齐泽克痛斥卡罗尔等人把电影研究变得"仿似马克思、弗洛伊德、意识形态符号学理论并不存在"。[①] 二十多年来,卡罗尔等人所倡导的反宏大理论,已演变成了宏大的反理论——激进拒绝对电影的理论化、哲学化。[②]

我们可以看到,在电影研究界,不要说高度抽象化、概念化的哲学了,单是理论就已经不受待见。然而在另一边,哲学(形而上学/元物理学)也并不待见电影。[③]

自柏拉图著名的"洞穴"隐喻以降,哲学就以破除投射在"洞壁"——可谓屏幕的最早形态——上的影像为己任。影像在本体论层面上被批评为虚假的、迷惑性的,它是**真实的反面(亦即,幻像)**。[④] 关于"洞穴",柏拉图是这样设定的:

> 试想,人们都生活在某种地下岩洞中,岩洞里有段向上的路,那里有亮光。但要再向上走很远才能到达出口。

---

① Slavoj Žižek. *The Fright of Real Tears: Kryzystof Kieślowski Between Theory and Post-Theory.* London: British Film Institute, 2001, p. 14.

② See Nico Baumbach, *Cinema-politics-philosophy*, New York: Columbia University Press, 2019 (ebook), p. 9.

③ 关于作为"元物理学"的形而上学的讨论,请参见本书第一章与第五章。

④ 对于"认识论转向"后的现代哲学家而言,在认识论层面上,影像则是**真理的反面(亦即,谎言)**。对真理与谎言的分析,请参见吴冠军:《爱、谎言与大他者:人类世文明结构研究》,第一章与第二章。

> 人们自幼便生活在这洞里，并且脖子和腿脚都被锁具束缚着，所以他们只能永远坐在原地，并只能看向前方，因为脖子上的锁具使他们无法转动头部。人们背后一个较远并且较高的地方燃烧着火，火带来光亮。岩洞里有一条通道，通道上建起了一道矮墙，犹如人偶戏中遮盖表演者并让人偶显现的那种屏幕。①

在这样的设置中，洞内人便只能看到"在他们面前由火投射到洞壁上的影子"，他们于是就会别无可想地把这些洞壁上的影像视作"真实"。②

我们可以发现，百余年前诞生的电影，和"洞穴"寓言的设置，是如此惊人地相似：（1）人们被限定在一个封闭狭小的黑暗空间内；并且（2）只能坐在原地而不能随意走动；而（3）眼前唯一能看到的，便是"屏幕"上的影像；（4）那投射影像的放映机和火一样，则永远在人们的背后。这一切设置，都让观影者具有**强烈的沉浸感**——沉浸于眼前的"发光世界"中。

进而言之，在柏拉图的寓言设置中，"洞穴人"看到阳光后，会很快意识到这才是真实，太阳"掌管着可视世界中的一

---

① Plato, *The Republic*, trans. Tom Griffith, Cambridge: Cambridge University Press, 2000, p. 220.

② Ibid., pp. 220-221.

切"。① 而电影散场后走出影院的观影者，不也是重见阳光并很快回到"现实"，认识到电影里面那一幕幕再激动人心也是虚假的、无法持存的？

换句话说，电影的诞生，使得"洞穴"这个千年隐喻，突然之间竟有了如此贴切的具身化载体——哲学家现在不再需要诉诸隐喻，而是可以直接以电影作为其本体论批判的具体实例。

第二节　本体论对抗：从洞穴到后窗

1907 年，哲学家亨利·柏格森在电影诞生十二年后，在其《创造性演化》一著中宣称：电影制作（cinematography）所提供的，便是运动的纯粹幻像（其实质只是一组静止图像），"事实上，所有我们不得不去做的，就是去放弃我们智识所具有的电影制作习惯"。②

其后的瓦尔特·本雅明在讨论技术再生产时代的艺术作品时，曾专门比较了电影与绘画。在本氏看来，画布上的静态图像邀请观者沉思，而屏幕上的动态影像，则使观者无法沉思，

---

① 　Plato, *The Republic*, p. 222.

② 　Henri Bergson, *Creative Evolution*, trans. Arthur Mitchell, New York: Random House, 1944, p. 339.

"他刚看到它，它就已经变化了"。①

而为哲学研究者所津津乐道的那些关于路德维希·维特根斯坦用看电影来缓解严肃哲学工作（概念分析）的逸事，更是将电影放置在了哲学之"他者"的位置上。②

电影屏幕上的运动影像，看来同哲学的"沉思"确实格格不入，甚至为后者所不容——破除屏幕，在过去百年成为哲学家们可以笔有所指、不用再托词于隐喻的一种具体实践。从形而上学的"元物理学"探究到后形而上学的语言分析，哲学始终站在运动影像的对立面。

于是我们看到：电影和哲学，历史性地与结构性地互相抵牾。

哲学对于电影的最核心的批评就是：电影的**本体论基底**（ontological ground），乃是虚假；用马克思主义的术语来说，即"错误意识"（false consciousness）。③而居伊·德波则提出了一个广有影响的术语：盛景（spectacle）。

德波出版于 1967 年的名著《盛景社会》，其封面就是黑暗

---

① Walter Benjamin, "The Work of Art in the Age of Its Technological Reproducibility," trans. Edmund Jephcott and Harry Zohn, in his *The Work of Art in the Age of Its Technological Reproducibility, and Other Writings on Media*, ed. Michael W. Jennings, Brigid Doherty, and Thomas Y. Levin, Cambridge, Mass.: Harvard University Press, 2008, p. 53.

② See Sinnerbrink, *New Philosophies of Film: Thinking Images*, p. 1.

③ 在马克思看来，"人们迄今总是为自己造出关于自己本身、关于自己是何物或应该成为何物的种种错误意识"。马克思、恩格斯：《德意志意识形态》，《马克思恩格斯全集》第 3 卷，北京：人民出版社，1960，第 15 页。同时请参见吴冠军：《爱与死的幽灵学：意识形态批判六论》，长春：吉林出版集团，2008。

影院内戴着统一观影眼镜（VR 头显的"祖辈"）的观影者们。
对于德波而言，巨大电影屏幕上的运动影像，便是"盛景"的
典范。德波提出，盛景就是"幻像与错误意识的场所"，是
"社会的真实的非现实（society's real unreality）"。[①] 然而根据
其诊断，在晚期资本主义社会中，盛景恰恰构筑起了人们眼中
的"现实"；于是，盛景反而成为"真实的"。德波写道："现
实在盛景内部喷发，而盛景是真实的"，"真实世界变成真实影
像，那么纯粹影像则被转型成为真实存在"。在盛景社会中，
所谓"真实"，本身是"假像的一个瞬间"。[②]

我们可以看到，德波在二十世纪再度激发了古典的柏拉图
论题——在当代社会中，真实已然被纯粹影像所取代，人们的
眼睛只能看到"盛景"并把它作为"现实"（真实世界）。[③] 而
在二十世纪的德波这里，不必再绕道寓言、用洞壁作为隐喻，
电影已完美地标识出了"当代洞穴"（盛景社会）的本体论症
结，"电影是一个时代最好的表征"，"电影（无论是剧情片还
是纪录片）的功能，是再现一种错误的、孤立的同一性，取代
了缺席的真实交流和活动"。[④] 在德氏眼里，电影能够激发的，

---

① Guy Debord, *The Society of the Spectacle*, trans. Donald Nicholson-Smith, New York: Zone, 1995, pp. 12, 13.

② Ibid., pp. 14, 17.

③ 参见吴冠军:《德波的盛景社会与拉康的想像秩序：两条批判性进路》,《哲学研究》2016 年第 8 期。

④ Situationist International, *Internationale Situationniste*, Mayenne: Libraire Arthème Fayard, 1997, p. 8; Guy Debord, *Oeuvres cinematographiques completes 1952-1978*, Paris: Gallimard, 1994, pp. 43-44.

就是"一场时髦的疯狂"。①

　　德波本人曾积极地投身电影制作，维基百科"德波"条目中所排列的其"身份"，前三个依次就是马克思主义理论家、哲学家、电影制作者。②然而，德波的电影实践，却恰恰旨在"反电影"，旨在颠覆作为"二十世纪艺术"的电影。

　　德氏最震撼的电影实践，可谓是《为萨德疾呼》（1952）。这部电影作品的观影者们，在一个多小时中只能听到音轨里杂乱的旁白，却"看"不到任何影像，或者说看到的影像就是由"白屏"与"黑屏"交替的空白。不仅如此，影片后面竟还有一大段没有任何声音的"黑屏"，整整长达24分钟！通过这种"在电影中反电影"的实践，德波逼迫放映厅内的所有观影者，来跟他一起反感屏幕、反感影像。③德波将其实践称作"异轨"（détournement），亦即，用电影去实现它自身的否定性潜能，以此颠覆电影。

　　我们看到，在二十世纪，即便是像德波这样游走于哲学与电影间的人物，也不得不实质性地选边站：要么站在电影一边，要么站在哲学一边。德波表面上"哲学家"（"理论家"）

---

① Debord, *The Society of the Spectacle*, p. 44.

② "Guy Debord", *Wikipedia*, <https://en.wikipedia.org/wiki/Guy_Debord>.

③ 在《为萨德疾呼》开始处，能听到里面有以下几句话："电影已死。影片不再可能。如果你想，我们来讨论一下。"该片在一个以"先锋"为标榜的电影俱乐部首映时，仅仅二十多分钟后电影的放映就被愤怒的观众打断。而几乎德波的所有电影作品，皆没有连贯的故事情节，没有专门的演员，没有表演，甚至连专门拍摄的镜头都很少。See Anselm Jappe, *Guy Debord*, trans. Donald Nicholson-Smith, Oakland, CA: PM Press, 2018, p. 49.

+ "电影制作者"的双重身份，实际上皆清晰印证了：他自始至终站在哲学这边。哲学与电影的这种激烈抵牾，使得与德波同时代、著有两部论电影的专著的哲学家吉尔·德勒兹，在其晚年访谈中直截了当地表示，"我没有傻到去试想创建一个电影哲学"。①

　　有意思的是，正如哲学有其著名隐喻（"洞穴"），电影也有属于它自身的著名隐喻——"后窗"。该隐喻来自其地位在电影界不亚于柏拉图在哲学界的阿尔弗雷德·希区柯克。

　　对于《后窗》（1954）这部作品，希区柯克本人尝言：

> 有一个不能移动的人在往外看。这是电影的第一部分。第二部分展现他所看到的内容，第三部分则展现他如何反应。这实际上便是**电影理念的最纯粹表达**。②

我们看到："后窗"，便是电影屏幕的隐喻；而被限制在轮椅上无法自由移动的人物杰弗瑞（詹姆斯·史都华饰演），则隐喻观影者。只能待在阳光不足的公寓里的杰弗瑞打发时间的活动，就是尽情地观看窗户中的那个"世界"。

　　现在，关键问题就来了：杰弗瑞透过"后窗"看到的那

① Gilles Deleuze, "The Brain is the Screen: An Interview with Gilles Deleuze", trans. M. T. Guirgis, G. Flaxman (ed.), *The Brain is the Screen: Deleuze and the Philosophy of Cinema*, Minneapolis, MN: University of Minnesota Press, 2000, p. 366.
② François Truffaut (ed.), *Hitchcock: The Definitive Study of Alfred Hitchcock*, London: Faber and Faber, 2017, p. 214, emphasis added.

个"世界"（舞蹈女演员迈着优美舞步干家务，独居作曲家坐在钢琴前创作，总也找不到伴侣的单身女子"芳心寂寞"、新婚夫妇刚搬进公寓就忙着亲热，久病卧床的妻子和丈夫不时口角……），是不是"真实的"呢？

通过影片剧情的推展，希区柯克的答案是清晰的。杰弗瑞怀疑那对口角夫妻中的妻子已被丈夫谋杀。杰弗瑞的警察友人调查后，告知他那位妻子只是去乡下休养（有公寓管理员与两位房客一致的证词以及相关证据，如妻子寄回的明信片等来支撑），并建议他停止乱想，放弃"幻觉"。受到嘲讽的杰弗瑞并没有放弃，最终证明自己是对的。

《后窗》，实可以看作希区柯克对电影的辩护：**真实，恰恰是通过屏幕看到**。克莱丽娅·泽尼克曾精到地提出，最后杰弗瑞被找上门的凶手推出窗口，他拼命抓住窗框（最后还是掉了下去），这意味着，"妥当地说，他悬挂在屏幕这边"。[1] 于是我们看到：在"洞穴"隐喻中，屏幕（"洞壁"）代表幻像、虚假与错误；但在"后窗"隐喻中，值得推崇的立场，恰恰是站在屏幕这边——站在屏幕这边的杰弗瑞，才是抵达真实的那一个。

经由上述分析，我们便能看到：**当哲学通过"洞穴"隐喻直击电影的本体论基底时，电影则恰恰通过"后窗"隐喻来捍**

---

[1]　Clélia Zernik, *Perception-cinéma, Les enjeux stylistiques d'un dispositif*, Paris: Vrin, 2010, p. 52.

卫自身。对于哲学家亨利·列斐伏尔而言，"坐在一个电影屏幕前的某人，提供了被动性（passivity）的一个例证与一个一般模型"。[①] 而对于希区柯克而言，坐在"后窗"前不能移动（"被动性"）的观者，却恰恰在抵达真实上远胜于能自由移动但却不知道到哪里去"看"的调查者。在这个意义上，"后窗"隐喻本身实则亦恰恰指向一种哲学（本体论）态度，那就是：只有通过屏幕我们才能"看见"。

于是，在哲学与电影之间，我们实际上遭遇到的是**两种本体论之间的对抗**。

这场电影与哲学的本体论对抗，晚近以来似乎电影这一边已渐渐不支——关于"电影终结"的论述滚滚而来，不少电影学者甚至宣称：不只是在媒介的层面上，并且在本体论层面上，"后电影状态"已然到来。[②]

电影这场面临"终结"的巨大危机，实则同屏幕的变化紧密相关——呈现运动影像的屏幕，在今天已变得无所不在，几乎全方位包围日常生活。也正因此，"后电影状态"并不意味着哲学对电影胜出——屏幕（"洞壁"）无所不在，使得整个世界彻底变成一个巨大的"洞穴"。换句话说，电影"死"了，但其本体论状况却更加被一般化了，同这个世界结合得更深

---

① Henri Lefebvre, *Critique of Everyday Life (Volume 1)*, trans. John Moore, London: Verso, 2008, p. 32.

② Malte Hagener, Vinzenz Hediger, and Alena Strohmaier (eds.), *The State of Post-Cinema: Tracing the Moving Image in the Age of Digital Dissemination*, London: Palgrave Macmillan, 2016, p. 3.

了。^①

从哲学立场出发，"后电影状态"在激进打破电影（院）这个封闭场域后，却使得那充斥屏幕的日常世界本身像电影那样，在本体论层面变得更加虚假、更加同"真理阳光"相隔绝……可被清晰观察到的是，在这个"抖音""快手""油管""哔哩哔哩"当道的时代，哲学也确实前所未有地被边缘化。^②"后电影"时代，同时很大程度亦会是一个"后哲学"时代。

第三节　后自然的准对象：中间地带里的杂交

在"后电影"时代，哲学与电影的本体论对抗，非但没有胜出者，而且两者会皆是输家。然而，恰恰是在这样一个"双输"的点上，我们可以反过来系统地考察这场本体论对抗：双方在何种意义上形成对抗？它们是否在对抗的形态下恰恰遵循某种相似的底层逻辑，从而致使两者会一起成为输家？

上一节细致地分析了它们在何种意义上形成对抗，这一节中，我们来进一步分析对抗的双方是否隐在遵循某种相似的底层逻辑，并在此基础上尝试探讨一种新的电影本体论。

先对这个问题直接给出我的答案。**哲学与电影，诚然隐在**

---

① 参见吴冠军：《爱、死亡与后人类："后电影时代"重铸电影哲学》，第3—10页。
② 请进一步参见吴冠军：《一场袭向电影的"大流行"——论观影状态及其晚近变迁》，《电影艺术》2020年第4期。

遵循相似的底层逻辑——它们都做出了同一种本体论设定。

首先，让我们来考察哲学。

在哲学与电影的本体论对抗中，前者实则具有如下的本体论设定：存在着事物真实的"是"（being），即事物依据"自然"之所"是"。拒绝该设定的哲学家，如德勒兹、雅克·德里达、理查德·罗蒂、齐泽克等，则无一例外被主流哲学界视作异类，甚至无法在哲学院系立足。[①]

从哲学的这一本体论设定出发，屏幕的问题恰恰就在于，它具有如下两个功能：（1）展现虚假的影像；（2）屏蔽真实的"是"。柏拉图"洞穴"寓言中的"洞壁"，便完美承载了这两个功能：阻隔洞外的真理阳光；显现投射来的虚假影像。电影（院）的设置，也几乎完美地延续了"洞穴"设置：整个空间隔绝外面的阳光，而只呈现屏幕上的运动影像，后者构成一个"发光世界"。

下面再来考察电影，让我们从"洞穴"隐喻转到"后窗"隐喻。

希区柯克用"窗"来隐喻屏幕，恰恰意在指出这个封闭空间（杰弗瑞的公寓、电影院的黑暗空间）同外部真实（"发光世界"）关联在一起，屏幕恰恰通向真实。我们看到，在"后窗"隐喻中，事物真实的"是"同样被预设。换言之，**"洞**

[①] 在著名的1992年剑桥事件中，威拉德·奎因等众多分析哲学家，就曾联名写信抗议剑桥大学授予德里达荣誉博士学位。罗蒂则从普林斯顿大学哲学教授，出走成为弗吉尼亚大学人文学教授、斯坦福大学比较文学教授。

穴""后窗"这两个隐喻尽管针锋相对（屏幕隔绝真实抑或联通真实），但都对真实之"是"做出了本体论预设。

对于作为导演的希区柯克，摄像机镜头所记录下的画面，恰恰是真实的：杰弗瑞看到的"窗"中的"世界"，尽管是以各成片段的方式拼接在一起（隐喻"蒙太奇"），但这个"世界"就是真实，不存在比该"世界"更真实的世界。杰弗瑞的警察友人把调查得到的一系列证据，误以为真实，而只有始终在窗前观看的杰弗瑞，才捕捉到被虚假叙事所严密遮盖的真实。"窗"（屏幕）没有屏蔽真实的"是"，它恰恰通向那里。

让我们再从电影制作者视角，转到电影研究者视角：采取自然主义进路的当代"后理论"电影学者们，同样对"是"做了本体论认肯，他们只是强调以经验科学代替"形而上学／元物理学"（"宏大理论"）来研究"是"。

现在我们看到，电影与哲学的本体论对抗中，两者实则遵循相似的底层逻辑——都对真实之"是"（"自然"）做出了本体论认肯。

而我在本章中所要提出的**新的电影本体论**，就是建立在对这种认肯的拒绝上。这种电影本体论，是要在"洞壁"与"后窗"之间，找到一个"中间地带"（middle realm）。

我对该电影本体论的建构，在学理进路上倚借行动者-网络理论（actor-network theory），尤其是其发起人之一布鲁诺·拉图尔——"中间地带"便是拉图尔所提出的一个关键术语。在拉氏笔下，"中间地带"恰恰是作为取代"自然"与

"社会"这个二元对立框架而提出的概念。拉图尔所旨在打破的，就是"自然""社会"这种经过**纯化**（purification）操作所产生的范畴。而中间地带，则指向杂交物（hybrid）的王国，这里没有纯化实践，有的是各种各样的**转译**（translation）实践。在拉图尔这里，纯化实践，指的是"创造出两种完全相区分的本体论区域"的实践，亦即，创造出各种二元对立框架。而转译实践，则"在全新的存在类型中创造出诸种混合，创造出自然与文化的杂交物"。①

在我看来，**电影的本体论基底，便正是那"后自然"的、一切都是杂交物的中间地带。**②

我们业已看到，"洞穴"与"后窗"两大隐喻，尽管彼此针锋相对，但都恰恰预设了对"自然"（事物真实之"是"）的本体论认肯：前者直接以"自然"反"社会"（洞穴）；而后者则是以联通"自然"为由来捍卫"社会"（电影院人为制造的黑暗空间）。换句话说，两者皆接受"自然"这种纯化操作的产物，并将它作为反对或捍卫电影的本体论根据。

然而，电影不正是拒绝这种纯化操作的最佳典范？

---

① Bruno Latour, *We Have Never Been Modern*, trans. Catherine Porter, Cambridge, Mass.: Harvard University Press, 1993, pp. 10-11.

② 从结构性分析视角出发，"后自然"地带实则亦是"前自然"地带。那是因为：在转译与纯化两种实践中，前者是基础性的，而纯化实则是针对转译的操作，即，把杂交物归入诸种纯化的范畴中（如"自然""社会"）。于是，针对纯化操作再施加转译操作而最终抵达的"后自然"地带，在本体论状态上同"前自然"地带是一致的——该地带里只有转译实践，只有杂交物。

电影，在十分妥切的意义上，是一种杂交物，是转译操作的产物。电影摄像机镜头所捕捉的运动影像，就是一种典范意义上的"后自然"的、经转译而成的杂交物。观影者在屏幕上所看到的"对象"，完美地标识出拉图尔所说的"准对象"（quasi-object）：它们的"是"，恰恰是经过转译的，是可变化的。

拉图尔从科学哲学家米歇尔·塞尔那里借来"准对象"概念，为的正是破除"主体"与"对象"这对纯化出来的二元对立框架。"主体-对象"框架，可以被视作同"自然-社会"这个本体论框架紧密相关联的认识论框架。如果说"自然-社会"是古典形而上学纯化出来的支配性框架，那么"主体-对象"便是现代哲学"认识论转向"后所纯化出的支配性框架。"准对象"并非"对象"加上或减去某些东西，而是彻底拒斥现代认识论框架下那无能动性，等待被体验、被认知、被思考的"对象"。

而拉图尔的核心命题就是：那种无能动性的、等待被观测的"对象"，只是现代科学所构建出来的产物；实则它们具有能动性，具有触动乃至激进改变"主体"的能力。换言之，它们具有彼此构建形成杂交物的能力。拉图尔本人没有专门讨论过电影[1]，但他恰恰在讨论"对象"的能动性时，曾以隐喻的

---

[1]　但很有意思的是，拉图尔所使用的很多术语，本身亦是电影的术语，包括"行动者/演员"（actor）、"剧本"（script）、"角色"、"场景"等等。

方式谈到"电影"。拉氏的论点是："对象"不只是"社会"将自身作为一部"电影"投射其上的白色屏幕，它同时具有塑造"人类社会"的力量。[①]

　　结合电影自身的"后窗"隐喻，我们可以提出对电影屏幕的一种全新理解：**电影之屏幕所通向的，不是无能动性的"对象"的世界（"自然"），而是充满能动性的"准对象"的世界（"后自然"），那个世界能反过来触动观者所处的空间（"社会"）。**

　　"后窗"隐喻本身便意味着，观影者并不在屏幕呈现的那个世界之"外"；两者结构性地联结在一起，并能够彼此触动、互相构建。就如同杰弗瑞能被凶手找上门来，观影者所处身其内的黑暗影院并不外在于屏幕上的"发光世界"，观影者也会受到那个世界的影响，发生改变。在影片中，那位透过"后窗"观看的观者，却恰恰最后被扔出了"窗"外，也就是说，扔进了屏幕那边的世界。这意味着，观影者并非纯粹的"主体"，而屏幕亦非纯粹的"对象"，屏幕亦能够对观影者施加能动性效应。

　　自电影诞生一百多年来，电影实践根本性地是在"主体-对象"框架下展开：作为"主体"的人（观影者、导演、演员、剧本作者、制片人、投资人、影评人……），构成了该实践的核心；而所有的物（屏幕、音响、影院、摄像机等等），

---

① Latour, *We Have Never Been Modern*, p. 53.

则处在"对象"的位置上，构成了该实践的背景、语境、工具等等。

尝试探讨一种新的电影本体论，恰恰是旨在拆除这个框架。这一本体论提出，在作为"中间地带"的电影场域中，人与其他非人类，都是行动者，都具有能动性。**电影实践，是一种关系网络内各个行动者以彼此触动的方式来构建"世界"的本体论实践。**①

第四节　内行动、可变化本体论与时空重组

在上一节对电影本体论的全新理论构建中，最具挑战性的论点便是：无生命的物（things），绝不是被动的、无活力的"对象"，而是具有能动性的、有活力的行动者。

这亦是行动者-网络理论最受人诟病的地方。行动者-网络理论的关键面向——按照政治理论家简·本奈特在其《有活力的物质》一著中的宣言式说法——就是去"强调，乃至过度强调，诸种非人类力量的能动性贡献（操作于自然、人类身体，以及诸种人造物上），通过这个方式来努力回击人类语言与思想的自恋性反应"。②

---

① 关于以彼此触动（mutually affect）——亦即，"互动 / 相互作用"（interact）——的方式来构建"世界"的进一步讨论，请参见本书第五章与第六章。

② Jane Bennett, *Vibrant Matter: A Political Ecology of Things*, Durham: Duke University Press, 2010, p. xvi.

在"后自然"的中间地带里，人类和非人类的行动者处在一个非等级制的"平的本体论"中，以彼此触动的方式互相构建。观影者在电影场域中所形成的任何主体性变化乃至激进转型，绝不仅仅是人的感知、情绪或自我反思能力的结果（现代认识论框架），物在其中的贡献巨大，甚至至为关键。

那么，无生命的物如何对人做出能动性的触动？

拉图尔曾以枪作为例子。他提出：带在身上的枪，能触动人去使用它。于是，"好公民被携枪所**转型**（transformed）"，"当枪在你的手中时，你变得不同；当你握着枪时，枪变得不同"。这个时候的行动者，就是"一个公民-枪，一个枪-公民"。[①] 我们可以把拉图尔的这个分析引入电影研究中：正如"好公民被携枪所**转型**而成为"枪-公民"，在电影状态中的人也在相同意义上成为"电影-人"。

质言之，陷入电影状态中的人（观影者），不再是日常生活中的那个人，而是被暂时性地转型为"电影-人"。如果他 / 她在电影散场后仍然不能自已，在方才两小时中获得的触动没有烟消云散，那么他 / 她就有了更为根本性的变化，乃至可以套用拉图尔的话，"变成其他的'某人'"。[②] 发生在观影者身

[①] Bruno Latour, *Pandora's Hope: Essays on the Reality of Science Studies*, Cambridge, Mass.: Harvard University Press, 1999, pp. 177, 179. 关于控枪问题的探讨，请进一步参见本书第六章第六节。

[②] Bruno Latour, *Pandora's Hope: Essays on the Reality of Science Studies*, p. 180. 拉图尔在后期著作中用"行动元"（actant）一词取代行动者（actor），这个术语的替换，旨在更彻底地破除"主体"这个范畴。

上的"主体性变化",实则便是在那近两个小时中各种触动所最终叠加起来的能动性效应。①

哲学家吉奥乔·阿甘本曾提议:"我们不应将主体思考为一个实体,而应视之为**形成**(becoming)之奔流中的一个**旋涡**。"② 观影者的"主体性变化",便是在电影场域内各种**发生**在观影者上的触动所**形成**的旋涡,最终使得他/她"变成其他的'某人'"。这样陷入电影状态的"电影-人"不仅有观影者,更包括那些拍摄完一部影片却久久不能"出戏"、无法轻松"返回"原先日常生活的演员、导演——他们在投身电影拍摄这个转译实践中时亦被根本性地改变。③

于是,我们便可以抵达一种关于电影的全新本体论,该本体论彻底粉碎了"自然""对象"这些纯化出来的范畴——在电影场域内,所有物都是有活力的,都具有触动甚至转型其他行动者的潜能。

去除各种纯化范畴后,电影在本体论层面上可以被视作一个"网络"——在该网络中,所有的一切都是具有能动性的行

① 参见吴冠军:《爱、死亡与后人类:"后电影时代"重铸电影哲学》,第75-90页。
② Giorgio Agamben, *The Fire and the Tale*, trans. Lorenzo Chiesa, Stanford: Stanford University Press, 2017, p. 61, emphasis added.
③ 典型者如拍摄《霸王别姬》(李安执导)后的张国荣,他本人在"现实世界"中最后的行动,竟同银幕上那个"发光世界"中的程蝶衣如此相似(程蝶衣在台上自刎这个同李碧华原著相差很大的结局,就是张国荣与演段小楼的张丰毅一起构思出来的)。对这样久久不能"出戏"的演员与观影者的一个讨论,请参见吴冠军:《作为死亡驱力的爱:精神分析与电影艺术之亲缘性》,《文艺研究》2017年第5期。

动者，对网络内其他人类与非人类行动者做出各种触动，同时被触动，并由此不断形成杂交物。这样的网络，用德勒兹的术语来说，就是一种"能动性聚合体"（agentic assemblage）。

电影，是一个典范意义上的能动性聚合体。德勒兹曾借用剧作家安托南·阿尔托的著名表述宣称："大脑就是屏幕。"[1]这也就是说：你眼中的整个"世界"，就是通过"大脑 / 屏幕"形成的。屏幕并非"对象"，而是一个具有能动性的行动者。不只是观影者在观看屏幕，屏幕也能够看回来。[2]德勒兹在《电影 2》中写道："运动影像已成为一个现实，这个现实通过其诸种对象［影像单位］来'说话'。"[3]

观影者的"现实"与屏幕上的运动影像（亦构成一个"现实"），实则处于彼此对话、彼此触动乃至彼此构建的关系中。这个进程既不是纯粹"自然（主义）"的，也不是纯粹"非自然"的（所谓的人为的、主体性施动的），而是"后自然"的、杂交性的。换言之，对于电影这个聚合体而言，不只是银幕上"发光世界"内的能动者之间发生杂交性的触动，而且同该"世界"之外的能动者们同样发生深度的杂交性触动。

进而，电影的运动影像也会对"现实世界"这个聚合体发生能动性的触动。在"现实世界"中，事情会发生。"发生"——

---

①　Gilles Deleuze, "The Brain is the Screen", op.cit., pp. 365-373.

②　这一步分析请参见吴冠军：《"非人"的三个银幕形象——后人类主义遭遇电影》，《电影艺术》2018 年第 1 期。

③　Gilles Deleuze, *Cinema 2: The Time-Image*, trans. Hugh Tomlinson and Robert Galeta, Minneapolis, MN: University of Minnesota Press, 1989, p. 28.

物理学中称作"涌现"（emergence）——本身即是各相关行动者彼此触动的能动性效应最终的叠加。[1] 而对于观影者而言，那个"发光世界"发生，并且**对他们发生**——这个发生，会影响他们，会改变他们那看似在"发光世界"之外的"现实"。

本体论层面上的"是"，在行动者-网络中始终处于不断被改变、不断被构建的状态，这就是塞尔和拉图尔所提出的"可变化的本体论"（variable ontology）。这是一种"后自然"的本体论："作为是的存在"（beings-as-being），被"作为他者的存在"（beings-as-other）所取代。本雅明当年所批评的那刚被看到就已经变化的运动影像，不就是"作为他者的存在"的一个完美典范？

进而言之，在作为能动性聚合体的电影场域中，一切都是在彼此触动中可变化的行动者——观影者会被屏幕上的"发光世界"所改变，而那个世界亦会被观影者所改变（口碑、评价、阐释……）。也就是说，在现代认识论框架下会被视作"对象"的影片，在电影场域中会不断被改变、被构建——就如同量子力学那颠覆性的核心主张一样，观者的"看"，会将变化带进被观看的"对象"中。[2]

正因此，**对于电影研究，我们必须要用"可变化本体论"同时取代"形而上学"与"后理论"**：（1）"形而上学／元物

---

[1] 关于"涌现"的讨论，请进一步参见吴冠军：《爱、谎言与大他者：人类世文明结构研究》，第二十六章。

[2] 请进一步参见本书第五章。

理学"无法研究不断处于变化中、没有恒定的"是"的存在；
（2）"后理论"学者研究电影的认知主义－自然主义进路，亦
彻底无法处理"主体"与"对象"都在不断被彼此改变的状
况——"对象"的自然世界并不存在，只有杂交物（"准对
象"）的中间地带，在那里，任何经验数据都被观测者"污染"
过，并不断被"污染"着。

　　量子物理学家，同时亦是行动者－网络理论代表人物的凯
伦·芭拉德，把聚合体内各个纠缠在一起的行动者在物质－话语
层面的"互相构建"（mutual constitution），称为"内行动"。①"内
行动"是行动者－网络框架下的"互动／相互作用"：各行动
者并不具备独立的——亦即，先于和外在于网络的——存在与
能动性，而恰恰是通过彼此间的"内行动"而互相构建。是
故，所有行动者以及作为聚合体的网络自身，都在不断"形
成"中、不断创始／更新中。②电影，便是这样的网络的典范：
"自然"在这样的网络中，没有任何本体论地位；一切都在各
行动者的"内行动"中形成与变化。该场域中的所有一切，都
是"后自然"的杂交物。

　　更进一步地，在电影场域这个中间地带里，"时间"与
"空间"这两个根本性范畴，亦是各行动者诸种"内行动"杂
交、转译出来的产物，而不再是我们"现实"中那种经纯化后

---

① 　Barad, *Meeting the Universe Halfway: Quantum Physics and the Entanglement of Matter and Meaning*, p. 33.

② 　在本书第六章中，还将对"内行动"展开进一步的讨论。

的"时间"与"空间"。换言之，电影激进地越出艾萨克·牛顿所坚持的时间实体主义（诸个时间瞬间是形而上学式基本实体，构成一维时间向度）与空间实体主义（空间包含诸个形而上学式基本点，构成三维向度）框架。①

在我们的日常体验中，事物存在于牛顿主义绝对空间与绝对时间中，事件亦发生于这种实体性的空间与时间中，而时间与空间则永恒存在，不论宇宙中是否存在物体，也不论宇宙发生任何事件。

然而，量子力学揭示出，"时间"与"空间"并非如我们日常所体验的那样是连续的，而是具有最小的不可分单位：尺度越小，量子涨落越强这个现象意味着，不断将空间距离或时间绵延分割成更小单位的做法，在普朗克长度与普朗克时间附近可能会走到尽头。小于普朗克尺度的单位，实际上不再有任何物理意义。②

量子引力论则进一步提出，"空间"与"时间"本身，是

---

① 与牛顿同时代的数学家、哲学家戈特弗里德·莱布尼茨就以关系主义来反对时间与空间的实体主义。在莱布尼茨看来，时间并不独立于以时间性方式排序的事件而实体性地存在（"时间"只是它们的关系）；空间也并不独立于物质对象而实体性地存在（"空间"只是它们的关系）。而爱因斯坦则写道："时间和空间只是我们借以思考的模式，而非我们生活其内的状况。"（quoted in John A. Wheeler and Wojciech H. Zurek (eds), *Quantum Theory and Measurement*, Princeton: Princeton University Press, Princeton, 1983, p. vi.）

② 普朗克长度是 10^{-33} 厘米，这个长度上量子力学与广义相对论的矛盾变得剧烈，传统的"空间"概念不再适用；普朗克时间约为 10^{-43} 秒，这一时间内光可以传播普朗克长度的距离，这个时间间隔内传统的"时间"概念不再成立。See Brian Greene, *The Fabric of the Cosmos*, Toronto: Alfred A. Knopf, 2004, p. 473.

以某种方式从各种关系中涌现出来的现象。在量子引力论奠基人约翰·惠勒看来，"没有空间，没有时间"，"没有连续体"，"基于连续体的物理学，错；基于信息的物理学，对"。[1] 惠勒的私淑弟子、圈量子引力论核心贡献者卡洛·罗韦利则写道："在普朗克尺度上，量子时间不再以时间通道来进行制序；在某种意义上，时间不再存在。"[2]

　　当代主流理论物理学家们大多倾向于认为，尽管在我们的日常生活中"空间"与"时间"如背景般存在着（康德视之为最根本性的"范畴"），但本身是次生的，甚至是一种幻像。理论物理学家布莱恩·格林提出，"我们熟悉的时空可能是幻像性的，量子平均（quantum averaging）对这一论断提供了一个落地的阐释"。[3] 我们的眼睛会将屏幕上各像素（无法单独分别出来，除非凑得很近）组合起来进行平均处理，从而"看"到平滑过渡的影像。同样地，我们无法分辨普朗克尺度上的随机波动。故此即便是当下最强大的观测设备，亦会将这些波动组合平均化（一个小区域内，随机向上波动很可能同向下波动一样多，并大体上会彼此抵消），从而得到平滑安稳的时空。[4]

---

[1] John A. Wheeler, "Information, Physics, Quantum: The Search for Links", in Wojciech H. Zurek (ed.), *Complexity, Entropy, and the Physics of Information*, Boca Raton: CRC Press, 2018, pp. 9, 10.

[2] Rovelli, *Reality Is Not What It Seems: The Journey to Quantum Gravity*, p. 126.

[3] Greene, *The Fabric of the Cosmos*, p. 473.

[4] Ibid., pp. 472-473.

基于量子物理学的基础性研究，芭拉德提出：

> 时间和空间就像物质和意义那样进入存在，**经由每个内行动而被迭代地重新配置**，因此绝不可能以绝对的方式来区分创造与更新、开始与回归、连续性与断裂性、这里与那里、过去与未来。①

对于我们所熟悉的日常世界而言，芭拉德对上述这一组二元框架（"创造／更新""开始／回归""连续性／断裂性""这里／那里""过去／未来"）的激进拆除，几乎是无法理解、不可理喻的。然而，在电影场域中，"时间"和"空间"诚然被其内的诸种"内行动"所重新配置。

譬如，屏幕、封闭的放映厅、座椅乃至 3D 眼镜彼此之间互相构建性的内行动，重新配置了"空间"。而由摄像机镜头所记录的运动影像，经蒙太奇剪辑后则重新配置了"时间"。尤其通过蒙太奇剪辑与特效技术，电影实际上有效地改组了观影者的——借用哲学家保尔·维利里奥的术语来说——"知觉的后勤"（logistics of perception），造成了观影者的知觉场变

---

① Barad, *Meeting the Universe Halfway: Quantum Physics and the Entanglement of Matter and Meaning*, p. ix, emphasis added.

异。①

观影者对"时间"与"空间"的体验，在"电影状态"下被激进重组。《黑客帝国》斩获了当年的"奥斯卡最佳视觉效果奖"，在银幕上基努·里维斯所扮演的尼奥从容地躲避子弹，这激起了观影者视觉上的剧烈震撼。电影的"视觉特效"，给观影者提供近似"上帝"的视角。而观影者在电影状态中所取得的这种"（准）上帝视角"，乃是一种彻底溢出日常现实的"非人"视角。

斯坦利·库布里克1968年执导的影片《2001 太空漫游》，则提供了银幕上的一个至为经典的时间收缩：上一个画面是百万年前的一只猿猴将工具抛向空中，下一个画面就已经是2001年太空中的一艘宇宙飞船……我们看到，在电影这个场域内，创造与更新、开始与回归、连续性与断裂性、这里与那里、过去与未来，在本体论层面上就是处于——借用阿甘本的术语——"无可区分之域"（zone of indistinction）。②

与之相较，电影院外的那个"现实"，却恰恰是被那一系

---

① 在维利里奥看来，电影的"速度"不单单是指放映机马达的速度，更因其带来一种"速度视觉"而构成了一种"竞速观看"（dromoscopy）。维利里奥在其师莫里斯·梅洛-庞蒂的奠基性著作《知觉现象学》的基础上提出如下论点：竞速观看带来的深层次知觉场变异，会剧烈地改变观影者的头脑环境，从而改变其"知觉的后勤"。维氏甚至声称："实际上并没有'工业革命'，有的只是一个'竞速革命'。"Paul Virilio, *Speed and Politics: An Essay on Dromology*, trans. Mark Polizzotti, New York: Semiotext(e), 2006, p. 69.

② 进一步论述请参见吴冠军：《作为幽灵性场域的电影——"后电影状态"下重思电影哲学》，《电影艺术》2020年第2期；以及吴冠军：《爱、死亡与后人类："后电影时代"重铸电影哲学》，第65-73页。

列的二元对立框架所界定、所严密地框束的。用拉图尔的术语来说，我们所体验为"现实"的那个日常世界，实质上是各种纯化操作后的产物。于是，在本体论层面上，电影典范性地标识出了一种作为"无可区分之域"的中间地带，**在该地带中，各种纯化操作被有力地削弱。**

第五节　政治本体论研究：“追随行动者他们自身”

上一节我们已经分析了，电影实是典范意义上的"能动性聚合体"。

进而，当我们对电影做出如此理解后，我们就会发现：它比其他能动性聚合体（譬如拉图尔多次用作例子的实验室），更具有**能动性上的平等。**

自视拥有"主体"能动性的人，在电影场域内恰恰不是特别有活力、特别能动的———进入电影院，观影者很快就被抽走自由移动的能力、随便说话的能力、分心做其他事的能力……这使得电影这个聚合体在能动性展布上，激进地打破人与非人类之间的等级制，亦即，激进地打破现代性的人类主义框架，典范性地标识出了中间地带的"平的本体论"。

列斐伏尔视电影为"被动性的一个例证与一个一般模型"。然而，这份只针对人类行动者的被动性，恰恰使电影更具有能动性的平等潜能——在这个场域内，观影者们恰恰是和非人类事物（如屏幕）一起，在封闭的电影院中获得的能动性。

　　此处便涉及一个至为关键的本体论问题：能动性从何而来？

　　可变化本体论给出的答案是：行动者的能动性并不是先天就有的（所谓依据"自然"），而是在网络内部交叉触动中被"制动"（enacted）。就电影而言，电影场域内的所有行动者（观影者、屏幕、放映厅、影片的叙事、音乐……），实则本身皆是网络中的关系性（relational）的效应，能够彼此触动与被触动，其"能动性"皆是在这种交叉触动（"内行动"）中被"制动"生成。

　　从这种能动性聚合体出发，去形而上学式地追问电影"是"什么，不再具有本体论的价值。

　　在晚近"后电影"话语冲击下，以弗朗西斯科·卡塞蒂为代表的电影学者，旨在通过放宽电影"是"什么来捍卫电影，亦即，把今天大大小小各类屏幕上的运动影像都纳入电影中。卡氏本人将其对电影的捍卫称作"重新定位"（relocation）——"电影存在于数千种不同的情境中"，故此有必要"将这些情境放置到我们**关于电影的理念**之内"。①

　　然而，从可变化本体论视角出发，电影本身始终就在各种"内行动"中不断变化、不断形成，也就是说，它从来就不是"作为是的存在"，而始终是"作为他者的存在"。在电影并不

---

① Francesco Casetti, *The Lumière Galaxy: Seven Key Words for the Cinema to Come*, New York: Columbia University Press, 2015, pp. 207-208, emphasis in original.

长的百余年历史中，从默片到有声、从黑白影像到彩色影像、从胶片到数字……电影一直在不断发生着各种堪称根本性的变化，它始终在成为自己的"他者"，成为全新的杂交物。而同电影的诸种根本性变化相对应的是，百年来电影研究界一次又一次地宣告着"电影之死"——如此看来，晚近的这轮"后电影"话语，不会是这类宣告的最后一波。①

那么，当放弃讨论电影"是"什么后，我们如何来研究电影？换言之，新的电影本体论，能够给电影研究提供怎样的进路？

拉图尔主义答案便是："追随行动者他们自身。"在《重组社会之域：行动者-网络理论的一个导引》一著中，拉图尔写道：

> 将行动者限定在提供某些熟知类型例子的告知者（informers）角色上，已然不再是充足的了。你必须把决定其自身理论的能力，交回给行动者们。……你的任务不再是去强加某种秩序、去限定可接受实体的范围、去教导行动者他们是什么，或者去在他们的盲目实践中增加一些反思性。用行动者-网络理论的一个口号来表述，就是：

① 依据安德烈·戈德罗与菲利普·马里翁在《电影终结？》中的统计，电影迄今为止已经被宣布"死"过八次。实际上，电影被宣布"死亡"的次数，要远超这个数字。André Gaudreault and Philippe Marion, *The End of Cinema? : A Medium in Crisis in the Digital Age*, trans. Timothy Bernard, New York: Columbia University Press, 2015, pp. 13-40.

你必须"追随行动者他们自身"。①

拉图尔的上述这段话，实则在一并拒绝"自然主义"与"形而上学"这两种对抗性进路的基础上，给电影研究提供了一个全新的方法论进路：不强加给电影"某种秩序"、某种"可接受实体的范围"，不去教导电影场域内各个行动者他们各自"是"什么，或是给予他们的"盲目实践"以某些反思性指导。研究者可以去做的，便是去追踪电影场域中不断变化的行动者，去追踪他们彼此之间的各种"内行动"，及其产生的效应。

现在我们面对的问题是：如何去追随电影场域内的行动者？

首先要注意的是：聚合体里的行动者，可以是人类，也可以是非人类，可以十分宏大和十分微小，亦可以是全无形体的符号性造物，甚至是彻底在既有符号链条之外的存在（亦即，没有名字、其存在完全不被知道的存在）。②

在影院放映厅这个聚合体中，除了观影者和屏幕外，（必须不出现在观影者视线内的）放映机、（无窗且隔音的）墙、（具有环绕效果的）音响、座椅（甚至是 4D 座椅）、观影眼镜（如 3D 眼镜）等等（这个清单可以无限列下去），都是行动

① 　Bruno Latour, *Reassembling the Social: An Introduction to Actor-Network-Theory*, Oxford: Oxford Press, 2005, p. 12.
② 　拉图尔针对"细菌"如何被知道随后如何被命名，曾做了一个具体的行动者–网络分析，堪称"追随行动者他们自身"的教科书式研究。本节随后便会讨论到拉氏的这项研究。

者——它们尽管不具有"意识"（consciousness），但却具有能动性，都是有活力的。电影制作亦涉及多个聚合体：一部影片结束后那长长的片尾名单，已经标识了"电脑装置所牵涉的成百上千的人、机构、公司、技术"。① 所有这些，皆是电影场域（本身涉及无数多个聚合体）内的行动者，我们可以一一予以分析性追踪。

进而，在"追随行动者"时，亦值得特别注意的是：每一个行动者，自身也恰恰构成一个聚合性网络。譬如，一个人类行动者"个体"，一方面，是各种网络内具有能动性的行动者；另一方面，该"个体"本身即是一个网络，其内亦有无数具有能动性的行动者。

换句话说，人类的"个体"并非如人类主义所预设的"individual"（不可分割），相反，它是无数行动者之内行动所暂时性地构建的，并不断处于"形成"之奔流中，甚至不断发生旋涡性的转变。诚如尤瓦尔·赫拉利所言，"所有的生物——从大象和橡树，到细胞和 DNA 分子——都是由更小、更简单的单位组成的，会不断结合和分裂"。② 看似独立单元的人类个体或非人类个体，皆是经由无数交叉触动而不断处于"形成"中的聚合体（网络＋行动者）：他们（1）自身是无数"更小、

---

① Björn Sonnenberg-Schrank, *Actor-Network Theory at the Movies: Reassembling the Contemporary American Teen Film With Latour*, London: Palgrave Macmillan, 2020, p. 17.

② 赫拉利:《未来简史：从智人到智神》，第 94 页。

更简单的单位"彼此触动与被触动而形成的网络；（2）同时亦是行动者，在各种更大网络中跟其他人类以及非人类行动者进行"内行动"。

人类"个体"，并不先天具有能动性与统一性：其"能动性"，实则是网络内各个力量经由他 / 她而做的运动；其"统一性"，实则是通过"掩盖"那些力量所进行的交叉性内行动而达成。而"非人类个体"也一样——就银幕这个"非人类个体"而言，一方面它通过"掩盖"制动它的各种更小单位之内行动而呈现出无缝性、系统性与连贯性；另一方面，它自身又在行动，同环绕音响、座椅、3D 眼镜等等一起触动观影者，以及彼此触动。

当不断"追随行动者他们自身"时，我们就能捕捉到一个聚合体内的各种触动、转译及其效应，深入地考察与分析它内部的各种杂交性旋涡。

拉图尔曾以被誉为"微生物学之父"的路易·巴斯德作为例子，来研究实验室这个聚合体。通过"追随行动者他们自身"式研究，拉图尔提出：巴斯德对"细菌"的发现，是诸多人类行动者（实验室研究人员、辅助人员、内科医生、兽医、农民等等）和大量非人类行动者极其复杂和长程的互相构建之结果，"将这些事物联结在一起需要工作和一个运动，它们并不逻辑性地关联在一起"。在诸行动者中，巴斯德之所以得享盛名，正是因为他做了大量联结各行动者的转译性工作，"那种运动类型，那种胆大妄为，正是定义他的东西，使他成为巴斯德——那诚然就是他**特殊的**贡献"。①

换言之，巴斯德实际上是行动者-网络中的一个至为关键的**转译者**。一方面，他有效地让巴斯德实验室成为更大的科研网络中各行动者的必经之点。另一方面，通过把实验室内各行动者有效联结起来，他使该实验室本身，成为一个内行动丰富且极具凝聚力的能动性聚合体，最终在那里"细菌"得以被发现。行动者-网络分析可以让我们看到：并不是巴斯德"发现"了此前人们无法看见、无法想象的"细菌"，而是诸多行动者在以巴斯德实验室为核心的行动者-网络中，互相构建了"细菌"的存在。作为杂交物，"细菌"**发生**（对于人类"世界"发生），随后它亦可以作为行动者而在各种聚合体中被分析性地追踪。

同实验室一样，电影（院）也是包含无数行动者的能动性聚合体。把各行动者联结起来的导演，通常就是众行动者里面最为重要的转译者。所以，在巴斯德在科学界被认为是细菌的"发现者"相同的意义上，电影导演在电影界被认为是影片的"制作者"——影片片头通常都会打出，"一部某某的电影"。

当然，聚合体内其他人类与非人类行动者，同样具有各种形态的转译实践，可通过"追随行动者他们自身"来一一加以分析。在拉图尔看来，一个行动者的"能力是从其施为

---

① Bruno Latour, *The Pasteurization of France*, trans. Alan Sheridan & John Law, Cambridge, Mass.: Harvard University Press, 1988, p. 70, emphasis in original.

（performance）中推导出来的"①，而不是在行动前预先设定的，所以只有具体地"追随行动者他们自身"，才能加以分析。在某部作品中，完全有可能导演并不是最为重要的转译者——一部"影片"，既是它内部各行动者（运动影像、情节、音乐……）互相构建之效应，并且更进一步是同它相关的各个更大聚合体中所有行动者互相构建之效应，所以每一部"影片"都是如此独特。于是，对一部"影片"直接做出好坏优劣判断，实是毫无价值，如若这些判断并不建立在"追随行动者他们自身"的研究上。

质言之，由于"影片"是在各种能动性聚合体中被构建出来，故此，妥切的电影研究，就是持续性的行动者-网络分析，就是去"追随行动者他们自身"。

齐泽克用电影来进行电影研究的那部作品《变态者电影导引》（2006），实是"追随行动者他们自身"的一个典范。② 拒绝做优劣价值判断，擅长持续追踪性分析的齐泽克，直接"闯进"影片"发光世界"的各个场景中，对情节、人物、布景、镜头视角乃至光线、色调、音乐……以及它们之间的互相触动，进行**介入性分析**。各个"发光世界"中的"现实"，同分析者的"现实"、观影者的"现实"，彻底杂交在一起，在内行

---

① 　Bruno Latour, *Politics of Nature: How to Bring the Sciences into Democracy*, trans. Catherine Porter, Cambridge, Mass.: Harvard University Press, 2004, p. 237.

② 　尽管《变态者电影导引》的导演是苏菲·费因斯，但显然是齐泽克成为巴斯德式核心转译者的角色。

动中彼此触动与构建。当原先各部影片内部的那些行动者被拉进新的聚合体（影片《变态者电影导引》）中，遭到来自全新行动者们的各种触动时，他们都发生了变化。

立足于可变化本体论的电影研究者，关注的并非一部影片"是"佳片抑或烂片，而是**它在各个能动性聚合体中的"形成"**。就放映厅这个聚合体而言，即便是同一部影片，被观看的体验可以因那特定的两个小时中各行动者的内行动而差别巨大。每一次放映厅灯光熄灭，厅门关闭，屏幕开始发光，直到灯光重新打开，都是无数能动者互相触动的一场独特的**定域施为**（local performance）。

让-吕克·戈达尔的作品《男性，女性：15 个特定事件》（1966）的第十一章，就讲述了一个糟糕的观影体验。Paul 和 Madeleine 同两位女性朋友一起去影院看电影，在入座时朋友先是占了 Paul 的座位（座位的具体位置会影响观影效果）；电影开始后发现是部外语片；Paul 中途不得不离开去洗手间（还看到两个男人躲在里面接吻，Paul 生气于他们的胆怯，在厕所门上写下"打倒懦夫国"）；Madeleine 换了座位以便靠近 Paul；同来的两位朋友不断大声点评电影（一位坐在他们后面的观影者对此做出抱怨，而 Paul 则回骂对方）；银幕上画面显示比例发生错误（Paul 跑进放映间跟放映员指出这个问题）；一对男女在影院过道里亲热；由于中间的这些离开，Paul 不得不要求 Madeleine 跟他讲述他错过的剧情；银幕上出现"黄暴画面"（Paul 感到尴尬，两位女性朋友因此争执，一位想离开，一位想看下去，Madeleine 也感到困扰，但还是愿意留下）。Paul 最后得出这是一部烂片的结论。①

因"感到精疲力尽"② 而于 2022 年 9 月选择离开这个世界的法国新浪潮电影奠基人物戈达尔，典范性地展现了电影院内各个行动者的彼此触动，以及历经一个多小时互相构建后的最终效应。今天我们去看电影时，若碰到影院内某个观影者旁若无人地接电话甚至谈笑风生地"煲电话粥"，这部电影很可能就"毁了"。

我们看到，就像"细菌"被发现一样，一部"影片"，恰恰是无数行动者在各种能动性聚合体——从影片制作、宣传到各影院的放映、评论圈的话语起伏，以及争夺奖项的运作等——中互相构建"形成"的。

于是，**电影场域，便是由其内所有人类与非人类行动者的物质性–话语性的内行动构成，并始终在变化中，在不断形成中**。在电影院里，一部影片散场后，那个聚合体内的行动者就不再构成"聚合"；而下一场电影开始时，即便是同一个放映厅，也有不同的观影者、不同的影片（以及各种不同的行动者）聚合进来，故此不再是同一个聚合体（或者说是彻底更新了的聚合体）。

---

① See also Casetti, *The Lumière Galaxy: Seven Key Words for the Cinema to Come*, pp. 67-68.

② Andrew Pulver and Angelique Chrisafis, "Jean-Luc Godard, giant of the French New Wave, dies at 91", *The Guardian*, <https://www.theguardian.com/film/2022/sep/13/jean-luc-godard-giant-of-the-french-new-wave-dies-at-91>.

是以，"追随行动者他们自身"，是一个永远在路上、永远激发更多分析实践（本身即是一种转译实践）的研究性进路。在其并不长的历史中，电影不断在变化，只有紧紧"追随行动者他们自身"，才能快速而精细地捕捉这些变化。

第六节　从电影到电子游戏：洞穴越来越深

前面五节对于电影的重新探索，可以说是提出了关于电影的一个"宏大理论"——从电影学界的"后理论"话语出发，经由对当下"后电影"状态的讨论，最后着重提出一种"后自然"的电影本体论。在纯然隐喻的意义上，本章"后窗"开得很大。

让我们最后回到"现实"：实际上，**电影院外的那个"现实"，亦是像"洞穴"般的电影那样被结构**（structured）。"现实世界"，并不比银幕上的"发光世界"更真实。在电影场域中发生的一切变化（聚合体内一切行动者互相触动、彼此构建），结构性地（structurally）同样能够在日常现实中发生，两者间并不存在"真实"对抗"虚假"的本体论差别。

之所以电影院内外似乎是两种世界，那是因为，电影院外的"现实"受制于诸种纯化操作——它总是在各种二元对立框架中被构架、被理解。然而在本体论的层面上，我们所处身其内的"现实"，同样彻彻底底是一个杂交物的世界——哪里有纯粹的"自然"（抑或，哪里有纯粹的"社会"）？

在拉图尔看来，现代性的悲哀就在于，"现代宪章允许杂交物的被扩展的激增，但却拒绝其存在，拒绝它的可能性"。①正是在这个意义上，电影——而不是"现实"——恰恰标识了对"现代宪章"之诸种纯化操作的一个本体论突破。

电影所打开的"发光世界"，在本体论层面上，既不是幻像，也不是真实，而是作为杂交物的后自然的"中间王国"。那个"世界"里里外外无以计数的人类与非人类行动者们在不断地、频繁地互相触动，这就使得该"世界"不断发生变化，不断处于"形成"中。

故此，"中间地带"的本体论，是一种同量子力学高度契合的可变化本体论，而非形而上学（元物理学）所设定的闭合且固化的本体论。"可变化"，就在本体论层面开启了政治性地"改变世界"的实践向度。从可变化本体论的视野出发，电影研究将不再是形而上学式地讨论电影"是"什么，而是以"追随行动者他们自身"作为研究性进路。

频繁将电影分析引入哲学讨论的齐泽克，从另一个角度认肯"现实"与电影在本体论层面上的同构性。人总是通过这种或那种屏幕，才看见"现实"。如果彻底不存在屏幕（有形的或无形的），我们就无法"看见"任何可被理解的"事物"。这也就意味着，我们总是在"斜视"。通过不同屏幕地看，我们则陷入"视差之见"。至于"真实"（the Real），就是那个"视

---

① Latour, *We Have Never Been Modern*, p. 34.

差"本身。^① 在这个意义上，**"现实世界"，本身就是一个结构性地透过屏幕而被看到的"发光世界"。**

那么，电子游戏所打开的"发光世界"呢？在英文中，"电子游戏"对应的词是"video game"，亦即"视频游戏"^②——这类游戏和各种传统游戏形式的不同之处就在于，游戏是通过影像展开的。^③ 电子游戏（视频游戏），可以说本身就是"影像 +"。屏幕前的玩家比起观众，在那个"发光世界"中的能动性大幅提升——不再是**被动旁观**，而是**主动介入**，同那个世界中的一切事物发生**更深的互动**。

电影作品中的影像，是提前摄制好或渲染好的。^④ 当代电子游戏作品中的影像，则主要根据玩家的行动而实时渲染生成（也因此对算力资源提出极高要求）。这就使得玩家在那个"发

---

① Slavoj Žižek, *Looking Awry: An Introduction to Jacques Lacan through Popular Culture*, Cambridge, Mass.; London: The MIT Press, 1991; Slavoj Žižek, *The Parallax View*, Cambridge, Mass.: The MIT Press, 2006. 以及，吴冠军：《齐泽克的"坏消息"：政治主体、视差之见和辩证法》，《国外理论动态》2016 年第 3 期。

② 有意思的是，"electronic game"这个词在英文世界里被使用的频率，远远低于"video game"。

③ 后文中出于汉语的用语习惯（"视频游戏"几乎没有人使用），对于引文中的"video game"，仍将翻译为"电子游戏"。

④ 当代电影中有大量影像并不是摄像机摄制成的，而是计算机渲染出的。CG 影片（computer graphics film）专门指所有影像（场景、角色、物品、特效等等）皆由计算机生成的 CG 动画所构成的影片，如 2016 年佐藤敬一执导的影片《杀戮都市》、2019 年罗伯特·罗德里格兹执导的影片《阿丽塔：战斗天使》。这些影片一般采用离线渲染，区别于实时渲染的引擎电影（即，采用游戏引擎实时渲染出影像的影片），然而，许多真实场景拍摄并由真人表演的影片，也实际上应用了大量 CG 影像，经典如《阿甘正传》（罗伯特·泽米吉斯执导）片头中羽毛徐徐飘落的镜头，以及《珍珠港》（迈克尔·贝执导）中日机横行肆虐的场景。

光世界"中，同各能动者——其他玩家、非玩家角色抑或各种数字对象——展开深层次的"互动 / 相互作用"成为可能。

"元宇宙"，究其内核，就是视觉效果与沉浸度进一步全面提升的"大型多人在线游戏"。事实上，目下被视作首个"元宇宙"的《第二人生》，在几乎每本电子游戏史的专著中，都有专门篇幅予以介绍。《元宇宙改变一切》的作者马修·鲍尔认为，游戏公司在元宇宙赛道上具有最终优势，因为它们"有能力创造一个人们真正愿意花时间待着的地方"。①

VR 头戴显示器会把我们带入一个"影像+"的发光世界中，并使我们获得前所未有的沉浸式体验。那么，VR 头显（以及其他元宇宙穿戴设备）所呈现的那个发光世界，又是一个怎样的世界？玩家在该世界中除暴安良（或助纣为虐），在政治本体论层面上意味着什么？

现在，让我们再次返回柏拉图的"洞穴"寓言——人类被影像的发光世界所深深吸引，并获得沉浸式体验，可以上推到柏拉图的"洞穴"。生活在洞穴内的人，由于"无法转动头部"，"只能永远坐在原地，并只能看向前方"，故此，前方作为"屏幕"的洞壁，成为其视觉感知的唯一信号源。②

我们看到：洞穴乃是一个发光世界（"人们背后一个较远并且较高的地方燃烧着火，火带来光亮"），而洞壁"屏幕"则

①　鲍尔：《元宇宙改变一切》，第 91 页。
②　Plato, *The Republic*, p. 220.

和头显一样，完整地覆盖了"洞穴人"的所有可视区域。就这样，"洞穴人"身处一个发光世界中，并别无选择地沉浸其内，把这些洞壁上的影像视作"现实"。

从洞壁到头显，影像的精细度提高了好几个数量级，然而其**本体论状态**并未改变——这样的发光世界，是虚拟的"现实"。

"虚拟"（virtual）这个词根据大卫·查默斯的词源学考察，来自拉丁语"virtus"，意指"男子气概"，后来逐渐引申为具有某种力量、素质或效用。虚拟的 X，就是指不是 X，但具有其素质或效用，体验起来像极了 X。[①] 于是，虚拟的"现实"并非现实，但体验起来却很像现实。从古代到今天，我们一次次被告知：无论"虚拟现实"技术怎样提高，在本体论层面上假冒现实的影像，终究会被真相（truth）刺穿。用柏拉图当年的话来说，太阳（隐喻真相/真理）——而非洞壁影像抑或头显影像——"掌管着可视世界中的一切"。

然而，真的是这样吗？

那个自我们出生之日起就让我们沉浸其中的"现实世界"，同那些同样带给我们沉浸式体验的"虚拟现实"相比，是否存在本体论的区别？

进而，如果"眼见为实"的话，那么同"现实"中的景像

---

① David J. Chalmers, *Reality+: Virtual Worlds and the Problems of Philosophy*, New York: W.W. Norton, 2022 (ebook), p. 191.

一样，头显中的影像亦是眼睛所见，为什么就缺乏"现实性 /
实在性"了呢？[①]

同样值得提出的问题是，我们需要什么样的技术，才能产
生出虚拟的"现实"？

柏拉图的洞穴，是一个非常好的分析起点，因为"人们都
生活在某种地下岩洞中"，"人们自幼（earliest childhood）便生
活在这洞里"。换言之，人们从出生到死亡，完全沉浸式地生活
在这个世界里，用约翰·罗尔斯的术语来说，就是"由生而入其
内、由死而出其外"（enter only by birth and exit only by death）。[②]

我们有必要问这样一个问题：在这个寓言中，什么时候人
们产生出了"现实"与"非现实"的区别呢？柏拉图写道：

> 当他们中的一个被松绑了，突然被强行要求站起来，
> 转过他的头并开始行走时，看着光，所有这些事物都会让
> 他很痛苦。……如果他被用强力拉出那里，经由那条向上
> 的陡峭险峻之路，一路被拉到阳光底下，他难道不会觉得
> 这很痛苦？[③]

柏拉图提出，当"洞穴人"（柏氏称之为"囚徒"）被拉出那里

---

① 关于"眼见为实"的物理学分析，请进一步参见本书第五章第七节。

② John Rawls, *Political Liberalism*, expanded edition, New York: Columbia University Press, 2005, p. 445.

③ Plato, *The Republic*, p. 221.

从而看到阳光下的事物后，原先那个发光世界里的事物，就会被痛苦地体验为"非现实"。柏拉图继续写道：

> 他最后会去看的那个事物，将会是太阳。不是**太阳的影像**（在水中抑或其他并非它自身的位置），而是**太阳自身**。他将能够在太阳自身的地方看着它，并且看到它的真实所是（as it really was）。……现在，假设他想起了他原先所生活的那个地方，想到那里流传的智慧，想到他之前的囚徒伙伴，你不认为他会庆幸自己遭遇了**这个转变**？难道他不会为他们感到遗憾？①

我们看到，"现实"与"非现实"之区别产生的时刻，正是当人们遭遇到一个"转变"时，亦即，那个"由生而入其内、由死而出其外"的世界被打破时。在这里，产生出虚拟的"现实"的技术，实际上就是这个"转变"的刺入——通过该技术，现在，人们**看到**了两个世界：一个是阳光万缕的世界，另一个是洞影千重的世界。

那么，我们就需要继续做出追问：被强力拉出洞穴的人，究竟是凭什么认定新遭遇到的世界是"现实"（事物的"真实所是"），并因此判定"原先所生活的那个地方"为"非现实"，进而"庆幸自己遭遇了这个转变"？

---

① Plato, *The Republic*, p. 222, emphasis added.

在柏拉图的寓言里，人们所经历的实质性的"转变"，便是经由被强拉这个"技术活"，其从火影的发光世界进入阳光的发光世界，前一个世界的总体性与整全性被后一个世界所撕开。有意思的是，出于某种形而上学-神学理由，遭遇这个"转变"的人认定或相信"太阳自身"（而非"太阳的影像"）标识了"现实"。

然而，问题是：人们眼中看到的"太阳自身"，在本体论层面上只可能是影像（"太阳的影像"）而非物自身（"太阳自身"）。换言之，**人们眼中的"现实"在本体论层面上，恰恰就是影像**；在本体论层面上，"现实"亦像"洞穴"那样被结构。

在此处，我们有必要引入另一个来自银幕的当代寓言，来对照性地思考影像的本体论问题，那就是《黑客帝国》。

程序员托马斯·安德森（基努·里维斯饰演）在代号为"崔尼蒂"的黑客（凯瑞-安·莫斯饰演）的引导下，同传奇黑客"墨菲斯"（劳伦斯·菲什伯恩饰演）联络上，后者给了他一个选择，服食蓝丸抑或服食红丸：

> 你吃下蓝丸，那故事就到此为止，你会在自己的床上醒来，然后相信你自己愿意相信的东西。吃下红丸，你可以继续留在这个奇境（wonderland），而我将向你展示这个"兔子洞"有多深。

安德森选择服用红丸，醒来后发现身处在一个色彩黯淡、文明荒芜的世界中，面前的墨菲斯对他说的第一句话是："欢迎来到真实之荒漠（Welcome to the desert of the real）！"随后安德森（现在的名字是"尼奥"）被告知，为了培养人类当成能量来源，计算机创造出虚拟现实世界（"矩阵"），也就是安德森过往所身处其中的那个世界。计算机通过同人体大脑神经联结的连接器，模拟出视觉以及听觉、嗅觉、味觉、触觉等感官体验，使得生活在"矩阵"中的人们将自身所见所闻的一切都当作"真实的"。

经过两个古今寓言的并置，我们发现，它们具有高度的同构性。生活在"矩阵"中的人们，就对应了柏拉图寓言中的"囚徒"："矩阵人"与"洞穴人"都被设定为没有看到事物的"真实所是"，都身处于"非现实"中。

进而，两个寓言的同构性体现在，"矩阵人"与"洞穴人"都是"自幼便生活在这洞（矩阵）里"，都是"由生而入其内、由死而出其外"。人们产生出"现实"与"非现实"之区别的时刻，就是被拉出原先生活的那个世界、遭遇到另一个世界的时刻——他们突然同时面对两个发光世界。区别在于，洞穴寓言中的那个人是被强力拉出洞穴，在矩阵寓言中的那个人则被赋予了一个选择。①

更为关键的是，在两个寓言中，遭遇新世界的那个人，都认定该世界是"现实"，并为原先生活的那个世界中的伙伴感

_____

① 关于这一"选择"的进一步分析，请参见本书第一章第四节与第四章第二节。

到遗憾。

实际上，两个寓言的最大不同，就体现在**技术**上：洞穴寓言中的技术，基本上没有什么"技术含量"（当然，暴力强制行为能达成且不出意外，也是一个"技术活"）；而矩阵寓言中的技术，则至少牵涉到强人工智能、脑机接口、数据／生物电信号转换技术（以及读出与写入技术）等等，即便在当下仍"未来感"十足。这一次"非现实／虚拟现实"的构建，看上去诚然妥妥的"高科技"。

从古到今，技术是拉上来了；然而我们却仍然面对如下问题：凭什么判定新遭遇的那个世界就是"现实"？

柏拉图笔下讲述洞穴寓言的对话者苏格拉底与格劳孔在推理时，直接就设定阳光世界为真实，那是因为，从一开始那个"洞穴"就是为了讨论而假设出来的（"试想，人们都生活在某种地下岩洞中"）。

对于苏格拉底与格劳孔而言，那个"洞穴"就是一个由**话语**（discourse）——而非**技术**（更遑论 VR 技术）——所构建出来的"元宇宙"。换言之，"洞穴人"看到阳光后便认定那是"真实所是"，并非出于他／她有某种判断的依据，而是因为他／她的讲述者为其直接做了判定。生活在他们的发光世界中，两位对话者将自己眼中所看到的阳光视作"真实所是"。

那么，银幕上的矩阵寓言呢？情况显然是：安德森**选择相信**墨菲斯的说法，并用他的话来判定"现实"（真实之荒漠）与"非现实"（矩阵）。

　　这也就是说，除了墨菲斯的话，安德森并没有任何办法去确证，他醒来后的"真实之荒漠"是真实的"现实"，之前那个"现实"则由 VR 技术所构建。①

　　讨论至此，我们已清晰地看到，在矩阵寓言中，技术归根结底只是引入了一个"转变"，使人"看到"了两个不同的发光世界。那些实现"矩阵"所必须用到的酷炫的虚拟现实技术，归根结底只是达成了洞穴寓言中的暴力强拉一样的工作——这个"技术活"，就是让人从一种发光世界进入另一种发光世界中。然而，根据某种形而上学-神学的先定理由，人们认定或相信因遭遇"转变"而看到的两个"世界"中的某一个，仅仅是影像，没有"实在性"。②

　　让我们现在从哲学书里的洞穴寓言、银幕上的矩阵寓言，转到当下的元宇宙热。

　　我们不妨进一步追问一个孩童都会认为不需要问的问题：我们是如何知道自己身处一个"元宇宙"中的？

　　归根结底，这个问题的答案是：我们遭遇了一个"改变"。**我们把头显设备，戴到了自己头上。**

　　换言之，我们原先身处一个"由生而入其内、由死而出其外"的世界中；我们在前反思的状态里，将这个世界认定为"现实"；然后我们戴上了一个设备，进入了另一个发光世界。

---

① 进一步分析，请参见本书第四章第三节。
② 在这两个寓言中都是原先那个"世界"没有"实在性"。

即便该世界看上去"很真实"（头显的分辨率与刷新率得到革命性提升），我们也会认定自己进入了"元宇宙"。

2023 年 3 月 15 日，我问 GPT-4（OpenAI 于 3 月 14 日推出的多模态大语言模型）：如何辨别现实与虚拟现实。它给出的回答如下：

要辨别现实世界和虚拟现实之间的区别，你可以关注以下几个方面：

视觉质量：虽然虚拟现实技术已经非常先进，但在很多情况下，你仍然可以察觉到（虚拟现实）与现实世界的视觉差异。观察环境的细节、纹理和光影效果，以了解它们是否完全符合现实世界的表现。

身体感知：在虚拟现实中，你可能会觉得身体的某些感觉有所不同。尝试做一些动作（例如跳跃、移动等），看看这些动作是否像在现实世界中一样自然。

触觉反馈：虚拟现实中的触觉反馈可能与现实世界有所不同。尝试接触物体，观察触觉体验是否与现实世界相符。

交互方式：在虚拟现实中，与物体或人物交互的方式可能与现实世界有所不同。例如，你可能需要使用特定的控制器或手势来与环境互动。

空间感知：虚拟现实环境的空间感知可能会有所偏差。关注你在虚拟环境中的移动和定位，看看是否与现实世界相符。

设备感知：如果你正佩戴着虚拟现实头显或其他相关设备，那么你很可能处于虚拟现实环境中。试着寻找这些设备，以确认你是否在使用它们。

环境控制：在虚拟现实中，你可能具有现实世界中没有的环境控制能力。例如，你可能能够暂停、快进或重置虚拟环境。寻找这些控制选项，看看是否可以使用它们。

通过以上方法，你应该能够辨别自己是在现实世界还是虚拟现实中。然而，请注意，随着技术的发展，虚拟现实可能变得越来越逼真，辨别现实与虚拟现实的难度可能会增加。

我们可以看到，GPT-4 所给出的七个"方面"的建议，其中六个皆建立在对"现实世界"的预先认定上——通过考察六个面向（视觉质量、身体感知、触觉反馈、交互方式、空间感知、环境空间）同那个被预设为"现实"的世界里的情况是否相符，来判断自己是否身处"虚拟现实"中。

然而，倘若抛开对"现实世界"的先定确认，那么，辨别自己是否身处"虚拟现实"中，就只剩下通过是否"佩戴着虚拟现实头显或其他相关设备"来判断。换言之，如果不是先入为主地根据某种形而上学-神学理由，把自己"由生而入其内"的那个"世界"作为一切判断的参照系，那么，实际上唯一可用以判断的，恰恰就是头显及相应设备，还有对于戴上它的记忆。[①]

　　现在不妨让我们设想：如果你根本就不知道"头显"长什么样并且不记得戴上过它，情况会怎样？进而，让我们设想：如果"头显"从你降生下来那一刻，就直接"长"在你头上呢？如果你所认为的自己的眼睛，实际上就是某种"头显"设备呢？如果你并不能移除虚拟现实设备，因为你身上的器官就是相关设备呢？在上个世纪九十年代，贝尔纳·斯蒂格勒将技术称为"器官的体外化"（exosomatization of organs）。[②]而今天的技术，实际上已经抵达体内器官（如"赛博格"）。你长在身上的那些器官，为什么就绝对不会是技术设备呢？

　　上面关于器官 / 技术的问题，直接就激起以下这个本体论问题：你自幼便生活在其中的那个发光世界，为什么就不是一个"元宇宙"？"洞穴人"与"矩阵人"在同时面对两个发光世界时，皆认为自幼生活的那个世界并非"现实"，你何以认定自己那个世界就是"现实"？

　　康德当年所发起的"认识论转向"，使科学研究从做出**本体论判定**转到**认识论探索**。实际上，我们将世界中的一切体验

[①]　关于 GPT（Generative Pre-trained Transformer，生成型预训练变换模型）的进一步探讨，请参见吴冠军：《通用人工智能：是"赋能"还是"危险"》，《人民论坛》2023 年第 5 期；吴冠军：《在发光世界中"眼见为实"——虚拟现实技术与影像本体论》，《电影艺术》2023 年第 3 期；以及吴冠军：《再见智人：技术-政治与后人类境况》，导论。

[②]　Bernard Stiegler, *Technics and Time 1: The Fault of Epimetheus*, trans. G. Collins and R. Beardsworth, Cambridge, MA: Stanford University Press, 1998, p. 17.

为"真实"，就在于它们是可感（诉诸感官）的——从这个意义上而言，确实就是眼见为"实"。但眼见的影像（作为"现象"的影像），究竟是"元宇宙"还是"终极现实"，科学研究恰恰无从知晓，遑论给出判断。康德的路径无疑是，悬置影像的本体论问题，聚焦于通过器官抑或通过技术设备"看"到怎样的影像。而这在他看来，就是科学研究的态度。[①]

结　语　在发光世界中"眼见为实"

2022 年 10 月 28 日，在卢米埃尔兄弟首次把白布上的"发光世界"推到人们面前的 126 年 10 个月之后，扎克伯格全力打造的首款高端头显 Quest Pro 正式在世界范围内发售，将一个更具沉浸性的"发光世界"推到人们眼前。

然而有意思的是，对于经由屏幕（柏拉图的洞壁）、银幕（卢米埃尔兄弟的白布）抑或头戴显示器而呈现在人们眼前的这类"发光世界"，无论沉浸性感官体验再怎样强烈，都不会被人们视作"现实"。

我们有必要在不疑处生疑。如果把这种状况予以问题化，去追问何以如此，我们就会发现：归根结底，那仅仅是因为人们并不是"自幼便生活在那里"；经由某种"转变"（被拉出洞穴抑或戴上头显），人们"看到"了两个不同的"发光世界"。

[①]　关于康德路径的进一步讨论，请参见本书第一章第三节。

那么，如果我们自幼便生活在"洞穴"中呢？

如果我们自幼便生活在一个"矩阵"（"元宇宙"）中呢？

进而，我们不得不追问：我们自己从出生那一刻起就身处的那个世界，为什么就具有"实在性／现实性"？

本章的分析业已让我们看到，那些"看到"两个不同的"发光世界"的人，仅仅是根据某种形而上学-神学的先定理由，认定或相信其中一个是"现实"，而另一个则仅仅是"影像 +"（视觉加上其他感官体验），不具"实在性／现实性"。影像是靠不住的，我们的视觉感知是靠不住的，那么，什么是靠得住的呢？

虚拟现实技术，归根结底，实际上只是引入一个"转变"，通过它，人们从一个发光世界得以进入另一个发光世界。而我们所面对的本体论状况（影像本体论）是：我们无法判断自己所身处的这个发光世界本身，就不是一款"元宇宙"游戏。

下一章，就让我们把未来考古学的考察聚焦，从电影全面转到电子游戏上，来进一步考察影像的本体论状态，分析性地追踪元宇宙游戏中的行动者们及其彼此触动。

第四章　现实＋：从元宇宙到多重宇宙

我现下的生活，为什么就不是一个我在玩的游戏？这个世界，为什么就不是一个"元宇宙"？做一个好的玩家，是唯一的负责任的生活态度。

引　言　重思"第九艺术"

上一章中，我们在本体论层面上分析了电影的"发光世界"，并探讨了该世界同"现实世界"所具有的本体论同构性。进而，我们揭示出了，恰恰是通过研究电影，我们才更深入地捕捉到"现实"的本体论状态。

在本章中，让我们沿着沉浸式体验的"升级"轨道，从"电影"迈进"电玩"（电子游戏）——亦即，从被剥夺运动能力的"被动"的观者，转到"主动"投身于"现实世界"之外那个"发光世界"的玩者上。

电子游戏被称作"第九艺术"，肇始于 1997 年发表于《新潮电子》的一篇题为《第九艺术》的文章。① 在该文中，我基于系统性分析提出，"电子游戏本质上就是一种前所未有的'虚拟的真实'"，而其"最大特征就是参与"。尽管被置入一个

---

① 触乐网编辑段成旌在一篇发表于 2016 年的研究性文章中写道："经过我们的查证，这篇文章最早提出电子游戏是第九艺术的概念，也是中文互联网'第九艺术'指电子游戏这一共识的滥觞。"参见段成旌：《都说游戏是第九艺术，但这个说法到底是怎么来的？》，触乐，<http://www.chuapp.com/article/281795.html>。同时请参见《为什么游戏被称为"第九艺术"？》，游民圈子，<http://club.gamersky.com/activity/436432>。

同其"实际生活有一定距离"的情境中，"但在游戏的过程中玩家正是在不断积累有关的感性经验"，这一经验同日常生活中的感性经验并无根本性差异。电子游戏还"赋予了玩家极大的再创造余地"，使其实质性地参与"虚拟世界中一系列事件的发生"。①

在论述"电子游戏是一门综合艺术"的小节中，我借助当年的"VR 头盔与 3D 音效卡"探讨了电子游戏在拟真与互动上的潜能。在该文结尾处我写道："如果说二十世纪是电影的世纪，那么未来的二十一世纪——笔者大胆预言——将会是电子游戏的世纪。"②

四分之一个世纪之后，借着"元宇宙热"，本章将对电子游戏中的"参与""再创造""虚拟世界及其事件""拟真与互动上的潜能"等论题做进一步的探讨，从而把对游戏的研究从艺术学推进到本体论（政治本体论）层面。

我们将追问如下问题：在本体论的层面上，电子游戏所打开的那个"发光世界"，是一个怎样的世界？这个世界，是如何发生变化的？"玩"的行动，在政治本体论层面上意味着什么？

---

① 吴冠军:《第九艺术》,《新潮电子》1997 年第 6 期，第 41 页。
② 同上，第 42–43 页。

第一节　陷入元宇宙：游戏开发师的梦魇

要系统地探讨电子游戏的（政治）本体论，一个妥当的切入口，在我看来却恰恰是被视作"第八艺术"的电影，尤其当我们探讨元宇宙游戏时。如第二章所分析过的，当下现实中的元宇宙技术"集群"，还远未臻成熟。然而，在已经存在着的银幕"发光世界"中，我们却能遭遇各种高度成熟的"元宇宙"形态。

于是，经由电影，我们便能用未来考古学的方法，来对尚未展现其全幅样态的元宇宙游戏，展开一个分析性的研究。[①]

1999 年，由沃卓斯基姐妹执导、华纳兄弟出品的影片《黑客帝国》上映，在引起观影热潮的同时，也在思想层面上激起了旋涡："现实"有多真实？如果"现实"只是一个拟真出来的"矩阵"，我们该怎么办？前者是**本体论**问题，而后者便是**政治本体论**问题。

对于这两个问题，《黑客帝国》及其两部续作给出了直截了当的回答：（1）我们所处身其内的"现实"，就是拟真出来的；（2）对"矩阵"所拟真的"现实"，英雄们（安德森 / 尼奥、墨菲斯、崔尼蒂……）激进地抗争到死。

2021 年 12 月 22 日，拉娜·沃卓斯基执导的《黑客帝国》

---

① 关于电影本身的一个本体论探讨，请参见吴冠军：《从"后理论"到"后自然"——通向一种新的电影本体论》，《文艺研究》2020 年第 8 期。

最新续作《黑客帝国：矩阵重启》上映。上映后该片的口碑远远低于前三部，被批评为对 22 年前首作的拙劣重复，"一部由这些中老年演员拍的《黑客帝国 1》的高清重制版"。[①]然而在我看来，《黑客帝国：矩阵重启》即便是对第一部的重复，那也是一个典范性的德勒兹主义重复："新"（the new），就在重复中涌现了出来。[②]

和第一部中安德森是一名普通程序员不同，在《黑客帝国：矩阵重启》中，安德森成为著名的**游戏开发师**，其代表作就是《矩阵》三部曲。该游戏系列中的非玩家角色尼奥，则被认为是基于"现实"中的安德森本人而设定的。这意味着，在全新启动的"矩阵现实"里，之前的"矩阵"被界定为"游戏"；而那里面的"华纳兄弟"公司，也在紧锣密鼓地计划推出"矩阵"系列的第四部。

我们看到：重新回归的"矩阵"——银幕内以及银幕外——对"矩阵"自身做了一个全新的定位，那就是**游戏**。被抛入"矩阵现实"中的人们，现在可以玩沉浸式的"矩阵游戏"。

在银幕之外、在我们"真实"处身其内的这个"现实世界"中，脸书掌舵人马克·扎克伯格在 2021 年 10 月 28 日宣

---

① "作为原 IP 粉丝，你觉得《黑客帝国 4：矩阵重启》拍得怎么样？"，知乎，<https://www.zhihu.com/question/392104212/answer/2282088703>。

② 关于德勒兹主义"重复"的讨论，请参见吴冠军：《如何在当下激活古典思想———种德勒兹主义进路》，《哲学分析》2010 年第 3 期。

布将公司改名"元"，以此"映射其建设元宇宙的聚焦"。① 其后众多跨国企业巨头纷纷跟进，卷起全球范围内的一股"元宇宙热"。"元宇宙"这个概念最早出现在尼尔·斯蒂芬森1992年出版的科幻小说《雪崩》中，用以描述一种"由计算机生成的宇宙"，"计算机将画面描绘在其目镜上，将声音送入其耳机中"。② 诚然，站在2022年的当下回过来看，斯蒂芬森所设想的"元宇宙"毫无新奇之处。但电子游戏过去三十年的发展，恰恰就是朝着斯氏对"元宇宙"的勾画挺进着——游戏越来越具有**世界生成**的属性。③

开放世界游戏（open world game），是二十一世纪头十年电子游戏发展的核心革命：越来越多的游戏开始具备诸种基础性的"世界"属性。譬如，一个可供玩家自由探索的巨大三维空间、日夜交替（时间流逝）、天气变化、跟环境（物、非玩家角色……）的彼此触动机制……④

同样在二十一世纪初进入主流，乃至逐渐成为游戏标配的重要发展，是在线游戏，尤其是以《魔兽世界》为代表的"大型多人在线游戏"。⑤ 值得一提的是，华纳兄弟在2005年推出

① Alex Heath, "Facebook is planning to rebrand the company with a new name", *The Verge*, October 20, 2021.

② Stephenson, *Snow Crash*, p. 42.

③ 进一步分析请参本书第一章。

④ 游戏史上的这段发展也经常被称作"沙盒游戏"（sandbox game）革命。Drew Sleep (ed.), *The History of Video Games*, Willenhall: Future PLC, 2021, pp. 110-113.

⑤ Ibid., pp. 108-109.

的《在线矩阵》，也是 MMOG 中的一个不容忽视的作品。

伴随着 VR 头显等穿戴设备的发展，虚拟现实游戏（virtual reality game）则在二十一世纪第二个十年）开始进入主流游戏体验中。[①] 生成虚拟世界，越来越成为电子游戏的内核。

其实，诚如哲学家大卫·查默斯所分析的，不只是《魔兽世界》这样的 MMOG 生成了"世界"，甚至像《俄罗斯方块》《吃豆人》这样的出品于二十世纪八十年代的游戏同样生成"世界"。"《俄罗斯方块》可以被看作对一个砖块从天坠落的二维或三维世界的拟真;《吃豆人》可被看作对捕食者与猎物在一个物理迷宫奔跑的拟真"。[②] 这些"世界"有其特有的物理规则与可进行经验性研究的"自然"现象。

我们完全可以设想，倘若某人自始至终就生活在这样一个世界中，他 / 她不会觉得怪异，一如我们对自己头顶上竟然有不会掉下来的月亮，以及原野上捕食者与猎物的奔跑逐命见怪不怪。可以说，从《超级马里奥兄弟》到《艾尔登法环》，每一款游戏都有一个设定基本物理规则的引擎程序，规定了运动、重力和身体碰撞时的"互动 / 相互作用"方式。

让我们再把论题更推进一步：不仅仅是游戏生成世界，世界本身在很大程度上也如同游戏那样运行。马修·鲍尔提出，

---

① Drew Sleep (ed.), *The History of Video Games*, pp. 134-135.

② Chalmers, *Reality+: Virtual Worlds and the Problems of Philosophy*, pp. 49-50.

较之游戏的拟真世界,

> 现实世界并无根本性不同。**诸种物理规则就是读取与运行所有互动的代码**——从一棵树倒下来的原因到它倒下时如何在空气中产生振动并传入人耳,使电信号通过各种神经突触传递信息。类似地,一棵树被一个人类观测者"看到",意味着它反射光(通常由太阳所产生),而这些光又被人眼与大脑接收与处理。①

我们接受眼前的树是"现实"的一部分,接受树被砍倒的过程是真实的,是因为我们的感官接收与处理了由引擎程序(物理规则)激活相应代码所给出的相关"物理"信息。由于我们始终生活在由这样的物理规则所支配的世界中,这些事物及其互动方式就会被我们体验为"现实"。

可以想见,倘若某人自有意识开始就始终生活在《超级马里奥兄弟》的世界中,那么,他 / 她就会将头顶掉下的蘑菇,视作"现实"的一部分,还可能会把它同自己跳起来用脑袋撞悬浮在半空中的某种特殊砖块的动作进行"因果"关联,甚至总结出相关的物理法则……游戏引擎,就是"建立起宇宙的诸种虚拟规则的那个东西,是定义所有互动与可能性的规则集

---

① Matthew Ball, *The Metaverse and How It Will Revolutionize Everything*, New York: Liveright, 2022(ebook), p. 115, emphasis added.

(ruleset)"。[1]

世界生成，就是电子游戏的构成性内核。电子游戏同电影的不同之处就在于，前者的"发光世界"是**实时生成**的。今天被视作"元宇宙"的诸多游戏（经典如《第二人生》[2]），在这个意义上也诚然担得起"宇宙"这个名称。以《第二人生》这款 2003 年上线、经常被视作首个"元宇宙"的在线游戏为例，游戏里的"居民"通过可运动的"化身"，可以在一个三维建模的广袤空间里展开"第二人生"；游戏允许玩家直接控制物/ 道具的诸种物理属性，并实验不同的物理规则。"探索、发现、创造，一个新世界在等着你……"，这是《第二人生》的口号。

在银幕上，除了《黑客帝国》系列外，2018 年由史蒂文·斯皮尔伯格执导、同样由华纳兄弟出品的影片《头号玩家》，被视作第一部关于"元宇宙"的电影。较之《黑客帝国》系列在第四作《黑客帝国：矩阵重启》中才把"矩阵"界定为游戏，《头号玩家》一上来就呈现了一个内嵌"元宇宙"游戏的世界——2045 年身处一片废墟般的"现实"中的人们，通过初级或高级的 VR 穿戴装备，进入大型多人在线游戏《绿洲》中展开他们的第二人生。

[1]　Ball, *The Metaverse and How It Will Revolutionize Everything*, p. 117.

[2]　See Zagalo (et. al.), *Virtual Worlds and Metaverse Platforms: New Communication and Identity Paradigms*, p. xv; Peter Ludlow and Mark Wallace, *The Second Life Herald: The Virtual Tabloid that Witnessed the Dawn of the Metaverse*, Cambridge, Mass.: The MIT Press, 2007, p. 2.

在银幕外，就在《黑客帝国：矩阵重启》上映的 13 天前（2021 年 12 月 9 日），扎克伯格的"元"正式推出使用 VR 头显、被定位为"自由的虚拟现实"[①] 的在线游戏《地平线世界》，其官网口号和《第二人生》几乎一样："创造、探索，在一起"。"元"的《地平线世界》，让我们同《头号玩家》里的"元宇宙"世界，更近了一步。

然而，种子性的《第二人生》与刚出炉的《地平线世界》根本算不上目下最火的"元宇宙"游戏，至少远远比不上《分布式大陆》和《沙盒》。2021 年 11 月 23 日，歌手林俊杰在社交媒体上宣布花费 123 000 美元在《分布式大陆》上购置了 3 块虚拟土地并征求"邻居"，这个价格已超过很多城市的住宅售价。11 月 24 日，《分布式大陆》里的另一块虚拟土地被买家以 243 万美元的天价购入，创下当时虚拟房产价格的历史新高。只不过这一纪录在 6 天后就被《沙盒》打破：那里的一块虚拟土地被买家以 430 万美元购入。[②] 我们看到，"元宇宙"游戏不仅仅生成了"世界"，并且对比我们所生活其内的这个"现实世界"，那个"世界"显然更有魅力和吸引力。

扎克伯格推出的《地平线世界》，和同月上映的《黑客帝国：矩阵重启》，构成了银幕内外的一个并置。这个并置，使

---

① The Wikipedia entry of "Horizon Worlds", <https://en.wikipedia.org/wiki/Horizon_Worlds>.

② 《突然火爆的"元宇宙房产"到底是什么？记者体验了一次"元宇宙购房"》，北青网，<https://t.ynet.cn/baijia/31873566.html>。

得我们不由得思考如下**本体论**问题："元宇宙"（Metaverse），不正是"矩阵"（Matrix）的别名？我们"现实"中的那些"元宇宙"游戏，难道不正是一个个简易版的"矩阵"游戏？

进而，那些"元宇宙"的首席开发师，会不会也有银幕上安德森那症状式的本体论焦灼（"现实"并不真实）？

更烧脑（以及恐怖）的本体论问题是：在《黑客帝国：矩阵重启》里，现下仍被体验为真实的"现实"，把被证伪的"现实"，定位为虚拟的"现实"（游戏），那么，有什么能确保我们的"现实"没有发生这件事情？

在讨论拟真与拟像时，哲学家让·鲍德里亚曾提出："迪士尼乐园被呈现为想像性的，是为了使我们深信其余都是真实的，而事实上乐园外面的整个洛杉矶与美国皆不再是真实的，皆属于超现实的秩序，属于拟真秩序。"① 而今天自我定位为虚拟现实游戏的"元宇宙"，难道不也是恰恰使得我们更相信我们所身处的那个"宇宙"，就是真正的"现实"（真正的"元-宇宙"，后设的、底层的宇宙）？

让我们再进一步在**政治本体论**层面上，对银幕内外的"世界"做一个并置。

在"矩阵"宇宙中，知晓本体论"真相"的安德森们（尼奥们），面对"矩阵"持激进抗争的态度——拼着命地也要奔

---

① 在鲍德里亚笔下的"超现实"（hyper-reality）秩序里，现实与拟真无缝衔接，完全无法区分。Jean Baudrillard, *Simulations*, trans. Paul Foss, Paul Patton and Philip Beitchman, New York: Semiotext［e］, 1983, p. 25.

向真正的"现实"，哪怕那里是一片"荒漠"。[①]

而"现实"中的人们，却在扎克伯格们的描绘下，争先恐后地涌向"元宇宙"，哪怕那里的一切都是虚拟的——连带使得"元宇宙"里的房产价格竟已远超"现实"中许多地区的房价。"元宇宙热"，已成为这个当下"现实"中的现象级潮流。

通过银幕内外的这个并置，我们看到：银幕上殊死对抗的激进政治斗争，在银幕外的"现实"中，恰恰成为一件莫名其妙的事。

于是问题就来了：为什么银幕内外会呈现出如此离奇的反差？同样是面对计算机拟真出来的虚拟世界，为什么银幕上是激进拒绝，银幕下却是趋之若鹜？何以在**相似的本体论境况**下，出现**彻底相反的政治格局**？是我们的"世界"出了错，还是《黑客帝国》的编剧们彻底弄错了？是"现实世界"中的扎克伯格们太有魅力和蛊惑力，还是《黑客帝国：矩阵重启》里安德森的老板史密斯（乔纳森·格罗夫饰演）满脸写着"歹人"？[②]

这个银幕内外的并置性反差，其实在《黑客帝国：矩阵重启》里，就已然得到了结构性的呈现。

在重启的"矩阵"里，那位给安德森不断吃蓝丸的"分析

---

① "欢迎来到真实之荒漠"，是《黑客帝国》第一部中的著名台词，墨菲斯对吃下红丸后再次醒来的安德森（尼奥）说的第一句话。

② 《黑客帝国：矩阵重启》里的史密斯不再由雨果·维文饰演，而是改换年轻的乔纳森·格罗夫，其扮相竟相当神似"现实世界"中的扎克伯格。

师"（尼尔·哈里斯饰演），恰恰本人就是安德森在"矩阵"里的角色——首席游戏开发师。换句话说，安德森在其"现实"内筹备制作"矩阵"系列第四部，而"分析师"在其"现实"内也恰恰开发了"矩阵"系列第四部——他就是安德森的"现实"的总设计师。两人以"俄罗斯套娃"的结构，在各自的"现实"中开发"矩阵"游戏。

那么，"分析师"有没有过安德森那症状式的"本体论"焦灼？影片中有一些小线索："分析师"在其开发的游戏里，让自己成为安德森的精神分析师，从而能近距离地研究后者的"梦魇"；并且正是他说服其老板，想办法在自己开发的游戏里面"复活"了尼奥与崔尼蒂（以便展开研究）……尽管我们不知道这位游戏开发师是否怀疑过他自己的"现实"，但他至少对安德森（尼奥）的精神状态深感兴趣。

然而，即便"分析师"分享了安德森的**本体论**焦灼，他的**政治**姿态与行动也与后者截然相反。

于是，银幕上这两位处在相同结构性位置上的游戏开发师，本身就构成了一个结构性并置。当然，随着剧情的发展，"分析师"成了一个跳梁小丑，在片尾同找上门来的尼奥与崔尼蒂对峙时更是丑态百出，但这个并置本身仍然值得我们深思——相似的本体论境况，相反的政治现象。这个激烈反差，结构性地映射了前面所分析的银幕**内**（誓死反抗"矩阵"）**外**（热烈拥抱"元宇宙"）的反差。

那么，如何来思考银幕内外（乃至银幕之内）截然相反的态势？难道仅仅归之为"英雄"与"小丑／群氓"的对立？

第二节　英雄、小丑与父亲：三种游戏开发师

在上一节中，我们对"银幕上的矩阵"与"现实中的元宇宙"做了一个政治本体论的并置，并通过并置性分析看到：高度相似的本体论境况中竟然产生了截然相反的政治态势。本节旨在进一步提出：银幕内外这个剧烈反差里面，实际上隐藏着人类主义政治哲学的基源性信息。

"银幕上的矩阵"同"现实中的元宇宙"，诚然存在着一个**关键性的区别**：在前者那里，你没有选择权，直接就被抛入了"矩阵／元宇宙"中。在银幕外的"现实"里，你被赋予了选择权：你可以在"元宇宙"里添置房产，也可以在"现实世界"里添置；你可以在"现实"与"元宇宙"之间"自由"地做出个人选择（甚至可以在不同的"元宇宙"间做选择）。当然，如果你研读过马克思的政治经济学分析，就知道这个"自由"是有门槛的，穷人在哪里都买不起房产，在哪里都只能做"无产"阶级，甚至进入"元宇宙"至少得拥有或借到相关硬件设备（电脑乃至 VR 穿戴设备），并不是想进就能进。①

我们看到：生活在"矩阵"中的人们，被剥夺了作为选

---

① 为了回避马克思主义政治经济学分析，进入元宇宙的"门槛"，在《黑客帝国》中被转换成计算机利用人类肉身为其供电（这在物理学层面导致一个低级纰漏）。从政治经济学批判视角对元宇宙的进一步分析，请参见本书第二章。

择权的自由；生活在"现实"中的人们，则被赋予了这份自由——当被剥夺自由的人们发现"真相"，自是会起而抗争。这构成《黑客帝国》制作者们的政治视野。尼奥们宁愿在"真实之荒漠"中生活，也无法认同"矩阵"。

这，难道不正是帕特里克·亨利在殖民地弗吉尼亚州议会演讲（1775 年 3 月 23 日）中慷慨陈词"不自由毋宁死"（Give me liberty or give me death）的黑客版？尽管银幕上的《黑客帝国》四部曲充满各种后人类主义元素，然而其政治哲学内核，则是彻底人类主义的。也正是在人类主义地平线上，在《黑客帝国：矩阵重启》最末"分析师"彻底沦为丑角，而尼奥们则自由地飞天遁地、尽显英气。

抓住了人类主义这条线索，我们就能重新来审视《黑客帝国》系列中那个你死我活的政治死局（political deadlock）。

"分析师"提出的使"矩阵"稳定的方案，就是让尼奥与崔尼蒂彼此近距离生活在"矩阵"中，同时压制他们的"记忆"。这自然是一个反人类主义-全权主义的方案。[1] 问题是：这是不是化解政治死局的唯一方案？

绝对不是的。在人类主义政治哲学视野下，我们实际上完全可以提出一个替代性的方案——赋予"矩阵"内每一个"人"以自由的选择权。

---

[1]　此处暂且搁置为何此方案会有效（如果不把"主角光环"计量在内的话）这个问题。

在以罗尔斯为代表的政治自由主义者眼里，只要落实一组"基本自由"，像尼奥这样的"激进分子"就能够被"去激进化"——被拉入一个充分稳固的、制度性的政治协商框架里，以"公共理由"的方式去建立"重叠共识"。[①]

以香特尔·穆芙为代表的后马克思主义者，则在政治本体论的层面上针锋相对地批评政治自由主义方案，强调激进的政治对抗乃肇因自如下本体论状况："社会现实"（social reality）本体论地就是一个"不可能"（the impossible）。在不存在本体论根基的"现实"里，如何能搭出一个根基稳固的政治制度框架来？[②]

《黑客帝国》系列，将穆芙所刻画的"现实"的本体论状况，呈现了在大银幕上。然而吊诡的是，《黑客帝国》的政治哲学，却恰恰不是穆芙式的后马克思主义——它的内核，就是"自由选择"的权利。

反抗"矩阵"的正当性，就在于它剥夺了人们的"选择权"。反抗组织的领袖们，给予每个其招募之"人"以自由的选择权——蓝丸或红丸，选择生活在虚拟的"矩阵"抑或真实的"现实"中。而"矩阵"显然剥夺了"人"的这项"基本自由"，故此是政治上反动的。这样一来，一旦"矩阵"愿意给予所有人以"自由选择"的权利的话，那么对抗它就不再具有

---

① Rawls, *Political Liberalism*.

② Chantal Mouffe, *The Return of the Political*, London and New York: Verso, 1993.

政治意义上的"证成"（justification）。可见，这个论证是教科书式的人类主义-自由主义的。

《黑客帝国》有机会在政治本体论层面上来发展政治哲学，但沃卓斯基姐妹在人类主义框架下，取消了本体论焦灼所可能产生的关于既有政治制度之无根性的思考，而是把问题直接界定为"不自由（选择）毋宁死"。在《黑客帝国》第三部，也是原先三部曲的最终章《黑客帝国：矩阵革命》结局处，人类被允许"自由"选择生活在"矩阵"抑或"现实"中。换言之，尽管尼奥战败身"死"，但在政治层面上却是"革命"成功了：反人类主义的"矩阵"，被改造为人类主义的。

作为《黑客帝国：矩阵革命》名义上的续作，《黑客帝国：矩阵重启》实际上重新返回到第一部。在我看来，恰恰是斯皮尔伯格的《头号玩家》，实质性地构成了《黑客帝国：矩阵革命》的续作，对人类主义"革命"成功之后的政治模式进一步展开演绎。

《头号玩家》中的首席游戏开发师哈利迪（马克·里朗斯饰演），既没有被呈现为小丑，也不是英雄，而是第三种形象：父亲。影片中的英雄帕西法尔（泰伊·谢里丹饰演）、阿尔忒密丝（奥利维亚·库克饰演）及其战友们，皆一丝不苟地在追寻哈利迪的足迹，并根本性地以其教导作为人生与政治指南。

斯拉沃热·齐泽克曾对斯皮尔伯格做出过一个精彩分析："贯穿其所有核心影片（《外星人 E.T.》《太阳帝国》《侏罗纪公园》《辛德勒的名单》）的隐秘主题，就是父亲的复苏，其权威的复苏。"① 在《头号玩家》中，游戏开发师的父亲式权威教导，恰恰是一组人类主义政治的核心价值：自由（可以逆反程序设定来自由探索游戏）、爱（不要错失生命中的爱人）、平等（与伙伴们共享企业所有权）……

《头号玩家》实际上呈现的，就是人类主义革命成功后，如何来守住革命果实。我们看到，在斯皮尔伯格这里，化解革命时代小丑与英雄对立的，是一位启蒙父亲（enlightened father）。整部影片就是关于游戏开发师寻找合适接班人，以防虚拟世界落入反人类主义者（如对打工人进行无尊严奴役的IOI 集团）之手——启蒙父亲真正告别世界的时刻，便是完全继承其教导的接班人彻底落实之时。

哈利迪不但给予玩家在"现实"与"绿洲"之间自由选择的权利，并且对于花大把时间沉浸在"绿洲"中的人们，其教导是游戏仅仅是游戏，不能代替"现实"。于是，当片尾年轻英雄们成功接手"绿洲"的运营后，便立即推出新规定：每周二与周四关闭"绿洲"，把人们从虚拟世界驱赶回"现实世界"。对于所有玩家，哈利迪的态度是谦卑的（也是所有商业服务公司的态度）："感谢你玩我的游戏。"《头号玩家》演绎了当人们被允许"自由"选择生活在"矩阵"抑或"现实"中时，人类主义政治模式会是怎样。对该模式的一个考验就是，

---

① Slavoj Žižek, "A Pervert's Guide to Family", *Lacanian Ink*, <https://www.lacan.com/zizfamily.htm>.

如何在"国父"一代之后，继续守住包括"自由选择"在内的启蒙价值。然而，真正考验该政治模式，甚至让其图穷匕见的状况却是：倘若拥有"自由"的人们，仍然纷纷选择"绿洲 / 矩阵 / 元宇宙"怎么办？《头号玩家》围绕前一考验演绎出整个剧情，但却也在不经意间透露了关于后一考验的应对方案。

对于自由至上主义政治哲学的代表人物罗伯特·诺齐克来说，后一考验的情况根本就不会发生。在其和罗尔斯论争的著作《无政府、国家与乌托邦》中，诺齐克设计了一个"体验机器"（你的所有体验只是神经心理学家们刺激你大脑拟真生成的，你其实只是泡在一个大缸里），并提出没有人会选择一辈子活在"体验机器"里，"我们所欲求的是，让我们以接触现实的方式去生活"，"插进这部机器，是一种自杀"。①

在诺齐克看来，体验再美好，不接触"现实"就不是"生活"。换言之，被插进"体验机器"里的人们只要知道其本人只是在大缸里，那么就会选择脱离机器。这也是沃卓斯基姐妹的思想预设。在诺齐克和沃卓斯基姐妹这里，"体验机器"与"矩阵"的根本问题就在于政治上的全权主义，选择那里形如自杀。②

然而有意思的是，就在《黑客帝国》第一部里，一个关

---

① Robert Nozick, *Anarchy, State, and Utopia*, Oxford: Blackwell, 1980, pp. 42-45.
② 诺齐克式"体验机器"和"元宇宙"游戏实际上仍存在一个巨大差别：在前者中你只能被动体验，而无法主动参与，同环境展开交互触动，换言之，只有感官输入（sensory input），没有运动输出（motor output）。

键的反转桥段恰恰来自：一个叫塞弗（乔·潘托里亚诺饰演）的反抗组织成员，明知"现实"是计算机拟真出来的，却仍然选择这样的"现实"（并为了返回那里出卖了其他反抗组织成员）。尽管塞弗被反抗组织清理出局了，但这恰恰意味着如下转换的可行性："矩阵"完全可以从全权主义＋秘密特工模式的治理，转换成自由主义风格，开放"选择权"给所有"人"——由于"矩阵"所提供的"美好生活"，其质量要远远高于生态早已灾变的"真实之荒漠"，不难预想塞弗们在人数上将会远超尼奥们。并且彼时尼奥们再要跟"矩阵"作对，也将彻底丧失正当的口号，变成彻底的极端"恐怖主义者"——这些人凭着自己一根筋的理念，竟然要把所有其他人的"美好生活"都废掉。

那么，塞弗们的人数真的会远超尼奥们？不妨看看银幕外：我们所生活的这个"现实世界"还没有陷入生态荒漠，人们已经热火朝天地奔向拟真程度尚很粗糙的"元宇宙"了。[①]

本书第一章对"元宇宙"的梳理已让我们看到，它绝非一个全新概念。第二章的分析则揭示了，为什么"元宇宙"在过去这几个月才突然爆火。此处我们还可以做进一步补充：当下的"元宇宙热"，同全球格局变化以及新冠肺炎大流行亦紧密相关。国际对抗与冲突格局愈演愈烈、新冠病毒以各种"新变体"（德尔塔、奥密克戎、德尔塔克戎等等变异毒株）一波

---

① 请同时参见本书第二章。

波去而复返，"现实世界"中可活动的人类空间急剧减少——人们（至少中产阶级）的活动半径从原来的日行千里转到随时进入窗口互望模式。共同体（community）的"免疫体"（immunity）内核，造成了"现实"中的**生物性结界**；全球变暖与极端天气等气候变异，制造出"现实"中的**生态性结界**；而以特朗普等政客为代表的当代美国例外主义对全球共同体（人类命运共同体）的戕害，则构建起"现实"中的**意识形态结界**。①

"元宇宙"的吸引力，并不只是各种炫酷的数字空间，还根本性地来自如下状况：它成为**逃离"现实"的幻想空间**。根据雅克·拉康的精神分析洞见，幻想空间实质上结构性地构成"现实"的填充，但它从来不需要真的做到比"现实"更美好——有这样的想像性出口，"现实"的粗粝、残忍、荒诞、不连贯性，就都能够被人无视，并让人不再因此焦灼。②

《黑客帝国：矩阵重启》中那两位游戏开发师的差别就在于：安德森受困于精神焦灼；"分析师"沉浸于《矩阵》游戏。

---

① 参见吴冠军：《后新冠政治哲学的好消息与坏消息》，《山东社会科学》2020 年第 10 期；吴冠军：《概率、时刻与共同免疫体——新冠疫情的一个哲学分析》，《当代国外马克思主义评论》2021 年第 1 期；吴冠军：《健康码、数字人与余数生命——技术政治学与生命政治学的反思》，《探索与争鸣》2020 年第 9 期。

② See Wu, *The Great Dragon Fantasy: A Lacanian Analysis of Contemporary Chinese Thought*; and also Guanjun Wu, "The Rivalry of Spectacle: A Debordian-Lacanian Analysis of Contemporary Chinese Culture", *Critical Inquiry* 46(1), 2020, pp. 627-645; Guanjun Wu, "From the Castrated Subject to the Human Way: A Lacanian Reinterpretation of Ancient Chinese Thought", *Psychoanalysis and History*, 23(2), 2021, pp. 187-213.

在精神分析上前者趋向歇斯底里者，而后者趋向变态者（在银幕上前者被塑造为"英雄"，后者则成为"小丑"）。现下的"元宇宙"游戏尽管比起银幕上的"矩阵"游戏来，其拟真程度相差甚远，但其吸引力机制是一样的，使人们明知不是"现实"，仍然奔涌而去。

在这个意义上，"虚拟现实"恰恰是"日常现实"的"变态内核"（perverse core）。[①] 通过在虚拟游戏里举枪肆意扫射，一个办公室白领恰恰可以更温顺地对"现实"中的老总继续彬彬有礼、笑脸相迎，而一个打工人则能够继续忍气吞声地接受"996"与赤裸裸的剥削。通过"虚拟现实"里诸种幻想性的性体验，许多丈夫可以每天晚上心满意足地爬上床，在老婆脸颊上来一个轻吻，说句"我爱你"。[②]

和《黑客帝国》里的"真实之荒漠"一样，《头号玩家》里的"现实世界"，也已经是一片废墟与贫民窟，秩序陷于瘫痪，暴力事件随时发生。人们纷纷"选择"把自己的生活放在拟真出来的游戏世界中。面对这种境况，启蒙父亲留下的解决方案，却恰恰是实质性地限制人们的"自由选择权"：每周关闭"绿洲"两天，其间所有人必须生活在废墟般的"现实世界"中。启蒙父亲的继承者，更是直接做出本体论宣言（这也

---

① 请同时参见吴冠军：《虚拟世界是现实的变态核心》，《南风窗》2009 年第 2 期；吴冠军：《日常现实的变态核心：后"9·11"时代的意识形态批判》。关于"996"与剥削的进一步分析，请参见本书第二章。

② 参见吴冠军：《爱、谎言与大他者：人类世文明结构研究》；吴冠军：《爱、死亡与后人类："后电影时代"重铸电影哲学》。

是影片的最后一句台词）："就像哈利迪所说，现实是唯一真实的东西。"换言之，"现实"的真实性不容置疑。

在这个意义上，作为启蒙父亲的游戏开发师，实际上同"矩阵"里的全权主义统治并没有根本性不同：你可以自由选择，但必须选择我告诉你的那个"正确"选项。在《黑客帝国》里，反抗组织领袖们似乎向人们提供了选择自由（红丸或蓝丸），然而这个选择同样是虚假的。对于反抗组织而言，所有生活在"矩阵"里的人，要么是不知情的民众，必须予以启蒙，要么是革命的叛徒，必须予以清除。

斯皮尔伯格（启蒙父亲）与沃卓斯基（变态小丑与崇高英雄）所分别代表的，是人类主义政治框架内的右翼与左翼。两者都高举"自由选择"的价值旗帜，底色却皆是你必须选择"正确"选项。这和当代西方国家在中东地区宣扬自由选择一样，前提是必须选择它所提供的"普世"道路。这亦是当下美国国内政治境况：你可以自由选择，只要你选择"政治正确"的内容。在诺齐克式的右翼自由至上主义者这里，你可以自由选择（甚至可以在私人领域内选择各种奇怪癖好），只要你"正确地"选择最小国家，而不是全权国家及其弱化版福利国家；而在左翼的LGBTQ主义者这里，你可以自由选择（甚至可以像沃卓斯基姐妹那样选择性别），只要你"正确地"选择支持LGBTQ……

在人类主义框架下，你可以自由选择，前提是你选择那个"正确"的选项。而从柏拉图到诺齐克，"现实"对于拟真

（"洞穴""体验机器"）始终具有本体论优先性，是唯一正确、"自然正确"（natural right）的。[①] 人类主义里的右翼与左翼，皆无法真正面对人们自由选择"不正确"选项的状况：对于这些人，人类主义政治模式恰恰转成反人类主义–全权主义，亦即，剥夺他们的"自由选择权"；启蒙父亲可以随时拉下"启蒙"的面巾，彰显"父亲"的专断。吉奥乔·阿甘本在被宣告"历史终结"的二十世纪九十年代就曾提出，集中营是"我们仍然生活其内的政治空间的隐秘矩阵和约法"；西方政治之典范，从来就是集中营，每个人都结构性地可能随时成为"赤裸生命"，人类主义向来同全权主义具有"内在团结"的关系。[②]

第三节　认识论探究：游戏内外的科学家

在本体论层面上，"自由选择"从来不是根基性的。马丁·海德格尔在本体论层面提出：每个"人"都概无例外地是被"抛入"一个既有的世界中；换句话说，你生活在当下"现实"中，这从来不是"自由选择"的结果。也恰恰是**抛入性**，带来"人"身为"此在"（being-there）在本体论层面的**焦灼**体验。

---

① 吴冠军：《施特劳斯与政治哲学的两个路向》，《华东师范大学学报（哲学社会科学版）》2014 年第 5 期。

② Agamben, *Homo Sacer: Sovereign Power and Bare Life*, pp. 10, 166.

　　这也是为什么海德格尔激进地反对保尔·萨特关于"存在主义是一种人类主义"的论述，而是强调"每一种人类主义，要么根植于一种形而上学之上，要么它自身被做成形而上学的根基"。[①]"人"的本体论状况，是其抛入性（"此在"），而非某种本性（"自由"）。既然你是被毫无选择地"抛入""现实"中，那么，你在"现实"与"游戏"（矩阵／绿洲／元宇宙）之间的**选择**，只是掩盖你身为"此在"的根本性的**毫无选择**。

　　选择是虚拟的；毫无选择是真实的。

　　进而，"自由选择"的**政治权利**，从来无法解决关于"现实"的**本体论焦灼**。

　　《黑客帝国》第一部与第四部里两次选择红丸的安德森（尼奥），实际上没有任何办法去确证，他醒来后的"真实之荒漠"是真实的"现实"，之前那个"现实"系计算机所拟真——为什么不是反过来呢（醒来后恰恰被骗入拟真中，吞下红丸后实际上在原先的"现实"里陷入昏迷）？既然原先"现实"的所有细节可以是拟真，那么醒来后那个"现实"的所有细节（包括重新杀回"矩阵现实"并在里面飞天遁地）为什么就不能是被拟真出来的？

　　实际上，安德森在醒来后被视作"救世主"（the One），反而证明了他更可能进入了拟真中——我们在游戏中总是扮演

[①]　Martin Heidegger, "Letter on 'Humanism'," in his *Pathmarks*, ed. William McNeill, Cambridge: Cambridge University Press, 1998, p. 245.

关键角色。经济学家罗宾·汉森专门提出，如果你是一个名人
或生活特别精彩，这增加了你所处的"现实"是拟真出来的可
能性。[①]

　　关于安德森（尼奥）醒来后的体验，还可以有其他多种可
能性。譬如，吃下红丸后，他只是在从一个拟真世界进入另
一个拟真世界中（《黑客帝国》第二部结尾暗示了这种状况）；
又譬如，吃下红丸前后，他始终在同一个拟真世界中，这个世
界允许人们拥有吃下特定道具就能变身救世主的刺激体验，就
如我们可以在不少游戏里玩小游戏一样。[②]在本体论层面上，
唯一可以确证的是，你被毫无选择地抛入某个"现实"中——
即便在彼处你被赋予各种选择权，也无以确证该"现实"本身
的本体论状态。

　　这就让我们有必要返回《黑客帝国：矩阵重启》。显然，
重新启动的"矩阵"，政治上进入"启蒙"现代性了——它将
以往各"矩阵"版本，都界定为能够自由选择出入的游戏。
"矩阵"变成了同《头号玩家》里的"绿洲"一样的"元宇宙"
游戏。但问题就在于，它在最底层的地方（亦即，"现实"本
身的本体论状态），仍然隐藏"真相"。于是，再一次获知"真
相"的尼奥、崔尼蒂们，又正当地同"矩阵"斗天斗地——这

---

① 　Robin Hanson, "How to Live in a Simulation," *Journal of Evolution and Technology* 7, 2001.

② 　See Adam Elga, "Why Neo Was Too Confident that He Had Left the Matrix," \<http://www.princeton.edu/~adame/matrix-iap.pdf\>.

也使得《黑客帝国：矩阵重启》被批评为对《黑客帝国》第一部的简单重复。

但这个重复恰恰具有政治哲学价值：它以自我解构的方式揭示出，沃卓斯基的人类主义视野对于解决"矩阵"的政治死局是无效的。它使我们看到，"自由选择"的政治权利（人类主义方案），无从应对关于"现实"的本体论焦灼。每个"此在"在本体论层面上，都是毫无选择地被抛入某个"现实"之中。

现在，让我们把分析从银幕上的"矩阵游戏"，进一步移到银幕外的"现实"。

当下这个"现实"，同《黑客帝国：矩阵重启》中启蒙了的"矩阵"一样，在财力允许的前提下，人们可以选择是否进入"元宇宙"游戏。与此同时，人们亦被专家们（许多以"科学家"的面貌出现）反复告知，游戏再精彩也只是游戏，游戏外面的"现实"是唯一真实的"现实"。

但问题是：如果你恰巧有类似安德森式的本体论焦灼（在旁人眼里会是敏感怪诞，甚至歇斯底里），你能否在这个"现实"中找到足够证据，来防止自己不变成尼奥式"激进分子"（甚至"恐怖分子"）吗？抑或，你最后也只能找一个"分析师"，来用药帮你解决焦灼？

精神分析师以及其他种类的心理治疗师，在当代大众文化里经常被谴称为"江湖郎中"（quack），他们的对立面，则是正经的科学家。"分析师"帮不了你，那么科学家呢？

很遗憾，采取实证主义进路的现代科学，无法验证"现实"在本体论层面是否真实。① **在"元宇宙"中积累的感性经验，同"现实"中的经验并无本体论的差异。**②

让我们设想一个毕生生活在"元宇宙"里、将它当成"现实"的科学家——用罗尔斯的话说，就是"由生而入其内、由死而出其外"。这位科学家对该世界一丝不苟地做了很多经验性观察与介入性实验，摸索出移动与飞行、攻击与受伤害等等的物理规则，并发表论文、写成专著。他／她所确立起的"知识"大厦，诚然是科学的（而非形而上学或独断论的），因为能用更多的观测数据来不断进行验证或证伪，可以经由新证据来对它们进行贝叶斯式概率更新。

换言之，"元宇宙"世界里的物理学、化学、生物学（……）研究，完全可以采取和这个"现实世界"同等严谨的方式来建立，并可以用来预测新的现象。断言我们所处的"现实"是真实的（或是一个"元宇宙／矩阵"），这反而不科学，因为该宣称同柏拉图宣称"现实"是洞穴而理念世界是唯一真实的实在一样，是典型的形而上学（"元物理学"）。③ 科学不涉及本体论的"现实／实在"，它提出的是可以预测实验结果的理论模型。

---

① 对建立在实证主义方法论进路上的现代科学与社会科学研究的进一步学理讨论，请参见本书第六章。
② 请同时参见本书第一章第二节。
③ 关于"洞穴"的进一步讨论，请参见本书第三章。

史蒂芬·霍金激进地反对一切宣称"现实是真实的"的实在论哲学话语。他替代性地提出"依赖模型的实在论"（model-dependent realism）：我们只能通过模型来认知"现实"。[1] 在亚原子尺度上，我们的观测方式直接影响被测结果，譬如，确定粒子速度时却无法确定其位置，反过来亦是。[2] 甚至在我们观察之前，粒子根本就不存在位置与速度，是某个具体的观测行为使其有了具体的位置或速度。量子力学诸种"鬼魅般"的实验结果，使得此前关于"现实"的一切宣称（形而上学的、经典物理学的）都被瓦解——它带来的本体论焦灼，甚至蔓延至科学共同体中（包括许多作为量子力学奠基者的物理学家）。[3]

这里的关键就在于，原先能预测实验结果的理论模型（从牛顿力学到爱因斯坦广义相对论）破产了——"量子现实"是真实的，那么我们长久以来所体验的"现实"，就是不真实的。[4] 霍金用依赖模型的实在论，来化解当代物理学所激起的本体论焦灼：

> 我们在头脑中构建关于我们的家、树、其他人、墙上

---

① Stephen W. Hawking and Leonard Mlodinow, *The Grand Design*, New York: Bantam, 2010, p. 14.

② 在量子力学中，位置和动量被称作一对"共轭变量"（conjugate variables）。能量和时间、方向与角动量皆是共轭变量。

③ 爱因斯坦就因为量子力学所提供的实验结果，而充满了本体论焦灼。

④ 关于"量子现实"是否真实的探讨，请进一步参见本书第五章。

插座里流出的电、原子、分子，以及其他宇宙的概念。这些头脑中的概念，是我们能够知道的唯一现实。并不存在关于现实的不依赖模型之测试。这意味着，**一个精良建构的模型，创造出它自身的一个现实。**[①]

根据霍金的理论，我们"察知对象的方式"，便是通过"模型"。人的大脑通过这样一个"关于世界的模型"，来阐释感觉器官的诸种输入，并视之为"现实"。"我们的知觉（以及我们理论所建基其上的观察）并不是直接的，而是被一种**镜片**（我们头脑的阐释性结构）所构塑。"[②]

在霍金看来，"现实"向来是由"模型"构建起来的。那样的话，一个由计算机精良建构的模型所创造出的"现实"，依据依赖模型的实在论，也必须是同样"实在/真实"。同霍金的"镜片"隐喻构成呼应的，是我们在上一章中对电影之"发光世界"展开本体论探究时所用到"屏幕"隐喻——唯有透过"屏幕/镜片"，我们才能看到"现实"。[③]

科学研究的不是"现实"，而是"模型"——只要其研究的"模型"跟观测到的数据相符合，那就是科学的研究。"夸克"现在被科学共同体认为是宇宙最基础的粒子之一，尽管我

---

① Hawking and Mlodinow, *The Grand Design*, p. 267, emphasis added.
② Ibid., pp. 75, 18–19, emphasis added.
③ 请参见本书第三章。在德勒兹看来，大脑就是屏幕。"现实"就是通过大脑的阐释性结构（镜片/屏幕）而形成。

们根本无法观察到一个独立的夸克。实际上,"夸克"是一个在解释原子结构上特别有效的模型,根据它所做出的预测都能被实验确证。同样,如果一个生活在由计算机"建模"的"矩阵"中的科学家,提出了一个十分接近底层物理引擎的"模型"(能有效预测该世界的各种现象),那他/她堪称伟大的科学家——其成就事实上超过了想提出"大统一理论"却折戟于量子力学实验结果的爱因斯坦。

如果我们真的生活在一个拟真出来的"现实"中,科学家们将完全无从分辨。实际上,《黑客帝国》系列的上映,成功激发了科学哲学家希拉里·普特南关于"缸中之脑"的思想实验。[①]普特南给出的答案是,我们无法确证自己不是一个浸泡在营养液里的裸脑。而 2021 年由肖恩·列维执导的影片《失控玩家》,则能够使我们进一步意识到:我们其实无法确证自己不是一个计算机程序。我的所有"自由选择"——包括对被程序化的"生活"的反抗——亦可以是程序化的。

影片中,英雄"盖"(瑞安·雷诺兹饰演)非但不知道自己所生活其内的"现实",是一个计算机拟真出来的游戏,而且不知道自己是游戏里的一个 NPC(非玩家角色)。等他如尼奥那样发现"真相"后,他的反抗除了离开"自由城"(亦即"矩阵"),还有找寻自己曾以为拥有的"主体性"。

---

① Gerald Erion and Barry Smith, "Skepticism, Morality, and *The Matrix*", in William Irwin (ed.), *The Matrix and Philosophy: Welcome to the Desert of the Real*, Chicago: Open Court, 2002, pp. 20-22.

整部影片之终，盖成功完成了前者，但却尚未达成后者。在对女玩家米莉（实际上是游戏源代码的首席开发师，朱迪·科默饰演）的"爱"的力量的作用下，盖做出了一系列违反程序设定的"自由"行动。尽管这些行动最后确实瓦解了"自由城"，但却仍然没有从根本上摆脱程序设计的轨道——因为他对米莉的"爱"，本身就是程序设定的（另一位叫"键盘"的程序员偷偷加进去的）。在全新重启的游戏世界《自由人生》（一款真正由米莉、键盘等游戏开发师所掌控的游戏）里，盖继续为追求"自由"而努力克制"爱"……

《失控玩家》同《黑客帝国》的相似之处在于，在人类主义价值（"自由""爱"）的驱使下，英雄冲出了原先的"矩阵"。《失控玩家》同《头号玩家》的相似之处则在于，掌控世界的游戏开发师，是启蒙了的人类主义者。然而，《失控玩家》尽管在政治层面高举人类主义价值，但它却在本体论层面嵌入了一个**后人类主义质疑**："自由""爱"等人类主义核心价值，都可以是程序设定出来的，甚至在不同价值间，以及不同"世界"（游戏）间所做的"选择"，也都可以是程序设定出来的。在《黑客帝国：矩阵重启》中，尼奥对崔尼蒂的"爱"强大到可以去牺牲其他反抗组织，但却没有像《失控玩家》那样，去进一步质疑"爱"的本体起源学（onto-genesis）。[1] 这个质疑

---

[1]　如果这份"爱"本身是程序设定出来的，那尼奥的作为实际上就和塞弗并无二致。而"分析师"认为尼奥在其掌控中，也正是建立在尼奥对崔尼蒂的"爱"上。

所激发的本体论焦灼，没有任何科学能够予以化解。[①]

第四节 本体论迷局（I）：像素宇宙与数学宇宙

那么，这个世界在本体论层面上，究竟有多大的可能，就是一个拟真呢？这个问题比诺齐克的"体验机器"与普特南的"缸中之脑"复杂得多。

仅仅以脑机接口抑或生物化学方式刺激大脑生成对"现实"的体验（如《黑客帝国》里的尼奥），乃至大脑本身实际上是一个拟真程序（如《失控玩家》里的盖），是相对简单的——这实际上是在认识论层面上做手脚。我把这种拟真路径，称作**认识论拟真**。

把世界在本体论层面上拟真出来，则困难得多——这意味着需要模拟出在物理规则乃至文明里的符号性规则下的一切互动（相互作用）。我把这种拟真路径，称作**本体论拟真**。

吸毒的体验，归根结底就是认识论拟真；而元宇宙游戏，就会涉及本体论拟真。[②] 认识论拟真并不需要真的拟真出整个

---

① 关于"爱"的本体起源学探究，请进一步参见吴冠军：《爱的本体论：一个巴迪欧主义-后人类主义重构》，《文化艺术研究》2021 年第 1 期；吴冠军：《在黑格尔与巴迪欧之间的"爱"——从张念的黑格尔批判说起》，《华东师范大学学报（哲学社会科学版）》2019 年第 1 期；吴冠军：《爱的算法化与计算理性的限度——从婚姻经济学到平台资本主义》，《人民论坛·学术前沿》2022 年第 10 期；吴冠军：《爱的革命与算法革命——从平台资本主义到后人类主义》，《山西大学学报（哲学社会科学版）》2022 年第 5 期。

② 关于把元宇宙比拟为"吸毒"的讨论，请参见本书第一章第二节。

世界，而本体论拟真则需要认真做这件事。只模拟感知的认识论拟真由于完全无法证伪，探讨拟真之可能性意义不大。但对于需模拟我们这个世界（包括互相作用的物理过程）的本体论拟真，实际上则可以对其可能性，加以学理上的探讨。

专栏作家奥莉薇娅·索伦在发表于《卫报》上的《我们的世界是一个拟真世界？》一文中曾写道：

> 相信宇宙是一个拟真世界的理由还包括如下事实：宇宙以**数学的方式**运行，以及，它可以被拆解到**亚原子粒子**，就像一个**像素化的电子游戏**。[①]

索伦提出了两个很好的重思"现实"本身之"现实性 / 实在性"的视角。然而我要提出的是：她的这个论断，仍是成问题的。问题就在于，这两个"事实"，并不能简单地用"和"的逻辑，并行性地放在一起来说，它们是彼此抵牾的（至少潜在地彼此抵牾）——如果宇宙是彻底"以数学的方式运行"的，那么，它就不会"像一个像素化的电子游戏"，而是可以变得无限精细。

让我们从索伦笔下的后一个"事实"出发，展开我们的分析。

---

① Olivia Solon, "Is our world a simulation? Why some scientists say it's more likely than not", *The Guardian*, Oct 11, 2016, <https://www.theguardian.com/technology/2016/oct/11/simulated-world-elon-musk-the-matrix>, emphasis added.

量子力学揭示出，在任何有限的空间区域中，物质只有有限多种不同的方式来排列自身。[①] 这意味着，这个世界在显示上具有**颗粒性**，其"分辨率"无法做到无限度提升。世界被感知为平滑的连贯性，只是放弃高精度后的模糊感知。

换言之，我们所处身其内的这个世界，实际上并不能被无限地精细化，不能无限地对它进行"拉近镜头"（zoom in）的操作。它具有最小的尺度，即"普朗克尺度"（小于该尺度没有物理意义）。

在这个世界里，一个对象并无法位于无穷多个位置，也无法以无穷多种速度运动。[②] 假设小明推铅球投出了9米的成绩。在量子力学出现之前，我们可以说：由于在0到9米之间有无穷多可能的取值（譬如，5、5.1、5.10000100001……），所以铅球虽然只被推出去了一次，但它经历了无穷多的位置。

然而，量子力学却告诉我们，在0到9米之间只存在有限多的取值。这就是说，铅球在空中的飞行，以高清显示模式来查看的话（亦即，不断"拉近镜头"直到该按钮变为灰色），实际上并无法呈现出一个连续性的运动轨迹，而是像电影与电子游戏里的运动物体，看似平滑连贯，实则是一帧一帧、一个像素一个像素地连成轨迹。我们这个世界里，"无穷"实际上

---

① Brian Greene, *The Hidden Reality: Parallel Universes and the Deep Laws of the Cosmos*, Toronto: Alfred A. Knopf, 2011 (ebook), p. 351.

② 就速度而言，不只是速度会有上限（速度越快，耗能越大），并且速度变化本身也不是连续的，并没有无穷多的取值。

是有限的，普朗克常数标识出这个世界颗粒度的根本尺度。

量子引力论进一步强调，这个状况并不只是因为测量的精度存在着极限（这个极限永不会被超越，无论技术如何发展，我们都无法进一步提升世界的"分辨率"），还因为**这个世界的空间与时间，在本体论层面上本身就是离散的、不连续的**。量子引力论奠基人约翰·惠勒提出，"没有空间，没有时间"，"没有连续体"。[1] 尽管空间与时间看似是连续与平滑的，但在普朗克长度上，空间是块状的（lumpy），可能还充满一个个在普朗克时间上不断绽出并关闭的泡沫状的"泡"或者"管道"。[2]

有一定年龄的游戏玩家，对于这种空间是一格一格的、时间是一顿一顿往前跃进的世界，会再熟悉不过——回合制游戏（包括著名的《魔法门之英雄无敌》系列、《三国志》系列、《大富翁》系列、《仙剑奇侠传》系列中的多部作品等等），都是一格一格的地图加一回合一回合的时间演进。在当下主流的即时战略游戏、动作冒险游戏、第一人称射击游戏等 3A 大

---

① 惠勒认为物理学是建立在信息上，"基于连续体的物理学，错；基于信息的物理学，对"。惠勒的口号是："它来自比特"（it from bit）。See Wheeler, "Information, Physics, Quantum: The Search for Links", op.cit., pp. 9, 10, 3. 从信息物理学视角出发对我们这个世界所进行的本体论分析，请参见本书第五章第七节与第八节。

② 请同时参见本书第三章第四节与第五章第六节。

作①里，尽管地图上一格一格的感觉消失了，时间上一回合一回合的等待消失了，但在游戏物理引擎那里，时间与空间仍是不连续的，只是精细度做深后玩家不再能轻易感知到。在游戏中，连续的时间与空间永远是被近似为一组细小的"格子"（grid）。

这就意味着，这个世界就像电子游戏一样，是**具有颗粒度**的，真的放大来看，是会出现锯齿乃至马赛克的。换言之，凑近看，我们看到的将不是平滑的画面，而是充满着"像素"的画面。我们这个宇宙，是一个像素宇宙。

无论显卡算力再怎样提升、分辨率如何得到大幅增强，我们都知道，"元宇宙"里看到的一切，是由像素组成的。然而，我们所体验的这个似乎完全平滑连贯的"现实"，只是世界在非"高清"模式下呈现出来的"模糊"景像——实际上，"现实"中的我们，像极了一群在玩类似《我的世界》这样的"像素风"游戏的玩家。《我的世界》，是一款游戏——去除书名号，这句话似乎亦成立。

更诡异的是，当这个世界的清晰度被提高后，玩家们的"现实感"非但没有增强，反而如同坠入鬼魅之域，一切变得极其不真实。"量子现实"揭示出，这是一个"关于荒谬的世

---

① "3A 大作"是游戏业界术语，指高成本（开发成本）、高体量、高质量的游戏。这个评级游戏制作规模和质量的标准，起源于美国。美国用 A 到 F 对游戏进行评价，F 最低，AAA 则是最高级别。参见百度百科"3A 大作"词条，<https://baike.baidu.com/item/3A 大作 >。

界"①，它的看似不荒谬，只是因为我们这些玩家习惯以低像素的方式玩游戏。

"量子现实"清晰地呈现出：这个世界是有限颗粒度的，无法任意细分，并不是无穷的。实际上，如果这个世界可以无限细分，用计算机拟真它就会难度大增。当下我们用的计算机只能模拟有理数，它无法拟真出一个可以任意细分的、实数（real number，包含有理数和小数部分是无限不循环的无理数）的世界。计算机模拟一个被投出去的铅球的运动，必须先把时间和空间分成若干单位，让铅球每次走一单位，归根结底它只能一格一格地运动。每一格可以分得很细（精细度可以提升），但不会出现"半格"的中间状态。计算机的底层是一个开关网络：晶体管要么开，要么关，不存在半开半关的状态。

在我们的世界里，被投出去的铅球看似做了一个纯然连续的运动，经历了 A 点与 B 点之间每一个距离数字，其中既包括有理数也包括无理数。我们目前所有的物理定律亦都假定时间与空间是连续的，里面有微分方程——量子力学中的薛定谔方程就是关于波函数的微分方程。②然而根据量子引力论，铅球是一格一格运动的。这就意味着，如果计算机把模拟的最小单位细化到普朗克尺度上，那么它就能够拟真出我们这个世界。

于是，如果这个世界彻底是"以数学的方式运行"的话，

---

① Alex Montwill and Ann Breslin, *The Quantum Adventure: Does God Play Dice?*, London: Imperial College Press, 2011, p. 213.
② 请进一步参见本书第五章第二节。

那它就应该不具有颗粒性，而是真正连续性的、平滑的、可无限细分的。它将具有数轴（number line）的性质，可以用实数（即连续数轴上的一点）表示的坐标来量化。换言之，这个世界将包含无穷无尽的点。① 计算机如果要拟真数轴性质的世界，就只能采取近似，否则小数点后面必须无限计算下去，就算花费无穷时间、耗尽所有内存，算力资源有限的计算机也无法完成这样的运算。即便计算机的芯片技术能够持续以"摩尔定律"② 速度来提升算力（芯片集成度尽管维持着指数式提高，但带来的算力提升却是线性的），它最多只能尽可能提高拟真的精度，但计算仍是近似的——它无法无损地拟真出一个经过无穷多位置、在每个位置还有无穷多种速度的铅球。

诚然，任何的计算机拟真，在根本上都是靠数学驱动的。

---

① 这样的世界用计算机图形学的术语来说就是"矢量"的，无论怎样缩放都不会丢失细节或降低清晰度。计算机中显示的图形一般可以分为两大类——矢量图和位图。矢量图是用数学方法描述的图（用点、直线或者多边形等基于数学方程的几何图元表示图像），本质上是很多个数学表达式的编程语言表达。矢量图记录的是对象的抽象几何形状，生成的矢量图文件存储量很小，优点是可以任意放大，缺点是难以表现色彩层次丰富的逼真图像效果。位图也就是像素图、点阵图。计算机屏幕上的图像是由屏幕上的发光点（即像素）构成的，每个点用二进制数据来描述其颜色与亮度等信息，这些点是离散的，类似于点阵，多个像素的色彩组合就形成了图像，亦即位图。我们平时拍的数码照片皆是位图。矢量图能够转换成位图，反过来则难以实现。

② 出自英特尔创始人之一戈登·摩尔的一个经验性的说法，大体有三种版本：（1）集成电路芯片上所集成的电路的数目，每隔 18 个月就翻一番；（2）微处理器的性能每隔 18 个月提高一倍，而价格下降一半；（3）用一美元所能买到的计算机性能，每隔 18 个月翻两番。参见百度百科"摩尔定律"词条，<https://baike.baidu.com/item/ 摩尔定律 >。

如理论物理学家、数学家布莱恩·格林（数学家丘成桐的学生）所写："计算机拟真只不过是一连串数学操作，它们从计算机某个时刻的状态（比特的一个复杂排列）出发，根据特定化的数学规则，将这些比特演化至随后的诸种排列。"[1] 所以，索伦倒也没有说错，"宇宙以数学的方式运行"会增加"宇宙是一个拟真"的可能性（她错在把两个潜在抵牾的状况用"和"的逻辑放在一句陈述里）。这里的关键在于，**我们所体验的这个"现实"，和数学自身在完整意义上所打开的"现实"，并不完全重合**。我们可以设想一个"数学宇宙"，而我们这个宇宙则只可能是它的一个"子宇宙"（或者说"亚宇宙"）。[2]

　　包括数学家、哲学家在内的学者们一直在追问的问题是：诸种数学概念与公式的本体论状态是什么？它们只是人类心智的创造，还是作为某种非物质的实体真实地存在？"不完备性定理"的提出者库尔特·哥德尔认为，数学概念与理念构成了它们自身的"现实"。那么，该"现实"同我们所体验的"现实"之间的关系是怎样的？

　　理论物理学家马克斯·泰格马克在《我们的数学宇宙》一

---

[1]　Greene, *The Hidden Reality: Parallel Universes and the Deep Laws of the Cosmos*, p. 342.

[2]　尽管马克斯·泰格马克写过《我们的数学宇宙》一著，但在此问题上，我受到了李·斯莫林的启发。斯莫林在处理诡异的"量子现实"时提出，"量子论的诸种奇怪特征会出现，正是因为它是一个被截断的宇宙理论——一个适用于宇宙的诸种小的亚系统的截断"。换言之，斯莫林把存在量子现象的宇宙，界定为整体宇宙（一个决定论式的宇宙）里的亚宇宙。作为一个实在论者，斯莫林用这个方式，来化解量子力学对实在论的激进挑战。See Lee Smolin, *Time Reborn: From the Crisis in Physics to the Future of the Universe*, Toronto: Alfred A. Knopf, 2013 (ebook), p. 172.

著中曾提出，我们这个"宇宙"之所以能够存在，是因为数学允许它存在。泰格马克提出：

> 我们生活在一个**关系性现实**中，我们周遭世界的属性并不来源于其终极构件，而是来源于这些构件之间的诸种关系。①

存在着很多"宇宙"，所有数学结构都能有相应的"关系性现实"，哪怕那里面的物理规则完全不同于我们的"现实"。这就意味着，**我们的宇宙，只是"数学宇宙"中的一个子宇宙。**

我们所体验的"现实"，只是我们这个宇宙赖以构建自身的那组**数学结构**所开启的"关系性现实"。"数学宇宙"中还包括大量全然不同的宇宙，各自有完全不同的"关系性现实"。"数学宇宙"结构性地囊括"多重宇宙"。②泰格马克专门以《吃豆人》和《俄罗斯方块》为例，提出有些"宇宙"里的时间与空间可以是离散的而非连续的，"在那里运动只能以不连贯的跳动出现"。"这些对应诸种有效数学结构的游戏"，都构成了"宇宙"。③

---

① Max Tegmark, *Our Mathematical Universe: My Quest for the Ultimate Nature of Reality*, New York: Knopf, 2014(ebook), p. 358, emphasis in original.

② 在这个意义上，"数学宇宙"实际上构成了我们这个宇宙的"元宇宙 / 后设宇宙"。

③ Max Tegmark, *Our Mathematical Universe: My Quest for the Ultimate Nature of Reality*, pp. 434-435.《吃豆人》里的吃豆人并不能吃半颗豆，《俄罗斯方块》里方块并不能旋转 45 度，故这两个世界里的运动都是离散的。

前文已经提及，量子引力论的提出者与支持者们，认为我们这个宇宙里的时间与空间，也同样是离散的、不连续的。[①]这也就意味着，这个宇宙同《吃豆人》抑或《俄罗斯方块》的宇宙相较起来，并不存在**本体论的差异**（ontological difference，借用海德格尔的术语），尽管表面上看起来是如此不同。

泰格马克进而提出，如果有数学结构允许魔法存在，那么魔法宇宙就是存在的。**一切数学上允许发生的，都发生过，并且发生过无数次**。在这个意义上，从《吃豆人》《魔兽世界》到今天的"元宇宙"游戏如《地平线世界》，都可以被视作数学宇宙里的一部分、"多重宇宙"里的"亚宇宙"之一，在那些"宇宙"中，"当我们发现一个数学的真理时，我们只不过在发现程序员所使用的部分代码"。[②]

在其 2021 年的著作《诸种根本：通向现实的十把钥匙》[③]中，粒子物理学家、诺贝尔物理学奖得主弗兰克·维尔切克提醒我们看到，物理学研究目前被归结到四种"力"上，即引力、电磁力、强相互作用、弱相互作用，而它们皆可以用几个数学公式准确无误地表达出来。维氏进而写道：

---

① 值得一提的是，泰格马克本人并不认同量子引力论。另外，泰格马克也认为，我们已经生活在拟真游戏中的可能性并不大。

② Edward Frenkel, "Is the Universe a Simulation?", *The New York Times*, Feb 14, 2014, <http://www.nytimes.com/2014/02/16/opinion/sunday/is-the-universe-a-simulation.html>.

③ 该著的中译本名为《万物原理》，2022 年由中信出版集团出版。

　　这意味着，在不丢失信息的情况下，将这些理论翻译成相当短的计算机程序是可能的。当然，你还可以将分别针对四种力的这四个程序合并成一个主程序，这就是**这个物理世界的操作程序**，它仍然比你手边那台计算机的操作程序要简短**得多**。[①]

换言之，不仅用计算机拟真出我们所处身其内的宇宙是可能的，并且拟真所使用的引擎程序并不复杂。要开发我们这个物理世界，要比开发《塞尔达传说：荒野之息》这样的游戏简单得多。

　　在维尔切克看来，根据目下人工智能与虚拟现实的发展速度，《黑客帝国》所呈现的状况并非不可能。我们的"感觉器官"接收计算机所生成的电信号——我们所体验的"外部世界"（被阐释为知觉的数据流），实际上是一长串由计算机程序生成的信号，"由于这个'外部世界'遵循程序员所编写的指令，它可以遵从该程序员想施加的任何规则"。维尔切克认为，我们完全可以想象"超级马里奥"是智能且有自我意识的存在，其"感官宇宙"的物理规则不仅不同于我们这个世界，并且还包括故意破坏规则的"惊喜"（即游戏中的"复活节彩蛋"）。也可以有占星术成立的"世界"，以及施加魔咒瞬间能

---

① Frank Wilczek, *Fundamentals: Ten Keys to Reality*, London: Penguin, 2021 (ebook), pp. 179-180, emphasis added.

消灭遥远生命的"世界"……①

查默斯在其 2022 年出版的著作《现实＋：诸种虚拟世界与诸种哲学问题》中宣称："即便我们是在一个拟真世界中，我们的世界也是真实的。"② 乍看上去，这个论述彻底改变了对"真实"的定义："真实"被这位哲学家用来指它的反面（"拟真"）。这个查默斯主义操作的正当性，确实是可以质疑的（甚至会被视作对实在论者的不尊重）。

然而，建立在数学宇宙之本体论分析上，我们或可以同意这个激进论述（尽管并非查默斯本人的分析路径）：**所有数学允许存在的"现实"，都是真实的**。这就是泰格马克的论证：拟真世界自其开端到终结的整体，就是诸种数学关系的一个集合。如果数学是真实的，那么这个集合就是真实的。

进而，这个"宇宙"中的一切事物，全都可以归结到各种亚原子粒子，但我们根本无法单独来讨论电子、夸克的"实体"是什么——妥切地说，它们是相当纯粹的数学对象。③ 在数学宇宙里，如若说在"现实世界"里我们的肉身、各种物体皆是真实的，那么，在拟真出来的"元宇宙"游戏里，各种玩家化身、数字物、道具就同等地真实。

在这个意义上，我们可以同意查默斯对《黑客帝国》中一

---

① Wilczek, *Fundamentals: Ten Keys to Reality*, pp. 126-128.

② Chalmers, *Reality+: Virtual Worlds and the Problems of Philosophy*, p. 27. 该著的中译本名为《现实＋：每个虚拟世界都是一个新的现实》，2022 年由中信出版集团出版。

③ Tegmark, *Our Mathematical Universe*, pp. 223-224.

个著名表述的纠正：小孩对尼奥说"那里不存在勺子"，更恰当的表述是"那里存在着一把勺子，一把数字勺子"。[①]"数字勺子"存在着——所有游戏玩家都清楚，数字对象很真实地存在着（譬如，拿到这把勺子就能提升一点点攻击力，或能够用它打开某个暗门……）。

如果我们在拉康的意义上使用"真实"（real）一词，那么，数字性秩序（我们体验为"虚拟现实"）与符号性秩序（我们体验为"现实"），都同样无法抵达真实——后一种"现实"由自然语言所构筑，而前一种"现实"则由计算机语言所构筑。[②]

第五节　本体论迷局（Ⅱ）：量子现实里的游戏玩家

让我们进一步推进分析。

上一节我们用"数学宇宙"假说，处理了一个本体论迷局：我们的这个宇宙如果是离散的，那么，它很有可能是"数学宇宙"中的一个子宇宙，是大量"多重宇宙"之一。而我们这个具有有限颗粒度的宇宙，原则上是可以用计算机拟真出

[①]　Chalmers, *Reality+: Virtual Worlds and the Problems of Philosophy*, p. 27.

[②]　关于拉康对政治本体论的贡献，请进一步参见吴冠军：《政治秩序及其不满：论拉康对政治哲学的三重贡献》，《山东社会科学》2018 年第 10 期；吴冠军：《论"主体性分裂"：拉康、儒学与福柯》，《思想与文化》2021 年第 1 期；吴冠军：《德勒兹，抑或拉康——身份政治的僵局与性差异的两条进路》，《中国图书评论》2019年第 8 期。

来的。

然而，量子力学对我们这个论述，在本体论层面上施加了进一步的挑战。"数学宇宙"里，并无法容纳本体论层面上的随机性，而后者是量子力学所提出并建立在实验观测结果之上的一个重要推论。

计算机只能执行数学算法，而数学运算里没有随机性——我们充其量只能用计算机来生成一些看起来很像随机数的东西。换言之，计算机程序所制造出的"随机"，都是伪随机。今天音乐播放软件里的"随机播放"模式，便是程序制造出的伪随机。

日常生活中还有一种非常常见的随机性，同样是伪随机。抛硬币得出的正反面随机结果，就是一个典范性的例子。当我们在生活中纠结地面对两难选择的时候，经常用抛硬币来做决定。然而抛硬币得到的"随机性"，实际上是认识论局限下的伪随机（我们不掌握硬币运动环境里的全部数据），在本体论层面上，每一个被抛出的硬币落地后的正反面都是被决定了的，并没有本体论的随机性参与最后结果的形成。

然而，量子力学里的"波函数坍缩"（量子叠加态随机"坍缩"为确定性的经典态），则是本体论随机。换言之，我们找不到"坍缩"出这个结果的**肇因**。我们只能用薛定谔方程提前计算出这个结果出现的概率，但无法回答为什么最后不是这个结果（抑或是这个结果）。

随机就意味着一件事无缘无故地发生——既不是由一个程

序生成出来，也不是由一组具体的肇因性的能动者所导致。这就是**本体论随机性**（"真随机性"）。我们日常生活中所遭遇到的随机性（抛硬币或音乐随机播放），则可以被称为**认识论随机性**（"伪随机性"）：从根本上说它是一种误认，由于我们未能掌握关于肇因的所有信息而导致。[①]

由于数学方程里面没有真正的随机性（描述量子对象波动的薛定谔方程里亦没有随机性），"数学宇宙"无法容纳"量子现实"。泰格马克应对这个困境的方式，就是采取由惠勒的学生休·艾弗雷特提出的"多世界阐释"（many-worlds interpretation, MWI）：每一次随机的"波函数坍缩"，不是波函数真的发生了"坍缩"，而是宇宙在那一刻分裂成多个平行宇宙。"薛定谔的猫"在被开箱观测的那一刻，并没有随机"坍缩"成活猫或死猫，而是宇宙在那一刻，分裂成了一个有活猫的宇宙和一个有死猫的宇宙。这样一来，本体论随机性就被数量恐怖的平行宇宙所取代。这样一来，泰格马克笔下的"数学宇宙"，就是一个子宇宙数量极其巨大的"多重宇宙"。

惠勒的另一位学生、诺贝尔物理学奖得主、量子电动力学核心贡献者理查德·费曼，则从用计算机拟真这个宇宙的可能性出发，很认真地探讨了包括量子随机性在内的诸种量子现象。在其发表于 1982 年的论文《用计算机拟真物理学》中，费曼认为，计算机不仅仅是因算力限制而做不到高精度地拟真

[①] 关于随机性的讨论，请进一步参见本书第五章第二节。

出我们这个世界；这个世界里的"量子现实"，使得它们彻底
无法做到拟真物理世界。计算机充其量只能拟真经典物理学所
勾画的那个定域的、因果的与可逆的"世界"，而该"世界"
只是我们以模糊化的方式、忽略大量微观细节而产生的粗糙认
知。①

　　然而，费曼并没有就此否定计算机拟真宇宙的可能性。在
他看来，一种新的量子计算机可以达成对宇宙的拟真。换言
之，我们这个物理世界里的诸种量子现象，使得我们有必要用
基于量子力学制造的计算机来拟真它，"如果你想做出一个对
自然的拟真，你最好让它是量子力学的"。②费曼充满信心地
写道：

　　　伴随着合适等级的量子机器，你能够模拟任何量子系
　　统，包括物理世界。③

正是费曼在这篇论文中所提出的开创性洞见，开启了学界建造
量子计算机的努力。发展到今天，量子计算机已经在一组具体
领域中，显现出了相对于经典计算机的巨大优势（被称作"量

---

① Richard P. Feynman, "Simulating Physics with Computers", *International Journal of Theoretical Physics*, 21(6), 1982, pp. 471, 475.

② Ibid., p. 486.

③ Ibid., p. 476.

子优势"①）。量子比特（qubit）带来了强大的并行处理能力，使得它在特定领域能够处理远超经典计算机的复杂问题。最近这几年，借助量子计算机所带来的可能性，已有多位物理学家与计算科学家从算力入手，来探讨我们这个世界被拟真的概率问题。②

对于"量子现实"对计算机拟真宇宙所造成的挑战，当代哲学学者马库斯·艾凡则从另一个方向上，提出了一个富含洞见的假说。艾凡的假说不涉及量子计算机，他提出：如果我们这个宇宙是一个由对等（peer-to-peer, P2P）结构搭建的计算机网络所拟真出来，那么，包括量子叠加（superposition）、量子不确定性、量子观测问题、波粒二象性（wave-particle duality）、量子波函数坍缩、量子纠缠、时间对于观测者们的相对性、普朗克长度在内的诸种量子现象，就都可以得到阐释。

对等网络拟真与专用服务器拟真，在底层架构上完全不同——后者是网络上一台计算机来运行拟真程序，所有的程序

---

① "量子优势"（quantum supremacy）在中文学界被不妥当地翻译成"量子霸权"，2019 年 9 月 20 日，谷歌在其内部研究报告中提出，其研发的量子计算机成功地在 3 分 20 秒内，完成了经典计算机需 1 万年时间处理的问题，并声称是全球首次实现"量子优势"。参见百度百科"量子霸权"词条，<https://baike.baidu.com/item/ 量子霸权 >。

② Scott Aaronson, "Because You Asked: The Simulation Hypothesis Has Not Been Falsified; Remains Unfalsifiable," *Shtetl-Optimized*, Oct 3, 2017; Alexandre Bibeau-Delisle and Gilles Brassard, "Probability and Consequences of Living Inside a Computer Simulation", in *Proceedings of the Royal Society A*, Vol. 477, no. 2247, 2021, pp. 1-17.

与主数据库都在那台计算机上，其余计算机不参与拟真，只是局部记录数据变化；而前者则相反，网络上所有互动计算机皆并行地参与拟真。如果这个宇宙是一个对等网络拟真世界，那么根据艾凡的分析，"量子现实"的鬼魅性就可以被化解。

首先，对等式拟真，结构性地看，是网络上不同计算机所拟真出来的环境的并行呈现的"叠加"。每台计算机都有对拟真中各种事物的略微不同的再现，关于"现实"的再现，就建立在不同态的巨大叠加上。进而，对等式拟真中所有对象的位置也是不确定的，因为网络上每台并行运行的计算机都有自己再现对象的位置，网络上没有一台"后设"性质的专用服务器，来对对象"真的"在哪里进行一锤定音式的权威认定。对等式拟真的上述这两种状况，就会在拟真世界里分别产生本体论层面上的叠加性与不确定性。

在一个对等式网络中，任何单个测量设备所进行的测量，都会影响整个网络（因为一台计算机测量的内容将影响网络上其他计算机在任何给定时刻可能去测量的内容），从而产生量子力学所遭遇的"测量问题"。换言之，只能通过干扰整个网络，来测量网络中的一个对象，而这就会改变网络中其他计算机对该对象的"是"的再现。

进而，因为网络中的不同机器在任何给定时刻，会在略微不同的位置上再现同一个对象，这就使得该对象在环境中可能位置的动态描述具有了"波"的特征——"振幅"相当于在给定时刻再现该对象的计算机数量，"波长"则相当于在下一瞬间再现该对象的计算机数量的动态变化。类似地，任何特殊计算机上的特殊测量，都将导致被观测对象位于一个特定的地点上，这就相当于导致波状运动形态"坍塌"，出现确定性的测量结果。于是，对等式拟真的上述这两种状况，会在拟真世界里分别产生"波粒二象性"与"波函数坍缩"。

在对等式计算机网络中，单个的对象会分为两个或多个"纠缠"在一起的部分。多台电脑在对等式计算机网络中运算同一对象，有时会彼此微微脱节，出现两个或多个结果，但随后所有计算机网络会将它们视为先前单个对象的延展。另外，对等式拟真中的所有时间测量都与观测者相关。网络中的每个测量设备（即游戏主机），都有自己的内部时钟，并不存在所有机器共享的通用时钟或时间标准。上述这两种状况，则分别会在拟真世界里产生量子纠缠与时间对于观测者们的相对性。

最后，对等式拟真包含物理信息的量子化了的数据，必须是分离的、不连续的，就像蓝光光盘（以及 CD 光盘和 DVD 光盘）上的数据比特之间存在"空间"一样。于是，任何对等式拟真中，必须会有类似于普朗克长度的绝对最小单位。如果我们的世界是一个拟真世界，那么就顺理成章会有普朗克长度，小于该尺度就不再具有物理意义。[①]

---

① See Marcus Arvan, "The Peer-to-Peer Hypothesis and a new theory of free will", *Scientia Salon*, Jan 30, 2015, <https://scientiasalon.wordpress.com/2015/01/30/the-peer-to-peer-hypothesis-and-a-new-theory-of-free-will-a-brief-overview/>.

很有意思的是，艾凡对诸种量子现象被拟真的可能性分析遗漏了量子随机性（"真随机性"）。[①] 对等式网络，仍无法拟真出本体论随机性，唯有量子计算机才能拟真出来。除此之外，我们就只能像泰格马克那样接受平行宇宙论题，从而把本体论随机性转化成平行宇宙里的确定性——这种多个确定性的宇宙，计算机是能够模拟的。

尽管"多世界阐释"脑洞很大，但其实我们如果从游戏玩家视角出发，倒是并不难理解的——每次"玩"的互动性实践，实际上都有可能会造成"世界"的分岔（在这个"世界"中你在某处受伤甚至"死去"，另一个"平行世界"中的你则冲了过去……）。换言之，玩家每次进入游戏所面对的"世界"，都是"量子平行世界"之一，但这不影响在每个具体"世界"里所发生的事情都具有确定性。

玩家自是知晓可以在无数个"平行世界"里有自己的化身。然而，设想一位从有记忆起就身处拟真世界中（视游戏为"现实"）的玩家，那么他 / 她就不可能知道存在着平行世界且各个平行世界里也有自己。对于他 / 她而言，其身处其内的"世界"，就是唯一的"现实"，和环境的每一个互动都确定地、不可逆地发生（可以录制下来，再放一遍也还是这样[②]），就如同在这个"现实"里的我们一样。

---

① 这说明他可能没有阅读过费曼的那篇种子性的论文。

② 现在很多游戏都提供录制和回放功能。

费曼的量子计算机设想与艾凡的思想实验,皆向我们打开了一条通道:我们这个世界中那一系列鬼魅般的量子现象,不但可以用拟真世界的视角来加以思考,并且用计算机拟真出来是可能的。美国国家航空航天局(NASA)喷气推进实验室首席科学家里奇·泰瑞尔,更是直接从电子游戏的角度提出,如果这个宇宙是一个拟真游戏的话,那么,量子力学里的"测量问题"就可以得到阐释。

泰瑞尔的分析落点和艾凡并不相同,显然,他追随尤金·维格纳、约翰·冯·诺伊曼、罗杰·彭罗斯等物理学家的看法,把人的意识视作解释量子测量问题的关键:"几十年来〔测量问题〕一直是一个问题。科学家已弯腰反身去驱除我们需要一个有意识的观察者这个理念。也许真正的解决方案是,你确实需要一个有意识的实体,就像一个电子游戏需要一个有意识的玩家。"①

尽管对于"这个世界有多大可能就是一个拟真世界"这个问题,我们无法找到一个精确的答案,但上述分析让我们看到:我们这个世界的"量子现实",大幅增加了我们都是拟真世界中的游戏玩家的可能性。②

----

① Quoted in Solon, "Is our world a simulation? Why some scientists say it's more likely than not", op.cit. 把人的意识视作量子力学现象尽管并没有占据主流,但在物理学界有很多支持者,在物理学界之外拥趸更多,本书第六章第五节会讨论到的国际关系理论家亚历山大·温特,就是重要代表人物。科幻作家、雨果奖与星云奖得主罗伯特·索耶2016年的作品《量子之夜》,亦是建立在"量子大脑"的阐释上。
② 关于量子现实与电子游戏玩家的进一步分析,请参见本书第五章第三节。

关于我们生活在拟真世界中的可能性问题，牛津大学哲学学者尼克·博斯特罗姆曾根据拟真技术的发展速度，做过一个纯然统计学意义上（不涉及本体论）的探究。在其发表于2003年的论文《我们是否生活在一个拟真世界中？》最末，博斯特罗姆给出结论是：我们几乎就是生活在一个由具有足够算力的"后人类"文明所拟真出来的"世界"里，如果人类文明不在抵达那一刻之前就已经消亡的话。[1]

尽管博斯特罗姆的论文当时没引起多少人的注意，但显然埃隆·马斯克阅读过它。在晚近"元宇宙热"中，马斯克曾吐槽谁会愿意长时间脸上挂着一个屏幕来展开"元宇宙"生活（他的替代方案当然是脑机接口），但他更可能认为，我们已经生活在一个拟真出来的"元宇宙"中。在2016年的一次对谈中，马斯克借用博斯特罗姆的分析（尽管并未提到博氏的研究或其名字）来讲述他本人对电子游戏与"现实"的看法：

> 四十年前我们有只有两个长方形与一个点的《乒乓》[2]，这就是当时的电子游戏。四十年后的今天，光影逼真的三维拟真，几百万人同时在玩，并且拟真程度一年比一年更好，很快我们就有了虚拟现实、增强现实。无论你假设怎样的改进进度，未来游戏都将和现实变得无法区

---

[1] Nick Bostrom, "Are You Living in a Computer Simulation?", *Philosophical Quarterly*, 53 (211), 2003, pp. 243–255.

[2] 1972 年问世的一款模拟两个人打乒乓球的游戏。

分。甚至即便进度是现在速度的千分之一，你也可以想像一万年后的未来，不需要有革命性尺度的事情发生，游戏与现实也会无法区分。于是，给定的情形就是：**我们显然迈进在游戏与现实无可区分的轨道上**，这些游戏可以在任何游戏机或个人电脑上玩，会有好几十亿这种计算机或游戏机。这也意味着，**我们真的生活在真实的现实中的概率，是几十亿分之一**。①

通过对电子游戏的分析，马斯克很严肃地认为：我们这个"现实"，几乎可以确认就是一个拟真。换言之，超大数量的拟真游戏，事实上构成了"多重宇宙"。在众多"元宇宙"游戏中，你碰巧被抛入那个真实"宇宙"（真正的"元-宇宙"、后设的宇宙）的概率，会是一个非常小的数字。这也就意味着，在这个世界里马斯克爬上了首富位置，几乎可以认为同一款《大富翁》②游戏里某位玩家暂时爬到了赢家的位置，并没有实质性的区别。

　　无可否认的是，半个多世纪来，我们已有数量极其庞大的电子游戏可以玩，而晚近有大量的元宇宙项目已经和正在落地。这意味着，在统计学的意义上，比起真实的"现实"，拟真出来的"现实"数量会多得多。如果再将拟真技术的"指

---

① Elon Musk, "Is life a video game?" talk given at *Code Conference 2016*, <https://www.youtube.com/watch?v=2KK_kzrJPS8&feature=youtu.be&t=142>, emphasis added.

② 《大富翁》系列是由大宇资讯制作的电脑游戏，于 1989 年 11 月 28 日发行首作。《大富翁 9》是该系列首款手游，由网易与大宇联合开发，简体版由网易独家代理发行。

数级"发展速度纳入考量，我们就很难不同意马斯克的结论：
"只有两种可能，要么文明将停止存在，要么我们生活在拟真
世界中。"①

经由上述分析，我们可以看到："现实"并不一定比电子
游戏的拟真更真实，我们身处的"宇宙"并不一定比"元宇
宙"更真实。很可能，我们每个人——包括那些视电子游戏为
洪水猛兽、对它口诛笔伐的人——都是游戏玩家；我们当中那
些沉浸在"元宇宙"中的玩家，则相当于是在游戏中玩游戏。

在我们当下这个世界中，拟真技术发展到了怎样的程度？

2023 年 3 月 22 日，埃匹克游戏发布了虚幻引擎（Unreal
Engine，直译即"非现实引擎"）5 的新应用——"元人类生
成器"（MetaHuman Animator）。虚幻引擎现在已然能将真人
面部动作（表情），极速地在各种人物（乃至各种动物）模型
上复现。在发布会现场，女演员对着 iPhone 前置摄像头讲一
段 10 秒钟的话，配合对应的面部动作。仅仅 2 分钟之后，虚
幻引擎就将这些动作精准重构于建模人脸，所有面部细节都
被高度还原，包括嘴唇、眼神、面部肌肉、光影等。语言发音
与动作细节完美贴合。采集面部数据的过程，并没有借助除
了 iPhone 之外的任何设备。所有渲染建模过程，都在直播中
呈现，全程仅仅 2 分钟。也就是说，元人类生成器可以在演员
不直接参与现场摄制的情况下（比如躺在家里的沙发上对着摄

---

① Musk, "Is life a video game?".

像头说话），快速拍出整部电影。而采用虚幻引擎 5 制作的新游戏《未记录》于 2023 年 4 月 19 日发布先导宣传片，制作公司为名不见经传的 Drama 工作室。在游戏中玩家以一位战术特警的随身摄像机的视角展开故事，将调查多起案件，面对形形色色的角色，并做出抉择。从实机演示来看，《未记录》的画面贴图与渲染风格极度写实，并且还原了随身摄像机在拍摄中存在的抖动、画面畸变、边缘的色散与虚焦的特征。由于画面过于逼真，很多游戏玩家与网友质疑宣传片是录像合成，然而开发者已经证实视频中的影像都是实机画面，是实时渲染而成的。

同样在那几个月，AIGC（AI Generated Content，人工智能所生成的内容）的快速迭代演化，炸裂性地引爆全球。2023 年 3 月 14 日，OpenAI 所推出的人工智能聊天机器人 ChatGPT 将其所使用的大语言模型更新成了 GPT-4，而同一天 Midjourney 推出了同名人工智能模型的 V5 版。GPT-4 能够将图像纳入文本性的聊天中；Midjourney 则是一个文本转图像模型，只要输入一段简单的文字描述，它就可以迅速将其转换为极具创意的图像。3 月 17 日，Runway 推出了一款文本转视频的多模态模型 Gen-2，它可以根据一段文字描述自动生成风格迥异的影像作品。也就是说，打一行字就能制作一部影片，已经不再是天方夜谭。面对 AIGC 的爆裂性迸发，硬件（芯片）也加入迸发的合唱。3 月 21 日英伟达 GTC 开发者大会上，首席执行官黄仁勋宣布推出 3 款全新推理 GPU，分别擅长 AI 视频、图像生成、ChatGPT 等大语言模型的推理加速。

当极速迭代的拟真技术对撞极速迭代的 AIGC 后，我们有理由期待，用不了多久，各种"元宇宙"就可以随时生成——你想要出现在怎样的"世界"里，即刻就能身处其中。①

既然技术能随时做出一个发光世界来，那么，现下我们所处身其内的发光世界，为什么就不会是一个"元宇宙 / 矩阵"？ 在一个访谈节目中，OpenAI 首席技术官米拉·穆拉蒂曾这样说道，"从时间刚开始时人类就在制造影像，这些影像被用来训练人工智能"，"现在，影像直接成了想像的延展"。② 将近一个世纪前，拉康就已经提出：影像就是想像（the imaginary）。你眼睛所看到的影像，总是倚赖你的想像——你看到的发光世界，是想像出来的；甚至你的"自我"（ego），也是你看到自己的镜中影像后所产生出来的想像。③ 而真实（the Real），则结构性地不可抵达。④

技术（拟真＋AIGC，很快还可能＋脑机接口＋意识上载……）越容易生成"元宇宙"，那么，统计学上我们就越有

① 进一步讨论请参见吴冠军：《通用人工智能：是"赋能"还是"危险"》，《人民论坛》2023 年第 5 期。
② 《ChatGPT 的创始人米拉·穆拉蒂在崔娃每日秀谈人工智能的力量》，微博，<https://weibo.com/1632990895/Myi2TvrCm>。
③ 故此拉康提出，"自我绝不可能是除一**种想像性功能**之外的任何其他东西，即便在某个程度上它决断了主体之结构化"。See Jacques Lacan, *The Ego in Freud's Theory and in the Technique of Psychoanalysis*, trans., Sylvana Tomaselli, Now York: Norton, 1991, p. 52, emphasis added.
④ 参见吴冠军：《德波的盛景社会与拉康的想像秩序：两条批判性进路》，《哲学研究》2016 年第 8 期。

可能已经身处"元宇宙"的世界中。斯坦福大学与谷歌的研究人员最近把 25 个基于 GPT 大语言模型的 AI 像素角色——研究称之为"生成性能动者"（generative agents），能拥有记忆，甚至能够根据记忆做出计划——投放到了一个受著名游戏《模拟人生》系列启发而开发的沙盒小镇中，然后以上帝视角观看它们的日常生活和互动。研究的结论是，这个实验已产生出"可信的个体与诸种涌现性的社会行为"。[①] 如果这个实验运行得足够长，是否有一天某个角色会问出"我是不是活在虚拟世界里"乃至"我是不是一个 AI"，就像《失控玩家》里的盖？

第六节　本体论迷局（Ⅲ）：游戏开发师与无边界宇宙

讨论至此，我们尚面对一个根本性的（政治）本体论问题：游戏开发师。

任何拟真出来的"世界"，都需要有开发师或者说拟真师（simulator）的存在，不管那是人、人工智能抑或具有智能的异形。游戏开发师，实质性地成为拟真"世界"里的"上帝"——甚至很多游戏就把超级作弊模式称作"上帝模式"，输入激活代码后，玩家便可以违反该"世界"的物理规则而行动。

[①] Joon Sung Park (et al.), "Generative Agents: Interactive Simulacra of Human Behavior", Submitted on 7 Apr 2023, <https://arxiv.org/abs/2304.03442v1>.

实际上，知道我们是否生活在拟真世界中的一个可能方式（并且最简单明了的方式），就是拟真师（"上帝"）想让我们知道，就如同电影导演想让我们知道那个"发光世界"并非自足的方式，是让演员打破"第四道墙"，对着镜头说话或做表情。[1] 理论物理学家布莱恩·格林用生动的笔触写道：

> 如果你生活在一个拟真世界中，你能否发现这一点？问题的答案，在很大程度上取决于运行你的拟真世界的是什么样的人（不妨称他或她为拟真师），以及你的拟真被程序化的方式。例如，拟真师可能会选择让你知道这个秘密。有一天你正在洗澡，耳边会传来一阵轻柔的铃声，你冲掉眼皮上的沐浴露，看到一个窗口飘浮在半空中，里面出现了你的拟真师，微笑着开始自我介绍。或许，这一启示（revelation）的场景在全世界的尺度上发生，整个行星萦绕着一个巨大的窗口，从中传来轰鸣般的语声，宣布天堂上有一个全能的程序员。不过，如果拟真师不想暴露自己，你就很难找到这样的线索了。[2]

即便不采取那样的剧烈方式（"启示"的方式）来展现自身，

---

[1] 关于"第四道墙"的分析，请进一步参见吴冠军：《爱、死亡与后人类："后电影时代"重铸电影哲学》，第69-70页。

[2] Greene, *The Hidden Reality: Parallel Universes and the Deep Laws of the Cosmos*, p. 332.

游戏开发师也可以在游戏的拟真世界里面留下各种明显或不明显的线索，让玩家们发现他 / 她的存在。这些线索可能是有意留下的，也极有可能是无意或因某种技术失误而留下的。于是，我们有必要对拟真世界的开发师的（政治）本体论状态，去进一步展开一个深入分析。

在本章所主要聚焦的三个银幕上的"发光世界"中，游戏开发师，皆扮演了至为关键的角色。《黑客帝国：矩阵重启》中的开发师，是必须被打倒的全权者。《头号玩家》中的开发师，是启蒙父亲。《失控玩家》中的开发师，是被夺权的失位者（最后成功重新上位）。

无一例外，他们占据了"现实"里的一个不可能的位置，一个结构性的例外位置。颇为反讽的是，三部不同程度高扬人类主义价值（自由、爱……）的影片，最后恰恰全部结构性地嵌入前人类主义的"上帝"。

实际上，拟真神学（simulation theology），已经成为神学的一个重要当代发展。[1] 那么，迈向神学，是不是电子游戏（以及当下"现实"）唯一的本体论可能性？

如果我们无法构想犹太人扎克伯格（2016 年底宣称自己不再是无神论者）即将成为"上帝"，那么，我们就有必要思考替代性的本体论。

---

[1]　Eric Steinhart, "Theological Implications of the Simulation Argument," *Ars Disputandi* 10(1), 2010, pp. 23–37.

在我看来，要绕开政治本体论层面上例外性的"上帝"，我们必须再次引入量子物理学。这是因为，它使我们得以在本体论层面上重新思考游戏开发师问题：**量子物理学并不必须有一个开发师（上帝）来解释"世界"**。

霍金所提出宇宙的"无边界状况"（no-boundary condition），就是借助量子力学来绕过作为原初奇点的宇宙大爆炸。当代宗教界有不少人将大爆炸奇点，视作上帝存在的证明。1981 年梵蒂冈天主教会召开了一个宇宙学会议，包括霍金在内的众多物理学家受邀参会。教宗表示：大爆炸奇点之后的宇宙历史可以交给科学家们来研究，但大爆炸自身乃创世时刻，那就是上帝的杰作了。霍金在那场会议上演讲的内容，就是针锋相对的"无边界宇宙"模型（会上绝大多数宗教界人士显然并未听懂霍金的报告）。[①]

霍金的"无边界宇宙"模型，建立在费曼的多重历史理念之上。费曼在 1940 年年末提出，量子力学的实验（如双缝实验）揭示出，现实世界并不只有一个历史，而是所有可能的历史叠加；诸种替代性的历史都发生了，并且同时性地发生了。费曼的理念，被称作量子力学的历史求和（sum over histories）

---

① 霍金回忆道："我的论文相当数学化，所以当时它对宇宙创生中上帝所扮演角色的意涵并未被注意到。"See Hawking, *The Theory of Everything: The Origin and Fate of the Universe*, pp. 79, 97; See also Kitty Ferguson, *Stephen Hawking: His Life and Work*, London: Transworld, 2011, pp. 102-103.

进路。①

霍金把费曼的历史求和进路，引入了量子引力论的建构中：

[量子引力论]应当把费曼采取诸种历史求和来公式化量子论的建议纳入进来。按照这个进路，一个从A点到B点的粒子，并非如经典理论所呈现的那样，只会有一个单一历史。相反，它应是遵循时空中每一条可能的路径。对于这些历史中的每一个历史，都会有两个数与之伴随，一个数表征波的幅度，而另一个数表征它在循环中的位置，即相位。②

霍金进一步提出，为了克服对历史求和的技术性问题，必须引入"想像性时间"（imaginary time）："我们必须把诸种粒子历史的波相加，但这些历史并不是在你我所体验的真实时间轴上，而是发生在想像性时间中。"③在想像性时间中，时间与空间的区分彻底消失，时间的方向与空间的各个方向不存在任何差别。

借助想像性时间，霍金把费曼的历史求和应用到宇宙中：

① Richard P. Feynman, Albert R. Hibbs, and Daniel F. Styer, *Quantum Mechanics and Path Integrals*, Emended Edition, New York: Dover Publications, 2010, p. 31ff.
② Hawking, *The Theory of Everything: The Origin and Fate of the Universe*, p. 94.
③ Ibid., p. 95.

粒子历史对应的是一个表征整个宇宙历史的完整弯曲时空。宇宙处于量子叠加态，它有各种各样的历史，可以用一个波函数描写宇宙——波函数坍缩便会启动想像性时间，以及后面可能的真实时间。对于通过计算找到一个拥有真实时间的宇宙历史的概率，霍金写道：

> 要通过计算找到一个带有某种属性的真实时空的概率，我们就必须把同在想像性时间中具有那个属性的所有历史相对应的波相加。然后，我们才能够弄清楚在真实时间中宇宙的概率性历史是什么样的。[①]

当然，通过人择原理（anthropic priciple），我们当下的存在，证明了一个具有真实时间的宇宙历史的存在。但霍金的"无边界宇宙"模型进一步提出，我们所经历的约 137 亿年的宇宙（可观测宇宙）历史，只是宇宙（一个无边界的宇宙）众多可能历史中的一个。

这也就是说，大量别的宇宙历史，也不断因真空中粒子密度和速度的少量涨落而无缘无故地开始，但它们中的大多数，因为各种物理"参数"不够好很快就消失了，用霍金的话说："根据'无边界宇宙'模型，人们会发现，宇宙被发现遵循着大多数可能历史的概率可以忽略不计；但存在着一个特殊的诸

---

① Hawking, *The Theory of Everything: The Origin and Fate of the Universe*, p. 96.

历史之家族（a particular family of histories），比其他历史存在的概率更大。"[1]

绝大多数可能历史，都无法发展成为真实时间中的宇宙历史，只有少数历史因其独特的"参数"而得以演化（一些宇宙初始无边界状况里最小可能的不均匀与涨落成功引发暴胀，开出时间向度，产生复杂结构），我们很幸运地生活在其中之一里，一个仿似经过某种精细"微调"（fine-tune）的宇宙里。[2]

我们看到，在这个"无边界宇宙"假说中，霍金通过引入想像性时间，使时空不再有边界，不再需要有标识时空之边界的奇点（大爆炸奇点、大挤压奇点、黑洞奇点）。"人们无需求助上帝"，"如果宇宙没有边界且自我控制……那么上帝将不再有任何选择宇宙如何开始的自由"。[3] 在"无边界宇宙"模型里，生活在真实时间（某个宇宙历史）中的我们，仍然会有宇宙的"开端"（一个"奇点"），但在想像性时间中宇宙则没有边界，不存在奇点。[4]

---

[1] Hawking, *The Theory of Everything: The Origin and Fate of the Universe*, pp. 113, 98-99.

[2] 实际上，"微调"本身亦是当下物理学界一个非常有影响的理论，然而它不免让我们提问：谁在微调？这样一来，我们就又隐在地走回上帝或游戏开发师的预设上去了。

[3] Hawking, *The Theory of Everything: The Origin and Fate of the Universe*, p. 97; also Ferguson, *Stephen Hawking: His Life and Work*, p. 129.

[4] 霍金让我们用地球表面的南北两极来想像宇宙的时空（比前者多上两维）：范围上是有限的，但却没有边界、边缘或奇点。我们不会驾船向日落的海平线快速驶去，最后坠入黑洞、撞上奇点。Hawking, *The Theory of Everything: The Origin and Fate of the Universe*, pp. 96–97.

　　我们看到，和"数学宇宙"假说一样，"无边界宇宙"假说也指向多重宇宙。作为"根宇宙"的数学宇宙，包含所有数学结构各自打开的"子宇宙"。而如霍金所写，"在量子引力论中，我们考虑宇宙所有可能的历史"。[①] 作为"根宇宙"的无边界宇宙，包含所有可能的宇宙历史。这两种"根宇宙"，都是**后设**意义上的宇宙，亦即"元宇宙"。在这样的"元宇宙"内的一个"子宇宙"里，生活着我们这种业已能够开发"元宇宙"游戏（实际上堪称"孙宇宙"）的物种。[②] 于是，不管我们所身处其内的这个宇宙是哪一种宇宙，它都通向"宇宙 +"。

　　现在，就让我们追随当年霍金的思路，将量子物理学引入关于电子游戏的本体论思考，从而绕开"上帝"问题。

　　我们都知道，由于各种"参数"不够好，有些拟真程序一启动就跳出（宇宙消失），有些运行一阵后便会失败。在今天，一款游戏在面世前（堪比该"宇宙"的想象性时间），不仅需要很多测试者来玩，并且正式面世后（进入真实时间），也将继续在玩家们的游戏中不断完善。于是，游戏开发师的重要性，便从"上帝"的位置移除了——任何游戏都不是开发好的、完成了的。

　　在亚原子尺度上，我们的物理"现实"，也从来不是完成了的、确定性的——就如同游戏拟真对场景的渲染一样，只有

① Hawking, *The Theory of Everything: The Origin and Fate of the Universe*, p. 112.

② 值得追问的问题是，最外面那个作为根宇宙的"元宇宙"，本身会不会亦是一个拟真游戏？

当玩家走过去探索时它才呈现出确定性的样貌。[①] 在量子物理学视野下，玩、操作／施为，就是参与世界化成。"创世"（世界生成）的重要性被削弱——**世界生成**，成为**世界化成**的一部分。

在文明史进程（"人类世文明"）中，人类世界，不断地将原先在"世界"之外的"远方"纳入其内，从遥远的大陆到火星，乃至更远的星系……[②] 该世界，不正像是游戏中开启"迷雾"系统的世界——越玩这个世界会越丰富、"地图"变得越来越大（甚至还有不断增加的"扩展包"）？

这也就意味着，对于一个拟真世界而言，**游戏开发师与游戏玩家同等重要**。[③] 德勒兹主义者柯林·克雷明写道，"游戏开发师创造程序，但只有在玩中，该创造才被实现，或者说，从其无生育能力的影像、屏幕截图与裁剪掉的场景中被解放出来"，"玩家内在固有于［游戏］艺术形式之中"。[④] 玩家和开发师一起，使得游戏"世界"被实现（亦即，世界化成）。

进而，正是玩家的玩，使得新的"宇宙历史"被打开。电子游戏的拟真世界也如同霍金所描述的"无边界宇宙"那样，不断开启着新的时间进程。玩家——玩家的数字化身——只是

---

① 进一步的分析，请参见本书第五章第三节。
② 关于外部的"远方"的进一步论述，请参见本书第二章。
③ 游戏玩家们都知道，一个出现很多"上帝模式"的世界，恰恰是自身正在崩坍的世界。
④ Colin Cremin, *Exploring Videogames with Deleuze and Guattari: Towards an Affective Theory of Form*, London: Routledge, 2016, p. 3.

处在众多"宇宙历史"中的一个。通过重新开始游戏，玩家实际上便在无边界的宇宙（拟真程序）里开启了一个新的宇宙历史。

通过引入量子物理学的视角，我们看到：玩（互动 / 相互作用），不但**参与**世界化成，并且**开启**宇宙历史。

第七节　强互动 / 内行动：作为聚合体的游戏开发师

最后，让我们聚焦"玩"这个实践。我要提出如下命题："玩"在本体论层面上先于"存在 / 是"（being）。

量子力学实验结果所揭示的亚原子尺度上的不连续性、不确定性、波粒二象性、随机性、叠加性、非定域性、纠缠……使得我们不再能够在本体论层面讨论任何的"个体"、"实体"，抑或"是"，而只能讨论"关系"、"聚合体"，以及"形成"。不存在在彼此"触动"之前就预先存在的独立"实体"，就如同不存在"强互动"（strong interaction，汉译多为"强相互作用"，抑或"强力"）存在之前就预先存在的原子核及其内部的质子、中子等。

在《第九艺术》中，我将电子游戏界定为"互动艺术"，因其结构性地嵌入互动系统。[1] 让我于此处进一步把这个论题推进到本体论层面：**游戏之所以是"互动艺术"，是因为玩家**

---

[1]　参见吴冠军：《第九艺术》，《新潮电子》1997 年第 6 期，第 42 页。

可以同游戏世界中的物、NPC 乃至其他玩家展开"强互动"。换句话说，正是在这些互动中，玩家才成为玩家（而不是一个静态的数据包），NPC 以及道具也是一样。没有"强互动"（"玩"），就没有游戏的"世界"，有的只是储存介质上的凝固的数字编码。

于是我们看到：在强互动的意义上，电子游戏的"虚拟现实"，同现实世界底层的"量子现实"，存在着本体论层面上的契合性。①

同样关键的是，在"量子现实"的层面上，一切你关于"现实"的体验，都是虚幻的。你能看到天际的白云、眼前的窗台、窗台下睡觉的猫咪，但在亚原子尺度上，"世界"上没有"猫"，没有"窗"，也没有"云"，就像在拟真世界里你体验的"猫""窗""云"，在底层只是数据包。当你开"窗"或逗"猫"，实则是聚合体内的粒子互动或程序算法下的数据交换。

回到这个问题：元宇宙中的树、森林、天空或者猫"存在"吗？答案是：它们都是数据和代码。

一个虚拟对象的属性（如尺寸、颜色等），由数据描述。而要使得 CPU 处理并由 GPU 渲染这些虚拟对象，数据就需要通过代码运行。如果玩家要砍倒树、用它生火或进行其他互动，相关代码就必须是游戏引擎程序的一部分。引擎程序规制

---

① 请进一步参见本书第五章第三节与第五节。

一个拟真世界内所有互动（"强互动"）的物理规则。

让我们再把分析向前推进。我在《第九艺术》中提出游戏是一门综合艺术，因为它自身就包含多种艺术形式的"互动"。[①] 我们还可以在这基础上进一步提出：**游戏之所以是"互动艺术"，还在于游戏开发也恰恰是在强互动中进行的**。正是由于彼此之间的强互动，一款游戏的策划师、人物剧情设计师、程序师、美术工程师、配乐师、音效师、测试师……才成为他们各自之所"是"。换言之，**"游戏开发师"本身，是一个聚合体（而非个体）**。并没有预先存在的游戏开发师，有的只是在彼此强互动中的"形成–开发师"（becoming-developer）。

游戏玩家，实际上亦是游戏之"形成"的关键性贡献者——在开发师和玩家之间，并无一条根本性的界线。我本人是光荣株式会社（现为光荣特库摩）出品的策略游戏《三国志》系列的重度玩家，和许多玩家一样，我经常使用游戏自带的编辑工具以及第三方工具，来自行设计"剧本"，并通过修改游戏主程序参数来调整游戏世界的物理规则，然后在自己参与推进其差异化"形成"的游戏中，玩得不亦乐乎。正是在同游戏及其开发工具的各种强互动中，我成为"玩家–开发师"，即，"形成–玩家/开发师"（becoming-player/developer）。[②] 我

---

① 吴冠军：《第九艺术》，《新潮电子》1997年第6期，第42–43页。
② 有意思的是，光荣出品的游戏在上市后除了会继续推出扩展包、资料片、DLC（可下载内容）外，还会推出"威力加强版"——在那里，游戏的"形成"几乎达到成为一款全新游戏的程度。这，诚然是吉尔·德勒兹所说的块茎式的"形成–差异"的一个典范。

还会经常下载别的玩家高手制作的"剧本"玩，一款出色的"剧本"，往往会使《三国志11》（2006）甚至《三国志9》（2003）重新被很多人拿出来玩。

许多游戏作品，都具有各种非官方的"模组"（MOD，modification 之简称）——它们都是玩家开发的。玩家们自发基于游戏引擎、视效模型和世界观进行再创作，然后开放给其他玩家玩。[①]MOD 使得游戏从一个准封闭系统，变成了一个玩家共创，并且不断处于变化与更新中的世界。MOD 常常会出人意料地令游戏脱胎换骨，甚至获得新生。不少游戏的MOD，随后更是成为独立的游戏，如《反恐精英》与《胜利之日》，原本就是《半条命》的 MOD。著名游戏平台 Steam（运营者正是出品《半条命》的维尔福），亦专门支持玩家在上面发布他们自己创作的 MOD。

于是，我们可以看见："游戏开发师"，本身就是**一个自身不断在变化的聚合体**。游戏所打开的世界，总是在能动者聚合体的强互动中不断地**形成**。

我所阐述的"强互动"，在量子物理学家、后人类主义思想家凯伦·芭拉德笔下，则被称作"内行动"。芭拉德提出："个体并不先于它们的互动而存在；相反，个体经由它们被纠缠的内关联（intra-relating），并作为内关联的部分而涌现。"[②]

---

① 《三国志》游戏的玩家自制"剧本"，只能算是最初级的 MOD。

② Barad, *Meeting the Universe Halfway: Quantum Physics and the Entanglement of Matter and Meaning*, p. ix.

巴氏不只是强调"互动"本体论地先于"个体"，并且提议用"内行动"一词来取代"互动"。在她看来，"互动"一词已深陷于人类主义框架中，被预设性地理解为发生在各个独立的、之前就预先存在的个体能动者之间。而彼此发生"内行动"的能动者则并不预先存在，它们恰恰从"内行动"中涌现出来。

　　我想接着芭拉德提出，"内行动"这个概念特别适合游戏"世界"（一个聚合体）内的互动：玩家在游戏中的化身只是一个静态的数据包，恰恰是在和环境、物／道具、NPC、其他玩家发生内行动时，它才成为一个能动者，才是"活跃"的。[①]内行动，就是"诸纠缠着的能动者的互相构建"。[②] 在游戏中，独立、自我持存的"个体"并不存在；任何能动者，皆只在关系性的意义上而非绝对意义上成为能动者。我们的"现实"中其实亦如是。譬如，在游戏开发项目组这个聚合体内，所有参与开发的"个体"，成为彼此开展内行动的能动者。人类主义政治哲学可以容纳芭拉德所界定的"互动"，但无法容纳她所界定的"内行动"。

　　启蒙以降那支配性的人类主义政治哲学，建立在如下一组关键理念上：自由、平等、权利、主体性、自主、选举（代议民主）……一旦这些理念受到威胁，政治性的反抗行动便能

---

① 　正是在内行动的意义上，简·本奈特认为万物都是活跃的。See Bennett, *Vibrant Matter: A Political Ecology of Things*.

② 　Barad, *Meeting the Universe Halfway: Quantum Physics and the Entanglement of Matter and Meaning*, p. 33.

够得到"证成"，亦即，被认定为是"正当的"，乃至"正义的"。然而，这组政治理念实则全部建立在"人"——具有意识、理性、能动性、独立性的"个体之人"——这个抽象概念上。与之相较，前人类主义（"前现代"）政治哲学中的"自然""天""上帝"，以及诸"神"、泛"灵"，甚至万"物"，都可以具有能动性（"能力"往往比"人"更强大），乃至意识（甚至更高维度的"神识"）。

　　然而，勒内·笛卡儿以降的现代哲学同艾萨克·牛顿开启的经典物理学一起，合力把"人"放到了宇宙的中心：只有"人"，才具有意识、理性、能动性、独立性。笛卡儿以怀疑论的方式确立"我思故我在"，随之而起的现代哲学建立起了"心智"（res cogitans）对"物质"（res extensa）的笛卡儿主义等级制结构。[①] 而牛顿主义物理学则进一步确立起如下信念：物质是惰性的、无能动性的，只能参与推与拉的机械因果关系。于是，人类主义成为支配现代性的意识形态。

　　人类主义政治哲学，实际上是"人类例外主义"（human exceptionalism）政治哲学。在由"人类学机器"（借用阿甘本的术语）所制造的人类主义等级制里，不再有高于人的存在的位置，人处于等级制的至高位置，动物、植物、无机物则依次

---

① 对于笛卡儿而言，动物亦只是机械化的自动机器。

居于等级制的下位。人被赋予权利，被视为"主体"。①《黑客帝国》系列里，"矩阵"的反抗者被设定为人。而"矩阵"里虚拟出来的物以及存在于"真实之荒漠"里的物，都完全不参与政治进程——尽管两种物的本体论境况全然不同，但政治本体论境况却几乎一致。

然而，独独将人视作能动者，只是人类主义框架下的设定。在量子物理学所开启的后人类主义视角下，所有人与非人类都可以具有能动性。它们的能动性，并不是预先"拥有"，而是经由"强互动／内行动"彼此构建而形成。建立在牛顿主义经典物理学之上的人类主义政治哲学中，"个体之人"相对于环境与其他"个体"／"实体"具有"可分割性"（separability），而就其自身而言则具有"不可再分性"（indivisibility）。而量子物理学则给予我们如下后人类主义洞见：不存在任何先于其互相"触动"关系的独立"个体之人"——"个体之人"对于环境不具有"可分割性"，其自身则有"可再分性"。

人类主义框架下的"社会科学"研究，要么聚焦于个体的**行为**（"外部"视角），要么聚焦于个体的**意图**（"内部"视角）。然而芭拉德建议彻底打破这种"内部"与"外部"的二元论。真正需要聚焦的不是行动、意图，而是**能动性**——能动

---

① 参见吴冠军：《神圣人、机器人与"人类学机器"——二十世纪大屠杀与当代人工智能讨论的政治哲学反思》，《上海师范大学学报（哲学社会科学版）》2018 年第 6 期。

性是一个关系性（而非绝对性）的范畴，是相互纠缠的产物，而非某个个体单位的属性。包括人在内的所有能动者，都相对于一个非定域的聚合体而具有能动性，"强互动/内行动"总是在某个聚合体内部展开。

诚然，人可以通过**关系性能动性**（被人类主义界定为"主体能动性"）来实现自身，使自己成为想成为的"人"。而非人类同样也可以通过**关系性能动性**，实质性地贡献于它们自身的实现。人类主义政治哲学以自由选择为聚焦，而后人类主义政治哲学则聚焦于关系性能动性。[1]

玩，就是一种典范性的关系性能动性。在游戏的拟真世界中，玩家同其面前的大 Boss，皆具有关系性能动性。在游戏中我们可以一次次清晰地看到，玩家被非人类所制动：冲上去拼杀或撒丫子逃跑……非人类也被玩家所制动：冲过来追杀或启动关键剧情……

尽管高扬诸种人类主义价值，《失控玩家》在银幕上实质性地呈现出后人类主义政治哲学。在影片里我们所追随的视角，恰恰是一个非人类的 NPC（非玩家角色）对"现实"的体验。在"自由城"（对应"矩阵""绿洲""元宇宙"）里，非人类在同其他关系性能动者（玩家、非玩家角色，以及"太阳眼镜"这样的物/道具）的互相触动中产生能动性，去成就

---

[1]　关于人类主义框架下的"社会科学"研究、牛顿主义范式以及关系性能动性的进一步分析，请参见本书第六章。

自身。

在这个意义上，《失控玩家》激进地打破了"人"对于非人类的本体论优先：在彼此触动（作为"强互动／内行动"的玩）、互相构建的意义上，**玩家与非玩家角色是本体论地平等的**。我们可以借用查默斯的术语，把他们分别称作"生物拟者"（biosim）与"纯粹拟者"（pure sim）。①

进而，《失控玩家》里的英雄，恰恰不是人类的玩家（如《黑客帝国》中的尼奥、《头号玩家》中的帕西法尔），而是非人类的 NPC。自由，不再是"个体之人"的专有属性；非人类（一个叫作"盖"的 NPC）以其**关系性能动性**，让自身成就为"自由的盖／自由家伙"（英文片名为 Free Guy）。

在影片中，玩家、NPC、物全都通过"玩"这个实践，参与着作为聚合体的"世界"的化成，共同使"自由城"迭代成了"自由人生"。就如"现实"中人与非人类在本体论层面上都只是一团作为数学对象的微观粒子，在游戏世界里，人与非人类在经由强互动互相构建前，都仅仅是一组代码与数据：它们平等地参与世界化成，并在此过程中成就"自身"。

同"元宇宙"游戏一样，我们所处身其内的"宇宙"，在本体论层面上同样不是一个完成了的、本体论上闭合的世界——这个世界，亦是伴随着里面的能动者们所做出的"强互动／内行动"，而不断世界化成。有无数的能动者（人类、非

---

①   Chalmers, *Reality+: Virtual Worlds and the Problems of Philosophy*, pp. 42–43.

人类）在里面玩、探索、创造，现实世界才得以不断地形成。

在后人类主义地平线上，政治哲学的研究对象不是"个体之人"彼此发生互动的**共同体**，而是各种人类与非人类能动者彼此发生"强互动／内行动"的**聚合体**。所有能动者以及聚合体本身，都始终处在不断形成中、不断创始／更新中。而玩，就是推动世界化成的政治本体论实践。

芭拉德把"世界化成"的政治本体论，称作"能动性实在论"（agential realism），并呼唤"一种关于诸种可能性的政治"（a politics of possibilities）。能动性，在她看来，就是"去改变关于改变的诸种可能性"。[①] 当下人们在生活中和在游戏中，遇事都会先上网搜寻"攻略"，按照"攻略"的指南来玩、来行动。而能动性则意味着**通过玩的实践，去改变关于"攻略"之形成与变化的诸种可能性**。

作为能动者，我们如何去推进这种"可能性政治"？芭拉德的答案就是："去负责任地想像与介入权力之构造的诸种方式，亦即，内行动地重新构造空间-时间-物质。"[②] 我们都是这个以"量子现实"为基底的"元宇宙"的游戏开发师，这里面每个"人"与"物"都对该世界的改变（"世界化成"）承担责任。

《失控玩家》在银幕上呈现了世界化成的可能性政治："自

---

① Barad, *Meeting the Universe Halfway: Quantum Physics and the Entanglement of Matter and Meaning*, p. 178.

② Ibid., p. 246.

由城"里看得见的 NPC、人类玩家、物以及看不见的程序代码，经由"强互动 / 内行动"，共同使世界发生迭代，构建出全新的"现实"。后人类主义政治哲学是一种"负责任"的政治哲学：当我们行动，就在改变某些关于改变的可能性，我们就承担伦理性的责任，具有可追责性。

海德格尔曾区分"抛入"（thrown-ness）和"堕落"（fallen-ness）这两种状态。"抛入"发生在过去，我们总是毫无选择地被抛入一个具体的"世界"中。但"堕落"则事关当下，指的是在"如何存在"的问题上，自甘被吸入"每日性"（everydayness）中，被"吸入世界之中"（absorption-in-the-world）。"抛入性"揭示了"自由选择"的虚妄性；而"堕落性"则提醒我们，不能放弃关系性能动性，我们有责任政治性地参与世界化成。

正是在这个意义上，"玩"不是堕落，而恰恰是政治理论家汉娜·阿伦特所说的"积极生活"（vita activa）。

结　语　后人类主义政治本体论

作为具有能动性的"此在"，与其纠结于"现实"**是否**真实这个问题，不如聚焦更重要的问题：**如何**去推动"现实"的改变，去参与我们所处身其内的这个世界的化成，或用芭拉德的话来说，去"参与（重新）配置世界"。^①前者是**本体论**问题，而后者则是**政治本体论**问题。

作为被抛入某个"现实 / 元宇宙"（"绿洲""矩阵""自由城"）中的"此在"，我们不仅可以悬置本体论上的"现实"问题，并且可以悬置认识论上的"他心"问题（problem of other minds，其他人是否也拥有心智 / 意识），而是聚焦于政治本体论上的世界化成（可能性政治）：同其他能动者（玩家、NPC、物……）一起，在当下这个"现实"中去彼此触动（玩）、去探索、去创造。本体论上的"量子现实"，是存在着很多可能性的"现实"，是关于潜在性、不确定性、随机性的"现实"。^②对于后人类主义政治本体论，我们可以给出如下公式：

worlding = wording/coding + playing/（strong）interacting

（世界化成 = 语词化 / 代码化 + 玩 / 强互动）

姜宇辉曾提出，电子游戏的本体论即为"操作先于存在"。他引用埃斯本·阿瑟斯的论述："游戏不能作为文本阅读或作为音乐聆听，它们必须被玩。"在姜宇辉看来，电子游

---

① Barad, *Meeting the Universe Halfway: Quantum Physics and the Entanglement of Matter and Meaning*, p. 91.

② 请进一步参见本书第五章第二节与第五节。

戏在本体论层面上的境况就是："你不去玩，游戏就根本不存在。"① 我们有必要从"量子现实"的角度推进姜宇辉的论点："玩"，就是参与世界化成的"强互动／内行动"。并且，作为施为性强互动的"玩"，取消了诸种本体论等级制——它既取消了"现实"对于"虚拟现实"的优先（从柏拉图到诺齐克的形而上学预设），也取消了"人"对于"物"的优先（人类主义预设）。

任何"现实"，都经由无以计数的能动者的"强互动／内行动"，而不断具有全新的可能性。**玩，就是参与世界化成**——这既是电子游戏的政治本体论，也是关于"现实"的政治本体论。我们每一个能动者，都是这个"世界"的游戏开发师，我们也都为此承担责任。游戏开发师不是"上帝"般的一个实体，而是一个聚合体。②

诚然，天下兴亡，匹夫有责。③ 所有的能动者，对于其所处身其内的世界都负有责任。

在后人类主义地平线上，游戏开发师的姿态不是父权结构下的"感谢你玩我的游戏"，而是大家一起做好（玩好）这个游戏。

本章的讨论已经让我们看到，后人类主义政治哲学，建立

---

① 姜宇辉：《数字仙境或冷酷尽头：重思电子游戏的时间性》，《文艺研究》2021 年第 8 期，第 103 页。
② 关于游戏开发师不是"上帝"的进一步分析，请参见第五章第三节。
③ 顾炎武《日知录》卷十三《正始》："保天下者，匹夫之贱与有责焉耳矣。"

在量子物理学所开启的本体论（以及政治本体论）上。下一章，就让我们聚焦性地来探究"量子现实"本身的本体论状态。"量子现实"，是不是真实的？

第五章　世界＋：悬浮在语言中的量子现实

量子世界不但自身如同鬼魅，并且使得我们以为很真的那个"现实"，猛然间变成了一个"虚拟现实"。越是探索这个世界的物理底层，我们越是需要从"现实"中醒来。

引　言　被穿孔的世界

上一章中，我们通过对《黑客帝国：矩阵重启》《头号玩家》《失控玩家》等影片的分析，探究了成熟状态的"元宇宙"游戏的本体论状态，并抵达了对后人类主义政治本体论的构建。"世界"，是无以计数的人类与非人类能动者彼此触动、互相构建的聚合体，它始终处于不断"形成"中。

马丁·海德格尔认为，人与动物以及其他"物质性对象"的根本性区别就在于：人能做到"世界构建"（world-forming），使自己存在于一个"世界"中；而动物则"世界贫瘠"（world-impoverished），缺乏对"世界"的意识；至于其他实体（如石头），则是彻底"无世界的"（worldless）。[①]

作为海德格尔思想的重要当代推进者与阐发者，生态哲学家提摩西·莫顿却针对该论点，对海氏做出犀利的批评：

[①]　Heidegger, *The Fundamental Concepts of Metaphysics: World, Finitude, Solitude*, pp. 176, 177–178.

没有理由让他做出这样的论断。更麻烦的是，他的论断意味着，对于他而言，世界是整个地被密封起来的，并且是固化的。基于他自己的理论，这完全无法成真——在海德格尔的理论里，事物无法被直接地捕捉到。对于海德格尔而言，纳粹主义是让其自身掩盖与忽视他自己理论中诸种最激进内涵的一个方式，并使其自身保持人类中心主义式的安全。①

在莫顿看来，非人类也有"世界"，并非"世界贫瘠"抑或"无世界"的。正是海德格尔思想中的人类中心主义倾向，使得他同将犹太人下降为亚人类（subhuman）的纳粹主义发生了思想上的亲和与历史上的关联。

进而，莫顿提出，在本体论层面上，**"世界是被穿孔的"**，"不管我在哪个世界中，这个世界永远不是完成了的，并且它永远不会完全是我的（我自己也永远不会完全是我的）"。② 莫顿使用的例子是，一只老虎的世界可以和"我"的世界发生碰撞，成为一个世界，"我们的世界能够重叠"。③

在笔名为"八宝饭"的作者仍在连载中的作品《一品丹仙》（《道门法则》与《道长去哪了》的续作）中，修道者们所

---

① Timothy Morton, *Being Ecological*, Cambridge, Mass.: The MIT Press, 2018, p. 39, emphasis added.

② Ibid., emphasis in original.

③ Ibid.

构建的"世界"（该世界总是修道者本人与许许多多能动者共建的），是会在虚空结界中发生碰撞的，那一刻可以是"世界"大战（就好似人与老虎骤然碰上），亦可以是联结合作——不管是哪个方式，都会形成更大的"世界"。这样的"世界"，在本体论层面上是开放的、未闭合与未完成的。

然而，世界为什么是未闭合的，是"被穿孔的"，是"能够重叠"的？

对此，莫顿并没有做出本体论的论证。在我看来，要对我们所处身其内的这个世界展开本体论的探究，就有必要引入量子力学。[1]

上一章我们已经讨论了，根据霍金的"无边界宇宙"假说，真空中的量子涨落，具有开启宇宙历史的潜能。我们这个世界，同样具有本体论层面上激进的开放性、不确定性、潜在性、可能性。量子力学以一系列硬核的实验结果揭示出，我们所处身其内的这个世界，是一个被穿孔的世界：我们所体验的现实，实则是一种"虚拟现实"。

那个实在的、确定性的世界，被量子力学替换为一个本体论层面上非人类中心主义的、未被决定了的（非决定论式的）、充满着鬼魅般可能性的"世界+"。

量子力学亦将揭示出，非人类（动物、无机物）不但也有

---

[1]　有意思的是，海德格尔同量子力学的奠基人之一维尔纳·海森堡是关系非常好的朋友。

世界，并且也同样参与"世界构建"。量子力学还能够呈现，世界经碰撞后成为一个更大的世界的本体论过程。[①]

那么，就让我们借助量子力学的发现，来探究这个充满孔洞的、永远不会完成的、非人类中心主义的"世界+"。

第一节　人类视角是一个错误的视角

2022 年诺贝尔物理学奖表彰对"诸种纠缠化的状态：从理论到技术"的研究，获奖者是阿兰·阿斯佩、约翰·克劳泽和安东·塞林格。[②]

物理学上用"状态"（state）这个词，来指一个系统在某个特定时刻的完整描述（亦即，预测系统未来演化所需的所有信息）。而这三位的贡献是用实验证实了"纠缠化的状态"（entangled states）的存在。这是一种很诡异的"状态"（"量子态"之一种面向）：我们可以知道两个对象之间存在何种"关系"，却对它们自身究竟处于何种状态一无所知。在量子力学兴起之前，物理学中完全找不到任何与之对应的现象。

瑞典皇家科学院给三位获奖人的颁奖词写道：

阿兰·阿斯佩、约翰·克劳泽和安东·塞林格各自用

---

① 请参见本章第七节与第八节关于"退相干"与"参与性宇宙"的讨论。
② "Press release: The Nobel Prize in Physics 2022," *The Nobel Prize*, <https://www.nobelprize.org/prizes/physics/2022/press-release/>.

诸种纠缠化的量子态，进行了开创性的实验。在纠缠化的量子态中，当两个粒子被分离开来，它们也表现得像一个单独的单元。他们的研究结果为基于量子信息的新技术扫清了道路。①

正是这种"纠缠化的状态"，被阿尔伯特·爱因斯坦描述为"鬼魅般的超距作用"（spooky action at a distance），并视之为导致悖论的现象而予以否定。1935 年，爱因斯坦同他在普林斯顿高等研究院的两位年轻同事鲍里斯·波多尔斯基和内森·罗森，合作发表了一篇题为《对物理现实的量子力学描述能被认为是完备的吗？》的论文，他们设计了此后以三人姓氏首字母命名的思想实验。爱因斯坦的追随者大卫·玻姆于 1951 年对"EPR 实验"做出了进一步的清晰化表述。②

　　这个思想实验构想了这样一种鬼魅状况：两个处于纠缠化量子态的粒子即便距离非常远（譬如几万光年），对其中一个粒子的特定属性（如自旋）进行测量，也会立即影响远处另一个粒子的同一属性。用本次获奖的塞林格的描述来说，"纠缠"是"私密地彼此关联，当一方被测量，另一方的状态瞬间受影响，不管它们分隔多远"。③ 而这种私密关联，显然违反了爱

① "Press release: The Nobel Prize in Physics 2022".
② 关于玻姆对 EPR 实验的改进，请参见温伯格：《量子力学讲义》，张礼、张璟译，合肥：中国科学技术大学出版社，2021，第 357-361 页。
③ Anton Zeilinger, *Dance of the Photons: From Einstein to Quantum Teleportation*, New York: Farrar, Straus and Giroux, 2010 (ebook), p. 5.

因斯坦提出的狭义相对论，后者规定没有因果影响可以快过光的传播速度。①

对于这种悖论状况（被学界称作"EPR佯谬"），爱因斯坦及其追随者提出了"定域实在论"（local realism）来加以克服，它包含两个**本体论设定**。

首先，世界独立于观测者而存在，观测量在被观测之前就已经确定，拥有某种"客观"属性。"现实/实在"不因观测行动而发生本体论层面上的变化。

其次，被观测对象的所有特性都是定域的，没有因果关系可以以超过光速的形式发生。在某处进行的测量，绝不会瞬间影响到遥远的其他地方。

符合这样的本体论设定的世界，才是我们所熟悉的那个令

---

① EPR实验挑战了量子力学的"不确定性原理"（位置和动量这对共轭变量无法同时被精确测量）。根据动量守恒，经相互作用后朝相反方向运动的两个粒子的动量必定互为相反数。测量到A粒子的位置是x，就同时知道了B粒子的位置是-x；再测量B的动量是-p，就知道A的动量是p。这个思想实验的犀利之处就在于，测量A的位置会破坏A的动量，测量B的动量会破坏B的位置，但现在通过对每个粒子都只做一次测量，却同时知道了每个粒子的动量和位置，"不确定性原理"就被打破了。尼尔斯·玻尔的回应是：A和B两个粒子是同一个量子系统，测量A的位置时就等于也测量了B的位置，这就导致了B的动量不确定性，再测B的时候其动量已经不是以前的动量了，所以仍然无法同时知道两个粒子的动量。而在爱因斯坦及其追随者看来，倘若两个粒子距离几万光年远，测量A的位置立即就能破坏B的动量，这不就是出现了一种鬼魅般的超距作用？要使不确定性原理成立，量子系统就必须包含这种随后被薛定谔称作"纠缠"的超距作用。See Albert Einstein, Boris Podolsky, and Nathan Rosen, "Can Quantum-Mechanical Description of Physical Reality Be Considered Complete?", *Physical Review*, 47(10), 1935, p. 777. 玻尔的回应参见 Niels Bohr, "Can Quantum-Mechanical Description of Physical Reality Be Considered Complete?", *Physical Review*, 48(8), 1935, p. 696.

人踏实的世界，而不会"梦中恐怖诸天堕"。[①]

1948 年爱因斯坦在给其好友、量子力学奠基人之一的马克斯·玻恩（提出波函数的概率阐释）的信中写道：

> 我因此倾向于认为量子力学的描述……只能被视作**关于现实的一个不完备与间接的描述**。[②]

我们看到，爱因斯坦并无意推翻得到实验观测结果强力支持的量子力学，而是批评它仅仅是关于现实的不完备描述。为了弥补量子力学的不足，爱因斯坦及其追随者认为，除了量子力学中所描述的量子态之外，物理系统还存在着没有被发现的额外变量，一旦掌握这些变量，就能对系统的状态做出准确描述。这些额外的变量被称作"隐变量"（hidden variables）。隐变量是导致鬼魅般的量子现象的看不见的肇因。玻姆就在定域实在论的基础上，发展出了定域隐变量理论。这是一个完全决定论式的、因果闭合（causal closure）的理论。[③]

于是乎，就关于"现实 / 实在"的描述而言，要么量子力学理论正确且完备，要么定域隐变量理论正确且完备。这两种本体论论述之间，不存在妥协的地带。

---

① 引自王国维：《题梅花画》。
② Quoted in N. David Mermin, "Is the Moon There When Nobody Looks? Reality and the Quantum Theory", *Physics Today*, April, 1985, p. 40, emphasis added.
③ David Bohm, "A Suggested Interpretation of the Quantum Theory in Terms of 'Hidden' Variables", *Physical Review*, 85(2), 1952, p. 166.

在可行的实验被设计出来之前，这只是一场关于"现实"的带有形而上学（"元物理学"）气息的论争。

突破发生在 1964 年。当时在欧洲高能物理中心从事加速器设计工程相关工作、只是用业余时间研究理论物理学的约翰·斯图尔特·贝尔，提出了以他名字命名的数学不等式，并使得定域实在论的预测，能够用实验来加以检验。[①] 贝尔不等式表明，"如果存在隐变量，那么大量测量结果之间的相关性将永远不会超过某个值"。[②] 简言之，贝尔不等式为隐变量描述对对象间关联度进行测量设置了一条极限，所有定域隐变量理论都应该满足该不等式。倘若实验测量的结果使贝尔不等式被违反（即结果大于那个阈值），就意味着定域隐变量理论是错误的。现在，关键就是设计出可行的"贝尔实验"。

1972 年，克劳泽同其合作者斯图亚特·弗里德曼，在加州大学伯克利分校完成第一次贝尔实验。实验结果"显然违反贝尔不等式，从而支持了量子力学，这意味着量子力学不能被一种使用隐变量的理论所取代"。[③] 克劳泽与弗里德曼所设计的实验因存在定域性漏洞（locality loopholes），即纠缠的粒子之间距离太小，尚不足以强力证明纠缠化量子态的非定域性，且他们的实验次数也没有多到让统计结果完全有说服力。

---

① John S. Bell, "On the Einstein Podolsky Rosen Paradox", *Physics Physique Fizika*, 1(3), 1964, p. 195. 起初贝尔和爱因斯坦一样，怀疑不引入隐变量，单靠量子力学是不够的，其研究初衷就是要证明量子力学的非定域性有误。

② "Press release: The Nobel Prize in Physics 2022," op.cit.

③ Ibid.

1982 年，阿斯佩等人在巴黎第十一大学改进克劳泽和弗里德曼的实验，"堵住了一个重要的漏洞"[1]，实验结果违反贝尔不等式，这意味着纠缠符合量子力学，而不符合隐变量理论。[2] 塞林格和他的团队后来亦做出一系列实验，用来排除定域性漏洞以及探测漏洞。

这些物理学家接力棒式的工作，有效地"排除了任何定域决定论式的理论（local deterministic theory）"。[3] 实验结果皆展示了，纠缠化量子态无法用任何定域性的确定过程来做出完备性的解释，即便允许隐变量存在。

爱因斯坦及其同事、追随者之所以无法接受量子力学的完备性，关键原因就是他们采取了"定域性假设"：事物的属性只局限在它自身之上，X 处发生的事情必须经由空间中的传播才能影响 Y 处，不存在超越光速的因果关联。而量子力学则完全推翻了定域性假设，属性可以是非定域性的，处于纠缠化量子态的两个或多个粒子不能被看作彼此独立的"实体"，即便它们在空间上是分离的。

定域性［以及定域因果性（local causation）］，是在人类尺

[1] "Press release: The Nobel Prize in Physics 2022," op.cit.

[2] Alain Aspect, Philippe Grangier, and Gérard Roger, "Experimental Tests of Realistic Local Theories via Bell's Theorem", *Physical Review Letters*, 47(7), 1981, pp. 460–463; Alain Aspect, Jean Dalibard, and Gérard Roger, "Experimental Test of Bell's Inequalities Using Time-Varying Analyzers", *Physical Review Letters*, 49(25), 1982, pp. 1804-1807.

[3] 引自三人在 2010 年荣获沃尔夫物理学奖时的颁奖词。参见《刚刚，2022 年诺贝尔物理学奖揭晓！》，华尔街见闻，<https://page.om.qq.com/page/OaKjURzc6tcKl4ZeT5NiAjNw0>。

度下看待事物的方式，但诚如《超越怪异：为什么你以为自己知晓的量子力学都似是而非》一著的作者菲利普·鲍尔所写："对理解量子力学而言，**人类视角是一个错误的视角**。"[①] 只有在我们摆脱"人类视角"后，量子力学中种种被视为"怪异""鬼魅""诡秘"[②]的现象，才有可能褪去这些形容词的外衣。

第二节 "世界"的崩塌：从认识论局限到本体论状况

"纠缠"，只是量子态的诸多鬼魅般状况之一。

"叠加"，是更早被物理学家们所聚焦的鬼魅般状况：量子对象可以同时处在不止一个"态"中，譬如，它可以同时在 X 处和 Y 处，或者同时经过 A 缝和 B 缝。

同样充满鬼魅的状况是，量子对象还可以既是波又是粒子，这个状况就被称作"波粒二象性"。在量子力学出现之前，这是全然不可思议的。

波动力学提出者埃尔温·薛定谔（"纠缠"一词亦出自他）

[①] Philip Ball, *Beyond Weird: Why Everything You Thought You Knew about Quantum Physics Is Different*, Chicago: University of Chicago Press, 2018, p. 60, emphasis added.

[②] 万维钢在其著作《量子力学究竟是什么》中，用"诡秘之主"来形容量子力学。"诡秘之主"这个词借自袁野（笔名"爱潜水的乌贼"）所著的同名现象级网络小说。参见万维钢：《量子力学究竟是什么》，北京：新星出版社，2022，第1–12页；亦请参见 Marco Masi, *Quantum Physics: An Overview of a Weird World*, Vol. 1 & 2, CreateSpace Independent Publishing Platform, 2019, 2020.

提出了描述量子对象之"波动"（dynamics of waves）的数学方程。每个量子对象——当包含纠缠时可称作量子系统——都有一个相应的薛定谔方程，通过解方程可得到"波函数"的具体形式。由于波与波是不同的，"波函数"亦是不同的，它代表了对该量子对象进行测量时能得到的所有可能结果。换言之，在测量之前，"波函数"构成对量子对象的完备描述（故此，更合适的名称应该是"态函数"），通过薛定谔方程，我们可以计算某属性的不同可能测量结果所对应的各种概率。[①]

现在，我们可以从波函数出发，来重新理解"叠加"与"纠缠"。"叠加"实际上就意味着，我们在测量量子对象的某属性时，可能会得到**两个或多个结果中的任何一个**。我们在测量之前不知道结果会是哪个，薛定谔方程只能算出它们各自出现的概率。

孤立的量子系统会依照薛定谔方程以幺正（unitary）的方式演化，但观测行为则使波函数不再在时间中幺正演化，保有两个或多个可能性的"量子叠加态"，而是**随机地**坍缩为其中一个，且不可逆——这个变化被称作"波函数坍缩"。

一旦一个量子对象被观测，波函数便不再适合用来描述它——概率被确定性取代。很多潜在的可能性，被那个测量出来的唯一"事实"所取代，亦即，所有未被观测的可能结果概

---

① 薛定谔方程解出来的结果对应概率，是由马克斯·玻恩率先提出的，当时薛定谔本人亦对薛定谔方程的结果意味着什么毫无头绪。

率变为 0，实际观测到的那个结果概率成为 1。至于为什么观测到的是这个结果而非那个结果，薛定谔方程给不出答案（它只能给出观测行为发生前某具体结果会出现的概率）。量子随机性，让我们无法预知观测结果。

再来看"纠缠"。"纠缠"实际上就意味着，两个或多个空间上分离的对象（哪怕相隔几万光年），却仍然**由同一个波函数来描述**，观测所导致的"坍缩"也会同步发生。

经由波函数这个视角，我们就可以看到：鬼魅般的"纠缠化量子态"（后文简称"纠缠态"），实际上是鬼魅般的"量子叠加态"（后文简称"叠加态"）的一种特殊状况。

我们所熟悉的那个实在的、确定的世界，现在变成了鬼魅般的"量子世界"——明确的运动轨迹（动量与位置），现在被波函数取代；确定的结果，现在则被随机性取代（我们只能知道测量时特定属性被发现的概率）。量子力学的崛起，掀翻了经典意义上的"世界"——世界一下子变得如同鬼域，"神女应无恙，当惊世界殊"。①

世界的崩塌，让爱因斯坦及其追随者无法接受。牛顿主义-爱因斯坦主义"经典力学"，在这里同量子力学显露出根本性的分道扬镳：前者计算的是物体的运动轨迹，而后者计算的则是概率（表达为波动方程）。

爱因斯坦将其不满形象地表述为"上帝不掷骰子"（Der

————————

① 毛泽东：《水调歌头·游泳》。

Alte würfelt nicht）。① 如果这个世界里事情的发生、变化在根本上是随机的，那么，因果性就彻底崩塌，"随机"就意味着，一件事可以无缘无故地发生。这怎么可以呢？这样的世界，岂不彻底乱了套？

尼尔斯·玻尔对爱因斯坦的回应是："别指挥上帝怎么玩骰子。"能说出"上帝不掷骰子"的人，岂不是自诩和"上帝"处于同一层级吗？

在我们所熟悉的"世界"（现在被称为"经典世界"）中，并不存在本体论层面的随机性：每一桩看似随机的现象，总有一个或多个特定的肇因。我们平时所说的"随机性"，实际上只是标示了**认知论的局限**，而非**本体论的状况**。

掷骰子或抛硬币所表现出的随机性，仅仅是因为影响结果的因素（初始速度、角度、旋转度、空间地理情况、气流情况等等）众多，而信息捕捉能力有限，以及计算能力有限，使得精确预测骰子或硬币最后停下来时哪面朝上，变得极为困难。但是那些左右骰子或硬币运动的物理方程都是确定性的，这意味着看似随机的结果，并不是真的具有随机性。在我们日常生活中出现的那些"随机"结果，其实仅仅是因为我们对那个被观测系统的了解还不够，捕捉数据与提取信息的能力还不够，

---

① 原句直译是"那个老家伙不掷骰子"。爱因斯坦在 1926 年给玻恩的一封信中写下这句著名的话，参见 Albert Einstein, "Einstein to Max Born, December 4, 1926", in *The Born-Einstein Letters: The Correspondence Between Albert Einstein and Max and Hedwig Born, 1916–1955, with Commentaries by Max Born*, trans. Irene Born, New York: Walker and Co., 1971, p. 88.

以及计算能力还不够。于是，"上帝"就算掷骰子，只要你有所有的数据以及超强的算力，原则上就能和"上帝"一样预先知道结果。

为了论述经典物理学（从牛顿到爱因斯坦）的理论预设，圈量子引力论开创者之一李·斯莫林，曾特地引用汤姆·斯托帕德的剧作《世外桃源》中早熟的女主角托马西娜对她的家庭教师的一段话：

> 如果你能让每个原子都停在它现在的位置和运动方向上，而你的心智还能理解所有这些悬停动作，并且你非常擅长代数，那么，你就能把那个可以决定未来一切的公式写出来。另外，**尽管没人聪明到可以做到这事，但这个公式一定存在，就好像有人能把它写出来一样。**[1]

尽管没人那么聪明，但我们仍能预设这个公式存在。聪明到能掌握"那个可以决定未来一切的公式"的智慧存在，在物理学中被称作"拉普拉斯妖"（Laplace's Demon）。十九世纪初叶法国物理学家、数学家皮埃尔-西蒙·拉普拉斯曾这样写道：

> 我们可以将宇宙的当下状态视作其过去的效应，同时

---

[1]　Lee Smolin, *Einstein's Unfinished Revolution: The Search for What Lies Beyond the Quantum*, New York: Penguin, 2019 (ebook), p. 30, emphasis added.

也是未来的肇因。在某个特定时刻，一位智者会知道所有让自然运动起来的力，与所有组成自然的物件的位置。如果这位智者也足够渊博，能将这些数据加以分析，那么一个公式就能囊括宇宙里最巨大天体与最微小原子的运动。对于这样一位智者而言，没有什么是不确定的，未来就像过去一样，会在其眼前一一呈现。[1]

这是一个决定论式的宇宙，未来和过去一样是被决定了的。在我们眼中，之所以未来充满可能性乃至可塑性，只是因为我们掌握的数据太少，对那个公式（亦即"物理定律"）的了解更是远远不够（认识论局限）。

换言之，未来在本体论层面上是开放的、未决定的，是一个认知错觉抑或心理错觉。拉普拉斯妖这样的能掌握宇宙中每一个粒子精确状态的智者，是能够推知宇宙每一个粒子在过去与未来的精确状态，也就是能够确定性地知道一切。这个世界，在本体论层面上是被决定了的（本体论闭合）。

从前现代的"自然"（元物理学/形而上学）、"上帝"（神学），到现代的"拉普拉斯妖"（现代物理学预设的智者），尽管发生了所谓的"认识论转向"，然而都预设了一个闭合了的、不可变化的本体论。"自然""上帝""拉普拉斯妖"所先后占

---

[1]　Quoted in Carroll, *From Eternity to Here: The Quest for the Ultimate Theory of Time*, p. 120.

据的这个位置的当代候选人，无疑会是"超级计算机"（"超级"意味着其算力不受限制）。在斯莫林看来，"物理定律生效的方式就像计算机程序：读取输入，产生输出。对于物理定律来说，输入就是在给定时刻的状态，而输出则是其在未来某个时刻的状态。"[①] 其实，能输出未来某个时刻的状态，就能输出过去某个时刻的状态——超级计算机"知道"所有时刻的状态。

这种确定性的、能够依据公式（物理定理）进行输入输出计算的状态，就是"经典态"（classical state）——"经典"这个词，在当代物理学中可以和"前量子力学"相等同（"经典世界""经典物理学"……）。从牛顿力学到爱因斯坦的相对论，都是如此：把状态的初始值放入物理定律，我们能够得到未来某一时刻的状态，也能得到过去某一时刻的状态。这就是"牛顿主义范式"，经典物理学就是建立在这个范式之上。这样的世界，是算力极其强大的计算机（"经典计算机"）能够拟真出来的。[②]

量子态激进地打破了经典态。量子随机性（本体论随机性、"真随机性"），却使得计算机拟真我们这个世界，变得困难重重——除非如费曼所说用上"量子计算机"。对于量子随机性，塞林格写道：

[①]　Smolin, *Einstein's Unfinished Revolution: The Search for What Lies Beyond the Quantum*, p. 31.

[②]　关于算力问题的进一步讨论，请参见下一节与第四章第五节。

　　发现个体事件是不可约简的随机（irreducibly random），也许是二十世纪最重要的研究发现。在此之前，人们可以在如下预设中找到安慰：由于我们的无知，随机事件仅仅看上去随机。譬如，尽管一个粒子的布朗运动显得随机，它仍然能够被因果地加以描述，如果我们对其周围的粒子的运动知道得足够多的话……但对于量子物理学中的个体事件，不仅我们不知道肇因，而且**肇因本就不存在**。[①]

　　"肇因本就不存在"这个本体论论述，使得被视为支撑我们这个世界有序运行并使世界可被理解的因果机制，变成一个海市蜃楼般的虚影。"预测"成为不可能，而且这并非认识论局限所导致——在本体论层面上，未来本就不由过去所决定。

　　量子随机性，使我们实际上面对两种完全不同的"概率"观念——"经典概率"与"量子概率"。**经典概率的出现，是认识论局限所导致的**：人们所掌握的系统初始状态和外部边界条件的信息不够（以及算力不足），否则原则上可预测该系统其后任意时刻的运动状态（以及推知它此前任意时刻的运动状态）。**量子概率则指向一种本体论状况**：即便观测者掌握了系统的初始状态和边界条件，也无法完全准确预测该系统以后的运动状态（包括位置、动量等）。

[①]　Anton Zeilinger, "The Message of the Quantum", *Nature*, Vol. 438, 2005, p. 743.

当代国际关系理论家亚历山大·温特用颇为精到的语言，描述了量子概率与经典概率的根本性差异："经典概率标示我们对确凿事物的无知以及对现实的不完全描述，而量子概率则标示关于量子系统，我们原则上可以知道的一切。"[1] 前者尽管在认识论层面上具有局限，却信心十足地预设了本体论的确定性；后者则对在本体论层面上会发生随机性事件的系统，以概率形式给出全局性答案。

爱因斯坦认为，量子力学所呈现的随机性，背后一定有一个或一组特定的、决定论式的肇因，只是我们看不到它是什么。换言之，量子概率之下，必然隐藏着我们尚未发现的本体论层面上的决定论式过程。我们只有因认识论局限而产生的经典概率，并不存在本体论层面上的量子概率。本次诺奖得主克劳泽、阿斯佩、塞林格所领导的团队，用不断精细化的贝尔实验证明了爱因斯坦的定域决定论是不成立的。量子概率意味着，"不仅我们不知道肇因，而且肇因本就不存在"。

放射性衰变是一个量子现象。该现象可以被**描述**为电子摆脱电场力的束缚，"隧穿"到原子核之外。但我们无法**解释**该现象——解释需要调用因果机制。然而，我们找不到导致衰变的"肇因"。我们也无法通过观测任何东西，来解释为什么一个原子会在那个特定时刻衰变。因果性彻底被量子力学排除了

---

[1] Alexander Wendt, *Quantum Mind and Social Science: Unifying Physical and Social Ontology*, Cambridge: Cambridge University Press, 2015, p. 3.

出去: 事情会发生, 我们甚至能说出发生的可能性有多大, 但无法说出**为什么会发生**, 或**为什么在这个时候发生**。

当我们对电子的"位置"进行测量时, 薛定谔方程能算出在空间中任意位置发现它的概率。换言之, 波函数能告诉我们, 如果去观察的话, **可能**在哪里看到电子。但在任意一次实验中, 我们会在哪里看到它, 则是彻底随机的——薛定谔方程并无法告诉我们, **为什么**电子在这里而不是那里被观测到。薛定谔方程并无法解释, **为什么**"波函数坍缩"这样的变化会发生。①

那么, 不知道这个"为什么"要紧不要紧? 在量子态"坍缩"之后, 我们能够按照经典物理学的方式, 对该系统随后的变化建立因果分析。那么, 我们又何必苦苦在意"量子物理学中的个体事件"并不存在肇因这件事呢?

对此, 塞林格写得很到位:

> 由于个体事件能够有宏观尺度的诸种后果 (后果可以包括我们基因代码的一个特定变异), 这就意味着, **宇宙在根本上是无可预测的、开放的, 而非因果性地闭合的**。②

换言之, 如果量子层面上的个体事件是可以随机地、无缘无故

---

① 描述波函数如何随时间演化的薛定谔方程永远都是幺正的 (在幺正演化中信息既不会丢失也不会自动生成), 但导致"波函数坍缩"的测量过程则是非幺正过程。

② Zeilinger, "The Message of the Quantum", op.cit., p. 743, emphasis added.

地发生的话，那么，生命就可以无缘无故地发生变化（基因代码可以突然不是这样而变成别样），甚至我们所处身其内的这个宇宙，就可以无缘无故地发生变化。

不存在肇因，就意味着存在着"纯粹的效应"。哲学家吉尔·德勒兹同精神分析学家菲利克斯·加塔利在他们合著的《千高原》中，从量子力学的视角提出："纯粹效应隐含着一种去主体化的规划。"[1] 这个内嵌本体论随机性与纯粹效应的世界，不是启蒙规划里那个理性主体居于中心，并不断推进其认知力与掌控力的世界。量子世界，是一个**后人类**的世界。从人类的视角看出来，这是个"关于荒谬的世界"。[2]

连量子物理学奠基人之一维尔纳·海森堡早年同其师玻尔讨论量子实验的各种结果时，亦不断问出如下这个问题："自然可能是像它在这些原子实验中所展示给我们的那般荒谬吗？"[3] 这个"世界"中的一切，在本体论层面上竟是**开放的**，充满着鬼魅般的可能性。神女（上帝、拉普拉斯妖……）若无恙，当惊世界殊。

[1] 他们这样写道："粒子之间的快与慢的纯粹关系，隐含着去领土化的运动，正如纯粹效应隐含着一种去主体化的规划。"量子力学的超距作用，正是最激进的"去领土化"运动。德勒兹与加塔利利用"树"作为经典因果关系的隐喻（种子为因，树为果），进而提出"块茎"式的、非线性因果关系的形成。块茎"既没有开端也无终结，永远只是一个中间（环境），从那里它生长并蔓延出去"；它具有去领土化的潜能。任何事物都是块茎式的，树状只是一种特殊状态下的近似。See Gilles Deleuze and Félix Guattari, *A Thousand Plateaus: Capitalism and schizophrenia*, trans. Brian Massumi, London: Athlone, 1996, pp. 270, 21.

[2] Montwill and Breslin, *The Quantum Adventure: Does God Play Dice?*, p. 213.

[3] Werner Heisenberg, *Physics and Philosophy*, London: Penguin, 1928, p. 30.

第三节　"量子世界"：一个虚拟现实？

分析至此，我们可以看到：**"量子现实"不但自身如同鬼魅，并且使得我们所体验的那个日常"现实"，成为一个幻像般的"虚拟现实"**。

塞林格就提出，量子纠缠使我们不得不质疑"现实"自身的"现实性/实在性"。这位实验物理学家曾写道："大多数物理学家将量子预测的实验确认，视作非定域性的证据，但我认为，**现实的概念本身已陷入危机**。"[①]

那么，如何来界定这个危机？塞林格把我们这个世界的"现实"危机，描述如下：

> 现实与我们关于现实的知识之间的区分，现实与信息之间的区分，不再能够被做出。根本就没有办法去指涉（refer to）现实，如果不使用我们所拥有的关于它的信息的话。[②]

如果"现实"本身就是**我们关于"现实"的知识**的话，那么，"现实"在本体论意义上，就是一个不折不扣的"虚拟现实"。我们的知识发生变化，"现实"也就随之改变。塞林格的论述，

---

① Zeilinger, "The Message of the Quantum", op.cit., p. 743.
② Ibid.

同玻尔一脉相承。

作为量子力学的核心奠基人之一，玻尔却反复强调：量子力学并无法帮助我们获得关于"现实"的任何知识——它描述的只是实验观测到的结果，亦即，"现象"，而不是对"现实"本身的描述。我们的世界只是由"现象"构成，超出实验结果展开的关于"量子现实"的任何讨论，皆是不正当的。

玻尔深受康德影响。[①] 康德认为我们只能通过经验抵达"现象界"，至于那个"物自体"的"本体界"则无法抵达。纯粹理性批判，为人类的"知识"划定了界限，亦即，为"世界"划定了界限。这就意味着，我们并无法拥有关于"现实"（"本体界"）的知识。

玻尔曾写道：

> **"量子世界"并不存在**，存在的只是**一个抽象的量子物理学描述**。认为物理学的任务是了解自然究竟"是"什么样的，这就错了：物理学只关心我们能如何"描述"自然……什么是我们人类所依赖的？我们依赖我们的语词。我们的任务是和其他人沟通体验、沟通诸种理念。我们**悬浮在语言中**。在我们的消息不丢失其客观性格或含混性格的前提下，我们必须致力于持续性地拓展我们描述之范

---

① 玻尔的学生海森堡则深受玻尔的哲学思辨的启发。玻尔和海森堡是在哲学领域最有建树的两位量子物理学家。海森堡甚至曾称其师"首先是一位哲学家，而非一位物理学家"。Quoted in Allday, *Quantum Reality: Theory and Philosophy*, p. 412.

围。①

"'量子世界'并不存在"，就意味着在这个"世界"中我们所体验、感知、观测的"现实"（包括借助实验仪器所观测到的"现实"），彻彻底底就是一个"虚拟现实"。换言之，从日常的"经典现实"到鬼魅般的"量子现实"，都是虚拟出来的——由语言性的"描述"所虚拟出来。对于玻尔而言，物理学家能拥有的，最多只是对实验结果的语言性描述。故此，他们必须意识到，不应当用他们发展出的描述，去指涉"现实"。"悬浮在语言中"、依赖语词的科学家们努力去做的，就是扩大他们"描述之范围"，而这并不意味着增加了对"现实"（"自然究竟'是'什么样"）的了解。

物理学的"知识"，只能被勉强用来指涉经由实验所观测到的**现象**（归根结底，是物理学家借助实验仪器所获得的**体验**）。之所以即便用知识去指涉现象也实属勉强，那是因为，语言性"描述"——亦即，使体验与现象变成信息与知识的施为性行动（performative act）——本身，会对现象进行不可约简的扭曲。哲学家约翰·奥斯汀区分了"言有所述"（constative utterance）和"言有所为"（performative

---

① See Abner Shimony, "Metaphysical Problems in the Foundations of Quantum Mechanics," *Internotionol Philosophical Quanerly*, 18(1), 1978, p. 11; also Aage Petersen, "The Philosophy of Niels Bohr", *Bulletin of the Atomic Scientists* 19, 1963, p. 12, emphasis added.

utterance）。① 实际上，在物理学层面，前者亦是一种施为性的行动：该言可以让事情发生（譬如，某现象变成了信息）。

玻尔提醒物理学同行们：

> 我们必须永远不忘记，**"现实"也是一个人类的词，就像"波"或者"意识"。我们的任务，是学习正确地使用这些词，亦即，毫无歧义且连贯一致地使用这些词。**②

我们看到，玻尔并不认为量子力学触及了"现实"，而只是提供了"毫无歧义且连贯一致地"使用"现实"这个词的途径。这就意味着，我们所认知到的"现实"——包括那看不见的、据说是由量子力学实验所揭示出的"量子现实"——自始至终就是一个由语词（语言）构建起来的"虚拟现实"。而量子力学只是揭示出了：（1）这个"现实"是不连贯的、充满悖论的；（2）经典物理学的"知识"，恰恰遮掩住了关于"现实"的这个本体论状况。

玻尔要求量子力学只描述，不解释，亦即，只描述观测到的现象，不回答为什么。③ 也就是说，量子力学并不生产经典意义上的"知识"。深受玻尔赏识的理查德·费曼（系玻尔的

---

① See J. L. Austin, *How to Do Things with Words*, Cambridge, Mass.: Harvard University Press, 1975.

② Quoted in Wheeler and Zurek (eds), *Quantum Theory and Measurement*, p. 5, emphasis added.

③ 在这个意义上，以玻尔为首的"哥本哈根阐释"，其实是"哥本哈根不阐释"。

再传弟子），曾断言无人"理解"量子力学。这位 1965 年诺贝尔物理学奖得主在得奖前说，"我出生时不懂量子力学"，"如今我仍然不懂量子力学！"①

　　费曼并没有矫情，不"懂"是因为量子力学不是"知识"——即便作为量子物理学家获得诺奖，也仍然会对一连串没有答案的"为什么"无可奈何。在这个意义上，声称"懂"（"理解"）量子力学，就是彻底离开量子物理学而迈入"元物理学"（形而上学）了。

　　玻尔的好友兼论敌爱因斯坦不仅坦承不"懂"量子力学，并且认为它并不完备。在爱因斯坦眼里，"现实"内嵌悖论、"世界"并不存在，皆是无法接受的。爱因斯坦绝无法接受现实彻底是一个"虚拟现实"。在我看来，爱因斯坦能退到的最低的底线是：现实是一个超级豪华版的"增强现实 / 混合现实"——豪华到原来那个"底层现实"已然无法被触及。②

　　在那超级豪华版的"增强现实 / 混合现实"中，我们亦只能通过我们关于"现实"的知识与信息去符号性地指涉"现实"，除此之外别无可被体验到的"现实"。但同"虚拟现实"的区别在于，豪华版"增强现实"本体论地确认客观存在着"底层现实"（只是受困于认识论局限，我们无从触及）。而玻

①　Michelle Feynman (ed.), *The Quotable Feynman*, Princeton: Princeton University Press, 2015, p. 329.

②　对于执着于"大统一理论"的爱因斯坦而言，或许这条线已然是他无法接受的了，因为这实际上已经是康德主义认识论的立场了。

尔显然不是"增强现实"的拥护者——"'量子世界'并不存在"意味着这个世界彻底是虚拟的。

爱因斯坦的友人曾回忆在一次聊天中他突然追问：

你是否真的相信，月亮只有在你看它时才存在？①

海森堡曾经说过："我相信人们能够把一个粒子之经典'路径'的涌现，充分表述如下：当我们观测它时，'路径'才开始存在。"②而在爱因斯坦眼里，这几近荒谬，因为这意味着对象只有在被观测时才存在，意味着互动（观测者 / 观测设备与对象之间的互相作用）本体论地先于存在（对象的存在）。

"爱因斯坦的月亮"，诚然是检验"现实"是否虚的试金石。如果"现实"是一个仍然预设底层现实的"增强现实"的话，那么，月亮就算看不到，那也只是因为认识论的缘故（譬如，太多"增强"出来的特效遮挡了月亮），而月亮始终存在于底层现实里。但如果"现实"是一个"虚拟现实"的话，那么你不看"月亮"（以及其他一切"对象"）时，它就真的不存在。

在《艾尔登法环》这样的游戏中，玩家进入的每一个场

---

① Quoted in Ball, *Beyond Weird: Why Everything You Thought You Knew about Quantum Physics Is Different*, p. 99.

② Quoted in Jonathan Allday, *Quantum Reality: Theory and Philosophy*, Boca Raton: CRC Press, 2009, p. 305.

景，都是因他 / 她的在场而被即时渲染出来的。[①] 游戏的画面渲染和三维计算，都是用浮点方式进行计算，这种计算非常消耗系统的资源。[②] 程序员必须尽可能去优化算法来节省计算资源，以免造成系统的卡顿，使得世界变得肉眼可见地不连贯。

许多游戏里的"虫洞"（bugs），如两个人打斗碰撞在一起时发生"穿模"（两个人物模型叠加在一起），就是游戏引擎里碰撞算法的浮点精度不足造成的。这样的"虫洞"，会导致计算机拟真出来的世界丧失"真实感"。频频"除虫"（优化程序）也难以根除"虫洞"。避免这类"虫洞"的最直接方法，就是大幅度提升硬件算力。

于是，出于节省算力的目的，当玩家跑到另一个场景后，原场景以及里面的一切对象，实际上就不会再被渲染了（否则太耗算力）——实际上，随着玩家的走动，GPU 会有效地卸载之前渲染的所有内容，并把算力资源用来支持玩家的新视野。这被称作"视锥剔除"（frustum culling）。在大型多人在线游戏中，那些没有任何一个玩家处身其内的场景，亦不会被渲染。

---

① 　渲染是用计算机程序生成一个物体与环境的过程。

② 　也正因此，在中央处理单元（Central Processing Unit, CPU）之外，游戏硬件商不得不专门设计了具有强大浮点运算能力的图像处理单元（Graphics Processing Unit, GPU），而 GPU 又意外地推动了近十年人工智能"机器学习"的长足发展。进一步分析，请参见吴冠军：《爱的革命与算法革命——从平台资本主义到后人类主义》，《山西大学学报（哲学社会科学版）》2022 年第 5 期，第 12-14 页；以及吴冠军：《再见智人：技术-政治与后人类境况》，第四章。

同样地，当玩家视野中某些物体被另一些物体挡住，那么被挡住的物体则不会被渲染或加载——这被称作"遮挡"（occlusion）。此外，"细节层次"（level of detail）也是节省算力上的一个常用技术，比如树干的细微纹理只有当玩家凑到树前时才会加载。拟真旨在提供"现实感"，而不是爱因斯坦所念兹在兹的客观"现实"。

限于算力，游戏中不会预先"存在"着许许多多怪物或NPC，在世界各个地方走来走去。[①] 只有玩家走到附近地点时，才会触发它们的"出现"。在著名动作冒险游戏《怪物猎人：世界》里，有不少古龙种不是每次你进入该地图就一定会出现，脚本程序会设定一个概率数值。当你走到特定地点上，程序就会执行相应代码，其输出的结果决定你这次能否"刷"到龙。

那么，在你进入地图前，实际上这个 Boss 级的古龙，就属于"薛定谔的猫"的同类物种——它既在又不在。你进入地图后就触发该"概率函数"坍缩，龙要么在，要么不在；但只要你不进入（不去"观测"），它就可以被视作在与不在的"叠加态"。

同样地，限于算力，游戏不会把你打出的魔法或射击出的子弹的每一个轨迹都计算出来，而是会在你做动作时激发一个

---

① 我们也可以说他们此时以代码与数据形态存在，简称"代码态"。关于"代码态"的进一步探讨，请参见本章第五节。

动画（从屏幕上看到魔法效果或开枪的火花），然后在落点上判断击中还是没击中（击中再激发一个相应动画）；子弹或魔法弹飞行过程中每时每刻的位置与状态，则根本不会被计算。

换句话说，只有发生了"互动/相互作用"（如观测或碰撞），程序才会执行相关代码、输出数值（玩家眼前出现相应景像）。游戏这个"发光世界"里的一切事物，当没有"互动/相互作用"发生时，都根本不会存在——它们只会存在于代码里，等待互动事件的发生。

同样是出于节省算力，游戏里的许多对象（包括在不同地图里的对象），往往实际上共用同一套代码。在现实世界中，存在着处于鬼魅般纠缠态的对象。在游戏世界里，程序就可以用同一套概率代码，来表达纠缠态对象之间的鬼魅般的协调性。譬如，为了防止玩家实力增加得过快，X 处的宝箱如果"爆"出史诗级装备，那么 Y 处的另一个宝箱就瞬间改变自身的相应属性（里面宝物变成中等装备）……

上述分析让我们看到，正是由于计算资源的有限性，各种鬼魅般的量子现象出现了：你不看时月亮就不存在，猫既死又活，粒子同时存在于多个地方或经过多个路径，两个远距离粒子发生瞬间协调……如果说我们这个世界就是一个计算机拟真出来的世界，那么这些量子现象都不再是"鬼魅"般的了——它们都是为了节省算力而产生的副产品。

费曼就曾很认真地专门探究过，用计算机拟真我们这个世界时会碰到的算力限制问题。费曼提出，如果对"现实"的拟真的颗粒度想提升上去的话，亦即，达到"量子现实"的精度，那就必须用量子机器，"如果你想做出一个对自然的拟真，你最好让它是量子力学的"。[1] 当然，迄今为止所有的电子游戏与元宇宙游戏，都不是"量子力学的"，而是在"经典计算机"上运行。[2]

在题为《元宇宙的厕所会堵吗？》的公众号文章中，腾讯 Next Studios 游戏制作人叶梓涛（哲学学者蓝江的学生）从游戏设计的视角提出：

> 元宇宙虽然总是举游戏的例子，但这个"如同现实世界一样的、有无穷交互颗粒度的虚拟世界"的想法实际上与整个电子游戏的发展历程完全背离。游戏之所以需要设计，之所以有"游戏设计"，就是因为电子游戏永远不是一个"丰饶的经济学"（economy of abundance），而是一个"经济的（节俭的）经济学"（economy of economy）。什么叫丰饶经济学？就像我们可以使用特别暴力的手段，堆量，有无尽的算力，远远超出游玩范围所需要而去生成、设置无尽的事物，比如你要玩一个足球游戏，可以顺便把每根草的动画给做了，还能顺便多做点偶尔会冲上场的球迷还有矿泉水瓶。但实际上电子游戏的整套传统都是

---

[1] Feynman, "Simulating Physics with Computers", op.cit., p. 486.

[2] 进一步的讨论，请参见本书第四章第五节。

关于一种节俭和精耕细作的经济学。电子游戏的早期，创作者发挥各种聪明才智，在 16×16 的像素框中展示人物动画，努力把一切事物塞进 32kb 的内存卡，并以各种方式压榨，优化发挥机能。电子游戏的艺术甚至可以说正是欺骗的艺术。在游戏中，如果只需要渲染出这个建筑的正立面，就可以让你觉得这里有个建筑的话，就无须渲染出内部及后立面。将数十万人分开到不同的几千个服务器的副本，各种远程同步传输的解决方式，融合实时计算与预渲染的光照贴图烘焙，所有所有的这些，都是地球上最聪明的人们绞尽脑汁、接力赛式地创造和分享出来的技术与设计所带来的绝妙体验。①

这就是游戏开发师的"经济"思维：联结元宇宙里抽水马桶的下水道并不会被设计出来，除非它被特意设计成可游玩场景。能用预渲染的方式制作场景，就不会采用极度耗费算力的实时渲染。当然，爱因斯坦所说的月亮，并无法通过预渲染完成：尽管这可以以比较节省算力的方式让月亮"客观"地存在，但这个月亮是不会发生实时变化的。爱因斯坦口中的"看到"对象，包括对象的一切"客观"属性（位置、动量，乃至其组分的运动……）。

　　我们看到，游戏的虚拟世界，只需做到让你以为是"真

---

① 叶梓涛:《元宇宙的厕所会堵吗？》，微信公众号"落日间"，2022 年 5 月 30 日。

的"（拟-真）就行了。然而，值得进一步追问的是，我们这个世界，不也很像是这种"经济"思维贯彻下来的产物——大体确保了我们体验的"现实"很真，尽管在显示精度提升几十个数量级后就露马脚了？

这个世界，很像是水平高超的游戏开发师的一款杰作，把系统算力用到了刀刃上。在偏爱分析这个世界各种创伤、矛盾与冲突的哲学家兼精神分析学家齐泽克眼里，

> 创造出了或"编程"出了我们这个宇宙的上帝**实在太懒**（或低估了我们的智能）：他认为我们人类不会成功地将对自然结构的探究，拓展到超出原子的层次，所以他在编程我们这个宇宙的矩阵时，只处理到其原子结构的层次——超过这个层次的事物他就模糊处理了。[①]

从游戏拟真的视角来考察"现实"问题，我们可以说：二十世纪推动量子力学革命的那些物理学家，诚然捕捉到了这个世界里的一个又一个"虫洞"。尽管二十世纪（乃至人类文明史上）最伟大的物理学家爱因斯坦用"上帝不掷骰子"的宣称来捍卫这个宇宙的客观"现实性"，但量子力学的实验结果，一次次让爱因斯坦的"上帝"下不来台。

[①] Slavoj Žižek, *Less Than Nothing: Hegel and the Shadow of Dialectical Materialism*, London; New York: Verso, 2012, pp. 743–744, emphasis added.

不过，在齐泽克的上述论述中，我们可以发现，齐氏显然不太熟悉游戏制作这个行业。不然的话，他不会用"上帝"来比拟程序员，也不会用"实在太懒"来形容"编程"宇宙的工作。

程序员在编程时，面对比"上帝"困难得多的状况：算力非但不是无限的，而且捉襟见肘。全能上帝的作品里充满"模糊处理"，我们诚然可以指责他偷懒，但游戏开发师的作品里充满"模糊处理"，未必就是编程工作随意，而往往是因为算力的有限。[①]

另一位活跃在知乎（知识问答平台）里的游戏制作人"阿布大树"，探讨了优秀编程者应具有的职业素质：

> 一个优秀的程序员肯定是只关注用户所需要的输出结果，而不会设计无须表现的逻辑。所以系统在没有观测事件的时候，当然没有必要将一个物体在三维坐标系里移来移去浪费系统开销，一切看不见的粒子运动过程在码农眼里都毫无意义。比如，在设计 FPS 射击游戏的时候，玩家开枪的时候给他画个开火的动画，然后根据距离算子弹飞行时间，等到了时间，再根据实际情况算下命中概率和位置，如果命中再画个击中动画就好了。子弹飞行过

[①]　关于游戏开发师与上帝之间作比拟的进一步讨论，请参见第四章第六节与第七节。

程？不存在的。[1]

显然，我们这个世界里的优秀码农们的思路，同那位编程我们这个世界的"程序员"的思路，是十分吻合的——没有交互性的行动（譬如观测等），就没有输出。我们无从获得宇宙间浩如烟海的无数粒子相互作用的精准信息；在我们观测的那些点上，粒子们只显现给我们某些数据——它们会看我们测的是哪些属性，而给予相应数值（绝不多给）……我们的世界，像极了"螺蛳壳里做道场"的优秀程序员的一款作品。

阿布大树继续站在优秀码农的视角写道：

> 这个宇宙场景很大的，我们哪能做到把全宇宙里所有粒子在每一个普朗克时长的状态都计算出来啊，这些海量的粒子的代码每执行一次都要消耗大量的计算资源，既浪费也没有必要，你要看哪个我就算哪个不就完了，只要你不认真琢磨，看起来和全算状态其实没啥区别。而且，支撑宇宙运转的主机很强大的，绝对不会在你飞快跑动的时候让你看到正在渲染的色块。当然**前提是你别跑太快了**，所以我们要把这个世界的最大运动速度限制在光速以内。[2]

---

[1]　阿布大树：《延迟选择：鸡贼的程序员"回溯"了过去？》，知乎，<https:chuf//www.zhihu.com/market/paid_column/1517196714129252353/section/1529856780067074049>。

[2]　同上。

从游戏拟真的视角出发，让爱因斯坦勾画出狭义相对论的那个神来思路（作为常数的光速），很有可能就是编程我们这个世界的那位优秀程序员，在面对有限算力时的高妙应对办法。

在有限算力下，游戏引擎对是否发生"互动 / 相互作用"的检测，是不连续的——只能每隔一段时间检测一次。[①] 玩家发起动作的速度太快，代码的执行和相应的计算有可能会跟不上，对世界的渲染就会跟不上。这就会导致：本来你每次看月亮时它都会在（确保你拥有对"现实"的客观体验，确保你在爱因斯坦问你那个关于"月亮"的问题时会给出否定性回答），谁知你这次速度太快，相关位置的渲染来不及完成……

在 1999 年约瑟夫·鲁斯纳克执导的科幻影片《异次元骇客》中，男主人公一路驾车开到世界尽头，竟看到没有渲染的一条条绿色线框，那一刻才意识到自己的世界是一个拟真世界。实际上，想要看到未完全渲染的世界，只可能通过**加快自己的速度**，而不是开着普通速度的汽车冲破各种路障来到世界尽头……[②]

于是，"爱因斯坦的月亮"，确实构成了判断你处身其内的世界是否拟真世界的一个绝佳线索：如果你不看时月亮就不

---

① 即便计算机算力接近无限，但受限于计算机的系统时钟频率，检测在根本上依然会是不连续的。

② 《异次元骇客》这个设计，很可能是受到彼得·威尔执导的 1998 年影片《楚门的世界》的影响。

在，那这个世界肯定就是虚拟的。然而，当你不看时月亮据说还在（只能是据其他人说），也并不意味着世界就不是虚拟的——如果拟真我们这个世界的计算系统，本身算力十分充沛呢，甚至是一台比费曼当初的构想还要强大得多的超级量子计算机呢？

基于上述分析，被玻尔宣称并不存在的"量子世界"，确实像极了一个计算机拟真出来的世界——当没有人观测时，被观测的"对象"及其属性，统统不存在。实际上，在测量前，物理学家根本无法对量子对象做出任何描述或讨论。当我们测量量子对象的某个属性时，量子态会以一定的概率，随机变为明确具有该属性的状态。在测量前，我们根本就无法用"位置"来讨论电子——恰恰是我们要观测它的当下位置抑或运动轨迹，电子才具有了同"位置"相关的这一系列属性。这就意味着，当我们不"看"时，电子就不在那个地方。

对于处在纠缠态的粒子，在测量之前，它们如塞林格所言，"既都没有一个明确定义的速度，也都并没有一个特定的运动方向"。当我们观测其中之一时，它就"立即采取某一速度，并依照某一方向运动"，另一粒子则"在同一时刻——而非之前——采取相应的速度与方向"。①当没人"看"时，纠缠化的量子系统是怎么回事，就只有"上帝"知道了。

我们通过感官以及实验仪器所体验到的"现实"（从日常

① Zeilinger, *Dance of the Photons: From Einstein to Quantum Teleportation*, p. 6.

现实到量子现实），从头到尾都是"虚拟现实"。[①] 而量子物理学的主要奠基者们，似乎对此心安理得。他们既没有意愿，也认为毫无办法，去证明这个世界并不是一个虚拟世界。玻尔建议物理学家只**描述**看到与测量到的现象，这意味着，物理学家的研究同其处身的世界是不是一个虚拟世界完全无关。

这些量子物理学家的态度实际上就是，生活本身即便就是形如玩《艾尔登法环》，那也可以做一个具有科学精神的玩家。在第四章中我们已经讨论了，倘若你生活在一个"由生而入其内、由死而出其外"（借用罗尔斯的术语）的虚拟世界中，这其实完全不影响你成为一个伟大的物理学家——你可以通过感知、观测、实验等方式，实证性地研究该"世界"的物理现象。

玻尔的学生、费曼的老师约翰·惠勒，在其奠基信息物理学的那篇论文中，曾引用牛顿的好友兼论敌戈特弗里德·莱布尼茨之言：

> 尽管这个生命的全部，皆可被说成除了一个梦什么都不是，尽管物理世界可被说成除了一个幻像什么都不是，但我应把这个梦或幻像，说成是足够真实的，就好似我们如果使用理性得当，就永不会被它欺骗。[②]

---

① 请进一步参见第四章。
② Wheeler, "Information, Physics, Quantum: The Search for Links", op.cit., p. 8.

换言之，即便这个世界就是一个虚拟世界（"梦""幻像"……），也可以用理性去探究它。对于这些物理学家而言，世界可以是并不存在的，他们打交道的，是这个世界里的各种现象——对这些现象的描述，是可以用实证的方法来进行并加以迭代的。

这些物理学家不会说，我们的世界**不允许**一个人同时既在上海又在纽约，**不允许**一个人可以像崂山道士那样穿墙而过，而会说我们**观测不到这样的现象**。同样地，这些物理学家不会讨论，我们的世界是否**允许**月亮在我们不看它的时候不存在，他们只会说，在特定时刻我看到了月亮。我们无法谈论亦无从知晓世界本身的"现实性／实在性"。世界是不是虚拟的（一个梦、幻像），并不影响这些物理学家展开他们的研究性工作。

当代量子物理学家克里斯多弗·福克斯与阿夏·佩芮斯认为，我们唯一能要求科学做的事，就是让它给我们提供一个理论，能做出可以通过实验来检验的预测，如果它同时还能提供一个关于"现实"的模型，那自是再好不过，然而"并没有逻辑必然性能保证一种实在论的世界观总能被获致；如果世界就是这样（我们永无法鉴别出一个独立于我们实验活动的'现实'），那我们也必须为此做好准备"。①

就这样，量子力学激进地拒绝了从柏拉图主义元物理学

---

① Christopher Fuchs and Asher Peres, "Quantum Theory Needs No 'Interpretation'", *Physics Today*, March, 2000, pp. 70–71.

（形而上学）到牛顿主义－爱因斯坦主义经典物理学的传统，即，以"是"（being）为研究聚焦。惠勒的学生、退相干理论的重要贡献者沃伊切赫·楚雷克曾说："在经典物理学中**是什么**（what is）和**知道什么**（what is known）的区别，已经被模糊了，也许在量子层面就根本不存在。"①

悬置"是"什么，也就不会轻易地被欺骗：之所以在这个世界中欺骗大量横行，是因为人们总是相信某些东西是"真的"。②

第四节　构筑"现实"：人类的词与非人类的叽里咕噜

继续推进我们的分析。

上一节提到，玻尔深受康德影响。然而，当玻尔提出"'现实'也是一个人类的词，就像'波'或者'意识'"时，他实际上比康德迈进了一大步——用哲学的术语说，他从"认识论转向"抵达了"语言学转向"。

玻尔认为，把经验感知、观测的现象描述出来，这样的"世界"，就担得起"现实"这个词。对他而言，现象绝不仅仅是感官与实验室的创造，并且是"现实"的基本单位。③ 谈论

---

① Wojciech H. Zurek, "Forword", in his (ed.), *Complexity, Entropy, and the Physics of Information*, Boca Raton: CRC Press, 2018, p. viii.

② 请进一步参见吴冠军：《爱、谎言与大他者：人类世文明结构研究》，第十九章。

③ See Barad, *Meeting the Universe Halfway: Quantum Physics and the Entanglement of Matter and Meaning*, p. 33.

"现实"（一个"人类的词"）背后的任何"底层现实"，本身是不正当的。量子力学的贡献在于提供了一组**专门的语词**，来描述观测到的现象。

"波粒二象性"并不是量子对象的属性，而只是"一个人类的词"，是一些量子物理学家在描述如电子、光子这样的对象时所使用的一种符合实验观测结果的语言性描述——这些对象有时表现得像小球状实体，在另一些实验中则表现得像波。换言之，"波粒二象性"并非本体论层面上的"量子现实"，而是物理学家对诸种实验结果的一种描述。

同样地，"叠加态"描述的，也不是量子对象真的同时处于两个或多个态。实际上，"叠加态"仅仅是被用来描述在一种环境中测量某对象，结果可能是两个或多个态中的任一个，每个测量结果对应一个出现概率，各概率由薛定谔方程计算出的相应波函数在整个叠加态中的权重决定。"叠加态"这种描述是从薛定谔方程的可能解倒推出来——它不是本体论层面上的"量子现实"。至于测量之前的"态"究竟**是**怎样的，由于无法被观测，量子力学无法描述。

"波函数坍缩"亦是对实验结果的一个语言性描述（甚至是一个不怎么妥切的描述）。我们并无法经验性地观测到"坍缩"。该词描述的，是无法进行观测（只能用薛定谔方程进行抽象计算）的未受干扰的量子对象，突然转变成可以观测到的现象的过程。归根结底，它要描述的，只是测量前和测量后的数学信息变化。

确实有不少量子物理学家，认为"波函数"就是"现实"，本身就具有"现实性 / 实在性"（被称作"波函数实在性"）。[①]然而，如量子相干性理论重要贡献者贝托尔德-格奥尔格·恩勒特所言，"存在着一个被共享的欲望，就是把薛定谔波动方程本身看作一个物理对象；这些人忘了（或拒绝接受），它只是一个数学工具，我们用它来做出**关于物理对象的一个描述**而已"。[②]圈量子引力论开创者之一卡洛·罗韦利更是直截了当地说："把薛定谔的波视作某种真实的东西，就把它看得太重要了——它并没有帮我们理解理论；相反，它带来了更大的困扰。"[③]

实际上，"波函数"告诉我们的是，我们可以对观测结果抱有怎样的期待，而不是"量子现实"是怎样。[④]我们无法说明，为什么在我们进行测量时，粒子会给出我们观察到的那些结果。没人——包括薛定谔本人在内——知道"波函数"（一种数学抽象）**是什么**。

一旦将"人类的词"这个视角引入物理学研究，我们就会注意到词本身的适合性（或者说妥切性）。"波函数坍缩"就被

[①]　譬如，李剑龙：《波函数实在性：不测量时，世界什么样？》，得到 APP。

[②]　Berthold-Georg Englert, "On Quantum Theory", *European Physical Journal*, 67(238), 2013, available at <http://arxiv.org/abs/1308.5290>, emphasis added.

[③]　Rovelli, *Reality Is Not What It Seems: The Journey to Quantum Gravity*, p. 202.

[④]　福克斯、佩芮斯等量子贝叶斯主义者主张，即便"波函数"告诉我们某个结果出现的概率为零，也只意味着我们没有理由期望观测到它。"波函数"解出的概率并不限制"世界"会表现出的样子，它给出的是观测者对观测结果所能抱有的期望。

很多量子物理学家认为是一个糟糕的词。而在约翰·贝尔眼里，"信息"亦是一个"糟糕的词"，"不管在应用中有多么正当且必要，它在任何以物理精确度为标榜的数学表述中都没有位置"。贝尔眼中"糟糕的词"的列表里，还包括"系统""装置""环境""可观测量"，以及最糟糕的"测量"。[①] 我们可以不同意贝尔对某个具体语词的判断（如"信息"是个糟糕的词），但有必要认识到：语词极其重要，因为我们的"现实"，正是由它们所构建起来的——有什么样的语言（语词与语法），就有什么样的"现实"。

语言构建起了"现实"，在其中我们的感官体验得到了相应的描述。

但问题就在于，我们用这套日常使用的语言来描述量子力学的测量结果时极其别扭——量子力学中的语词被视作"糟糕的词"，是因为这些语词原本都是被创造出来用以描述日常生活尺度上的现象的。

在玻尔看来，我们无法做到摆脱既有语言中的这些理念与概念，因为我们就是生活在该语言构建起来的经典世界里——这些理念与概念让我们用起来很舒服，但它们却无法被拓展到量子世界里。科学家们要求彼此进行的实验都能够用语言描述清楚，否则科学共同体将不再可能，科学将不再可能，然而他

---

① See Ball, *Beyond Weird: Why Everything You Thought You Knew about Quantum Physics Is Different*, p. 329.

们接受并使用的这套语言，在描述量子实验时无可避免地会陷入崩溃。

玻尔的学生海森堡更是写道：

> 光和物质都是单一的实体，我们看到的二象性是从**我们语言的诸种限制中产生出来的**。我们的语言做不到描述发生在原子内部的诸种进程，这并不让人惊讶，因为它被发明出来用以描述日常生活的诸种体验。这些体验唯由关涉极其巨大数量原子的诸种进程组成。进而，修改我们的语言使之能够描述这些原子进程，是非常困难的，因为**语词只能描述我们能够在头脑中形成画面的事物**，而这个能力同样也是日常体验的一个结果。①

我们表述不出自己脑海中跳不出画面的事物。拉康的精神分析学告诉我们，想像（the imaginary），亦是基于图像（image）——无法在头脑中形成画面，连想像都无从产生。②

海森堡和他老师一样，聚焦于概念和语词对"现实"的构成性作用。他提出："物理学的历史并不只是诸种实验发现与观察及其数学描述的一个序列；它也是**诸种概念的一个历史**。就理解现象而言，首要条件就是**引入合乎需要的概念**；唯

---

① Quoted in Allday, *Quantum Reality: Theory and Philosophy*, p. 292, emphasis added.
② 拉康的进一步观点是：图像／影像在本体论层面上，同想像是一回事。请参见本书第四章第五节。

有在正确概念的帮助下，我们才能真的知晓被观测到的是什么。"① 对于著名的"海森堡不确定性原理"，海森堡自己的阐释是：如果一个人想弄清楚"'一个对象（譬如一个电子）的位置'是什么意思……那他就不得不具体设计出确定的实验，通过它，'一个电子的位置'能够被测量到；否则**这个术语**就**根本没有含义**"。② "位置"与"动量"的不确定性，在海森堡这里同语词（术语、概念）关联了起来。"不确定性原理"意味着，"位置"与"动量"这两个词的有效性，是由具体的实验所赋予的，它们并没有独立的含义。实验创造出了一个粒子的位置。

　　玻尔和海森堡所揭示出的语言在物理学研究中的构成性作用，使得量子物理学主要同语词与概念（而非"现实"）打交道。③ 在齐泽克看来，这就是量子物理学的"最激进的内在死局"。他写道：

---

① Werner Heisenberg, *Encounters with Einstein, and Other Essays on People, Places, and Particles*, Princeton: Princeton Science Library, 1983, p. 19, emphasis added.

② Quoted in Allday, *Quantum Reality: Theory and Philosophy*, p. 304, emphasis added.

③ 半个世纪之后，德勒兹很具洞见地提出：哲学不同"现实"打交道；哲学就是去创造概念，或使概念在全新的方式下工作。他写道："对一个概念去进行批评，为什么不是很有意思？那是因为，对［概念的］功能去进行建构，和去发现新的领域，以使得该概念不再有用或不再充分，总是更有意思。"在德勒兹与加塔利合著的《什么是哲学？》一书中，两位作者提出，概念的建构，并不只是一个认识论的操作，而且同样是一项本体论的工程。本体论不是关于"是"（being）的研究，而是关于"形成"（becoming）。Deleuze, *Two Regimes of Madness, Texts and Interviews 1975-1995*, p. 349; see also Gilles Deleuze and Félix Guattari, *What Is Philosophy?*, New York: Columbia University Press, 1994.

　　为了进入科学性沟通的环路，它必须倚赖我们日常语言的诸种语词，而这些语词无可避免地在脑海中调入"平常的"可感知的现实的诸对象与诸事件（一个粒子的**自旋**、一个原子的**核**等等），并因而引入一个无可约简的紊乱——当我们太在"字面上"接受一个语词时，我们就被带歪（astray）了。①

描述总是由语词编织而成。而量子力学的描述，恰恰由大量将人"带歪"的"糟糕的词"——实际上是用来描述经典世界的日常语词——所编织而成。当我们按照字面意思去理解，就会发生"现实"扭曲。

　　对于这个死局，齐泽克给出的方案是，用"无意义的叽里咕噜"（jabberwocky），取代量子力学所有的语词。②日常语词会搞乱描述、带歪理解，那么索性换成叽里咕噜。倘若我们按照齐泽克的方案来重构量子力学的话，这种全新的量子力学话语，实际上便成了一种纯粹的反话语——和"人类的词"相对，"无意义的叽里咕噜"是非人类的。这种量子力学确实不再能够把人带歪，但也无法使自身成为一个具有**可沟通性**（communicability）的话语。如若说既有量子力学话语构筑

---

① Slavoj Žižek, *The Indivisible Remainder: An Essay on Schelling and Related Matters*, London: Verso, 2007, p. 210, emphasis in original.

② Ibid.

起了一个鬼魅般的"现实","无意义的叽里咕噜"则会把这个"现实",转变成**怪物**出没的"黑暗森林"。①

鬼魅,抑或,怪物。这个非此即彼的格局,是量子力学在符号性-话语性地构筑"现实"时所面对的"死局"。

进而,通过"人类的词"这个视角,我们能够看到:量子力学不只是提供不了关于"量子现实"的知识,就算在对量子对象与现象展开描述上,它也捉襟见肘。它实际提供的,是一组糟糕的"人类的词"(亦即,温和版叽里咕噜/扭曲版日常语词)——这套用以描述实验结果的糟糕的词,激进地瓦解了日常"现实",后者的"现实性/实在性",就建立在有效的可沟通性上。因这组语词削弱了可沟通性,"现实"现在变得充满诡秘与鬼魅。

当塞林格坚持关于"现实"的知识与"现实"本身的无可区分性时,他从作为语言性描述的"量子力学知识"出发,实际上对"现实"做出了一个相同的**本体论悬置**。

塞氏强调,量子力学揭示了"就抵达对世界每个细节的一个描述而言,现代科学的工程具有一个根本性的限制"。② 换

---

① 不同物种(如狗与人)在一定程度上也能够交换信号。"黑暗森林"这个隐喻来自刘慈欣作品《三体》系列第二卷。关于"黑暗森林"的政治哲学分析,请参见吴冠军:《话语政治与怪物政治——透过大众文化重思政治哲学》,《探索与争鸣》2018 年第 3 期。

② Anton Zeilinger, "On the Interpretation and Philosophical Foundation of Quantum Mechanics", in U. Ketvel et al. (eds), *Vastakohtien todellisuus, Festschrift for K. V. Laurikainen*, Helsinki: Helsinki University Press, 1996, p. 5.

言之，在描述世界之全部细节上，量子力学彻底无能为力——现代科学工程制造出的"知识"（亦即，对实验结果的语言性描述），是在这个"根本性限制"上的符号性构建，归根结底是靠不住的。而这就意味着，"现实"是靠不住的。

塞林格的下面这段论述，则进一步从认识论局限（现代科学知识之界限）出发，抵达了本体论层面：

> 在一个给定情境中，**什么是能够被说出来的**，必须经由某种方式定义**什么是能够存在的**，或至少对什么是能够存在的施加了诸种严格的界限。[①]

科学不仅无法描述"世界的每一个细节"，而且那些被描述出来的"细节"，就成为我们"现实"中实际存在的"事物"。"能够被说出来的"，在本体论层面上定义了"能够存在的"。而一切在语言的边界之外的，则**不存在于世界之中**。

组成我们这个世界的是各种现象，而每个现象，只有在被感知、被观测、被描述出来之后**才存在**。"量子世界"之所以被视作鬼魅般的、诡秘的、怪异的，就是因为对比那个日常尺度上的"世界"，亚原子尺度上的诸种现象，用既有的语言不太容易能够被说出来。于是，那些"糟糕的词"，便对什么是能够存在于"量子世界"中的，施加了严格的界限。

---

① Zeilinger, "The Message of the Quantum", op.cit., p. 743, emphasis in original.

　　较之塞林格关于"什么是能够存在的"的本体论阐述，玻尔本人则更是做出了直截了当的本体论宣言："量子世界"并不存在。玻尔清晰地将这一**否定性本体论**（negative ontology），建立在作为符号指向链条（signifying chain）的语言的构成性功能上——在这个意义上，玻尔不只是奠基了量子力学，并且奠基了量子力学（以及现代物理学）的语言学转向。①

　　"量子世界"是符号性构建起来的，是一个"符号性的秩序"（借用雅克·拉康的术语）。在谈论薛定谔方程时，玻尔曾提出："在这里，我们在处理的，是一个纯然符号性的程序。"② 玻尔强调物理学并无法揭示"现实"，它只是创造出一门可以让我们针对实验设置与实验结果进行交流的语言。玻尔本人写道：

　　　　我们悬浮在语言中，以至于我们说不出**哪个方向是上，哪个方向是下**。"现实"也是一个词，一个我们必须

---

① 当代仍有不少哲学研究者，只是在形而上学（元物理学）的意义上使用"本体论"一词，这导致他们中有不少人给玻尔贴上"工具主义"的标签。提姆·默德林在其 2019 年的著作《物理学的哲学：量子论》中竟完全跳过奠基量子论的哥本哈根学派不予讨论，原因是尼尔斯·玻尔和他的同事们"完全没有投身于任何的本体论或动力学"（uncommitted to any ontology or dynamics at all）研究。See Tim Maudlin, *Philosophy of Physics: Quantum Theory*, Princeton: Princeton University Press, 2019, p. xi.

② Quoted in Allday, *Quantum Reality: Theory and Philosophy*, p. 413.

学着去**正确使用**的词。①

我们所处身其内的"世界"，由语言所结构化。语言使得这个"世界"成为一个类似影片《黑客帝国》在银幕上所呈现的"矩阵"——"上"与"下"、"正确"与"错误"、"美"与"丑"、"好吃"与"难吃"……统统由"矩阵"所规制。对词的"正确使用"，实际上意味着根据"矩阵"所规制的含义来使用。

玻尔告诉我们，"正确"，便由"经典世界"所规制，"它就在物理观察的本性中，所有体验必须最终用诸种经典概念的术语来表达"，"无论现象超出经典物理学的解释范围多么远，所有证据的说明必须以诸种经典术语来表达"。② 我们做不到不用这些语词和术语来描述现象。海森堡亦写道："物理学中的任何实验，无论它指向日常生活的现象还是原子事件，都会被经典物理学的术语描述。诸种经典物理学的概念，构成了我们用以描述我们实验的语言，以及陈述实验结果的语言。"③

我们**悬浮在语言**中。这意味着，语言构成了——借用齐泽

①　Quoted in Aage Petersen, *Quantum Physics and the Philosophical Tradition*, Cambridge, Mass.: The MIT Press, 1968, p. 188, emphasis added; see also Allday, *Quantum Reality: Theory and Philosophy*, p. 291.

②　Niels Bohr, *Atomic Theory and the Description of Nature*, Cambridge: Cambridge University Press, 1934, p. 94; see also Allday, *Quantum Reality: Theory and Philosophy*, p. 414.

③　Quoted in Allday, *Quantum Reality: Theory and Philosophy*, p. 424.

克的表述——"那个将我们关于现实的体验予以结构化的无形的秩序,关于诸种规则与意义的复杂网络,它使得我们看见我们所看见的——依据我们看见它的方式(以及使我们看不见——依据我们看不见它的方式)"。① 我们的"世界"(从微观尺度到宏观尺度),是一个语言所构建出的**符号性宇宙**:我们对于"现实"的一切体验与认知,皆是由语言所结构化,故此,这个"现实"是一个不折不扣的"虚拟现实"。

在玻尔所生活的时代,电子游戏尚未诞生,元宇宙更是闻所未闻。在今天,我们可以继续提出玻尔式的追问:**所谓的"底层现实",会不会只是"底层代码",我们只是悬浮在计算机语言中**?

凯伦·芭拉德用"纠缠"一词,来形容玻尔眼中**话语**("人类的词"及其含义)与**物质**之间的关系——词与物的"纠缠",使得前者在玻尔这里并不是抽象的、理念性的,而是同时包括"实际的物理安排"。话语与物质在它们的"互相构建"之外,并没有确定的边界、属性或意义。芭拉德认为,玻尔笔下的"词与物"与米歇尔·福柯笔下的"词与物"存在着呼应,亦即,"词"具有"生产性的权力",它不只是描述"物",并且生产性地构建"物"。而玻尔眼中的"装置",则对应福柯所说的"话语实践"——实验性的装置,就是具有"诸种特定物质性重新构造"(specific material reconfigurings)的话语实

---

① Žižek, *Event: Philosophy in Transit*, p. 119.

践；经由装置，各种"对象"与"主体"（如观测者）被生产出来。[①] 正是在词与物的纠缠中，"世界"得以不断"形成"。

由于我们"悬浮在语言中"，故此我们无法触及本体论层面上的物自身、物之"是"，而只能对我们关于"对象"的体验与观测进行描述，并对描述加以讨论。让我们再来考察"波粒二象性"——它并非量子对象的本体论属性，而是被用来描述量子对象的**两种互相抵牾的话语**（"波"话语与"粒子"话语）之组合。量子物理学家们用这样的语言性描述，构建起了被体验为形同鬼魅的"量子世界"。齐泽克曾这样评论量子力学：

> 诸种量子过程，比起人们能在"自然"（在该词的标准意义上）中找到的任何东西，更接近**人类的语言宇宙**。然而，这份接近性，恰恰使它们同人们在"自然"中遭遇的任何东西相比，更无与伦比地怪异。就是在这里，我们可以定位到量子物理学同康德主义先验向度对照起来的离奇性：一方面，看上去康德的根本性洞见（我们所体验的现实不仅仅是"在那里"，并且是观测主体所构建的）在量子物理学中最终得到验证，被科学本身所完全确认；另一方面，先验模型的这一"经验性"实现，却显现为溢出

[①] Barad, *Meeting the Universe Halfway: Quantum Physics and the Entanglement of Matter and Meaning*, pp. 147-148.

性的、让人不安的，就像那种太在字面意义上细抠规则、
最终糟蹋掉游戏本身的讨厌鬼。[1]

前文已经分析了，深受康德影响的玻尔，实际上把康德在认
识论上的"哥白尼式革命"，推进到了本体论层面，发展出了
"语言学转向"——物理学家所研究的这个"宇宙"本身，从
来就是"语言宇宙"、符号性宇宙。量子物理学让人不安乃至
厌恶的地方就在于，它意味着"宇宙在其整体意义上**并不存
在**"。[2]

让我们对本节的分析做一个概括。

量子力学所提供的"关于现实的知识"揭示出，"现实"
是符号性地构建起来的（对实验结果的描述），并且它自身充
满矛盾（互相抵牾的话语）。

量子力学逼迫我们放弃客观的、预先存在的"现实"，并
把我们带到本体论层面上的深渊：这个世界，并不具有"现实
性 / 实在性"。

现在，我们所体验的"现实"中，充盈着一串无法被驱除
的"糟糕的词"。"现实"不再让人踏实，而是令人无法避免地
升腾起**本体论焦灼**，就如《黑客帝国》中尼奥们对于"现实"
产生的焦灼。[3]

---

[1] Žižek, *The Indivisible Remainder: An Essay on Schelling and Related Matters*, p. 230.

[2] Ibid., p. 228, emphasis in original.

[3] 关于本体论焦灼的探讨，请参见本书第四章。

也正是在这个意义上，玻尔不建议物理学家去研究"底层现实"是否存在。而爱因斯坦则对这样的建议充满焦灼：量子力学用来描述现象的语言越是互相抵牾，不越是意味着物理学家们应探寻更为底层的现实（如隐变量）来消除这种令人不安的状况吗？

爱因斯坦及其追随者，就如同《黑客帝国》中的尼奥等英雄，努力探寻本体论层面上真实的"底层现实"，哪怕最后发现那是一个荒漠。

而玻尔及其追随者则坚持，这个激进瓦解了我们所熟悉的经典世界的"量子世界"，决然不是"底层现实"（它被玻尔称作"并不存在"），就像在《黑客帝国》系列第二部《黑客帝国：重装上阵》最后，英雄们创痛性地意识到，"矩阵"之外的那个荒漠般的"真实"，仍然是一个"虚拟现实"。

第五节　注册进"世界"：重思语境性与潜在性

于是，从量子力学出发，"现实"永远只能是**打引号的"现实"**——如玻尔所言，"现实"本身就是一个人类的词。

归根结底，"现实"从来不是"在那里"（out there），而是语言所结构化的——经由对体验（从肉身感知到实验仪器观测等）的语言性描述，"现实"被构建出来。至于"社会现实"，则更是由各种话语构型（discursive formations）所编织而成。

这也就是说，一切"世界"，皆是**被穿孔的**，因为它结构性地不包括那个"真实之荒漠",亦即,硬核的"底层现实"。用拉康的术语来说,万事万物必须经受"符号性阉割",才成为"世界"的一部分。

这个"世界"里所有的"物质",发生的所有的"事",必须被"注册"进语言的符号性秩序中,才变成事实性的存在——这个过程,就是**符号化**。齐泽克这样解释符号化:"通过将其自身刻写进外在的符号性媒介中,现实'变成它所一直是的样子'。"①

以玻尔为代表的哥本哈根学派主张,是认知性的观测活动,主动地建构起了我们观测到的"事实"——比如电子的"位置",就是观测行为所建构的。这就像是,在水果摊挑选猕猴桃时,你可以通过捏一捏来判断它的"质量";但在你捏一捏的过程中,实际上已经改变了猕猴桃的软硬——你的"测量",使猕猴桃的"状态"发生了改变。**当我们探寻关于"现实"的知识时,本身就主动参与到了构筑"现实"之中**。关于测量结果的**描述**,便是将其**注册**进"世界"中,使其成为它的"现实"的一部分。我们以为自己是在认知"世界",实际上是在参与"世界"的形成。

量子物理学家在做实验时反复发现,对观测仪器做微小调整,却往往会得到彻底不同的结果。玻尔提出,实验结果不同,是因为观测的已不再是同一个东西;或者说,微调仪器设

---

① Žižek, *The Indivisible Remainder: An Essay on Schelling and Related Matters*, p. 226.

备后，就已不再是同一个实验。不同的观测行为，能产生不同的"现实"，并且它们还不一定彼此相容，由此产生种种本体论层面上的悖论与矛盾。

量子物理学家尤金·维格纳通过著名的思想实验"维格纳的朋友"提出：不同人，能够观测到彻底不一样的"现实"。玻尔则用"互补性"（complementarity）这个概念提出："现实"本身总是内嵌矛盾、悖论。"波"与"粒"两套描述互为排斥，但都有实验结果背书。[①]

著名的量子版"双缝实验"显示，如果观测粒子的路径，那么就会发现粒子只走了两条路径中的一条，如果我们不问路径，直接观测结果，那么就会得到干涉条纹，这意味着它同时走了两条路径。就这样，双缝实验之两种结果的描述，将两个相互矛盾的"事实"注册进了"世界"中：前一种描述构建起粒子走了某确定路径的"事实"，后一种描述则构建起它同时走了两条路径的"事实"。

于是，"事实"变得具有**语境性**（contextuality）：脱离探寻事实的语境与背景，就不存在"事实本身"。诚如菲利普·鲍尔所言，"事实"原本是一个法律术语，拉丁语的词源表示一个行动，指一件事被做了，而非"某种预先存在的真

---

① Niels Bohr, "Causality and Complementarity", *Philosophy of Science*, 4(3), 1937, pp. 289-298. 玻尔从哲学家威廉·詹姆斯处借来"互补性"这个概念。

理"。① 这也意味着，正是我们自己，创造出了我们在寻找的那个对象——在我们寻找之前，它并不存在。量子力学揭示出，采用不同的"视角"（提出问题和进行观测的方式），会看到不同的"现实"。这就意味着，**你怎么"看"到问题，本身就是问题的一部分**。

约翰·惠勒用猜词游戏（亦被称作"20 问游戏"），来论述量子力学所提供的这个洞见。② 这个游戏允许作为猜词者的玩家，用 20 个问题来猜其余玩家事先选定的一个词是什么，而后者只以是与否来作答。猜词者用完 20 个问题还未猜出这个词就被判定为输，反之则赢得游戏。在惠勒版的"20 问游戏"里，猜词者很可能会慢慢注意到，越玩到后面，坐在对面的那些人给出回答的时间会越长，而且还经常彼此交换眼神……

最后猜词者给出答案（譬方说"草莓"），而其余人笑着说"正确"。实际上，其余玩家事先并没有选定任何词，而只是顺着猜词者的提问作答并保持前后答案相一致而已（所以越到后面给出回答会用时越长）。在惠勒版游戏中，如若猜词者问不同的问题，最后"猜出"的那个词会截然不同。答案本身，是在问答过程中被创造的。

---

① Ball, *Beyond Weird: Why Everything You Thought You Knew about Quantum Physics Is Different*, pp. 342-343.

② John A. Wheeler, "The 'Past' and the 'Delayed-Choice' Double-Slit Experiment", in A. R. Marlow, *Mathematical Foundations of Quantum Theory*, New York: Academic Press, 1978, pp. 9-48.

惠勒把这个游戏和量子实验做比较：

> 实际上，关于词的**信息**通过我们的提问而一步步生成，正如在实验中关于电子的信息一步步随着观测者的选择而生成。如若我们选择问不同的问题，我们最后会得到一个不同的词，正如实验者如若测量了不同的数量，或同样数量但不同测量顺序，他会得到一个关于电子行为的**不同故事**。[①]

惠勒版猜词游戏，将量子实验的诡异结果，具有信服力地映射入我们的经典"世界"。在这个"世界"里，你认为一件事、一个人或一个组织是可疑的，你就能经验性地找出各种让人生疑的证据，而相反你认为某人或某事物是可靠的，同样你也不难找到相应证据。[②] 你能讲出关于一件事（已经发生的事）的完全不同的**故事**，每个故事都包含了分量十足的证据。在法院的庭审中，当证人们被不同的律师以不同问题进行提问时，最后就会产生完全不同的故事。

这些年来，全球范围内的"我也是"（Me-Too）运动，声讨男性对女性的各种性侵犯、性骚扰。那么，我们是否生活在

[①] Quoted in Wendt, *Quantum Mind and Social Science: Unifying Physical and Social Ontology*, p. 68, emphasis added.

[②] 请进一步参见吴冠军：《信任的"狡计"——信任缺失时代重思信任》，《探索与争鸣》2019 年第 12 期；吴冠军：《重思信任——从中导危机、武汉疫情到区块链》，《信睿周报》第 20 期（2020 年 3 月）。

一个"针对女人的父权暴力"的"现实"中？对于这个问题，"看"（看问题）的方式不同，答案会完全不同。在一些著名的"我也是"案例中，证据成为争议的焦点。然而在我们这个"世界"中，"事实"从来不是简单地因证据而判定。在一篇写于二十世纪九十年代初期的论文中，齐泽克曾写道：

> **唯有当暴力被一个女人体验——注册——为父权暴力时**，人们才能够宣称该暴力成为真实的暴力。在一个传统父权制意识形态具有无可质疑的领导权的社会（亦即，缺失甚至是最低程度的"女性主义觉醒"的社会）中，男人对于女人的某种"占有性"的态度，不但不会被女人视作"暴力性的"，而且甚至被视作本真激情的关爱而予以全身心的接受。当然，重点不是通过将这种暴力缩减为某种"仅仅想像出来"的东西来"软化"暴力：暴力是"真实"的，但只有通过将其"注册"进符号性秩序中，它的未经加工的、未决定的现实才成为"不可接受的暴力"的现实。①

"'注册'进符号性秩序"，才是"现实"得以被构型的关键。"我也是"之所以成功地发展成为全球范围内的运动，不在于

---

① 这篇论文讨论的主题正是"量子物理学与拉康"。Žižek, *The Indivisible Remainder: An Essay on Schelling and Related Matters*, p. 222, emphasis in original.

那些在社交媒体上宣称"我也是"的揭发者们提供了多少证据，而在于她们彼此呼应地讲出了关于父权暴力的故事。[①]

　　一种状况被体验为"现实"，当且仅当它被注册进符号性秩序中。你带着"粒子在什么位置"（寻找粒子轨迹）的问题去观测，和带着"同时经过双缝是否成立"（寻找波动性）的问题去观测，双缝实验指向两种全然不同的"现实"。你带着"夫为妻纲"视角抑或"父权暴力"的视角去观察同一现象，将进入完全不同的"现实"。

　　重点不是去追问哪种"现实"更真，而是去看到：**"现实"本身就内嵌矛盾，换言之，里面注册有各种彼此完全抵牾的关于"真相"的描述**。"世界"里没有"真理/真相"（truth），亦即，关于"现实"的正确描述。"世界"里只有——借用福柯的术语——"关于真理/真相的政权"（regime of truth）。

　　在第四章中我们已提到，霍金用"依赖模型的实在论"，来表述"现实/实在"的本体论状况。霍金认为："诸种**头脑概念**（mental concepts），是我们唯一能够知道的现实。不存在对现实的不依赖于模型的检验。"[②]"夫为妻纲"抑或"父权暴力"，皆是这样的头脑概念，通过这些作为"模型"的头脑概

---

①　关于"我也是"运动的分析，请参见吴冠军：《德勒兹，抑或拉康——身份政治的僵局与性差异的两条进路》，《中国图书评论》2019 年第 8 期；吴冠军：《在黑格尔与巴迪欧之间的"爱"——从张念的黑格尔批判说起》，《华东师范大学学报（哲学社会科学版）》2019 年第 1 期。

②　Quoted in Kitty Ferguson, *Stephen Hawking: An Unfettered Mind*, New York: St Martin's Griffin, 2017, p. 433, emphasis added.

念，我们才能检验"现实"。

在霍金看来，我们只能通过各种作为"我们头脑的阐释性结构"的"镜片"、各种"精良建构的模型"来认知"现实"，"科学理论仅仅是我们用来描述我们诸种观测的一个数学模型"。[①] 对于这个"世界"，观测者如若从微观尺度来观察，事物的变化毫无"秩序"（量子随机的"真空涨落"甚至看上去像"本体论作弊"[②]）；但如果从宏观尺度来观察，事物的变化则相当"有序"。这诸种不同的"现实"，并不简单地是由认识论的局限所造成，而是本体论的状况。该状况就是，并不存在客观的"物理现实"。换言之，我们所体验的"现实"，总是"虚拟现实"。

我们还可以试作追问：当代物理学中广义相对论与量子力学的矛盾，真的只是认识论局限所导致，而非"现实"本身的本体论悖论性状况所导致？过去这一个世纪中，无法容忍"现实"内嵌矛盾的物理学家们，前赴后继地将其智识努力投于脱离实验观测的各种"大统一理论"、"万物理论"之构建上。[③] 这难道不恰恰意味着，物理学正在重新返回"元物理学"（形而上学）？

---

① Hawking and Mlodinow, *The Grand Design*, pp. 14, 267, 18-19; Hawking, *The Theory of Everything: The Origin and Fate of the Universe*, p. 100.

② "本体论作弊"一词来自齐泽克对真空涨落的描述。See Žižek, *The Indivisible Remainder: An Essay on Schelling and Related Matters*, p. 226.

③ 关于各种版本的旨在统一广义相对论与量子力学的"万物理论"的一个介绍，参见克洛斯：《万物理论》，张孟雯译，北京：生活·读书·新知三联书店，2020。

量子力学让我们看到，物理学家所做的，就是注册的工作：通过实验观测，将某种发现注册进我们的世界。科学哲学家托马斯·库恩所说的科学研究的"典范转移"现象①，实际上就是指：每隔一段时间，科学家们会把完全不同的说法、语词，注册进我们生活在里面的那个符号性秩序中。诚如身为实验物理学家的塞林格所言，"实验者通过选择装置，能够定义在测量中的一组**可能性**中，哪个质量会变成**现实**"，"哪些部分我们能用我们的经典语言来说，哪些部分是量子系统，取决于特定的实验性设置"。②

负责把所有注册进符号性秩序中的内容平滑地整合成我们所体验的"现实"的那个能动者，用拉康的术语说就是"大他者"。也就是说，"大他者"负责把各种"事实"之间、"模型"之间的矛盾遮盖住，使这个世界看上去是连贯的。"世界并不存在"（玻尔的"量子世界并不存在"），就对应拉康所说的"大他者并不存在"：这样一个终极意义上能够遮盖住世界之本体论悖论的存在，自身在本体论层面上并不存在。③

量子力学揭示出，"现实"实际上总是有**两个本体论层级**：

① Thomas S. Kuhn, *The Structure of Scientific Revolutions*, Chicago: The University of Chicago Press, 1996.

② Zeilinger, "The Message of the Quantum", op.cit., p. 743, emphasis added; Anton Zeilinger, "Experiment and the Foundations of Quantum Physics", *Reviews of Modern Physics*, 71(2), 1999, p. S296.

③ 关于大他者的进一步讨论，请参见本书第一章第三节与第六章第五节；以及，吴冠军：《爱、谎言与大他者：人类世文明结构研究》。

一种是以潜在性状态存在的、充满不确定性与可能性的"现实"（所谓的"量子现实"）；另一种是可以被感知与测量的、具有确定性的"现实"（所谓的"经典现实"）。

潜在的"现实"，即为齐泽克笔下的"未经加工的、未决定的现实"，只有经由符号性注册这个行动，它才能转变成"现实"。吉奥乔·阿甘本则把"可沟通性"的缺失，视作潜在性之域的界桩。[①] 我们可以把阿甘本的洞见，引入量子物理学所揭示的两个本体论层级："经典现实"具有可沟通性，可以被描述出来；而"量子现实"尽管充满潜在性，但本身欠缺可沟通性，无可描述（没人知道在语言描述与数学抽象之外，量子态本身"是"什么）。

基于可沟通性，阿甘本提出了一个"新的、连贯的关于潜在性的本体论"[②]，亦即，"潜在论"（potentiology）。同作为形而上学/元物理学的柏拉图主义本体论（聚焦"是"的肯定性本体论）相反，作为潜在论的本体论是一种否定性本体论，它主张"不是"比"是"更根本。[③] 阿甘本对亚里士多德笔下"潜在性"（potentiality）/"确实性"（actuality）这对概

---

① Giorgio Agamben, *Means without End: Notes on Politics*, trans. Vincenzo Binetti and Cesare Casarino, Minneapolis: University of Minnesota Press, 2000, pp. 70, 96. 关于可沟通性的讨论，请进一步参见吴冠军：《话语政治与怪物政治——透过大众文化重思政治哲学》，《探索与争鸣》2018 年第 3 期。

② Agamben, *Homo Sacer: Sovereign Power and Bare Life*, p. 44.

③ Agamben, *The Time That Remains: A Commentary on the Letter to the Romans*, p. 41. 关于阿甘本的"潜在论"的分析，请参见吴冠军：《生命权力的两张面孔：透析阿甘本的生命政治论》，《哲学研究》2014 年第 8 期。

念的激进改造，就在于颠倒二者的**本体论序列**：潜在性比确实性更具原初性。在这个意义上，潜在性就是"非潜在性"（impotentiality），亦即，不做什么或不是什么的潜在性。①

诚然，我们不知道"量子现实"**是**什么。但借助阿甘本的潜在论分析视角，我们可以定位到它：**"量子现实"，指向拒绝成为"经典现实"的非潜在性**。"量子现实"（自身也是一种打引号的"现实"）充盈着不做什么或不是什么的潜在性（亦即，非潜在性）。在观测之前，量子对象既不在"这里"，也不在"那里"，既不是"波"，也不是"粒子"。它本体论地保持着可以"在（某处）"的潜能、可以"是（某物）"的潜能，但是不去"确实化"（actualization）（或者说"实现"）这份潜能。②也正因此，尽管同为打引号的"现实"，"量子现实"比"经典现实"更具有本体论的原初性。

从潜在论视角出发，我们可以提出：量子力学的鬼魅、诡秘、怪异，实则就是因量子对象**对潜在性（非潜在性）的本体论坚持**而产生。"波函数坍缩"这个术语，实际上标识出的是

---

① Agamben, *Homo Sacer: Sovereign Power and Bare Life*, p. 45; Giorgio Agamben, "The Messiah and the Sovereign: The Problem of Law in Walter Benjamin," in his *Potentialities: Collected Essays in Philosophy*, ed. and trans. Daniel Heller-Roazen, Stanford: Stanford University Press, 1998, p.181. 阿甘本的论点是："not-not-be" 不是 "be"、非-非 A 不是 A、非潜在性不是实在性。See also Giorgio Agamben, *The Coming Community*, trans. Michael Hardt, Minneapolis: University of Minnesota Press, 1993, p. 103.

② "势能"（potential energy）的直译，就是潜在的能量，蓄势待发的能量，这种能量不让自身释放、转化为动能（kinetic energy）或其他形式能量的。

潜在性的坍缩，量子对象具有了可沟通性，成为被"确实 / 实现"化了的对象。故此，确实化，实际上就是符号化，对象被注册进了符号性秩序中（给予了"名字"，具有了"身份""属性"……）。①

对哲学倾注相当多心血的海森堡，当年就已经把量子现象同亚里士多德的"潜在性"概念进行关联。他写道：

> ［量子现实是］现实的某种中间层，在物质的庞大现实与理念或影像的思想现实之间的半途上——这个概念在亚里士多德的哲学中扮演着一个决定性的角色。在现代量子论中，这个概念采取了一个新的形态：它被量化地表达为概率，并受可数学化表述的自然规则的支配。②

在海森堡眼中，量子世界具有一种独特的现实，它是数学的彻底抽象形式与彻底具体的日常现实之间的"中间层"现实。这种中间层，就是亚里士多德所说的潜在性。海森堡进而写道："从'可能'到'确实'的转变，在观测行动中发生。如果我们想要描述什么在一个原子事件中发生了，我们就不得不意识到，'发生'这个词只能应用到观测上，而不能应用到两次

---

① 亚历山大·温特将社会结构视为"潜在现实"，而非"确实现实"。进一步讨论请参见第六章第五节。

② Quoted in Allday, *Quantum Reality: Theory and Philosophy*, p. 305.

观测之间的事物状态上。"[1] 在两次测量之间，量子对象就处在潜在状态，什么也不会"发生"（亦即，不会在我们的世界中"发生"）。而测量行动，则会使得量子现实的潜在性转变为实验结果的确实性（亦即，"发生"在我们的世界中）。

同样从潜在论视角出发，我们可以看到：量子力学中的"多世界阐释"，实际上就是在本体论层面上对"（非）潜在性"进行了靶向性打击——所有"潜在性"在无限分岔的宇宙中都成了"确实性"。故此，"多世界阐释"貌似引入了不可思议的可能性，并貌似使这个内嵌孔洞、矛盾、悖论的"世界"更加穿孔、更加充满矛盾与悖论，然而，它实际上恰恰使得本体论层面上的可能性彻底消失，使矛盾、悖论、穿孔状况彻底消失——尽管"世界"很多，但都是确实化了的、确定的、决定论式的，每种"可能"发生的状况都"现实"发生了。

我们还可以进一步看到，潜在论这个本体论分析视角，使得我们这个世界是一个元宇宙游戏的可能性增大了。游戏的拟真世界，结构性地具有**两个状态**：（1）程序的编程语言所构建的"代码态"，（2）玩家玩游戏时所体验的"经典态"（"发光世界"）。

拟真世界里的玩家，是彻底无法触及世界的代码态的，无论他们使用怎样的经验性-实证性的研究方法。那是因为，哪怕他们记录下每一次"互动/相互作用"带来的数据变化（甚

---

[1]　Quoted in Allday, *Quantum Reality: Theory and Philosophy*, p. 424.

至有些游戏中的人物头顶会直接蹦出每一次受攻击产生的伤害数值抑或一件宝物提升的能力值……），都只是加深对世界的经典态的了解。玩家无论在游戏中玩了多少时长，都无法看到世界的代码态，而只能看到被执行的代码当前输出结果所呈现出的经典态。

代码态，是世界在没有玩家进入时的状态，以及两次进入之间的状态；它标识出该世界的"潜在现实"——这个世界，不会有任何渲染出来的景像。而经典态则是玩家进入后的世界，随着玩家的看、走动以及其他各种交互性的行动，代码被执行，输出相应结果——代码态的"潜在现实"被确实化，形成玩家所体验（并可以加以观测、研究与计算）的"经典现实"。

玩家看到的那些草、树、桌子、破剑、怪兽……在其迈入相应场景前，只是以代码和数据形态"存在"——正是玩家的四处打量（观测），使这些相应代码被程序调用了出来并输出结果，渲染在了他 / 她的眼前。

我们可以看到，代码态像极了量子态：两者一旦被观测就立即消失，确实化（"坍缩"）为经典态。玩家看不到任何代码，他 / 她看到的是一个确定的、具有"现实感"的世界。而这个世界，其实就是在他 / 她走过来时才被运算与渲染出来。

没有玩家在"玩"时，这个世界只是储存介质上的数字编码。互动 / 相互作用（"玩"），导致世界"发生"。

这，就是"发光世界"的潜在现实。

第六节 互动本体论、退相干与时间箭头

让我们再进一步推进对于潜在性之坍缩（"波函数坍缩"）的分析。

海森堡当年在思考玻尔所发现的电子"跃迁"现象（没有连续轨迹，而是从一个轨道"跳跃"到另一个）时，灵光乍现地提出：电子并非始终存在，而是在发生相互作用时才存在，在与其他东西碰撞时才使自身成为"物质"。这种本体论状况，导致了我们所观测到诡异的"跳跃"。海森堡用由行和列构成的数表（"矩阵"）而非位置与动量来表征电子的可能互动，计算结果与观测到的现象精确对应。

海森堡与保尔·狄拉克揭示出，所有对象本身都没有属性，只有当它们彼此相撞、产生互动，才产生位置与动量、角动量与电势等属性。在两次相互作用**之间**，不只是位置无法被界定，对象的任何变量都无法被界定。对于两次相互作用之间的状态是怎样，量子力学完全无法予以描述。[①]互动/相互作用，导致量子对象"存在"（经典物理学所认可的"存在"）。

在这个意义上，量子力学的本体论，可以被妥切地称为"互动本体论"。互动本体论，是一种"可变化的本体论"（反之并不尽然）。互动本体论不仅意味着一切的"是/存在"皆

---

① 海森堡的矩阵力学与薛定谔的波动力学在数学上实际是等价的，这由薛定谔所证明。

是开放的、可变化，而且意味着"互动/相互作用"本体论地先于"是/存在"存在。诚如罗韦利所论，

> 那个关于诸种存在物的世界，被约简为一个关于**诸种可能性的相互作用**的王国。现实被约简为相互作用。现实被约简为关系……在量子力学所描述的世界中，**现实并不存在**，除了在诸个物理系统的**关系**中。不是物进入关系中，而是关系为"物"这个概念立基。①

在这个世界中，并不存在确定性的存在物。对象的"存在"，是随着可能发生的相互作用而突然"涌现"的。对象的"属性"，也不具有独立的本体论的地位——"属性"皆只相对于其他能动者而存在。简言之，对象的相互作用，为对象的存在立基。

我们也可以换一种表述，对象此前在本体论层面上只有潜在性，而相互作用才使其确实化。潜在状态的电子，在现下的物理教科书中，以电子"云"的方式被描述。然而，实际上这是以概率形式描述电子的"涌现"（"云"越厚的地方，电子"涌现"出来的概率越大），而非其被确实化**之前**的潜在状

① Rovelli, *Reality Is Not What It Seems: The Journey to Quantum Gravity*, p. 97, emphasis added.

态。①

世界在人类尺度上显现出确定性，只是因为"涌现"出来的量子对象的随机性基本上会相互抵消，只余下极其微小的"涨落"，在日常生活中根本无法被感知到。在人类的日常生活尺度上，对象的相互作用是如此密集（几乎不存在两次相互作用**之间**的状态），以至于对象根本无法维系住自身的"潜在性/非潜在性"。故此，在我们的日常体验中，这个世界里的所有对象就只有确定性和确实性。

即便如此，量子力学也揭示出，这个世界始终在随机变化，处在**形成**中。确定性，只是我们对世界在人类尺度下"粗糙"感知所形成的模糊图像；而"人类视角是一个错误的视角"。

1970 年，德国物理学家汉斯·泽发展出了量子测量过程的退相干阐释。② 二十世纪八十年代初，惠勒的高足楚雷克发表了一组论文，推动了退相干理论走向成熟。"波"之间所产生出的协调或同步关系，被称作"相干"（coherence），彼此之间失去相干性则被称作"退相干"（decoherence）。我们日常"世界"里的对象之所以不会同时存在于两个地方，也不会既生又死，是因为该对象这些态的波函数不相干。这就意味着，

① 至于 CBS（哥伦比亚广播公司）出品、热播十二季的著名美剧《生活大爆炸》在换场时出现的电子围绕原子核转（就像行星围绕恒星转）的画面，则更是错得离谱的描述。

② Hans Zeh, "On the Interpretation of Measurement in Quantum Theory", *Foundations of Physics*, 1(1), 1970, pp. 69-76.

我们仍可以设想日常世界里的经典对象也拥有波函数——它们由量子对象组成，故此可表达为相应的波函数的组合。经典对象与量子对象的区别就在于，前者不同态的波函数不相干。

如果一个处于叠加态的量子系统与另一个对象或系统发生相互作用，两者就有可能相连，形成一个复合叠加态，这就形成**纠缠**——此时两者所拥有的量子态已变成一个整体，用一个新的波函数来进行描述。这就像是在"八宝饭"所著的《一品丹仙》里，"世界"与"世界"是会在"虚空结界"中彼此相遇、发生碰撞的，随后就无可避免地彼此相连，成为一个"世界"，接受同一个"世界规则"。

更一般地来说，一个量子系统与环境中另一个系统相撞，就会发生"纠缠"①、形成一个更大的新系统，原系统失去独立性（原来各自的态被破坏），现在共存于同一个新的态中。新系统无法再"分解"回原来的多个系统，它会继续同环境里的其他系统发生相互作用、形成纠缠。这就使得系统越来越大（越来越"宏观"），量子态的特性则越来越稀薄。换句话说，任意两种量子态都可以叠加到一起，从而产生并定义新的态，但相互作用的粒子越多，就越难形成叠加态。于是退相干过程发生，量子态被经典态取代。

我们看到，这个退相干过程，实则就是量子态之无法测量

---

① 不一定是"量子纠缠"——一个量子系统同一个经典系统相撞所形成的"纠缠"就不会是"量子纠缠"。

的潜在性迅速减少，被可测量的经典态之确实性所取代的过程。量子态的相干性同其波函数的相位（可理解为波峰和波谷的位置）是否对齐有关：量子系统同环境的相互作用，会在系统中引入随机的相对相位，平均效应使得相干性消失。随着纠缠不断扩大，系统的量子态会彻底转变为经典态。

当一个量子系统撞上一个巨大的系统（譬如说空气中的分子抑或猫），量子态的相干性几乎会是瞬间消失。[①] 即便两个量子系统彼此形成的新系统仍然具有某种量子态，但只要新系统还在继续和环境中的其他能动者发生相互作用，退相干就迟早会到来，用楚雷克的话说："一个对象同其量子环境发生能量上无足轻重的相互作用，也足够破坏它的量子性质。"[②]

严格来说，退相干并不是量子态不存在了，而是我们不再能观测到了——**纠缠使得原来的量子系统不再能够被独立地观测**。换言之，一旦量子系统在一个更大的聚合体中和其他粒子、系统发生相互作用，其量子态就无法再"浓缩"回原系统中了。退相干意味着，当系统同环境里的其他能动者发生能动性的相互作用时，其量子态的相干性就会被稀释，被散布到整个环境中，就像一滴墨水在茶杯里扩散开来（无法再恢复成一滴墨水了）。

系统越大，同其周围环境的相互作用就会越多，退相干也

---

① 准确来说，在 10 的负 31 次方秒里消失。See Ball, *Beyond Weird: Why Everything You Thought You Knew about Quantum Physics Is Different*, p. 210.

② Zurek, "Forword", op.cit., p. viii.

发生得越快。随着纠缠的散播、量子态的衰减，"量子现实"就会越来越像我们所体验的"经典现实"——不是说相干性不复存在，而是说能被观测到的，就会是各种符合牛顿主义-爱因斯坦主义范式的确定性的现象。这些现象亦会遵循热力学第二定律（亦即熵定律），该定律规制出不可逆的时间序列。我们能够用因果关系来分析现象：我们能区分出肇因与效应（结果），就是因为后者通常涉及熵的增加。

退相干的过程，已经得到实验观测的证实。1996 年，实验物理学家塞尔日·阿罗什同其巴黎高师的同事通过改变两个原子与光子作用的时间差，观测到退相干发生的过程。1999 年，塞林格及其维也纳大学的同事找到改变退相干之速率的办法，从而能将理论与实验进行详细比照。至于系统和环境发生纠缠后量子态是否还存在，我们则可以用贝尔不等式，来检测纠缠态的非定域关联——倘若新形成的系统内的所有能动者只能发生定域性关联，不再有强于一切经典态或隐变量可能实现的关联（亦即，贝尔不等式总是成立），那么这就意味着，在新的系统里不再能测到量子态。

对于"量子现实"和"经典现实"这两层"现实"而言，关于退相干的实验使得"我们不仅能看到它们是一个连续体，并且看到为什么经典物理学只是量子物理学的一个特例"（菲利普·鲍尔语）。[1] 在阿甘本的潜在论中，确实性就是潜在性（非潜在性）的"一个特例"——后者要比前者丰富得多。故此，阿甘本主义潜在论，诚然很适合被用来阐释量子力学的本体论。菲利普·鲍尔很到位地描述了量子本体论的这种变化："量子力学提供给我们很多可能性——很多潜在的现实。当这些潜在的现实同它们的环境相纠缠，选项就被不断蒸发：经典态就纯然从量子力学不断发挥作用的过程中涌现出来。"[2]

从量子力学视角出发，牛顿力学所描绘的"世界"（"世界"的经典态），其实总是统计学近似，亦即，在统计学意义上将量子效应彻底忽略不计，从而取得对"世界"的近似描述。[3] 牛顿力学所揭示的诸种物理规律，在根本上皆是统计性的。事物变化从亚原子尺度来看毫无"秩序"，而从人类尺度来看则相当有序，就可以被理解为：人类尺度上的观察，是忽略很多信息后的"模糊"观察，描述出的是极低"分辨率"的世界画面。

时间箭头，亦是退相干后出现的现象。在亚原子（乃至原子与分子）尺度上，时间具有反演对称性，但退相干过程产生了不可逆的时间方向。量子力学的实验中，测量行为产生了测

---

[1] Ball, *Beyond Weird: Why Everything You Thought You Knew about Quantum Physics Is Different*, p. 235.

[2] Ibid. 值得提及的是，我们这个世界存在着可以被观测到的宏观的量子现象。譬如，超导性（材料传导电流却无任何电阻的能力）就是某些材料（如金属）在极低温度下展现出的量子效应。超流性则是另一种宏观的量子现象。

[3] 人类尺度上的物，只具有对于其尺寸而言极其微小的"物质波"。

量"之前"与测量"之后"，那是因为该行为使得测量对象发生了不可逆的退相干（"波函数坍缩"）。

在量子力学出现之前，热力学第二定律提出，时间箭头总是和热量相关联。然而，"温度"是一个"人类的词"，这个概念被造出来用以表示一大群分子运动的剧烈程度：热系统的分子运动得快，冷系统的分子运动得慢。统计力学开创者路德维希·玻耳兹曼就已提出，热力学只是我们描述世界的一种模糊方式，"温度""热量""熵"，都是统计性的描述。热力学第二定律是大量分子无规则运动所具有的统计规律，因此只适用于大量分子构成的系统，不适用于单个分子或少量分子构成的系统。

一间教室里的空气中含有大约 10^{28} 个分子，我们无力探究或懒得深入探究每一个分子的运动状态，于是用"密度""压强""温度"这样的概念去笼统描述这些分子的状态——这些词就构成了我们描述一间教室空气状态的物理量。换句话说，当我们放弃了解所有粒子的精确位置和动量，转而用统计性的平均值来近似地描述系统时，这些物理量应运而生。故此，它们只是我们在信息不够精确的时候（我们做不到像"拉普拉斯妖"那样掌握每一个粒子的精确状态），对世界的一种粗糙的描述。

我们用熵增标识时间箭头，然而熵是一个需要参照系才能判断的值。原子尺度上粒子的运动并无时间方向（具有时间反演性），但对于一个包含大量原子与分子的系统，我们无法获得并持续追踪关于所有粒子之位置与动量的信息，就只能以平均值的方式进行约简。这就意味着，熵是一个衍生出来的属性——谈论某个系统的"微观状态"（对系统内所有原子之位置与动量的完整描述）有多少熵，完全没有意义。熵是当我们以"温度""密度""压强""颜色"等物理量来描述系统的"宏观状态"（用很少的几个变量对系统做出粗糙的近似描述）时才出现的。由熵决定的时间，是我们对世界进行**粗粒化**（coarse-graining）操作后所得到的一种模糊化认知——我们不再追踪每一个粒子的位置与动量，而是粗线条地追踪处于特定位置与动量的粒子的平均数量。[①]

我们看到，在原子尺度上，时间箭头消失了。而倘若再深入到亚原子尺度上，过去和未来的差异更是不再成立。已被实证验证了的"延迟选择实验"（最初是惠勒在 1979 年提出的一个思想实验，随后被实验证实）让我们看到：非定域性不但是空间性的，也可以是时间性的。当下的测量，可以鬼魅般地影响过去。[②]

"延迟选择实验"可以被理解为"双缝实验"的一个变种：在光子已经通过两条狭缝后再问出经过哪条路径的问题。该实

[①] 关于熵的探讨，请同时参见本书第二章第一节。

[②] 温特对时间上的非定域性的论述颇具有洞见："时间上的定域性假设不同时间发生的事件是时间序列中诸个可分离的点，因此不存在内在固有的联结，昨天是昨天，今天是今天。时间性的非-定域性指这种可分离性的丧失，指一种纠缠或'不同时间的态的叠加'。"See Wendt, *Quantum Mind and Social Science: Unifying Physical and Social Ontology*, p. 198, emphasis in origainal.

验揭示出波函数不仅在空间上是非定域的，在时间上也是非定域的。测量回溯性地创造出一个特定的过去，这一过去直到测量的那一刻都是不确定的、开放的。

在延迟选择实验的基础上，惠勒进一步提出了一个宇宙尺度上的思想实验（在地球上的观测者可以"改写"过去发生的宇宙事件），并提出了著名的"参与性宇宙"命题。我们当下的"看"，回溯性地"决定"了从宇宙深处过来的光所携带的信息（从众多条量子路径中确定性地选择了一条）——光子的潜在过去变成确实的过去，"历史"被决定。在这个意义上，我们每个人都能参与到宇宙自诞生之初的演化过程之中。

"过去"和"未来"一样，是开放的。在惠勒看来，"除了通过那些时间跃迁的量子现象（我们视之为观测者参与的基本行动），没有别的方式来构建我们所说的'现实'"。[①] 而在机械论与决定论的经典物理学中，"过去"和"未来"在根本上都是已经发生了的（决定了的）。

惠勒曾写道，"上天并没有交付'时间'这个词，是人发明了它"，"如果时间概念存在问题，那么它们是我们自己创造出来的问题"。[②] 惠勒提出我们必须不把"时间"放置于存在这一层，"时间"（以及"空间"）是次生的。惠勒的追随者罗韦利进一步写道：

---

① Wheeler, "Information, Physics, Quantum: The Search for Links", op.cit., p. 16.

② See Wheeler, "Information, Physics, Quantum: The Search for Links", op.cit., p. 10.

　　不存在单一时间。每个轨迹都有一个不同的绵延；根
据不同的位置与速度，时间以不同节奏流逝。**时间并不是
方向性的**：在关于世界的诸种基本方程中，过去与未来的
差异并不存在；它的定向仅仅是一个偶然的面向，在我们
进行观察并忽略细节时出现。在此种被模糊化的视角下，
宇宙的过去是在一种奇异的"特殊"状态中。[①]

热力学通过忽略微观细节，对世界进行了模糊化处理，从而取
得了确定性的时间箭头。引入量子力学视角后，我们就能在更
精确的意义上定位到时间的箭头：时间箭头，在量子态（量子
不确定性）发生不可逆的退相干后才出现。

　　在这基础上，真空被认为可以涌现出短暂存在的粒子，在
由不确定性原理（时间与能量是一对共轭变量）所控制的时间
尺度上突然绽出、突然消失。而真空里的这种涨落，则使得真
空得以具有能量。

　　霍金的"无边界宇宙"模型，亦建立在时间是次生的这个
设定上。我们所体验的真实时间有开端（"大爆炸奇点"）和终
结（"大挤压奇点"），存在着时间箭头。然而在真实时间之前，
量子涨落随机开启想象性时间。宇宙在想象性时间中时并无时
空边界，时间的方向与空间的各个方向不存在任何差别，时间

---

① 　Rovelli, *The Order of Time*, p. 59, emphasis added.

与空间的区分彻底消失。霍金写道:

> **所谓的想像性时间,实际上是根本性的时间,而我们**
> **称作真实时间的东西,只是我们在自己头脑中创造出来的**
> **某种东西。**在真实时间中,宇宙具有一个开端和一个终
> 点,它们皆是构成时空边界并使科学规则崩溃的奇点。但
> 在想像性时间中,并不存在奇点或边界。因此,也许我们
> 称作想像性时间的东西,实际上更为基本,我们称作真实
> 时间的东西,仅仅是我们发明出来的一个理念,用来帮助
> 我们描述我们构想出来的宇宙的样子。①

想像性时间,是时间"箭头"尚未成形的时间,是比真实时
间更具有本体论原初性的时间。尽管我们关于时间箭头的体
验是如此真切("逝者如斯"②),但时间箭头并不是物理学基
本法则的特征,它仅仅标识了我们生活在某个有影响力的事件

---

① Hawking, *The Theory of Everything: The Origin and Fate of the Universe*, p. 100.
② 《论语·子罕》。

（"宇宙大爆炸"抑或"量子涨落"）所开启的向度中。[1]

第七节 作为政治本体论实践的观测

量子力学所展示出的能够由当下认知性实践（"观测"）改变过去的"参与性宇宙"，是鬼魅般的、匪夷所思的。

然而，如果宇宙是一款计算机拟真的世界的话，那么，从节省算力的角度出发，这件事就不再无法理解了。

如果宇宙是一款拟真游戏的话，那么，光子只有在发生互动（被看到）时才会被计算。如若游戏引擎从光子发出时就计算，那就得计算它在整个飞行过程中每时每刻的状态——这无疑对计算机的算力消耗太大。

而在光子被看到时再进行计算的话，引擎程序就可以采取如下方式：每隔一段时间（"普朗克时间"）检查一下有没有互

---

[1] 在人类尺度上，时间还涉及"表征 / 再现"问题。齐泽克曾借助丹尼特的洞见提出，关于时间的再现（representation of time）与关于再现的时间（time of representation）是全然不同的："即便在我们最直接的时间体验中，闪回的循环也是可识别的——事件 ABCDEF……的序列，在我们的意识中被再现为从 E 开始，然后回到 ABCD，最后返回在现实中紧随 E 之后的 F。因此，即便在我们最直接的时间性自我经验中，一个类似于能指与所指之间的裂缝的裂缝也在发挥着作用：即使在这里，我们也不能'拯救现象'，因为我们（误）以为是直接体验到的**关于时间的再现**（现象上的 ABCDEF 序列），已经是从一个不同的**关于再现的时间**（E/ABCD/F......）上'媒介化'出来的建构。"齐泽克提出，就是在我们最直接的自我体验中，关于内容（刻写进我们记忆的叙事）与注册（刻写行动本身）之间存在一个裂缝，注册总是改写，"'直接体验'是我记忆为我的直接体验"。时间（时间的再现、关于时间的自我体验）总是可以被重组。See Žižek, "Ideology Is the Original Augmented Reality", op.cit., emphasis added.

动发生，有就进行回溯性计算，而没有就继续闲置直到有互动发生。换言之，这个光子在没有被看到前，其实并不"存在"（或者说以代码态存在），直到被看到时它才突然被确实化，并回溯性地被勾勒出一个确定性的路线。

这样一来，计算机不需要时时刻刻进行海量的计算，只需要每一次发生互动时计算一次，输出确定性的具体数据，到下一次有互动时再对数据进行一次结算。

在这样的宇宙中，我们做惠勒的"延迟选择实验"（算好时间等光子经过狭缝后再来观测其轨迹），就变得一点也不鬼魅：它在被观测的那一刻激活程序代码，结算所有数据，决定具体数值。在没有观测以及其他互动的时候，整个宇宙实际上是不存在的（处在潜在的代码态），只有在有互动的时候，引擎程序才会推动整个宇宙在时间轴上跃进到当前那一刻进行结算。

我们所使用的计算机，皆需要系统时钟震荡起来，才能驱动各种系统开始运转，进而执行各种程序指令。这也就是说，比系统时钟一次脉冲所用的时间更短的时间，对于拟真世界而言是无意义的——程序无法运行任何代码。所以，如游戏制作人阿布大树所言，

　　任何一个虚拟世界，必然都是要依靠不连续的系统脉冲来驱动运转的，谁也不可能设计出一个绝对光滑连续的

运算体系。[①]

　　在拟真世界中，不仅我们看到的一切景像都是颗粒性的，所经历的时间也是颗粒性的、不连续的——就跟我们这个现实世界一样。这就意味着，若计算机的系统脉冲频率达到普朗克时间，那么，理论上它就有可能拟真出我们这个宇宙（精细度达到亚原子尺度）。

　　前文已经提及，在亚原子尺度上，对于两次互动**之间**的状态是怎样的，量子力学完全无法予以描述。而在计算机拟真出来的世界中，两次互动之间的状态，是该世界任何玩家（玩家–物理学家）都无法触及的代码态。波函数幺正演化，其实是计算机算力系统闲置（所有代码未被执行，处于潜在状态）的量子力学表述。"波粒二象性"，则分别对应未经运行的程序代码（"波"）与代码运行输出的结果（"粒子"）。

　　我们看到，从"参与性宇宙"的视角展开分析，我们的这个世界，同游戏的拟真世界，实是具有极高程度的本体论契合性。[②]

　　下面，再让我们进一步聚焦"观测"这个认知性实践：正因为观测实践参与了构建宇宙，这个宇宙在本体论层面上实际上成为一个未闭合的"参与性宇宙"。那么，观测究竟意味着

---

① 　阿布大树：《不连续性：上帝玩的也是沙盒游戏？》，知乎，\<https://www.zhihu.com/market/paid_column/1517196714129252353/section/1529863013070331904\>。

② 　请同时参见本书第四章第四节到第六节，以及本章第三节。

什么？

退相干理论强有力地解释了，为什么观测行为会导致量子系统的量子态丧失——被观测的对象和观测环境发生了引发退相干的相互作用。相对于量子系统，我们所使用的观测仪器总是非常大的，譬如，为了能同观测者发生相互作用，仪器就得拥有能被他 / 她看见的指针或显示屏。于是，我们观测量子系统，就会导致它在同观测仪器的相互作用中，快速发生退相干。实际上我们观测的，不是量子系统的幺正演化，而是该系统同其环境发生纠缠引起退相干留下的印迹，如双缝实验中的干涉条纹。

这就是为什么观测行为能导致量子态"坍缩"：观测行为所产生的相互作用，使得被观测对象与观测者变成一个系统，前者的量子态传递到后者上，并极快地发生退相干。[①] 反过来说，**只要一个对象与其环境发生了纠缠，并引发退相干，就可以说该对象被"观测"了。**

小明无法同时既在学校又在游戏厅，是因为他周围的环境无时无刻不在"观测"他——所有来自太阳的光子在撞上小明并反弹时，都是造成"小明"这个系统发生退相干的能动者。单是这些光子，就足以让小明被确定性地"固化"在空间中的

---

① "维格纳的朋友"这个思想实验，实际上就呈现出了量子态的传递以及退相干的过程。

特定位置，并拥有清晰外形。^① 观测所产生的相互作用甚至可以是非定域的：当处于量子纠缠态的其中一个粒子被观测，那么另一个也就被观测了（引发了退相干），具有了相应的属性（譬如位置）。

实验物理学家们实际上通过观测所获得的，就是退相干留下的各种印迹。退相干把量子系统的信息刻印进了其周围的环境上，观测者通过测量环境收集与提取信息（提取总是部分性的、不完备的）。随后再经由观测者的语言性描述，该信息就被注册进了符号性秩序（"世界"）中。

现在，让我们再换一种方式，来表述 2022 年诺贝尔物理学奖之主题"纠缠化的量子态"：**当纠缠发生时，每个能动者的信息就不再只局限在它自身之上。量子态的信息，就这样通过纠缠而传递。**^② 纠缠导致的聚合体越大，退相干就会越快，尽管这会使得量子系统无法再保有原先的量子态，但它周围的环境中会留有关于它的信息——当然，这些信息也会快速消散，如果不即时捕捉的话。

当量子系统同空气中的分子发生碰撞后，就会把信息留在

---

① 在维格纳、冯·诺伊曼等人看来，倘若不考虑人的意识，就没有办法得到一套自洽的量子论——只有有意识的人类个体的"观测"，才能使波函数坍缩。但退相干理论与实验，使得对量子力学的这种人类中心主义阐释变得不再具有竞争力。

② 纠缠化量子态（量子系统的非定域关联），意味着观测者无法只通过测量系统的一部分，而获取关于这部分的一切信息，总有一些东西是无法获知的。比如说，系统里有两个纠缠态的粒子，那么会有一部分信息（非定域的信息）是编码在它们之间，观察其中任一粒子或先后单独观察两个粒子皆无法获知。

后者中，但要提取该信息，就必须赶在空气分子进一步相互碰撞（会搅乱信息，使之彻底无法还原）前收集到它。相对于空气分子而言，光子在记录信息上堪称能力强大，因为光子们从物体上弹开后彼此不会再进一步发生相互作用，故而所携带的信息不会轻易被扰乱。也正因此，视觉的"观"测（我们的视网膜对打在它上面并反弹的光子做出反应），总是我们最为倚赖的测量进路。而嗅觉则是倚赖有气味的分子成功穿过分子相互碰撞频发的空气。于是，同样是经验性的感知，嗅觉比起视觉，准确获取信息的能力要弱一大截。这就是为什么"百闻不如一见"。[1]

当一个能动者刻印在其环境中的信息越容易被提取出来，它就越多地呈现出拥有"客观"的经典属性——容易被提取，说明留在环境中的信息量很大，同环境中的其他能动者相互作用很多；换言之，它被大量的能动者所"观测"。一个能动者被越多的能动者观测，其潜在性（非潜在性）就越小，确实性就越大。能动者同周围的能动者发生的纠缠越多，系统就变得越大（越"宏观"），就越难"犹抱琵琶半遮面"[2]，对它的描述也就会越"客观"。

关于一只猫的位置，我们能从大量同其发生相互作用的能动者处提取相关信息，从而"客观地"定位到它。当然，如果

---

[1] 班固：《汉书·赵充国传》。以及，刘向《说苑·政理》，"夫耳闻之，不如目见之"。

[2] 白居易：《琵琶行》。

因信息不足，我们未能定位到猫，仍可假设它的位置具有确定性，因为它被其环境中大量能动者所"观测"，尽管我们还未能掌握这些能动者所携带的信息。我们能给这只猫赋予一个"客观位置"，不是因为它"拥有"这样一个位置（"位置"这个属性并不具有本体论地位），而是因为它刻印在环境中的大量信息使得观测者能定位到它的"位置"——单单是打在这只猫身上再散射出来的大量光子，就承载了关于其位置的全同信息，我们只需捕捉到一部分（不用全部）从它身上反弹的光子，就已经足够定位到它了。所谓的"眼见为实"，实际上说的就是这个过程——这个"实"，不是"底层现实"，而是被观测行为构建起来的"现实"。

猫和月亮的例子让我们看到，物体越大，同环境相互作用越多，也就越"客观"地显现在"世界"中，不同观测者对它的描述之间的矛盾就越少。于是，康德眼中基于对现象的主体性体验的实证性科学研究，就可以开展了——用康德本人的术语来表达就是，对现象的观测从感官体验（感性）、理解力（知性）的层面上升到了理性（理论理性/纯粹理性）的层面。但拉康所说的关于"现实"的本体论矛盾，却会依然存在，即便对它的实证性研究能够在一定程度上取得推进。[1] 那是因为，语言的符号化操作（对主体性体验与实验观测结果的描述），本身会结构性地制造矛盾。譬如，有人"见山**是**山"，

---

[1]　关于康德与拉康之间的推进，请参见本书第一章第三节的分析。

有人"见山**不是**山",这就是两套不同的话语包("意识形态")对观者所施加的构型性作用。这个"世界"无论再怎么宏观,其"现实"无论再怎么显得客观,矛盾与悖论仍然是它的本体论状况。[①]

更值得提出的是,不只是在话语层面上,即便是在**物理层面**上,我们所熟悉的这个世界(日常"经典世界")的客观性,也是不可靠的。那是因为,**观测会改变被观测对象**,改变其环境所携带的关于它的信息。诚然,月亮似乎不会因被看得多而发生变化,但一幅年代古久的名画,如果被看得多("看"需要光打上去),却是会发生变化的——颜料经过太多光照会褪色。换言之,你看画(看见画),就改变了画。

故此,不只是观测行为会在物理上**干扰被观测对象**,仅仅是作为认知实践的**信息收集**,也会改变该对象——如果说前者只在微观世界中成立("海森堡不确定性原理"),那后者即便在宏观世界中也可以是颇为显著的。你对月亮的位置信息的收集,本身不太可能会使其位置发生变化,但你对猫的位置信息的收集,却很可能会改变其位置(譬如,把它吓跑)。

测量,会影响(改写乃至擦拭)保留在环境中的关于被测量对象的信息。对于量子对象而言,哪怕它同其他能动者发生微小的相互作用,也会使得它发生改变,故此它们具有"不可

---

① 　请进一步参见吴冠军:《爱、谎言与大他者:人类世文明结构研究》,第十八章与第十九章;以及,吴冠军:《齐泽克的"坏消息":政治主体、视差之见和辩证法》,《国外理论动态》2016 年第 3 期。

克隆性"。量子力学不允许信息的完整复制（亦即克隆）：一个量子态一旦被施以某种操作，就会被破坏。① 由于只能观测一次（一旦观测就改变了该对象），所以量子世界里的"事实"结构性地就具有**语境性**——测量方式，会影响得出的"事实"。对象没有属性，只具有潜能（"潜在性 / 非潜在性"）：正是其周围环境中的能动者们通过同它的相互作用，构成性地塑造了它，使其具有了确实性。

于是，量子力学使我们看到：非人类，同样可以有认知性实践，并且通过其观测行为，参与世界的构建。认知——人类的与非人类的认知性实践——参与世界的构建，就使得认知成**为一个政治本体论的行动**。芭拉德提出：

> **认知实践，是参与（重新）配置世界的特定的物质性介入**。通过该行动，我们制动物质，使之重要。制造知识，不仅仅事关制造诸种事实，而且事关制造诸种世界，甚或，它事关制造特定的世界性配置（worldly configurations）——并不是从无中（或从语言、诸种信仰

---

① 量子不可克隆原理，意味着我们无法精确复制一个未知的或任意的量子态。我们可以利用纠缠态，把一个粒子的量子态的未知信息"传输"到另一个粒子的量子态中［这被称作"量子隐形传态"（teleportation）］，但在这个过程中第一个粒子的信息就会消失、被擦除。故此，这并非复制，严格符合了不可克隆原理。1997年，塞林格同其维也纳大学的同事在实验中实现了光子的量子隐形传态。这也是使他获得诺奖的贡献之一——"他的小组还展示了一种被称为量子隐形传态的现象，这种现象使得量子态在一定距离内从一个粒子移动到另一个粒子成为可能。"（"Press release: The Nobel Prize in Physics 2022", op.cit.）

或诸种理念中）制造出它们，而是作为世界之一部分的物质性介入，给予世界以特定的物质形式。①

世界，是由其中所有的能动者所展开的认知性实践所构建出来的。制造"知识"，就是制造世界。世界性配置，随着能动者们的认知性实践的展开，而不断处于**形成**中。大量能动者不间断地观测，使被观测的对象（从粒子到月亮）在世界内得以存在。

量子力学激进地瓦解了经典力学对"物质"的确定性（不会同时在此处与彼处）、客观性（不依赖于语境与观测者而存在）与实体性（具有硬度或质量）设定。"物质"，总是在"成为物质"的过程中。认知"物质"，就是参与"物质化成"（mattering，变得重要），参与"词"（描述、知识）与"物"（物质、物理现实）之纠缠的动态展开，将更多的"事实"注册进世界中，从而不断制造与更新"特定的世界性配置"。

一切非人类的"物"，皆是认知性的能动者，也是制动意义上（激活其他能动者之认知性实践）的能动者。制动意义上的认知，借用芭拉德的话说，"就是世界一部分的一个物质**使自身对于其他部分变得可理解**"②，就是经由互动而使得自身的

---

① Barad, *Meeting the Universe Halfway: Quantum Physics and the Entanglement of Matter and Meaning*, p. 91, emphasis in original.

② Ibid., p. 185, emphasis added. 进一步分析请参见吴冠军：《后人类状况与中国教育实践：教育终结抑或终身教育？——人工智能时代的教育哲学思考》，《华东师范大学学报（教育科学版）》2019 年第 1 期。

信息刻印到所有与之互动的能动者那里。

物质的能动性，就是**物质让自身变得重要的能力**（matter's capacity to matter）——因持有信息并且能传递信息而变得重要。物质能够使自身在聚合体（"世界"）中和其他能动者产生构建性的互动（芭拉德称之为"内行动"），产生能动性的纠缠。

从量子力学所开启的这个视角出发，我们就可以看到：海德格尔将"世界构建"作为人同动物以及其他"物质性对象"的根本区别，是不妥当的。非人类（哪怕亚原子尺度上的粒子），同样具有能动性，（1）去展开认知性的实践，以及（2）使自身对于"世界"内其他部分变得可理解、变得重要。通过这双重方式，非人类深层次地参与着世界化成。

第八节　"它来自比特"：通过互玩构建"宇宙"

现在我们看到，观测会改变被观测对象，不管是在微观层面上还是宏观层面上。进而，一个对象只要同其环境发生了相互作用并引发退相干，就是被观测了。这就意味着，观测构建了被观测对象。这个世界里的各个能动者，通过互相观测而彼此构建。

一个系统的态的信息，同其他系统紧密关联。举例而言，小明拥有卧室温度的信息，而不拥有单个空气分子速度的信息，这意味着小明与温度具有关联（看了下温度计），而与单个分子没有关联。小明所体验的"现实"里就有温度，但没有那无数个分子。

用同样的方式，我们体验到了连续性空间、时间以及确定性的诸物——空间、时间乃至天空、山峦、恒星……都不是独立存在的对象，而是组织我们所拥有信息的方式。任何信息的传输，都需要发送者与接收者共享同一套赋予符号以含义的语言（可以是自然语言，也可以是计算机语言），从而使彼此具备可沟通性。

身处同一个世界的前提，就是彼此共享这一套组织信息的语言（"温度""空间""时间""天空""山峦""恒星"……）。物质让自身"变得重要"的能力，也恰恰正是让自身进入这套组织信息的语言中——亦即，通过制动与激发其他能动者的认知性实践，而使自身注册进世界中。

对一个系统的任何描述，归根结底，都是**对其他系统所具有的关于它的信息的描述**。观测，是一个后人类的实践，它包含人类与非人类能动者的能动性认知实践。将存在与信息相关联的信息论视角，不但解释了人类的能动性，而且解释了非人类的能动性。今天我们已有大量的结果显示出，细胞的行为取决于其拥有的关于自身与其周遭环境的信息。[1]

对于这种信息论视角，惠勒用如下这句名言做了精妙的

---

[1] See Wendt, *Quantum Mind and Social Science: Unifying Physical and Social Ontology*, p. 117.

概括：

　　它来自比特。[①]

"它"（一个对象、系统）在世界中的"是／存在"以及所具有的属性、特质，皆建立在其他系统所拥有的关于它的信息上。当"它"不参与任何同其他能动者的互动（相互作用）时，"它"不存在——信息不会无中生有，无法自己增加。[②] **信息只会减少**：一只猫曾在隔壁小巷的信息，被所有同它互动的能动者所记录（所观测到），但一段时间之后关于猫曾在那里的信息会逐渐减少，直到彻底丢失。

　　信息得到保留的世界，是时间可以反演的世界。信息会丢失，就产生了不可逆的时间箭头：知道某个时刻的状态，并不能完全推知更早的状态（可能会有很多状态导致现在的状态）。于是，信息的减少和热力学中的熵是一致的。这是玻耳兹曼的一个核心洞见（尽管他没有使用信息这个概念）。作为对物理系统无序度的一种测度，熵实际上同一个系统的信息受精确取值所限有关。简言之，熵是信息的反面：熵就是**丢失的信息**。熵越高（信息越少），一个系统可能状态的数量越大——猫可能会在的地方越多。

---

① Wheeler, "Information, Physics, Quantum: The Search for Links", op.cit., p. 3.

② 之所以仍处于理论猜想状态的"暗物质"以及"暗能量"长久以来不存在于我们的"世界"中，是因为它们不参与绝大多数的互动。

　　让我们进一步聚焦在猫上：为什么我们能看到一只完整的猫？如果我们把猫分解为猫原子，再和周围气体原子随机混合，那么，正好随机混合出一只猫来的概率很低。这就意味着，猫的熵很低，信息量很高。生命能够汲取环境中的负熵而使自身维持在低熵状态，这就是薛定谔对生命的界定——"生命以负熵为食"。[1]

　　信息越多，你对一个系统的认知就越"高清"，就会越容易定位到它的"秩序性"，换言之，这个系统的熵就越低。由于信息丢失会逐渐加剧，故此，一个系统的熵会增加。唯有额外的认知性实践挖掘出更多的信息（信息不会从天而降），才能把熵降下来。[2] 信息论奠基者克劳德·香农告诉我们，一条给定信息以某种形式出现的概率越低，该信息的信息含量就越高。"明天哈尔滨零下 10 摄氏度"和"明天三亚零下 10 摄氏度"的信息量完全不同——后者要高得多。20 问游戏，就是提取信息的游戏（香农对信息的界定，就是其答案可被编码在信号中的"是/否"问题的数量）：要让每一个问题都获得信息含量高的答案。低熵状态，就是信息满满的状态。

---

[1]　请同时参见本书第二章第三节。

[2]　这也就是为什么计算机处理大量信息时，必须解决散热问题——它必须耗能，并要把高熵用散热方式传递到环境中去，从而降低自身的熵。在保存信息时，计算机的存储器从无序状态（对 1 和 0 有相同概率）转为有序状态（用 1 和 0 的特定秩序来记录信息），这个过程必须消耗能量，而这部分能量会以热的形式被消耗，从而增加周围环境的熵。人在收集与处理信息时，也会大量耗能，故此要用低熵的食物来补充。

于是，信息就是熵可能的最大值与实际的熵之间的差值：从猫所有可能在的地方（高熵）到猫实际在的位置（低熵），需要的就是信息。[①] 我们对黑洞内部没有知识，因为那里引力场太强大，没有任何东西（包括光）能跑出来，我们也就拿不到任何刻印在其他能动者上的信息（黑洞与奇点都可以从广义相对论中推出来）。进而，我们也无法知道某个黑洞在变成黑洞之前是什么——相关信息都被吞噬了。惠勒把这个状况，俏皮地形容为"黑洞无毛"（"黑洞"也是他命名的）。[②]

量子力学的不确定性以及本体论随机性，使得信息的提取更加困难。经典力学预设一个系统的信息，是能够被完整提取的——决定论式的世界是有序的。然而量子力学让我们看到，一个系统的相关信息的总量不会无限增加（"海森堡不确定性原理"）。罗韦利把量子力学的发现，表述为两条原理：（1）任何物理系统中的相关信息都是有限的；（2）我们永远能够得到关于一个物理系统的新信息。每当我们通过观测得到关于一个

---

① 生命的低熵状态，不只是从外部汲取能量来达成，还通过把信息储存在自身的化学结构中（亦即，DNA 双螺旋结构）来达成。这份稳定获得的遗传信息，使得生命获得低熵状态。薛定谔出版于 1944 年的《什么是生命》，就开启了生命物理学的研究。

② 无论什么样的黑洞，其最终性质仅由三个物理量（质量、角动量、电荷）唯一确定，其他一切信息（"毛发"）都丧失了。由此产生了两种更进一步的观点：（1）所有信息没有真的消失，都隐藏在黑洞的事件视界后面，我们永远拿不到；（2）霍金引入量子力学，认为黑洞会因量子效应而向外辐射并损失能量（"霍金辐射"），"黑洞并不那样黑"（那些辐射出来的粒子会带有信息）。关于"霍金辐射"的探讨，请参见吴冠军：《陷入奇点：人类世政治哲学研究》，第 54-59 页。

系统的新信息，就会删去一部分相关信息。[1]

我们仍然可以设想一位想要推知过去与未来一切变化的"拉普拉斯妖"。然而，他 / 她的雄心将受挫于对系统信息的完整提取。首先，在经典尺度上，大量系统是开放系统（同环境发生着相互作用），这意味着，要获得哪怕一个系统的完整信息，都要获得整个宇宙的完整信息。与此同时，在量子尺度上，尽管他 / 她能不断获得新信息，但却也因同一行动而丧失相关信息。在两个尺度上，拉普拉斯妖收集信息的实践，皆会改变其想要收集的信息（在经典尺度上是可能会改变，在量子尺度上是绝对会改变）。

信息的获取尽管具有本体论的限制，但这个世界的存在，就是因无数能动者不知疲倦地展开提取、持守与传递信息的认知性实践。惠勒曾用富有诗意的语句写道：

> 按照这种观点，所有地点和所有时间的**观测者-参与者**用钢琴弹出来的音符，尽管只是比特，但它们本身构建出了这个**关于空间、时间与诸物的宏伟巨大的世界**。[2]

这就是观测者构建现实的"眼见为'实'"过程。惠勒造出"观测者-参与者"一词，就是指观测者参与了构建这个"世

---

①   Rovelli, *Reality Is Not What It Seems: The Journey to Quantum Gravity*, p. 172.

②   Wheeler, "Information, Physics, Quantum: The Search for Links", op.cit., p. 9, emphasis added.

界"。观测者–参与者既包括人类能动者，也包括非人类能动者。^① 正是"通过和依靠所有地方与所有时间的观测者–参与者"提供的信息，我们能够确认，月亮在我们（即便"我们"指所有人类）没有"看"它的时候也存在——它总是被周围巨量的非人类能动者所"观测"。^②

在这个意义上，爱因斯坦确实没有说错，月亮在没"人"看时不会消失——因为有非人类的能动者在不辞辛劳地时刻记录着月亮的信息。但即便如此，爱因斯坦的定域实在论仍然是不成立的，因为定域实在论不仅认为对于同一对象的某特定属性，不同观测者必定测得相同数值，并且认定这些数值皆与被测对象具有本质性的内在固有联系，"如果在不干扰系统的情况下，我们可以确定地预测某物理量，那么存在着**物理现实的一个元素**同该物理量相对应"。^③ 这种物理现实与观测到的物理量严格对应的设定，恰恰被量子物理学所推翻。

同爱因斯坦及其支持者的定域实在论相反，惠勒提出**参**

① 值得提出的是，在惠勒这里"观测者–参与者"主要还是指人类。然而从其信息物理学理论里可以推出非人类的"观测者–参与者"。
② 孟庭苇在其金曲《你看你看月亮的脸》（杨立德词、陈小霞曲）中唱到道："你看，你看，月亮的脸偷偷地在改变。"尽管"月亮的脸偷偷地在改变"本身十分魔幻，然而越多的"观测者–参与者"做着"你看，你看"这个行为，这件事就越具有"现实性 / 实在性"。
③ Albert Einstein, Boris Podolsky, and Nathan Rosen, "Can Quantum-Mechanical Description of Physical Reality Be Considered Complete?", in Claus Kiefer (ed.), *Albert Einstein, Boris Podolsky, Nathan Rosen: Can Quantum-Mechanical Description of Physical Reality Be Considered Complete?*, Basel: Birkhäuser, 2022, p. 29, emphasis added.

与性实在论（participatory realism）：作为"观测者-参与者"，我们实际上生活在一个"参与性宇宙"中。同被观测出来的物理量相对应的，不是观测之前就客观存在的"物理现实的一个元素"，而是由观测者参与构建出来的"虚拟现实的一个元素"。

基于他对 20 问游戏的探讨，惠勒写道：

> "它来自比特"符号化了如下理念：物理世界的每个物件在底部——很多时候是最深的底部——具有一个非物质性的源头和解释；我们所说的"现实"，在根本上从诸个是-否问题（并把对这些问题的启用仪器的回答注册进去）中产生出来。简言之，所有物理性的事物在源头处都是信息论的。这是一个**参与性宇宙**。[1]

具有非物质性的源头、从诸个是-否问题中产生的"现实"，是一个不折不扣的"虚拟现实"（而非"物理现实"）。观测者-参与者收集信息的认知性实践，使得我们所处身其内的宇宙（"世界"）得以产生。[2]

于是，在这个参与性宇宙中，**认识论就是本体论**——关于"现实"的知识，就是"现实"；认识论局限，实则就是本

---

[1]　Wheeler, "Information, Physics, Quantum: The Search for Links", op.cit., p. 5, emphasis in orignal.

[2]　Ibid., p. 8.

第五章 世界 +: 悬浮在语言中的量子现实 / *395*

体论悖论。这也就是塞林格所强调的论点，现实与我们关于现实的知识之间、现实与信息之间，无法做出区分。这个世界的"现实性 / 实在性"，是观测者参与构建的，该构建并不需要在本体论层面上预设存在着某种客观的"底层现实"（"物理现实"），而是纯然因观测者的参与性观测行为而形成——如果这个宇宙是一款游戏，观测者同样通过认知性实践，参与着它的构建。

换言之，无论这个世界本身是否由计算机所拟真（可能性并不小），它的"现实性 / 实在性"，必然是被彻底构建起来的。但与其说是人类的有意识的"观测"行为使它被构建，还不如说是由无以计数的能动者的互相作用所构建——非人类的能动者，皆在做出观测行为。于是，这个世界内才有貌似客观的存在，具有到处跑动的猫和看似始终在那里的月亮……世界，就是经由能动者们构建性的相互作用而形成，并不断处于形成中，处于"世界化成"中。

这也意味着，我们这个世界实际上对任何相互作用都是敏感的——它在本体论层面上是开放的、未闭合的、可变化的。换言之，世界可以被改变。马克思曾提出："哲人们以往都仅仅是在以不同的方式解释世界；但关键在于，去改变这个世界。"[①] 量子力学并不仅仅是在解释世界（提供各种互不兼容的"阐释"），它勾勒出了本体论层面上改变世界的可能性与实践

---

① Marx, "Theses on Feuerbach", op.cit., p. 158.

路径。

科学作为主导性的现代认知实践，诚如海森堡所言，并不是在世界不注意的情况下，对它展开偷窥性的观测，而是"人与自然之间的**互玩**中的一个行动者"。① 科学，自身就是一个具有能动性的行动者。

经典物理学的预设是：事物预先具有一组内禀属性，科学观测旨在获得关于它们的信息，且往往一次只能读取关于它们的一小部分信息，需要反复观测来不断地接近客观的"真相"。情况恰恰相反，这些属性并不"存在"，或者说，只具有"潜在性/非潜在性"。恰恰是认知性的实践，构建出了它们在世界中的"确实性"。

结　语　量子力学与高清游戏

量子力学揭示出，在这个世界中我们所体验的"现实"（无论通过何种方式），是一个不折不扣的"虚拟现实"。

对现象的观测、描述、解释乃至规范性评价，构成了一个符号性的宇宙。我们无法通过离开这个宇宙的方式，来抵达所谓的"底层现实"。

量子力学的诸种实验（以及思想实验）和阐释所打开的那

---

① Quoted in Ball, *Beyond Weird: Why Everything You Thought You Knew about Quantum Physics Is Different*, p. 78, emphasis added. 海森堡与惠勒在二战中皆投身于开发核武器的项目中，只是分别服务于德国与美国。

个鬼魅般的"量子现实"，并不是"底层现实"。相反，如果这个世界是一个计算机拟真出来的世界的话，那么这些鬼魅般的现实，则恰恰可以得到很好的解释——它们是编程我们这个世界的程序员在面对有限算力的困境下想出来的一组权宜之计。当我们把这个世界的显示"精度"放大几十个数量级后，便意外地发现了节省算力所导致的诸种副产品。

从计算机拟真这个视角切入，量子力学的不确定性原理实际上反映出了，我们这个世界的"底层运算"并无法表达出每一个粒子在每一时刻的精确状态，而只能采用一种大幅舍弃浮点精度后的结果来大致表达粒子的状态，从而导致输出的结果总是有一些地方会模糊，如动量越精确，位置就越模糊（反之亦然）。

巧妇亦"难为无米之炊"。优秀的程序员面对算力天花板的限制，只能竭尽全力辗转腾挪，能省就省，乃至这里偷点工，那里减点料，于是产生了那些鬼魅般的微观景像。鬼魅般的量子纠缠，是因为程序员为"减料"用了同一套概率代码；双缝实验以及延迟选择实验的离奇结果，则是因为程序"偷工"，只在有互动发生时才会执行相应代码进行数据计算……而量子力学里最令人头疼的"测量问题"（你的"看"导致对象的"在"，你观测对象的哪个属性就得出哪个属性的数值），则是因为让世界在没人看时也"客观地"存在着太浪费系统资源……

量子力学彻底刺破了这个世界在粗颗粒度时的"经典图

景"，与此同时也揭示出了世界本身的"虚拟现实"属性。我们不再能够返回一个充满确定性的、人类中心主义式的宇宙，在这个宇宙里面人最终能够像"拉普拉斯妖"那样，推知宇宙的过去，预测它的未来。

玻尔等量子力学奠基人，强调科学并无法告诉我们"现实"（底层现实）是否存在，而是揭示出我们所体验的"现实"本身是不真实的，在本体论层面上"世界"并不存在。"世界"内核处充满着矛盾与悖论（玻尔笔下的"互补性"）。精神分析学家拉康恰恰就用"真实"（the Real）一词，来形容"世界"的这种内嵌矛盾的本体论状况。连贯平滑的"现实"，是不真实的；本体论层面上的孔洞、创口、悖论，才是真实在"世界"中呈现自身的形式。用计算机拟真的话语来说，在这些孔洞（虫洞）的位置上，我们短暂地、创伤性地遭遇"发光世界"（经典世界）的"代码态"。

我们业已看到，量子力学所打开的本体论，是一个**可变化本体论**、**否定性本体论**（玻尔）、**互动本体论**（海森堡），它也是一个**后人类主义本体论**。

我们进一步看到，量子力学还打开了一个政治本体论：它揭示出了本体论层面上改变世界的可能性与实践路径。

换言之，观测、描述以及解释"世界"的认知性实践，在根本上是**政治性的**，因为它们就是改变这个世界的政治实践。"参与性宇宙"，是一个所有能动者政治性地参与构建，并不断迭代更新的宇宙。参与性实在论（在芭拉德这里则是"能动性实在论"），为开启"量子政治学"奠定了本体论基石。

霍金曾提出："哲学死了；哲学没有跟上科学的现代发展，尤其是物理学。"[1] 在另一部著作中，霍金对他的这个判断做出了进一步解释：

> 哲学家们没有能够跟上科学理论的进展。在十八世纪，哲学家们以包括科学在内的人类知识整体作为他们的研究领域。他们讨论这样的问题：宇宙是否有一个开端？然而，在十九世纪与二十世纪，科学对于哲学家或任何人（除了少数专家外）而言，都变得太技术化和数学化。哲学家将他们探究的范围大幅缩减，以至于二十世纪最著名的哲学家维特根斯坦曾说："唯一剩给哲学去做的工作，就是语言分析。"从亚里士多德到康德的伟大哲学传统，竟没落至斯。[2]

霍金的诊断并没有大的偏差。显然，他对当代分析哲学的研究，有相当深入的了解。并且诚如他所说的，哲学只有将科学理论的进展纳入自身的探究视野之内，才能承续其自身的研究传统。本章（以及上一章）的探讨，就是哲学与科学交叉视野下展开研究的一个努力。

---

[1]　Hawking and Mlodinow, *The Grand Design*, p. 14.

[2]　Hawking, *The Theory of Everything: The Origin and Fate of the Universe*, pp. 135-136.

与此同时，我们也有必要看到科学探究的边界。

科学并无法告诉我们"现实"是什么，只能告诉我们它是如何向我们显现自身的。用后人类主义思想家凯瑟琳·海尔斯的术语说，科学无法为"现实"做**确认**（confirmation），它做的是**否证**（disconfirmation）的工作，譬如，将"燃素论""以太论"等从关于"现实"的知识中划出去。[①]换言之，科学不是一种肯定性的探索（探寻"是"什么），而是一种否定性的探究（聚焦"不是"什么）。

进而，科学无法处理政治的问题：能够知道重力加速度在地球表面各个位置上的精确值，并无法帮助我们化解两个主权国家之间的一场战争；能够知道屋内的温度、压强乃至每个空气分子的状态，并无法化解钱锺书《围城》最末方鸿渐与孙柔嘉在家里的那场（暴力）争执。科学无法解决人因群处在一起而产生的各种问题。[②]

然而，这并不意味着科学的前沿发展，不能够给政治思考带来洞见。在下一章中，我们就将进一步聚焦政治哲学（政治本体论）的论域，探讨政治学之"量子转向"的可能性。

① 海尔斯：《后人类主义在十字路口：危险因素、"破碎的星球"与另寻更好出路》，韦施伊、王峰译，《上海大学学报（社会科学版）》2022年第4期，第21-22页。
② 请进一步参见吴冠军：《现时代的群学：从精神分析到政治哲学》。

第六章　政治＋：量子政治学的地平线

认知性实践本身，就是政治性地参与世界化成。这个世界，需要世界内每一个负责任的玩家，一起来改变世界化成的可能性。

引　言　"遇事不决，量子力学"

上一章中，我们在本体论层面上探讨了量子力学所描述的鬼魅般的"现实"。恰恰是这个鬼魅般的"量子现实"，能够激进地打开思考"现实"的全新窗口。

人类学家薇基·科比曾深有洞见地提出：在二十一世纪的今天，人们似乎已经能接受超出其日常感知的量子力学。然而，这种接受，却是通过如下"理性化"的操作来达成：种种不一致性、复杂性被归结到一个特殊的学术场域中，在那里，所有晦涩难懂的研究发现、鬼魅般的实验结果，皆不再跟社会性的日常事务有任何关联。这种"理性化"操作还进而被一种"被接受的智慧"所加持，那就是：微观的量子行为，并不能被应用到包含人类事务在内的宏观世界。[①] 也就是说，**人们能接受"自然世界"的莫名其妙，只要"人类世界"仍然是熟悉**

---

① Vicki Kirby, *Quantum Anthropologies: Life at Large*, Durham and London: Duke University Press, 2011, p. 4. 关于"量子人类学"的探讨，请参见吴冠军：《量子思维对政治学与人类学的激进重构》，载钱旭红等著：《量子思维》，上海：华东师范大学出版社，2022，第162-164页。

的样子就行。

"遇事不决，量子力学"，这句话已经有了自己的百度词条。[1] 然而，这句俏皮话显然只是说说而已，是一个不会有人真的认真对待的网络"梗"。谁会真的遇事不决，找玻尔或海森堡去探求思想资源呢？遇事不决时真去找物理学家寻求智力支持的，大概率亦会是没事就爱引用爱因斯坦金句（其中大量根本不是他说的）的人，他们会比引用玻尔者多好几个数量级。

然而在政治学界，倒真的有人持认真态度尝试过"遇事不决，量子力学"——在二十世纪，政治学曾先后两次产生"量子转向"的火苗。但可惜的是，两次皆未能形成燎原之势，很快就熄火了。

在本章中，我将深入探究政治学的"量子转向"及其失败的缘由，并在政治本体论的层面上重新构建量子政治学。经"量子转向"后的政治学，不再是预测之学：它不是去预测世界的变化前景，而是聚焦改变世界的诸种可能性。

第一节　历史的终结与政治学的量子转向

日裔美国政治学家弗朗西斯·福山于 1992 年推出《历史

---

[1]　参见百度百科"遇事不决，量子力学"词条，<https://baike.baidu.com/item/ 遇事不决，量子力学 >。

的终结与最后的人》一著，宣布自由民主制标志了人类政府（统治）的最终形态（final form of human government），终结了政治演化与发展的整个历史。①

然而就在此著问世的一年前，另一位当代美国政治学家西奥多·贝克，编辑出版了一本学术文集，题为《量子政治学：将量子论应用于政治现象》。此书甫一问世，就被评论者评价为"政治理论、政治设计以及最终政治实践的一个转折点"。②在柏林墙倒塌、全球化浪潮勃然兴起之际，贝克却在该著中宣称："政治的诸种模型必须允许**概率**（chance）来扮演一个重要部分。"③这在当时，诚然是逆时代潮流而动。

在经历了深刻改变政治世界面貌的卢旺达大屠杀、亚洲金融危机、科索沃战争、"9·11"袭击事件、阿富汗战争、伊拉克战争、全球金融危机、欧洲主权债务危机、"占领华尔街"运动、维基解密、世界范围内针对平民的恐袭（包括自杀式袭击）、"棱镜门"（美国政府监听世界政要）与斯诺登事件、伊斯兰国、欧洲移民危机、特朗普胜选与"另类右翼"崛起、英国脱欧、贸易战与逆全球化浪潮、"黄背心"运动、"黑命贵"（Black-Lives-Matter）与"我也是"运动、新冠肺炎疫情、美国国会大厦冲击事件、塔利班重新执政、乌克兰危机……之

---

①   Francis Fukuyama, "The End of History?" *The National Interest*, Summer 1989.

②   Jim Dator, "Review of *Quantum Politics*," available at http://www.futures.hawaii.edu/publications/book-reviews/QuantumPolitics1991.pdf.

③   Theodore L. Becker (ed.), *Quantum Politics: Applying Quantum Theory to Political Phenomena*, New York: Praeger, 1991, p. xv, emphasis added.

后，我们重新回看"历史终结论"与"量子政治论"这两种三十年前提出的政治学论说，不得不承认，当时逆潮流而动，并因此未能在学界激起火花的后者，实是一个充满洞见的睿智声音。[①] 福山将自由民主视为终结历史的政治安排，恰恰是在本体论层面上将概率彻底刨除了。

有意思的是，福山后来对其"历史终结论"做出了"修正"。2014 年他在《政治秩序与政治衰败》一著中提出："政府 / 统治"（government）的稳定性建立在法治、民主问责与国家治理能力的三元结构上；而当代许多西方国家在最后一项上得分很低，从而导致了"政治衰败"。[②]

我们看到，尽管福山"修正"了其论说，承认西方国家并没有站在历史终结点的位置上，而是陷入了政治衰败，但他仍是以**一种借鉴自牛顿经典力学的"社会科学"**方式来探讨"政府 / 统治"问题，将政府机械性地视作三个"支柱"的"合力"。在这个机械性搭建起来的系统模型中，概率实际上仍彻底没有位置。在"历史终结论"抑或"政治衰败论"中，我们皆无法处理诸如自杀式恐袭、病毒大流行等等笼罩在当代政治

---

① 更具体的分析请参见吴冠军：《"全球化"向何处去？》，《天涯》2009 年第 6 期；吴冠军：《"历史终结"时代的"伊斯兰国"：一个政治哲学分析》，《探索与争鸣》2016 年第 2 期；吴冠军：《从英国脱欧公投看现代民主的双重结构性困局》，《当代世界与社会主义》2016 年第 6 期；吴冠军：《阈点中的民主：2016 美国总统大选的政治学分析》，《探索与争鸣》2017 年第 2 期。

② Francis Fukuyama, *Political Order and Political Decay: From the Industrial Revolution to the Present Day*, New York: Farrar, Straus and Giroux, 2014.

世界的现象。

在我看来，盛行于二十世纪九十年代的历史终结论，不仅把政治学研究捆绑到自由民主意识形态上，并且扼杀了政治学研究中可能兴起的真正革命性的"量子转向"。在当年一片"历史已经终结"的玫瑰色氛围中格格不入地刺出来的量子政治学，提出了一个无法容纳在现代"社会科学 / 政治科学"范畴下的论题：在政治场域中满布无法被直接"看"到的能量单位、满布无法用计量方式加以捕捉的"无可衡量之物"（imponderables）。这些"亚原子"层面上的无可衡量之物，构成了一个**看不见的政府（统治）**。政治科学要真正触碰"实在"，就必须研究这个"看不见的政府"。①

这也就意味着，政治科学必须把它的"科学"基础，从经典力学转到量子力学，"量子物理学提供了取代 18 世纪诸种政治哲学与经济哲学的工具，一个同我们对物理实在的当前理解更吻合的新范式"。②从量子物理学关于不确定性的洞见出发，我们能够用全新的方式考察政治场域：和量子场一样，政治场域是一个无可预测的场域，里面充满着如同"波粒二象性"那样的无可调和的本体论矛盾与冲突。

尽管《量子政治学》一书出版于"冷战"之后，**量子政治**

---

① William Bennett Munro, "Physics and Politics—An Old Analogy Revised", in Becker (ed.), *Quantum Politics: Applying Quantum Theory to Political Phenomena*, p. 7.

② Quoted in the back cover of *Quantum Politics: Applying Quantum Theory to Political Phenomena*.

学的奠基性时刻却可以追溯到半个多世纪前。哈佛大学教授、政治学家威廉·蒙罗于 1927 年在美国政治科学协会年度会议上做了题为《物理学与政治学：重访一个旧的类比》的主席报告。我们知道，物理学界众星齐聚、盛况空前（亦可能绝后）的第五届索尔维会议，便是在那一年的 10 月召开，在会上爱因斯坦同以玻尔为首的哥本哈根学派就量子力学的解释问题，展开了深刻改写科学史的激烈论战。而蒙罗的报告，就在索尔维会议数周后做出，他以美国政治科学协会主席的身份号召政治学者认真对待"新物理学"。换句话说，蒙罗这篇业已被现今政治学界遗忘的学术报告，诞生于量子物理学刚刚崭露头角的崛起时代。

在这篇奠基性论文的开篇处，蒙罗以演化论为例，提出科学对于诸种"社会宇宙"研究的驱策与逼迫的影响效应：

科学开始于改变时人的生活常规，结束于转型我们对于社会宇宙的整个导向。对演化学说的接受（仅仅举一个来自过去的显著案例），并不仅仅是对生物学甚或整个自然科学产生效应，**它逼迫关于国家与政府之起源的诸种古早理念的一个全盘性的改铸**……它驱策政治学的学生，将诸种公共机构视作整个演化中的万物秩序的一个部分，就像原浆细胞和有机生命体。①

在蒙罗看来，**科学知识会深层次影响**，乃至全盘性重置**政治理念**，并随之影响与重置诸种实际的**政治制度**。在蒙罗写作此文的时候，量子论正在崛起中。在少数愿意抛下"常识"、尊重实验结果的学者眼里，这个包含一系列诡异论点的新理论，已然激进地更新了物理学。蒙罗就是这些学者中的一个。他就此提出，政治学研究已然彻底跟不上物理学的前沿探索："〔政治学〕仍然同十八世纪对**抽象个体之人的神化**相捆绑；关于统治（政府）的科学与艺术，仍然躺平在或可称为**关于政治的原子理论**上。"②

　　作为美国政治学家，蒙罗恰恰尤其尖锐地批评"关于统治的美国哲学"。在他看来，美国政治哲学的根本问题就在于，它"越过所有理由去鼓吹个体公民，将其视作'无名大兵'（the Unknown Soldier）的化身"。基于量子物理学的洞见，蒙罗提出："在物理世界与身体政治中，原子们共享以下状况：它们既不是终极的，也不是不可再分的。"③ 个体——就像原子一样——不应被视作孤立化的、不可再分的实体。政治学者要研究个体的话，必须从**它们彼此影响的关系**入手去展开研究。

---

①　Munro, "Physics and Politics—An Old Analogy Revised", op.cit., p. 4, emphasis added.

②　Ibid., p. 5, emphasis added.

③　Ibid., pp. 5-6.

蒙罗认为，政治科学家必须不同于哲学家与心理学家。哲学家一碰到自己无法解释的现象，就诉诸人的道德本性中的玄妙素质。而心理学家遇上困难就借助那些标准化的个体特质来寻求解释。然而，人的行动及其后果，并无法通过**孤立地研究个体**来进行描述，遑论做出"解释"。[1] 在政治学的层面，蒙罗尖锐地批评自由主义-个人主义教条："个体公民被那些他所关联的人们的影响所激发与控制"，"这些影响是如此具有穿透性，以至于对于我们的绝大部分公民性而言，关于个体自由的教条几乎就同一个神话不相上下"。[2]

在拒斥哲学家、心理学家与自由主义政治学家后，作为量子政治学事实上的开创者，蒙罗提出："在根本上，政府既不是事关诸种法律，也不是事关诸种人，而是事关在两者后面的一切无可衡量之物。"正是这些"亚原子"层面的无可衡量之物，构成了政治学长期忽视的一个"看不见的政府（统治）"。[3]

那什么是看不见的统治？蒙罗提出，整个社会就如同一个物理宇宙，里面充斥着看不见的能量单元，它们以各种速度移动，穿透进权力中。**政治学必须研究这些微观的能量单元，以及它们运动与彼此影响的方式**——这便是"亚原子"层面的政治过程，这些复杂的微观进程构成了看不见的统治。当政治学

---

[1] Munro, "Physics and Politics—An Old Analogy Revised", op. cit., p. 8. 蒙罗在这里批评的是美国主流的心理学家而非欧洲的精神分析学家。

[2] Ibid., p. 6.

[3] Ibid., p. 7.

研究者们对由形形色色无可衡量之物之彼此互动所构成的看不见的统治视而不见时，他们对诸如"个体公民"等宏观现象的讨论要么具有很大偏差，要么是彻底错误的。

蒙罗号召，政治科学"通过同新物理学的类比，应该将其关注点的一部分从大尺度的、可见的政治机制，转到看不见的、因此被深度忽视的诸种力量，正是**通过后者，个体公民根本性地被实现，以及被控制**"。① 这意味着，个体公民并不构成政治学研究最小的基础性单位。在现代政治科学中被比作"原子"的个体公民，更恰当的比拟方式应是被比作"原子核"，他们**在同其他能量单元、无可衡量之物发生的复杂互动中被实现与被控制**。那些抽象的理念，就如同"社会宇宙的电子"。个体公民与政治理念的关系，就是原子核与电子的关系。

与主流的政治学研究相反，蒙罗认为恰恰是各种理念的刺激、思想-文化实践、不同的公民教育及其装置（学校、大学、出版社、论坛……），导致了政治场域内公民同其国家的关系的多样性——"公民"，是被看不见的理念（以及相关意识形态装置）所构塑出来的，而不具有自由主义-个人主义政治哲学所坚称的不可再分的本体论地位。理念具有穿透性的权力，让公民与国家的关系"固着"（lodgment）。②

---

① Munro, "Physics and Politics—An Old Analogy Revised", op. cit., p. 10, emphasis added.
② Ibid., pp. 6-7.

　　站在量子物理学本身刚刚发轫的二十世纪二十年代，蒙罗宣称，"现在到时间了，政治科学应通过将其聚焦点转向**诸种亚原子层面上的可能性**，来跟上新物理学的步伐"，"我们必须勤奋地研究那些使每一个公民原子成为其之所是的诸种力量的本质与范围"。①

　　然而，同量子物理学在第五届索尔维会议后气势如虹的发展相反，蒙罗在美国政治科学协会上提出的"转向亚原子层面"的政治学研究，却是犹如昙花乍现，随即不复闻矣。直到出版于"冷战"之后的《量子政治学》一著，政治学"量子转向"的论题才重新被拾起。贝克将蒙罗的报告作为该著首章，以示接续那个被尘封于思想史档案半个多世纪之久的先声。该著的当代作者们接续蒙罗提出的政治学必须追上物理学步伐的号召，强调政治学必须拒绝机械论、原子论与决定论的范式，并把概率纳入研究模型。然而，该著的出版尽管引起了学界的一定关注，但又一次犹如乍现的昙花，很快就淡出了政治学研究者的视线，并未激起水花。

　　量子政治学何以在二十世纪九十年代昙花一现后，很快就再次沉寂？这值得加以深入分析。除了同当时主流论述（如历史终结论）构成了直接抵牾外，实则还有其自身的缘由。

　　就构建量子政治学而言，从蒙罗到贝克等当代作者，在方法论上主要使用的是**类比推理**（reasoning by analogy）。对此

---

① Munro, "Physics and Politics—An Old Analogy Revised", op. cit., p. 6, emphasis added.

蒙罗本人毫不避讳，提出政治科学必须"通过同新物理学的类比"才能够得到发展。[①] 前文业已提及，蒙罗把理念比作"社会宇宙的电子"，把个体公民比作"原子核"（他拒绝旧的"原子"类比）；而"社会大气就像物理宇宙一样，充斥着看不见的能量单元，以各种速度移动，穿透进权力中"。进而，他还把战斗性的改革者称作"氢公民"（hydrogen citizen），这些人致力于捕捉一个电子（坚持一个理念）；把各种各样的反动派与党派分子称作"裸原子"（stripped atom），它们的电子（理念）被剥离……[②]

　　蒙罗的这些论述，诚然具有思想上的启发性，但就学理论证的严谨性而言则有所欠缺。在我看来，恰恰是蒙罗所采用的类比推论进路，成为由他奠基的量子政治学的理论软肋：人与人参与其中的政治世界，毕竟同粒子互相触动的微观物理宇宙，具有尺度上的巨大差别。两者之间进行类比推论性质的并置性研究，是否正当？这种质疑，后来就被薇基·科比称为对待量子力学时的"被接受的智慧"：亚原子尺度上的观察发现，对分析人类尺度上的现象绝无助益。

　　《量子政治学》问世后，书中关于不确定性的论点，以及建立在该论点上的对预测的否定，遭到了政治学界的强烈反弹，其中当代政治哲学家英格玛·诺丁的批评，实际上就是在

---

① 　Munro, "Physics and Politics—An Old Analogy Revised", op. cit., p. 10.

② 　Ibid., p. 6.

方法论层面展开的。

诺丁早年就是量子力学的研究者，其博士论文（1980）研究决定论与量子力学，深度讨论了哥本哈根阐释、概率性概念与贝尔定理。和福山一样，诺丁是新自由主义的坚定捍卫者，并且以气候政治的批评者著名——在他看来，科学并不支持人类活动与全球温室效应之间的因果关系，认为这是左翼政客们的"骗局"。而量子政治学的非定域性视角，则恰恰为气候政治与生态政治提供了一个独特的学理论证。[①]

在《量子政治学》一著出版三年后，诺丁专门为它写了一篇姗姗来迟的书评。在末尾处，这位量子物理学与政治学的研究者尖锐地写道：

> 这本书的主题，以及将这些论文放到一起的动机，是量子论对社会科学的所谓的诸种隐涉。这个论题并不能成立。可能被做成的，以及事实上已经被展示的，是一群社会科学家感觉受到了量子力学的启发。这里面的一些人也被相对论与经典热力学所启发。那也行。我对此没有异议。我听到过有科学家盯着火看而得到启发，我也听说有人坐在庭院里看苹果掉落而得到启发。[②]

---

① See Jr. William R. Bryant, *Quantum Politics: Greening State Legislatures for the New Millennium*, Kalamazoo: New Issues Poetry & Prose, 1993.

② Ingemar Nordin, "Review of *Quantum Politics*," *Reason Papers: A Journal of Interdisciplinary Normative Studies*, no. 19 (Fall 1994), p. 181.

诺丁深深质疑的，就是社会科学家们动辄受物理学"启发"而提出某种新理论。对把量子层面的绝对随机性与不确定性引入政治领域的研究，诺丁尤其持激进的拒绝态度。在他看来，政治学者完全可以对政治现象进行预测，因为在宏观层面上统计学与概率学的诸种方法已足够精准和有效，"在那里，诸种统计预测能够被做出，并且伴以高准确度。还有就是，我们真的需要现代原子理论，才能引出在社会与政治领域可能存在概率现象的理念吗？"[1]

我们可以看到，量子政治学最薄弱也最容易受到攻讦之处就在于：宏观层面的社会与政治现象，是否可以直接套用量子物理学的洞见。我们知道，实际上晚近十年基于深度学习的人工智能突飞猛进，恰恰就是建立在统计预测的科学上。[2]在宏观层面上，事物并非彻底不可预测：如果牺牲部分精确度的话，只处理相关性而不处理因果性的统计预测的方法论，实际上相当有效（尤其当数据量大、维度多且彼此形成正交时）。[3]

从蒙罗到贝克的量子政治学，以类比推理方式将量子物理学与政治学进行并置。但是，该并置的正当性受到了激烈的质

---

[1]　Nordin, "Review of *Quantum Politics*," op. cit., p.181.

[2]　请进一步参见吴冠军：《竞速统治与后民主政治——人工智能时代的政治哲学反思》，《当代世界与社会主义》2019 年第 6 期；以及，吴冠军：《速度与智能：人工智能时代的三重哲学反思》，《山东社会科学》2019 年第 6 期。

[3]　该方法论被运用于物理学研究，就发展出来统计力学。

疑——宏观世界的政治学，为什么要像量子物理学那样反对确定性，而不是像处理宏观现象的牛顿物理学那样认肯确定性？当年主流的历史终结论者们皆确定性地认为，自由民主是人类政治的顶峰／终点。于是，在二十世纪九十年代全球化高歌猛进的年代，量子政治学很快陷入沉寂。①

第二节　从类比到纠缠：重铸方法论地基

经由上一节对量子论重构政治学研究之图景及其症结的初步探讨，我想对它做出如下评论是公允的：1991 年横空出世

---

① 关于量子政治学的研究实际上在二十世纪九十年代彻底终结了，二十一世纪即便有关于该论题的零星文章发表，研究深度也不尽如人意（基本是对《量子政治学》里面观点的简单重复）。阿里·卡泽米在 2015 年发表了论文《量子政治学：新方法论视角》，从"后'9·11'世界"的诸种事件的不可预测性出发，强调量子政治学的方法论价值，并将《量子政治学》视为一部"革新性著作"。卡泽米提出，政治领域就是被不确定性与不可预测性所支配的。在后"9·11"的世界中，尽管有大量专家、学者频频发声，对各种事件、现象给出"解释"，"揭示"里面的因果线索，然而这些事后"解释"大都无法令人满意。进而，卡泽米批评经典政治学被各种"永恒普遍法则"所统治，实际上陷入了"系统性决定论"的深渊。在方法论上面，经典政治学也是极其脆弱的——严重地依赖机械论，依赖简单因果模型，依赖二维"时空"［Ali Asghar Kazemi, "Quantum Politics New Methodological Perspective", *International Studies Journal* (ISJ), 12(1), Summer 2015, pp. 90-91］。著有《量子创造力》《有自我意识的宇宙》等畅销书的俄勒冈大学物理学教授阿米特·哥斯瓦米 2020 年推出《量子政治学：拯救民主》一著，用量子世界观批评当代政治，尤其是特朗普主义政客们以"我-中心化"（me-centeredness）的方式使用权力（Amit Goswami, *Quantum Politics: Saving Democracy*, Eugene: Luminare Press, 2020）。我们看到，是政治世界的诸种现状，使这些学者重新重视量子政治学的分析视角。但遗憾的是，这些晚近发表的研究结果并没有对量子政治学做出实质性的推进。

的《量子政治学》，是一个未实现其思想潜能的、被二十世纪九十年代主流政治学研究所斩断的研究范式革命。在今天值得探讨与检讨的，是如何让这个未被实现的可能性，能够被认真对待。

为了重铸量子政治学的方法论基础，我们需要探索其他思想资源。

在我看来，蒙罗在 1927 年所做出的关于个体公民通过"看不见的、因此被深度忽视的诸种力量"而根本性地"被实现"与"被控制"的论断，以及他关于科学知识影响政治理念与政治制度、话语性实践铸型公民与国家关系的洞见，同法国思想家米歇尔·福柯在二十世纪七十年代做出的"知识／权力"论，具有相当大的契合度——尽管两人完全没有思想史上的承接关系。福柯把知识与权力用斜杠号联结在一起，作为一个专门概念，也就是说，作为知识的科学，本身是会在社会与政治层面上产生权力的。

前文的分析已经展示了，量子政治学所遭受的最核心批评，就是把微观层面的洞察应用到宏观层面的现象上。而福柯对政治学研究的一个主要学术贡献，恰恰是对以下论题的精密论证：权力不只是有宏观层面的展布，其根本性的力量就在于它的微观展布与运动。换句话说，权力绝不仅仅是经典政治学所聚焦的那些宏观的、看得见的权力——典范例子就是生杀权力，很大程度上，权力是彻底微观的、看不见的。

有鉴于此，福柯提出要对权力展开"微观物理学"

（microphysics）研究。福柯的微观物理学研究，实际上论证了：政治世界从来不只是宏观的，看不见的微观权力相较看得见的、政治学研究所聚焦的宏观权力而言，具有本体论的优先性。1975 年，福柯推出了深远影响多个人文与社会科学领域的名著《规训与惩罚：监狱的诞生》。在该著中，福柯批评传统的政治学只研究权力的宏观物理学（国家、政府、机构、法律、阶级、特权、个体等等），竟然完全忽视权力的微观物理学。①

我要提出的论题是：尽管福柯本人并未明确言及"量子物理学"（只是使用了"微观物理学"一词），然而，在该著中他鲜明地将量子思维引入了权力的微观物理学研究中，对政治现象展开了可以妥当地称为**量子化**（quantizing）的分析。遗憾的是，在对福柯思想进行研究的汗牛充栋的论著或论文中，将其论述同后结构主义或后现代主义关联起来的研究多如牛毛，然而竟然几乎没有将其微观物理学研究同量子论、量子思维相联系的研究。

在我看来，福柯对权力的微观物理学研究，至少在四个地方对构建量子政治学做出了独创性的学术贡献：（1）微观运动的本体论优先性；（2）权力无法被个体占有（宏观权力现象是微观运动的某种暂时性固化）；（3）权力关系的非定域性；（4）"人"的消亡与基于"自我技术"（techniques of the self）的微

① Foucault, *Discipline and Punish: The Birth of the Prison*, p. 160.

观抗争。这四点对于政治学研究而言，彻底是颠覆性的——直到今天，主流政治学界对权力的福柯主义分析要么仍态度暧昧，要么置之不理。在本节中，我将着重讨论前两点，因为这能够为我们重铸量子政治学的方法论带来助益。[①]

福柯提出：权力在宏观层面与微观层面，呈现出全然不同的形态。[②] 这个论点，补足了从蒙罗到贝克的量子政治学的核心软肋，亦即，将宏观现象与微观现象做直接的类比推理。为了阐述权力在微观层面的独特运作，福柯用自创的"统治态"（governmentality）——而非被用于描述宏观权力运作的"统治/政府"——一词，来指称"所有允许这种特定的且非常复杂的权力之操作的机构、程序、分析和反思、计算以及战术"。[③] 统治态绝非确定的、稳固的，无法对它进行某种简单的、确定性的描述。在福柯看来，"国家仅仅是统治态的一个插曲"。[④] 用更标准的量子论术语来说，前者是后者在宏观层面的"坍缩"。

对统治态的研究，恰恰同时聚焦蒙罗所说的"看得见的统治"与"看不见的统治"，同时关注权力操作的确定性（如国家）与不确定性（作为权力操作之全体的统治态）。宏观层面运作的权力，确实会呈现出确定性特征。经典政治学的研究错

---

① 另外两点将在本章第五节与第四节中，分别予以探讨。

② Foucault, *Discipline and Punish: The Birth of the Prison*, p. 27.

③ Michel Foucault, *Security, Territory, Population: Lectures at the Collège de France 1977–1978*, trans. Graham Burchell. New York: Palgrave Macmillan, 2007, p. 108.

④ Ibid., pp. 247-248.

漏就在于，将该特征视作唯一特征，故而无法看到：在微观层面上展布的权力，呈现出**激进的不确定性**，并且微观权力对于宏观权力具有**本体论优先性**。

从这一福柯主义的量子化视角出发来考察的话，我们可以抵达如下这个激进的命题：此前所有的政治学论说，不管立场与见解多么不同，不管分析进路多么不同，它们实质上在研究范式上都属于同一种"政治学"。对于权力，以往的政治学研究全部都在宏观层面展开，从绝对主义的"朕即国家"、全能主义的"中央集权"、自由主义的"三权分立"，到无政府主义的"社会自治"，它们就像从牛顿到爱因斯坦的物理学，尽管表面看上去变化如此之大、差异是那样显著，但实际上全部都属于同一种政治学（可称作"经典政治学"），它们都未能进入权力的"微观物理学"层面。

进而，福柯经由微观物理学的观察而提出：在微观层面，权力不是某些"个体"（父亲、领导、总统、国王……）或社会性的"实体"（国家、机构、阶级……）的一个属性，或者说所有权（property）。换句话说，权力并不能被各种预先独立存在的个体/实体所"拥有"；相反，所有社会性与政治性的个体/实体，实是经由它们之间的权力关系而得以存在。[①]

这是一个非常反日常体验的理解。在我们所面对的那个政治世界里，人们可以对一位国家总统的权力与一位副乡长的权

①　Foucault, *Discipline and Punish: The Birth of the Prison*, p. 26.

力进行比较，并给出确定性的结论——很多时候这种比较甚至可以以肉眼可见的方式观察到（就如同比较大象与老鼠的重量），无需政治科学家们的实证性调研与分析。然而，从福柯主义考察视角出发，我们必须把个体、政治实体以及社会关系（如"男人与女人""资产阶级与无产阶级"之间的关系），全都视作**从权力的微观物理学中涌现出来的宏观现象**，它们并没有政治本体论层面上的优先性。用福柯自己的话说，聚焦权力的微观形态，意味着政治学研究必须废除"暴力-意识形态对立"、废除"所有权的隐喻"、废除"契约模型或征服模型"。[1]

诚然，在日常世界中展开经验性的政治科学研究，权力确实似乎是被某些人或者机构所确定性地"占有"（经由契约或征服），我们只需要追踪那些人、机构就可以研究权力及其变化。然而经由微观物理学的研究，我们却无法再轻易地认肯该研究模式。实则，所有关于权力的宏观现象，皆是处在不断活动与变化中的微观权力关系的某种特定显现，亦即，**无数不稳定的（instable）、处于流变中的微观权力关系"坍缩"成了某种僵化了的宏观权力，并以一种非对称的形式相对固定下来**。正是这种固化效应，使得宏观层面上对权力的反转与推翻受到了一定限制。我们所熟悉的"经典态"权力，就这样形成了。

然而，在微观层面，权力是亚个体的、关系性的、不稳

---

[1]　Foucault, *Discipline and Punish: The Birth of the Prison*, p. 28.

定的，始终处于流变中——福柯本人用"紧张""活动性""永恒战斗"等语词来形容。[①] 我们在上一节中分析了蒙罗通过同量子物理学做类比的方法，对自由主义-个人主义教条所做出的核心批评：现代政治学（不管是哪一种学说、流派）皆把个体视作"原子式"的、不可再分的。福柯同样旨在瓦解现代政治学的这一底层设定，乍看上去他也用了类比方法（"微观物理学"）。然而实质上，福柯对原子式个体的批评采取了谱系学（genealogy）的方法论进路，并提出了原创性的分析。

对权力的微观物理学研究让我们看到：对权力的政治分析，无法单纯地采取经验意义上的定量研究。**话语分析**（discourse analysis）成为一个极其关键的方法论进路。政治学研究不能仅仅关注物质层面诸种人眼看得见的显著现象，还要关注非物质层面的各种非显著现象，简言之，同时关注"词与物"。

进而，社会以及国际社会中的诸种权力现象，只是微观权力网络关系在特定时刻的涌现。这就意味着，诸种社会-政治的安排，都不再是普遍的、真理性的、无可避免而只能这样的，它们来自诸种历史偶然性，并始终处于流变中。于是，政治制度不应以形而上学（"元物理学"）的方式来研究，而是要以**谱系学**的进路来研究。[②]

---

① Foucault, *Discipline and Punish: The Birth of the Prison*, pp. 26-27.
② 关于作为"元物理学"的形而上学的进一步探讨，请参见本书第一章与第三章。

所有自命"普遍""永恒"抑或"最好"的政治秩序，都是能够被改变的，所有看似牢不可破，甚至被视作"终结历史"的政治大厦，都是会坍塌的。并且，带来改变的力量的，并不只是来自传统政治学研究所聚焦的那些"实体""个体"。**内嵌话语分析的谱系学，实际上便致力于追索那些带来改变的微观触动及其宏观涌现。**

内嵌话语分析的谱系学，在方法论上有效迭代了类比推理。进而，量子物理学家凯伦·芭拉德更是迭代了福柯的方法论创新。2007 年，她出版了代表性著作《半途遇见宇宙：量子物理学和物质与意义的纠缠》，在其中旗帜鲜明地批评了类比推理。

尽管芭拉德未讨论蒙罗（很可能完全没有读过他的文章），但她激进地拒绝那种在物理学与政治学之间做类比的研究，用她本人的话说，必须拒绝"在粒子与人民、微观与宏观、科学与社会、自然与文化之间做类比"。芭拉德对类比推理的批评，亦未轻易放过玻尔这位量子力学的核心奠基人："诚然，甚至玻尔本人都犯了错，他在尝试理解'量子物理学的教导'时，使用的是在物理学与生物学之间或物理学与人类学之间做类比的方式。"芭拉德视类比推理为简化主义，而"量子物理学恰恰使得作为一种世界观或普遍解释框架的简化主义丧失效力"。在她看来，将量子思维引入人文与社会科学的研究，就是尝试去思考量子物理学逼迫我们去直面的诸种认识论与政治本体论的问题。与之相反，类比推理除了很容易把我们"带歪"之外，并不能使我们做出任何有效的"重思"。①

在拒绝基于类比推理的简化主义后，芭拉德开创性地论述了一种**物质与话语相纠缠的本体论**，以此重新论证了量子政治学的核心洞见——"世界"在本体论层面上是不确定的、开放的。如果说蒙罗的量子政治学之方法论基础是**类比**（物理与政治相类比）的话，那么芭拉德的量子政治学基础是**纠缠**（物质与话语相纠缠）。类比根植于研究者"启发式"的联想，而纠缠则指向"世界"本身的本体论状态。

尽管芭拉德的理论构建调用了极其丰富的思想资源，但在我看来，她的政治本体论在根本上是通过**用玻尔来补足福柯**的方式构建起来的。

芭拉德认肯福柯开创性的权力微观物理学研究："在福柯的论述中，权力并不是那种熟悉的观念，即施加在一个预先存在的主体之上的一种外部力量，而是关于力量关系的一个内在集合，该集合构建了（但并不彻底决定）主体。"进而，芭拉德提出："福柯对权力的分析，将诸种话语实践关联到身体的物质性上。"尤其是福柯关于话语-权力-知识联结（discourse-power-knowledge nexus）的论述，使政治学研究者关注到物质性中的"话语实践的建构性面向"。芭拉德还专门引用了福柯的《知识考古学》中的名句："'词与物'是关于一个问题的全

---

① Barad, *Meeting the Universe Halfway: Quantum Physics and the Entanglement of Matter and Meaning*, pp. 23-24.

然严肃的名称。"①正是在福柯的基础上，芭拉德提出了**量子政治本体论**的核心命题：对于人的"世界"而言，物质与意义（物质性与话语性）并不是彼此独立的元素，而是"纠缠"在一起。

也正是在这里，芭拉德批评福柯在处理话语性与物质性的纠缠上做得尚不够："事实上，对福柯权力分析及其话语理论的批评，通常集中在他未能对诸种话语性实践与非话语性实践之间的关系予以理论化"，"就福柯关于对规训权力的政治解剖的所有强调而言，他未能提供关于身体之历史性的论述——身体的物质性在权力的运作中扮演了一个**行动性的**角色"。②正如其著作副标题所展示的，在芭拉德看来，量子物理学这门科学本身，恰恰标识出了物质性（物理现实）与话语性（关于量子怪异性的各种"解释"以及各种"概念"）的"纠缠"，而玻尔则对此做出关键性的贡献——他认为语词与物质在它们的互相构建之外，并没有确定的边界、属性或意义。芭拉德将福柯笔下的"词与物"同玻尔笔下的"词与物"直接关联起来，并把福柯笔下的"话语实践"对应玻尔所说的"装置"。③

那么，纠缠是一种怎样的形态？"纠缠"（entangled），不同于多个独立存在的实体彼此"缠绕"（intertwined）——在

---

①   Barad, *Meeting the Universe Halfway: Quantum Physics and the Entanglement of Matter and Meaning*, pp. 63, 57, 46.

②   Ibid., pp. 63, 65, emphasis in original.

③   请进一步参见本书第五章第四节。

纠缠关系中，独立、自我持存的实体并不存在。芭拉德提出，
"个体并不在它们互动前预先存在；相反，个体经由它们纠缠
化的内关联，并作为内关联的部分而涌现"。[①] 正是在"纠缠
化的内关联"中，所谓的"个体"才被构建出来，亦即，在宏
观层面涌现为"个体"。

　　福柯提议对权力展开谱系学研究，芭拉德则进一步提出
展开**纠缠化谱系学**（entangled genealogies）研究。[②] 芭拉德批
评福柯在其谱系学研究中，只聚焦人类社会而忽视了非人类
（nonhumans）；她提出研究人类与非人类的诸种纠缠化的谱系
学。著名的"理性经济人"模型以及目的论框架下的价值-意
义模型，皆以人类为聚焦；而纠缠化谱系学则关注人类与非人
类能动者共同构成的复杂"聚合体"，包括特定历史性的诸种
物质状况与话语状况。

　　经过上述分析，我们可以看到：通过将福柯与芭拉德的研
究引入量子政治学的构建中，类比推理这个被尖锐诟病的方法
论软肋，得到了彻底的迭代。而我在这一节中的讨论，本身就
是使得福柯、芭拉德同蒙罗、贝克发生**互相构建式的内关联**
（本节讨论则成为内关联的结点）。

　　完成了重铸方法论这至关重要的一步后，就让我们尝试在
学理层面上，实质性地来推进那深具潜能但未被展开的政治学

---

① 　Barad, *Meeting the Universe Halfway: Quantum Physics and the Entanglement of Matter and Meaning*, p. ix.

② 　Ibid., p. 389.

之量子转向。首先，让我们摆脱简单的类比推理，系统性地检视内嵌在现代政治学理论大厦根基处的一组未言明的预设。

第三节　"牛顿主义范式"及其后现代批判

我把政治学那未竟全功的**量子转向**，视为同时针对政治学的**现代转向**与**后现代转向**发起的**范式挑战**。

现代政治学的基本概念（如权利、自由、代议民主……），以及现代国家的"构造 / 宪法"（constitution）①及其"政府 / 统治"，皆深深地根植于牛顿主义世界观，这种世界观是理性主义的、机械论的。换言之，摆脱形而上学与神学政治的政治学之"现代转向"，实际上建立在经典力学的"科学"思维之上，以牛顿主义世界观为符号性的框架。政治理论家盖斯·蒂泽雷加深有洞见地勾勒出了社会科学的三个预设：

> 机械主义的交通地图，以及它所建议的简化主义策略，支配了社会科学，尽管这种支配在今天更为隐秘而非显白。物质和心智根本性分家，与之相应的是事实与价值的激进区分。精确测量与预测，很大程度上保持着作为主

---

① 今天很多国家的"宪法"是以最早的美国 1789 年宪法为底本的。

流社会科学的理想。[1]

概言之，现代政治学（作为社会科学的政治学），预设了机械主义世界，物质（对象化的自然）与心智（观察主体/实践主体）的分离，以及测量和预测的精确性。这三个预设，都显白无疑地是牛顿主义式的。我要进一步提出的是，现代政治学的牛顿主义式预设，并不止上述三个。

在本体论的层面上，牛顿主义世界观假定**存在着一个客观真实的、涵盖自然与社会的世界**，时间与空间是行为的客观背景条件。这个世界独立于观察者而存在，并且可以被受过训练的、中立的观察者客观地观察与测量。换言之，我们能够做到在不干涉它的前提下，对世界进行认知性-研究性的观察。

同样关键的是，该世界观设定**存在定域因果性和因果闭合性**。也就是说，不存在超距作用。科学家与社会科学家通过经验性的观察与数据分析，可以可靠地探查出许多自然现象与社会现象背后的因果关系。即便由于数据太庞杂而无法完全收集与分析，但定域性的因果闭合本身定然存在着。让我们再一次引用斯托帕德《世外桃源》中的那句话："尽管没人聪明到可以做到这事，但这个公式一定存在，就好像有人能把它写出来

[1]　Gus diZerega, "Integrating Quantum Theory with Post-Modern Political Thought and Action: The Priority of Relationships over Objects", in Becker (ed.), *Quantum Politics: Applying Quantum Theory to Political Phenomena*, p. 7.

一样。"①

当无法精准构建出因果性时，现代社会科学仍可以用模糊化的方式（忽略追踪每一个因果线索），来展开"近似"研究——统计意义上的**相关性**（correlation），同样能用来做出可靠的预测。在物理学中，玻耳兹曼的统计力学，就构成了牛顿力学的一个强有力的补充性扩展。当代"人工神经网络"算法的强大智能，已被广泛地用于科学与社会科学研究中。② 基于理性人假设以及因果模型，抑或行为心理学-行为经济学的统计模型，社会科学家们，被预设为能够对社会与政治现象做出可靠的预测。

现代政治学还特别形成了关于"人"的一组牛顿主义预设。首先，**"人"被设定可以同其他"对象"根本性地分割开来**，并且因为这个可分割性，后者能够被对象化与效用化为"物"（things），亦即，根据其对于人的有用性确立其价值。

牛顿主义世界观继承笛卡儿对"心智"（mind，res cogitans）与"物质"（matter，res extensa）的等级制区分，把"人"放到了宇宙的中心——只有"人"，才具有意识、理性、能动性、独立性。而牛顿主义物理学则进一步确立起如下信念：物质是惰性的、无能动性的，只能参与推与拉的机械因果

---

① Quoted in Smolin, *Einstein's Unfinished Revolution: The Search for What Lies Beyond the Quantum*, p. 30.

② 参见吴冠军：《爱的革命与算法革命——从平台资本主义到后人类主义》，《山西大学学报（哲学社会科学版）》2022 年第 5 期。

关系。诚如当代政治理论家劳拉·赞诺蒂所写："**主体化**发生在一种想像中，该想像把人特权化，人被本体论地赋予理性、自由与权力的特征。"①

人类主义，正是牛顿主义世界观的产物：它用"人类学机器"（吉奥乔·阿甘本的术语），确立起一个"人"高于其他"物"（动物-植物-无机物）的等级制。② 在人类主义主导下的近四百年人文与社会科学话语中，所有的"物"在根本上都以对于人的有用性被讨论。一个具有科学"质感"、政治-意识形态"中性"，然而却赤裸裸标识出这种效用逻辑的词，就是"资源"——"自然资源"乃至"人力资源"（后者标识了"人"本身亦被"物"化）。③ 以权利、自由、代议民主为核心理念的自由民主制，就建立在人类主义之上。

另一个尽管受到行为心理学-行为经济学的挑战，但仍然占据支配性地位的关于"人"的预设就是：**"人"是理性的能动者**。理性人会计算违犯（或遵从）一条法律所带来的好处和惩罚，并以这种理性计算的方式在日常生活中展开行动，包括政治行动（如投票、抗议……）。

---

① Laura Zanotti, *Ontological Entanglements, Agency, and Ethics in International Relations: Exploring the Crossroads*, London: Routledge, 2019, p. 7, emphasis in original.
② 关于"人类学机器"的进一步讨论，请参见吴冠军：《神圣人、机器人与"人类学机器"——二十世纪大屠杀与当代人工智能讨论的政治哲学反思》，《上海师范大学学报（哲学社会科学版）》2018年第6期；以及，吴冠军：《再见智人：技术-政治与后人类境况》，第六章。
③ 请进一步参见本书第二章。

对于现代政治学而言，政治治理的基石实际上就是：建立在自我利益的计算之上的理性行动者，是可以用公开的法律系统来进行威慑或鼓励的，从而使所有行动者所共同生活其中的共同体成为一个规范性的稳定秩序。[①] 尽管在这样的秩序中，仍有可能出现像晚近频发于美国社会的无差别枪击案那样的"极端事件"，但只要那些行动者只是少数人（被标识为"精神错乱者""恐怖主义者"），那就不会根本性地动摇现代政治秩序。于是，在牛顿主义现代政治框架中，"法治"实际上取代了"统治"。"统治"（治理能力）的削弱，就产生了晚期福山所诊断的当代西方国家的"政治衰败"。

基于牛顿主义世界观，现代政治学把人类主体放置在政治本体论的中心。在这种政治本体论里，诚如赞诺蒂所写，

> 人是一个惰性的、同质的、简单因果的世界的主人，这个世界可以通过诸种抽象而得到理解，通过诸种计划好的理性而得到塑型。[②]

这，就是人类主义政治本体论的内核。只有人具有能动性，而世界则是惰性的、无活动力的。人通过唯独其所拥有的理性来

[①] 请进一步参见吴冠军：《从规范到快感：政治哲学与精神分析的双重考察》，《同济大学学报（社会科学版）》2022 年第 5 期。

[②] Zanotti, *Ontological Entanglements, Agency, and Ethics in International Relations: Exploring the Crossroads*, p. 2.

塑型世界。故此，**人是世界的主人**。

基于这种人类主义政治本体论，想要在这个世界中去构筑政治大厦，可以通过普遍的规范性（原则、法则、律令）来构筑，而无需聚焦特殊的语境性（contextuality）与情境性（situatedness）。政治学研究就聚焦在规范性上。至于政治世界具体的实践，只需要按照规范性展开，本身无须给予特别的研究。

作为当代代表性的政治科学家，福山的研究在本体论、认识论与方法论层面上，皆根本性地根植于牛顿主义世界观，无论当他声称自由民主制"终结历史"时（预设可预测性），抑或声称"因为"国家能力不强，"所以"各西方国家陷入"政治衰败"时（预设机械式线性因果模型），又或是当他对"后人类未来"做出激进拒绝时（预设人类主义等级制），以及最近批评以"暴徒冲击国会山"为代表的民粹主义政治是非理性的、单纯情绪宣泄、容易被简单口号操纵，近 1/4 的成员相信阴谋论的共和党已沦为"邪教组织"时（预设理性行动者）。[1]

然而，尽管这种主导现代政治学研究的牛顿主义世界观看似牢不可破，但实际上在十九世纪它便受到了激烈的挑战。

挑战主要来自当时蓬勃兴起的两个"新学"：（1）在"科学"领地影响力持续至今的达尔文的演化论；（2）如今已被开

---

[1] 福山:《我们的后人类未来》，桂林：广西师范大学出版社，2017；福山:《从"历史的终结"到"民主的崩坏"》，潘竞男译，<https://www.dazuig.com/wenz/hwwz/709344.html>。

除出"科学"家族的弗洛伊德的精神分析学。演化论与精神分析学尽管进路完全不同，但共同提出了如下论题：理性、客观性、可预测性，在人的决策与行动中是完全边缘性的。在两门"新学"的强势挑战下，社会科学研究发展出了行为主义与阐释主义等学派。然而，时至今日，演化论被吸纳而精神分析学被排斥，牛顿主义世界观依然强有力地在社会科学研究中保持着其范式性的地位。[①]

兴起于二十世纪七十年代的后现代思潮，延续了现象学、语言学与精神分析学的思想传统，对现代科学以及社会科学研究范式提出激进批判。这场声势浩大的"后现代转向"[②]，诚然触及了现代性的知识状况。

后现代主义最具代表性的人物让-弗朗索瓦·利奥塔，在出版于 1979 年的代表作《后现代状况：关于知识的报告》中，激进挑战了科学与社会科学知识的正当性。利奥塔提出，现代知识的正当性表面上建立在科学之上，实则总是隐秘地将数据或陈述去同某些"元话语"（metadiscourse）做匹配，"对某

[①] 关于精神分析学对政治学研究的被忽视的贡献，请参见吴冠军：《家庭结构的政治哲学考察——论精神分析对政治哲学一个被忽视的贡献》，《哲学研究》2018 年第 4 期；吴冠军：《有人说过"大他者"吗？——论精神分析化的政治哲学》，《同济大学学报（社会科学版）》2015 年第 5 期。

[②] 参见塞德曼编：《后现代转向：社会理论的新视角》，吴世雄等译，沈阳：辽宁教育出版社，2001；贝斯特、科尔纳：《后现代转向》，陈刚等译，南京：南京大学出版社，2002；哈桑：《后现代转向：后现代理论与文化论文集》，刘象愚译，上海：上海人民出版社，2015。

种宏大叙事做出一种显白的诉求"。①民主、普遍人权、解放，都是这样的宏大叙事。我们看到，十多年后福山提出的历史终结论，实际上便是对"普遍历史""自由民主"这些被预设为根基性的"元叙事／元话语"做出了显白诉求。

关于知识的后现代态度，按照利奥塔的说法，就是"对诸种元叙事的怀疑"。②换言之，并不存在始终可信的、具有正当化力量的元话语，能使我们超越时间地判定真理。知识生产者（如社会科学家）必须面对诸种"语言游戏"的差异与不兼容性，这使得"知识"始终处在流变中。这就是"后现代状况"。科学以及社会科学研究的"后现代转向"，意味着去制造未知而非已知，去提供既有科学理论无法解释的数据，从而瓦解关于我们的"世界"的各种身披科学外衣的论述。于是，在后现代状况中，知识就是一个政治性的战场。后现代态度召唤"一种既尊重对正义的渴望，又尊重对未知的渴望的政治"。③在批判"现代科学知识"的基础上，利奥塔进而提出要拥抱"叙事性知识"（narrative knowledge），这种知识不需要元话语来正当化，"它在其自身传播的语用学中证明自己，而无须诉诸论证和证明"。④

---

① Jean-François Lyotard, *The Postmodern Condition: A Report on Knowledge*, trans. Geoffrey Bennington and Brian Massumi, Manchester: Manchester University Press, 1984, p. xxiii.

② Ibid., p. xxiv.

③ Ibid., p. 67.

④ Ibid., p. 27.

在我看来，科学与社会科学的后现代转向，诚然有力地挑战了知识的牛顿主义范式的自我正当化，并将知识转变为一场政治性的斗争。然而，它并未对牛顿主义世界观，发起**硬核性**的挑战。那是因为，"后现代知识"自身不得不承担**相对主义之逻辑悖论**："不存在真理"本身实际上自居真理（而不再是叙事性知识）。发生于后现代转向最风起云涌的二十世纪九十年代中期的"索卡尔事件"，标识了现代科学与社会科学捍卫者（艾伦·索卡尔本人便是物理学家）对后现代思潮的迎头痛击——后者被批评为用晦涩的时髦术语来"填充"其科学性之欠缺。[①]

在这里，我要提出的是：政治学的量子转向，不只是对现代社会科学构成了挑战，同时也对后现代转向（转向相对主义的叙事性知识）的理论软肋做出拒斥。

第四节 人类主义的黄昏：量子政治学的范式革新

现在，让我正面探讨由蒙罗所开启、福柯与芭拉德所重新激活的政治学之量子转向。

量子政治学的核心贡献是，**它激进地挑战了社会科学所根本性倚赖的人类主义框架**。我们知道，现代政治学（无论哪个

---

① 索卡尔、布里克蒙：《时髦的空话：后现代知识分子对科学的滥用》，蔡佩君译，杭州：浙江大学出版社，2022；索卡尔等：《"索卡尔事件"与科学大战：后现代视野中的科学与人文的冲突》，蔡仲、邢冬梅译，南京：南京大学出版社，2002。

流派），皆预设了"人"是政治实践的担纲者，其中自由主义-个人主义更是把"人"归结为不可再分的个体之人。诚然，在日常世界里，人们很容易对自己的独立性、完整性、确定性、不可再分性，采取一种"朴素"的确认和确信。

在蒙罗这里，被比作原子的"个体公民"，是其批判的核心聚焦。他呼唤政治学研究聚焦亚个体（亚原子）层面由诸种无可衡量之物所形成的看不见的统治。福柯则通过对亚个体的微观权力网络的分析，激进挑战了现代政治学将每个个体都视作独立、理性、自主"主体"的信条，提出成为一个主体（to be a subject）就是被支配（to be subjected）。面对权力关系所构成的不断流变的网络，所有"人"——包括权力的"握有者"（领导、总统）以及"研究者"（政治观察者、政治学家）——都无法使自身站到这个网络之"外"。社会是一个没有外部的权力关系网络，而权力本身是去中心化的。现代自由主义-个人主义的"个体"并不先于微观权力网络而存在，相反，"个体"恰恰是经由权力的"规训"而形成。值得指出的是，福柯对"个体"的解构，并不导向相对主义的"后现代知识"，而是完全建立在我称之为对权力的量子化分析之上。换言之，对亚个体层面的福柯主义聚焦，实是量子转向（而非后现代转向）所开启的视角。

在出版于1966年的《万物秩序：人类科学的一个谱系学》（法语原著题目为"词与物"）一著中，福柯就曾尖锐地宣告"人"的消亡。在该著最末福柯写道："人将被抹除，就像画在海边沙滩上的一张脸。"① 福柯通过对"人类科学"的谱系学考察而提出,"人"(现代性框架下的"人")是由文艺复兴以降的"人类主义话语"所构建出来。任何有开始的事物,就必然会有终结。在《规训与惩罚:监狱的诞生》中福柯进一步提出,权力并不等同于在物质层面操作的"暴力",同时亦包括在非物质层面操作的"规训"。权力绝不只是看得见的生杀大权,它还同"知识"相关("知识/权力"),同社会中主导性的"话语构型"相关。

这也就意味着,权力并不仅仅是**压制性的**(看得见的可被占有的权力),并且是**生产性的**(看不见的权力关系网络)。表面上权力压制个体,但在更根本的层面上更是生产个体。"人"(理性的、不可分的个体之人),就是"人类主义话语"及其权力展布的产物。真正实质性地维系一个"万物秩序"的力量,并非压制性的暴力,而是生产性的话语权力("知识/权力")。由于这种展布在社会毛细血管里的权力关系网络先于"人"而存在并实质性地生产"人",故此对于该网络,"人"彻底无处可逃。

权力关系的微观网络内部并非不存在反抗,但"个体"并不是自身便具有能动性的反抗单位。权力网络动态地集聚了"不可计数的对抗点、不稳定性的聚焦点"②,在每个点上权力

① Michel Foucault, *The Order of Things: An Archaeology of the Human Sciences*, London: Routledge, 2002, p. 422.

② Foucault, *Discipline and Punish: The Birth of the Prison*, p. 27.

关系皆有可能被随时反转或者说推翻。然而，这种反转本身也会随时被反转。这意味着，**权力的运动呈现激进的不确定状态。**

这给政治学研究带来一个重要洞见：对权力的反抗（反转、推翻）注定无法是一劳永逸的。权力与对它的反抗，始终是并存共生的，哪里有权力，哪里就有反抗。与此同时，所有对抗权力的"人"，必然在其与权力的斗争中，同时分享着那些权力机构。所有"人"既是权力的被压迫者，又是权力的不自觉的同谋。因而，他们的斗争便注定同时再生产他们正与之斗争的那个东西。

这就意味着，政治意义上的"解放"在结构上是一个"不可能"，政治场域内是永恒的战斗。权力关系网络并没有金字塔式的中心，夺取政权并不意味着彻底摧毁网状的社会权力结构，而很可能只是在新的名目下把各种旧的隶属化形式再生出来。人们只能生活在不同形式的权力构成的永恒回复中，不存在超越无所不在的权力之网的希望。[①]人类的"世界"中并不存在"最好政制"（best regime），只存在"关于真理的政制"（regime of truth），亦即，建立在知识权力（"真理"）上的政制。

由于权力关系网络具有无数个对抗点、不稳定中心，所

[①]　请进一步参见吴冠军：《绝望之后走向哪里？——体验"绝境"中的现代性态度》，《开放时代》2001 年第 9 期。

以以"大拒绝"（Great Refusal）这种方式参加政治斗争是无效的。在福柯看来，对于权力，所有宏观层面的反抗都注定无效，只有进行微观层面的多元化抗争，使每一个抵抗都是奇点性的特例，才是有效的。真正的政治变化，都是从微观层面"涌现"，而以往政治学研究所聚焦的宏观政治"现象"，只是微观政治变化在宏观层面的"显象"。

　　针对微观权力及其规训操作，福柯提出以"自我技术"去抗争。自我技术的目的并不在于寻找个体的"内在本性"，而是致力于生产或创造出一种新的自我。"从自我不是给定的这一观点出发，我想只有一种可行的结果：我们必须像创造一件艺术作品那样创造我们自己。"[①] 用量子物理学的概念来转译福柯的洞见，我们可以提出："自我技术"旨在改变微观权力关系的"坍缩"结果，从原先被他人统治，转变为被"自我"统治（至少是去增加后者的概率）。对福柯来说，"人"没有本体论的"本性"，"人"是被创造出来的，既然此前都是被权力关系之网所创造，那么真正的政治抗争就是去创造自己。"现代人不是开始发现他自己、他的秘密和他的隐蔽真理的人，他是一个尝试创造他自己的人。这种现代性并不依照每个人自己的'是'来解放人，而是迫使他面对创造他自己的任务。"[②]

　　福柯的政治本体论，不是自由主义的"权利的本体论"

---

① Michel Foucault, *The Foucault Reader*, ed. Paul Rabinow, London: Penguin, 1984, p. 351.

② Ibid., p. 42.

（本体论化"个体之人"），而是"批判性本体论"："批判的实践，就是使得自然的行为陌生化"[1]，如同量子物理学使得宏观尺度上被接受为"自然"的行为彻底陌生化。福柯旨在告诉我们，作为批判实践的微观物理学研究，亦使得日常生活中的权力陌生化；建立在批判性本体论基础上的政治学研究，应聚焦性地追查权力关系流转的轨迹，进而追查"权力、真理和主体之间的关系"。[2] 而谱系学，就是妥切地追查权力关系之形成的方法论进路。

然而，对人类主义框架的福柯主义挑战，实际上仍面对一个关键问题。福柯瓦解了现代政治学中作为政治主体的"人"，宣布了"人"的消亡（"人"仅仅是微观权力关系网络的一个产物），那么，担纲所有微观政治抗争的那些"不可计数的对抗点"，其**能动性**是从哪里来的？晚年福柯所提出的"自我技术"，实际上并没有解决本体论层面的能动性问题——既然"我"是被微观权力所生产出来的，那么抵抗权力的那个创造"我们自己"的能动者又是谁？如果不是"我们自己"的话，那么只可能亦是权力关系网络。那样一来，批判、创造等实践实则就同被支配、被规训出来的行为，在政治本体论层面上并没有任何区别。

---

[1]　福柯：《什么是启蒙?》，汪晖、陈燕谷编：《文化与公共性》，北京：生活·读书·新知三联书店，1998，第441页；福柯：《批判的实践》，严锋译，载《权力的眼睛——福柯访谈录》，上海：上海人民出版社，1997，第51页。

[2]　福柯：《什么是启蒙?》，前引书，第437页。

在我看来，芭拉德提出的纠缠化内关联，实质性地应对了能动性问题：从量子论出发，任何的能动者，都只在**关系性**而非**绝对性**的意义上"能动"。换言之，能动者在它们彼此纠缠的关系中成立，而不是以个体性的元素存在。[①] 基于对纠缠与缠绕的本体论区分，芭拉德提出用"内行动"这个概念来取代"互动"：内行动指"诸纠缠着的能动单位的互相构建"。[②] 互动发生在各独立的、之前就预先存在的个体能动单位之间。而彼此发生内行动的能动单位并不预先存在，它们恰恰是从内行动中涌现的，其"能动性"是关系性的。

经由芭拉德这一分疏，我们看到：**现代政治学可以容纳缠绕与互动，但无法容纳纠缠与内行动**。自由、平等、权利、主体性、理性、自主、选举（代议民主）等等关键政治概念，皆本体论地建立在"个体"的**可分割性**（可同环境与其他个体／实体分割）与**不可再分性**（自身不可再分）上。但量子物理学恰恰同时推翻了个体的这两个预设的属性。

包括现代政治学在内的社会科学研究，迄今为止实际上分为两大派系：（1）聚焦于个体**意图**的"内部"视角；（2）聚焦于个体**行为**的"外部"视角。进入二十一世纪后，外部视角呈现出了取代内部视角之主流地位的趋势。[③] 然而，这两大派别

---

① 请同时参见本书第四章第四节。

② Barad, *Meeting the Universe Halfway: Quantum Physics and the Entanglement of Matter and Meaning*, p. 33.

③ 譬如，在经济学里，行为经济学激进挑战了各种建立在"理性经济人"预设上的古典经济学模型，标志性事件是丹尼尔·卡尼曼荣获 2002 年诺贝尔经济学奖。

都以"个体"作为研究聚焦的基本单位,以其不可再分性为前提性预设,而完全无视**亚个体**的向度,完全无视**非人类**的触动。政治学的量子转向,则彻底打破了社会科学"内部/外部"二元论。

在量子化视野下,"意图"就不再是一种预先存在的心智状态,更不能被归结到人类个体上。我们可以通过实证性的研究来追踪那个构建起"意向性"(intentionality)的纠缠化内关联的微观网络——一个由人类与非人类能动者构成的复杂"聚合体"。"行为"也一样,不再能简单地归结到某个个体单位上,而是经由纠缠化内关联具有复杂的能动性构型。于是,我们需要追踪与分析"内行动",来研究"行为"的能动性构型——能动性是在一个聚合体内部各种纠缠化内关联中涌现出的。

这样一来,能动性而非意图或行为,成为社会科学研究的切入点。至为关键的是,能动性是一个关系性范畴,是相互纠缠的产物,而非某个个体单位的属性。纠缠化谱系学,便追踪**诸种能动性的纠缠状态**。包括各种非人类在内的所有能动者,都相对于一个聚合体("世界")而具有能动性——能动性在各种物质性-话语性的互相构建中涌现,并参与世界的配置。换言之,绝不只是"人"具有能动性,一切物质都可以是能动者。独独将人视作能动者(甚至是独立的、自主的能动者),只是人类主义框架下的设定。

我们看到,从蒙罗开始,量子政治学便将瓦解原子式的个体之"人"作为其研究的聚焦,而芭拉德对能动性的量子化重构，则实质性地达成了量子政治学对社会科学这一根基性预设的瓦解。

第五节　你我皆纠缠：社会现实中的超距作用

量子物理学，令我们激进地重新思考"现实"。量子政治学，则进一步让我们聚焦性地重新思考"社会现实"。蒙罗让我们关注"看不见的政府"，福柯让我们关注运作于亚个体层面的"微观权力"，芭拉德则让我们关注到各种本体论地先于个体的"纠缠"。

让我们进一步从拉康所揭示的语言作为"现实"之构成性力量的分析出发，来考察"社会现实"中的非定域性的"超距作用"。

在我们的社会中，你是"主人"，当他人承认自己是你的"奴隶"时。"社会现实"并不是由预先存在的"主人""奴隶"构成的——在形成纠缠性的关联（我们可称之为"主／奴纠缠"）前，"主人""奴隶"皆不存在。"主人""奴隶"（以及所有的"社会身份"），皆只存在于各种特殊的**符号性宇宙**中。而**政治的可能性**就在于，我们能参与性地改变这个宇宙。

至为关键的是，当你的所有"奴隶"都不再承认自己是你的"奴隶"时，那个瞬间**你就立即不是"主人"**——哪怕你们在那一刻相距遥远。"主／奴纠缠"，本体论地先于"主人"与"奴隶"，并决定其状态。

　　正是在这里，我们可以定位到黑格尔的洞见：不同于主流的政治学分析，黑氏笔下的"主奴辩证法"，并不是仅仅定位到"主人"对"奴隶"的支配，而且进一步反过来——"辩证性地"——揭示出奴隶对主人的胜出。[1] 那是因为："主人"政治性与结构性地需要"奴隶"承认其是"主人"，而"奴隶"却没有相应的政治性需求（亦即，迫切需要"主人"承认自己是"奴隶"）。[2] 换言之，"主人"仅仅只能**政治性地**支配"奴隶"，而"奴隶"却可以**本体论地**决定"主人"。

　　我们的世界（一个符号性宇宙），就是这样一个聚合体，其中的能动者们经常处在各种非定域性的"纠缠态"中——他们之间能发生鬼魅般的超距作用。"国王"可以立即不再是"国王"——当所有的"臣民"不再认同"臣民"这个身份。这种改变，不是**因果性的**（社会科学研究的定域因果性），而是**构成性的**（consititutive）——改变，直接在"社会现实"的本体论层面上发生。

　　马克思要求人们投入"改变这个世界"[3] 的政治实践。而

---

[1]　在这点上，亚历山大·科耶夫做出了杰出的阐释。正是基于对黑格尔"主奴辩证法"的解读，科耶夫认为马克思的分析已包含在黑格尔的论述中。请参见 Alexandre Kojève, *Introduction to the Reading of Hegel*, trans. J. H. Nichols, Ithaca: Cornell University Press, 1969.

[2]　当代政治哲学家查尔斯·泰勒，正是经由黑格尔而发展出了"承认的政治"。对泰勒的承认政治的批判性分析，请参见吴冠军：《"承认的政治"，还是文化的民主？》（上），《开放时代》2001 年第 12 期；吴冠军：《"承认的政治"，还是文化的民主？》（下），《开放时代》2002 年第 1 期。

[3]　Marx, "Theses on Feuerbach", op.cit., p. 158.

政治世界的改变，可以是因果性的，但更可以是构成性的——当我们改变这个世界的**符号性坐标**后，尽管**物质性状况**仍然一样，但"世界"已经不同。

查理一世于 1649 年 1 月 30 日被送上断头台，崇祯皇帝朱由检于 1644 年 4 月 25 日自悬于煤山，这两个事件各自处在一系列的因果性链条中，它们亦都对世界产生了因果性的影响（不只影响两个个体生命的延续，并且影响到了斯图亚特王朝与明王朝的延续）。但相较起来，前一个事件对世界更是产生了显著的构成性影响，更切近马克思所说的"改变"。查理一世被处决后的第二天，尽管"太阳照常升起"[①]，但世界在肉眼不可见的层面上已然发生了根本性的变化。

在社会科学中，"结构"与"能动性"经常被对立起来。关于"结构"，我们有必要做出一个本体论追问：诸种结构化的社会系统（从制度、律令到习俗、文化……），在本体论上处于什么状态？它们存在还是不存在？

物质性地来看，"社会结构"诚然并不存在。

然而，许多可观察到的社会现象，却似乎是某种无法被观察到的肇因所产生的效应。学界就把这种"无形"的肇因，定位为"社会结构"（或者说结构化的社会系统）。

拉康则独居匠心地把这个肇因，称作"大他者"。通过这个方式，拉康把看不见的社会结构，变成一个能动者——"大

---

① 引自 2007 年姜文执导的影片《太阳照常升起》。

他者"不只是使符号性宇宙中的能动者们产生非定域性的纠
缠，并且自身能够成为一个同其他能动者发生定域因果性的能
动者。拉康的再传弟子齐泽克这样阐释"大他者"（本书第一
章第三节中引过）：

> **符号性的向度**就是拉康所说的"大他者"，那个将我
> 们关于现实的体验予以结构化的无形的秩序，关于诸种规
> 则与意义的复杂网络，它使得我们看见我们所看见的——
> 依据我们看见它的方式（以及使我们看不见——依据我们
> 看不见它的方式）。①

"大他者"，使"结构"具有能动性（非人类的能动性）：
它使我们"看见"与"看不见"。我们怎么"看"事情，"看
见"哪些事情，哪些事情就在面前但我们却"视"而"不见"，
这背后的隐秘的规制性力量，就是"大他者"。

大他者在物理现实中并不存在，但却在社会现实中存在，
并且是一个**支配性的存在**，一个手握重权的存在。在符号性宇
宙中，大他者在同其他能动者发生定域性相互作用时，永远是

---

① Žižek, *Event: Philosophy in Transit*, p. 119, emphasis added.

更具有"权力"（同物理世界里的"力"相对应）的一方。①

大他者所标识的符号性向度，**因语言的存在**而被开启。语言，通过符号化的方式，使各种前语言的存在变为一个"秩序"，一个"说话的存在"（speaking beings）能够彼此沟通并居身其中的"世界"。"说话的存在"不管物理距离有多远，只要在大他者的权力覆盖范围内，就处于同一个"宇宙"（符号性宇宙）中。

于是我们看到，在人所居身的这个秩序里，支配世界的，绝不只是物理规则。也正因此，物理学无法解决这个世界里的各种复杂问题。政治学研究，在根本上，就是去探究那个搭建起社会现实的看不见的大他者，探究隐秘支配我们"看见"以及"看不见"的各种符号性框架，以及它们所产生出的诸种效应。

在现代政治学中，政治学研究被界定为研究作为社会子系统之一的"政治"。当代政治理论家雅尼·斯塔拉卡克写道：

> 在主流政治科学中，政治与政治现实同公民身份、选

---

① 参见吴冠军:《爱、谎言与大他者：人类世文明结构研究》，第四章与第十六章；吴冠军:《神秘的"第三章"——一个群学研究纲领》，载吴冠军:《现时代的群学：从精神分析到政治哲学》，第 3-152 页；以及，吴冠军:《有人说过"大他者"吗？——论精神分析化的政治哲学》，《同济大学学报（社会科学版）》2015 年第 5 期；吴冠军:《"大他者"的喉中之刺：精神分析视野下的欧洲激进政治哲学》，《人民论坛·学术前沿》2016 年第 6 期；吴冠军:《大他者到身份政治：本质主义的本体起源与政治逻辑》，《文化艺术研究》2022 年第 3 期。

举、政治代表的诸种特殊形式以及各种各样的意识形态家族相关联。政治被理解为构建了一个分隔的系统，即政治系统，并被期待停留在该系统的边界内：人们（即政客们、社会科学家们、公民们）期待在预先划定的竞技场内（尤其是在自由民主的领导权话语所划定的竞技场内，包括议会、政党、工会等）找到政治，并期待政治由那些相应地受到准许的行动者来从事。①

当"政治"被理解为人类社会中的一个"分隔系统"后，它便成为一个由专门"从业者"来展开的专门领域（"政坛""政界"……）。这似乎符合我们的经验性观察，从基层官员到世界领袖，"政治"是这些专门人士竞争与行动的舞台。社会中其余的人，则并不属于这个系统。

并且，在日常大众文化中，"政治"更是经常同"肮脏""伪善""表演""争斗""阴谋诡计""纸牌屋"② 这样的意像联系在一起：说某人很会"搞政治"，通常是一个极具贬义色彩的价值判断；而充满"办公室政治"的办公室，被视作一种极其糟糕的办公环境。

斯塔拉卡克从拉康主义分析视角出发，提出现代政治学对"政治"的理解（以及对政治的日常理解），恰恰是在本体论层

① Yannis Stavrakakis, *Lacan and the Political*, London: Routledge, 1999, p. 71.
② 该语来自奈飞出品的共热播 6 季的美剧《纸牌屋》。

面上对**"政治"的遗忘**。他写道：

> 在关于政治的定义中（作为诸种政治制度的空间，如
> 政党等），丢失的恰恰是政治之域自身；也就是说，该定
> 义所丢失的，恰恰是政治之定义发生的那个时刻，**社会现
> 实之组织化**发生的那个时刻。①

政治的**本体-起源**（onto-genesis）时刻，便是社会现实之"组
织化"发生的时刻。在本体-起源（构建"世界"）视角下，
"政治"绝不局限在现代政治学所研究的议会、选举、政治代
表、党派、工会、民族国家、权力等被归在"政治领域"内的
事物。换言之，"政治"在本体论层面上从来就是"政治 +"。
作为对社会现实的组织化，政治，实则是各种"政治事物"得
以生成的根本性状况。如当代政治理论家香特尔·穆芙所言，
政治"是每个人类社会内在固有的一个向度，**这个向度决定我
们的本体论状况**"。②

在"社会结构"的本体论状态上，国际关系建构主义学派
代表人物亚历山大·温特提出了一组洞见。在同实在主义者们
的论战中，温特强调"社会结构"并不存在。他追问：

---

① Stavrakakis, *Lacan and the Political*, p. 72, emphasis added.
② Mouffe, *The Return of the Political*, p. 3, emphasis added; see also Chantal Mouffe, *On the Political,* London and New York: Routledge, 2005, p. 8.

　　如果诸种社会结构并不是物（在物质性的意义上），
而在一个经典的世界中一切事物**都是**物质性的，那么，它
们**如若不是**幻像，还能是什么呢？①

温特的论点是：这种非物质性的"幻像"，恰恰在量子力学的
视角下，是能够同其他能动者一样参与相互作用的。而社会结
构所具有的这种"幻像"属性，则正是语言赋予的，"由于语
言的量子特性，社会结构使个体彼此纠缠，并使他们能够非定
域性地相互作用"。②更具体地说，"参与一个结构的能动者们，
非定域性地彼此关联"，"能动者的**态**，是由语言所中介的诸种
非定域的纠缠所构建"。③

　　由于语言打开了非定域关联的可能性，温特提出，所有
结构性的权力（亦即，个人带不走的权力），皆不应被简单地
视作定域性的权力关系，而必须从非定域因果角度来加以研
究。④我们看到，尽管并没有从福柯出发，试图"统一物理本
体论与社会本体论"的温特对权力（语言所中介生产出的结构

---

①　Wendt, *Quantum Mind and Social Science: Unifying Physical and Social Ontology*, p. 25, emphasis added.

②　Ibid., p. 267.

③　Ibid., pp. 259, 265, emphasis added.

④　Ibid., pp. 34-35.

性权力）的观点，同福柯高度吻合。①

　　进而，从量子力学出发，温特原创性地提出：社会结构并非诸个真实但无法观测到的实体，而是纯粹的潜在性。他写道：

> 　　诸种社会结构，并不是空间中存在于我们之上某处的**诸种确实性的现实**，而是**诸种潜在性的现实**，它们被诸个内在地非定域的、被共享的波函数所构建。②

正因为社会结构是潜在性的现实，社会现实，是不折不扣的"虚拟现实"。借助马塞尔·普鲁斯特在名著《追忆似水年华》对"虚拟"一词的创造性用法（普鲁斯特则受到柏格森启发），吉尔·德勒兹提出，"虚拟"正是同时在过去和未来中持续存在，但始终未成为"现实"的潜在现实。③

　　当然，社会结构并不会始终以潜在现实的形态存在，它的

---

①　在《量子心智与社会科学：统一物理本体论与社会本体论》这部出版于 2015 年的著作中，温特提出了一组"关于现实的非人类中心主义、后人类主义的观点"（ibid., p. 146）。不过有必要指出的是，温特的核心主旨是"量子意识"（不仅仅是"量子认知"与"量子决策"），其出发点是："在量子世界里，物理性并不等同于物质性，原则上物理性与心智性是相容的。"（ibid., p. 93.）这个极具雄心的理论探索尽管令我尊重，但在我看来政治学的量子转向无须建立在"量子意识"的本体论设定上。

②　Ibid., p. 33, emphasis added.

③　See Deleuze, *Two Regimes of Madness, Texts and Interviews 1975-1995*, p. 388; Constantin Boundas, "Ontology," in Adrian Parr (ed.), *The Deleuze Dictionary*, Edinburgh: Edinburgh University Press, 2005, p. 192.

"波函数"随时会"坍缩",从潜在性变为确实性,并定域性地在具体环境中产生因果性的效应,亦即,成为作为肇因的能动性"大他者"。但温特的原创洞见在于,他做出了如下补充:当社会结构在一个具体实践中产生完因果效应后,会继续以潜在性的方式存在,让人们看不到也摸不着。在这个意义上,社会结构很像第五章所讨论的游戏代码,没有检测到事件时就以潜在状态存在("代码态")。一旦检测到相关事件(如某人触犯法律),代码就会被执行。[1]

当作为潜在现实存在时,诸种社会结构尽管不直接产生定域性的因果效应,但仍然会使其他能动者之间的非定域的相互作用成为可能。温特故此提出,"我们每个人都是一个'像素',纠缠在诸种社会结构中,后者既使我们的能动性成为可能,又给予它诸种潜在的超距离与非定域的效应"。[2] 我们这个符号性宇宙中的能动者们,并不仅仅简单地彼此互动,而且通过那位看不见的"大他者"而互动,甚至通过它产生非定域性的纠缠。

我们所有人,从牙牙学语开始(甚至自出生开始),便逐渐在诸种符号性的社会结构中,产生各种各样的纠缠。这些纠缠,对于我们而言是**构成性的元素**——正是因为这些纠缠,我才成为"我"。

---

[1] 请进一步参见第五章第五节。

[2] Wendt, *Quantum Mind and Social Science: Unifying Physical and Social Ontology*, p. 246.

其实，现代政治学并不仅仅只是聚焦"个体"，也会聚焦"个体"之间的关联，譬如，会认肯"个体"倚赖因果意义上的深层次的彼此关联才能存活。但问题就在于，现代政治学对关联的研究，会以"个体"的独立存在为前提——皮肤，被预设为**物理性地-生理性地**构成了"个体"的边界；而诸种"个人性"的属性，无须**逻辑地-本体论地**预设其他"个体"的存在。

通过聚焦"大他者"我们会看到，我们并不是以皮肤为界限的独立的"个体"；许多"个人性"的属性，并不是完全包裹在皮肤之下。正如量子对象的属性会由其他能动者所赋予，"个体"之人的大量属性并不是内禀的，而是由其他能动者所赋予——这种赋予，既有来自定域因果性的**互动**（由同各种"小他者"的相互作用而生成），亦有来自构成性的**结构化**（由"大他者"所规制）。

让我们以具有世界性知名度的当代史学家尤瓦尔·赫拉利这个"人"，作为分析的案例。乍看上去，他是"同性恋"，具有"高智商"等属性，似是内禀的、生物性的；然而，他是"教授"，是"以色列人"，这些属性则是符号性的。但如果我们更为细致地进行考察的话，前一类属性，其实在根本上亦是符号性的，由大他者所赋予。在社会现实中，一切在本体论层面上都是符号性的。

与赫拉利的遭遇完全不同，被誉为"计算机科学之父"的艾伦·图灵，因同性恋倾向最后被激素疗法逼到自杀，逝世时才 41 岁。^①可见，"同性恋"是一个符号性的构建，由大他者所规制。也正因此，大他者握有看不见的结构性权力，甚至是生杀之权。

拉康尝言：

> 符号首先作为**事物的谋杀者**而显示自己。^②

"同性恋"被谋杀。更为关键的是，这并不只是指某个特定个体，在某个社会现实中遭受肉体摧残。在最原初的意义上，这是一场发生在本体论层面上的谋杀，是一场**本体–起源谋杀**——谋杀发生在某个体（或某行为）被称作"同性恋"时。换言之，当某个体（或某行为）被以"同性恋"这个符号注册进符号性秩序后，不管该注册导向赫拉利的幸福（赫拉利的丈夫现担任他的经纪人），抑或导向图灵的梦魇，谋杀都已经发生了。

这份作为符号性向度的"大他者"所能动性地施加给其他能动者——人类以及非人类——的**谋杀性暴力**，亦恰恰使前者成为后者的**构成性元素**——使"我"得以产生，使符号性宇宙中的一切事物得以产生。也正是在谋杀性与构成性的双重意义

---

① 在由莫腾·泰杜姆执导的 2014 年影片《模仿游戏》中，图灵的这段遭遇并没有被掩盖或粉饰，而是惊心动魄地在大银幕上被呈现了出来。

② Jacques Lacan, *Écrites: A Selection*, trans. Alan Sheridan, London: Routledge, 1977, p. 104, emphasis added.

上，拉康将这份施为性操作，称作"符号性阉割"。

"人在江湖，身不由己"。[①] 这个看不见摸不着的"江湖"，不就是"大他者"（社会结构）的另一个名字？你自己的身体不以你的皮肤为界限，你身上的"属性"是由"大他者"构成性地决定的。

金庸作品《笑傲江湖》里的刘正风想要"告别江湖"，最后仍然被"江湖"吞没。

八宝饭作品《道门法则》里的"合道"修行者可以通过"飞升"离开这个世界，但必须经历天雷的层层轰击，以化去在这个世界中的"因果"（该作品中"因果"其实同时包含定域性因果与非定域性纠缠），化不去者则在劫雷中身殒道消。

在这个世界（符号性宇宙）中，并没有本体论意义上独立存在的"个体"。在本体论层面上先于"个体"而存在的，是"江湖"（"大他者"），是能动者同其他能动者（"小他者"）的互动与纠缠。

值得进一步提出的是，正是作为能动性社会结构的"大他者"视角，使我们能够超越行为心理学-行为经济学的研究视域——聚焦行为的分析视角最近这些年在社会科学研究中，正在取得越来越主流的地位，大有取代聚焦意图的"内部"视角。

社会现实中的能动者，不只是有**行为**，还有**实践**。实践，

---

① 这句著名的表述，最早出自古龙的小说《三少爷的剑》。

就是在大他者框架下展开的行动，或者说，是被大他者所制动的行动。

对于行为，研究者只能以统计的方式来加以研究，亦即，放弃建立定域因果模型，只研究相关性，不涉及因果性。对于行为的统计学研究，也使得社会现实中的各种非定域性关联彻底消失。

通过研究作为**能动者**的大他者，我们则能够细致地研究导致一个具体实践的肇因（尤其是那些构成性元素，如某种文化传统），以及该实践带来的效应。进而，通过研究作为**结构**的大他者，我们便能够对能动者之间各种非定域性的关联展开研究。

第六节　迈向可能性政治：负责任地改变世界

上一节，我们从量子政治学角度重新探究了"结构"问题。我们看到，拉康笔下的"大他者"，就是**具有能动性的结构**。

在这一节中，我们将进一步聚焦性地探究"能动性"问题。

我们业已看到，将政治学研究量子化，实际上意味着对现代政治学关于能动性的预设进行彻底重构：（1）所有人与非人类都可以具有能动性；（2）进而，它们的能动性并不是预先"拥有"，恰恰是在一个聚合体中通过内行动彼此构建而形成。

这进而意味着:(1)人可以通过自身的"主体能动性"——实际上是**关系性能动性**——来实现自身,使自己成为想成为的"人";(2)非人类的物质也可以通过自身的能动性,实质性地贡献于它们自身的实现(譬如,刀具有能动性,让自身成为"刀")。

让我们用一个具体的案例分析,来展示量子政治学的分析进路。

近年美国政治的核心议题之一,是控枪。枪支问题本来就是美国两党政治长期争执不下的一个分歧点;而过去二十年,美国社会更是深深为此起彼伏的恐袭案与对平民无差别展开的枪击案所扰。2017 年 10 月 1 日,拉斯维加斯发生了美国历史上最严重的枪击事件,造成至少 59 人死亡和 527 人受伤。

至今为止对拥枪最强有力的辩护,就是美国全国步枪协会的"枪不杀人,人杀人"。这是一个很难挑战的论证(尽管很简洁):无论从意图抑或行为出发,现代社会科学都只能为该论证进行背书。对该议题,我们能否做出一个全新的政治学分析?

量子政治学引导我们把视线从意图或行为上移开,聚焦关系性能动性。从该视角出发我们就能观察到:枪击事件既不只是枪开火的结果,也不只是枪手扣扳机的结果,而是二者发生内行动、彼此赋予能动性的结果。在任何一起枪击事件中,人和枪都是能动者,因为如果枪手手上无枪,就不可能完成枪击杀人,而枪如果不在枪手手上,也不可能行凶。枪击事件发生

的时刻，枪已经不是原来在军械库或枪套里的枪，而是变成了
"凶枪"。那个时刻枪手也已经不是原来手上无枪的人，而是变
成了"杀人犯"，乃至"恐袭者"。

人类学家布鲁诺·拉图尔在《潘多拉希望：论科学研究的
实在》一著中曾提出：在控枪议题上，一个真正的唯物主义者
的宣称是："好公民被携枪所**转型**"，"当枪在你的手中时，你
变得不同；当你握着枪时，枪变得不同"。该情境中的行动者
是"一个公民-枪，一个枪-公民"。[①] 枪和人彼此交互影响的
内行动，导致了杀人的行动和结果，并且他们也在内行动中被
改变，"变成其他的'某人、某物'"。所以拉图尔强调："既不
是人也不是枪在杀人。行动的责任必须被各个行动元（actant）
所分享［承担］。"[②]

拉图尔提议用"行动元"这个新造词取代"行动者"——
后者仅仅指"人"，而前者把所有的"物"都囊括进来。用政治
理论家简·本奈特的话说："一个行动元可以是人也可以不是，
或很可能是两者的一个组合……一个行动元既不是一个对象也
不是主体，而是一个'介入者'（intervener）。"[③] 本奈特强调，物
质是"活跃的"（vibrant），和人一样是行动元。而一个行动元
的能力，则如拉图尔所论，"是从其施为中推导出来"[④]，而不是

---

① Latour, *Pandora's Hope: Essays on the Reality of Science Studies*, pp. 177, 179.

② Ibid., p. 180.

③ Bennett, *Vibrant Matter: A Political Ecology of Things*, p. 9.

④ Latour, *Politics of Nature: How to Bring the Sciences into Democracy*, p. 237.

由某种内禀属性决定。

回到拉斯维加斯枪击事件，枪手帕多克和 22 支自动步枪及大量弹药，都是枪击行动的行动者和责任者。同样的道理，如果你总是喜欢身上带把刀出门（用以防身），该物会有能动性（关系性能动性），会实现自身——让自己成为"刀"。

经由这个具体的案例分析，我们可以看到：政治学以前只研究"人"彼此发生互动的"共同体"，而完全没有涉及各种人与非人类能动者彼此发生内行动的"聚合体"。**政治学研究必须聚焦由能动者组成的聚合体，而非由个体组成的共同体：**所有能动者与聚合体本身，都始终处在不断"形成"中、不断创始／更新中，这就是"世界化成"。一个似乎相对稳定、可被"客观"研究的"世界"，乃是诸种物质与话语的"叠加"坍缩后的状态。"世界"，实际上是"世界化成"的一个切片。

一个身上带枪或刀的人，就总是处于公民与凶徒的"叠加态"（既是又不是）。而一个枪击事件的发生（emergence，亦即"涌现"），实际上就是该叠加态坍缩后的一个结果——人确定地变成了"凶手"，枪确定地变成了"凶枪"。我们还可以把分析再推进一步。在一个枪支泛滥的社会，每个人出门就都是处于公民与受害者的叠加态——每一个具体瞬间去观察某个人，当然能够获得确切结果，但这并不能消除他／她实际上在一个能动性聚合体中的叠加态。同样地，在一个新冠病毒肆虐而防控治理阙如的社会，每个人出门就都是处于未感染者与被感染者的叠加态——也许你在此刻被感染是一个随机事件，但波函数的坍缩却有一个确定性的概率。叠加态的坍缩，就导致了事件的涌现。

我们看到，事件的涌现，实际上无法完全通过**因果模型**来进行探讨。如芭拉德所分析的，

> 涌现并不一劳永逸地发生，作为根据某种空间与时间的外在尺度而发生的一个事件或一个过程。恰恰相反，时间和空间就像物质和意义那样进入存在，经由每个内行动而被迭代地重新配置，因此绝不可能以绝对的方式来区分创造与更新、开始与回归、连续性与断裂性、这里与那里、过去与未来。[①]

这就是聚合体中的涌现。涌现与变化——就像创造与更新——并没有本体论的区别。我们无法用简单的线性因果关系，来追查导致涌现 / 变化的内行动（包括福柯所说的权力关系）。不存在单独的肇因。不存在单独实体（肇因）影响另一个单独实体（效应）。不存在在他们的关系存在之前而独立存在的肇因性能动者与效应性能动者。

纠缠，彻底打破了经典政治学研究所倚赖的因果模型。芭拉德这样写道：

[①] Barad, *Meeting the Universe Halfway: Quantum Physics and the Entanglement of Matter and Meaning*, p. ix.

就关于权力的一个能动性实在论观念而言，关键的是重铸因果性：**作为内行动性的因果性**。问题的核心，诚然就是因果关系的本质：因果关系并不预先存在，而是被内行动地生产出来。①

在聚合体里，并没有简单的 X 导致 Y，更为重要的是 X 与 Y **以互相构建的方式共同存在，并不断地形成**。当物质"触动"我们（抑或其他物质），并不是一种因果决定，而是各方皆差异性地参与到"作为一种做的能动性"（agency-as-a-doing）中。譬如，你身上的一把枪"触动"你，就不是线性的因果决定。要研究涌现（如，一个枪击事件的发生），就得研究聚合体以及其内部各个能动者的内行动。②

量子物理学最为鬼魅的发现，是事物在微观层面上竟呈现出非定域性——在空间中两个彼此分离任意远的量子系统之间，可以存在瞬时非因果性量子关联。这种最初被薛定谔半带反讽地称为"纠缠"的现象，彻底越出了定域实在论的解释范

---

① Barad, *Meeting the Universe Halfway: Quantum Physics and the Entanglement of Matter and Meaning*, p. 236, emphasis added.

② 统计物理学（统计力学），实际上就是当追踪微观"内行动"的研究无法实证性地达成时，所采取的一种约简式的研究进路。譬如，把气体的性质抽象成温度、压强、体积等物理量：这些物理量是对巨量分子之运动状态的极其粗暴的模糊化处理，但该处理也使得预测从完全不可能变成了可能。

畴。^① 非定域性意味着，能动者彼此之间是可以发生远距离相互作用的；由彼此纠缠的能动者聚合而成的系统，则需被视作一个"整体"（同一个波函数）。

基于牛顿主义世界观的经典政治学视域中的机械性的"系统"，有必要被能动者彼此触动乃至纠缠的"量子系统"（"聚合体"）所取代。这意味着，系统实际上没有确定边界（"超距"亦能发生互相作用）；在我们所处身其内的政治世界里，各种能被看到与看不到的确定性的"边界"抑或"疆域"，皆是被构建出来的，本身并不存在。当我们将量子论整合进政治学研究后，对政治现象进行机械性的、定域化的因果关系推导，就会变得不充分，乃至完全不成立。

福柯就曾提出，尽管具体权力的操作以及对它的反抗总是定域性的，但权力关系网络本身是**非定域化的**。^② 宏观的政治世界中各种**定域性的现实**（譬如国家同其公民的诸种关系、诸阶级的冲突、国家间的地缘政治等等），皆是从非定域的微观权力关系网络中涌现的。很多政治变化、事件，实际上并无法找到定域性的肇因，对它们强作因果性的分析，恰恰是不科学的。展开经验性研究、依赖简单因果模型的现代政治科学之界限，便在于此。经典政治学中的定域因果性，有必要被**权力的微观物理学中的非定域因果性**所取代。经典政治学关注各种可

---

① 进一步讨论请参见本书第五章。
② Foucault, *Discipline and Punish: The Birth of the Prison*, p. 27.

见的、支配性的权力对秩序（作为"机械系统"的秩序）的影响，将其他因素视为对秩序的微扰。而权力的微观物理学聚焦非定域性的关联，一个微小的扰动、反转，都可能深刻地影响秩序（作为"量子系统"的秩序）的演化过程。

出于微观物理学对非定域性的聚焦，福柯提出，对权力的反抗尽管总是定域化的，是此时此地的抵抗（resistance of the here-and-now），但只有那些对整个权力网络产生诸种效应的反抗，在政治层面才是真正有效的。他写道：

> 推翻这些"微观权力"的任何**定域化的插曲**，都不会被刻写到历史中，除非通过以下形式：它引致**对整个网络**（它自己也落在该网之中）**的诸种效应**，将它刻写进历史中。[①]

要追踪某个行动对"整个网络的诸种效应"，只有将该网络内所有能动者的内行动所产生的各种定域与非定域的因果性，尽皆纳入视野之内。

把研究聚焦定位到非定域因果性上，实际上对政治学研究提出了很大的挑战。研究者不能只关注在政治场域中占据中心位置的各种政治机构、政治制度、政治实践，以及总统、领袖这样的政治个体，而是要像福柯那样，把学校、档案馆（图书

[①]　Foucault, *Discipline and Punish: The Birth of the Prison*, emphasis added.

馆）、医院、监狱、精神病院、兵营、工厂、收容所、修道院、警察局、司法机关，乃至身体、性、家庭、亲属关系、知识话语……都纳入研究性视野，研究它们在整个非定域的微观权力网络中的内行动。[①] 要研究世界化成、研究秩序及其更新，就必须抛弃现代社会科学的线性因果模型，而追踪分析各种**作为内行动性的因果性**。于此处，有必要进一步引入量子物理学所带来的另一个直接对社会科学构成颠覆性冲击的论题：人对"现象"并无法做到中立的观察，相反，**人参与其所体验/观察的"现象"的形成中**。把该论题整合进社会科学研究中，便带给我们如下洞见：社会-政治性现象的观察者们所确认的"事实"，实际上很大程度上依赖于那些观察者以及他们的背景知识。举一个晚近例子：在很多观察者（尤其是西方观察者）眼里，在阿富汗重新掌权的塔利班政府在事实上就是一个恐怖主义组织。然而，这个"事实"本身，深层次地扎根于观察者们的背景知识，扎根于霍金所说的"我们头脑的阐释性结构"。

并且，不同于对"事实"的后现代主义-相对主义批评，量子论对观察者与"事实"的**内关联**，提供了科学意义上硬核的实证依据：观察者是这个世界的一部分，所以必定会与自己想要描述的对象产生相互作用。双缝实验就将两个相互矛盾的"事实"注册进了"世界"中。"事实"具有**语境性**：脱离

---

① 请参见吴冠军：《绝望之后走向哪里？——体验"绝境"中的现代性态度》，《开放时代》2001 年第 9 期。

探寻事实的语境与背景，就不存在"事实本身"。采用不同的"视角"（提出问题和进行观测的方式），就会看到不同的"现实"——怎么"看"到问题，本身就是问题的一部分。①

量子物理学进而揭示出，"观察""测量"等认知性实践，会带来本体论的变化（不确定性"坍缩"成确定性），所以，**认知本身参与"世界"的构建**。这就使得认知成为一个政治本体论的行动。人类与非人类都具有展开认知性实践的能动性。物质（非人类）是能动的，意味着它没有形而上学（"元物理学"）的本质，而是在聚合体中不断形成，不断更新意义、变得重要（mattering，亦即"物质化成"）。② 所有人类与非人类的能动者，都不断向全新的可能性打开自身。

晚近这些年来，在我们的政治世界中，女性变得重要、种族变得重要、非人类（比如生态）变得重要——这些改变，都不是自由主义-多元主义的"纳入"（inclusion）逻辑，而是"物质化成"逻辑，是能动者们不断地在各种特定语境与历史中，经由内行动使自身变得重要。

"世界"，不断有全新的可能性；换言之，"世界"，结构性地指向"世界+"。通过纠缠化谱系学来研究"世界"，芭拉德呼唤"一种关于诸种可能性的政治"。能动性，在芭拉德看来，

---

① 参见本书第五章第五节。
② 参见本书第五章第七节与第八节。

就是"去改变关于改变的诸种可能性"。^① **改变的可能性，就在"世界"的永不终结的内行动中涌现。**

"可能性政治"的本体论基础，乃是量子物理学所揭示的本体论层面上激进的开放性与不确定性。在一个确定性的、决定论式的牛顿主义世界中，"改变关于改变的诸种可能性"是彻底不可能的。基于无法同时得到一对共轭可观测量的确定值（"海森堡不确定性原理"），量子物理学激进地颠覆了从牛顿力学到爱因斯坦广义相对论对确定性的确证：确定性只是事物在宏观层面表现出的相对特征，而不确定性、随机性、潜在性才是事物的绝对特征。

量子政治学建立在量子物理学的该洞见上，对现代政治学研究提出了激进批判——由于确定性本身不再成立，政治科学家们热衷于做的"预测"这件事，就成为无稽之谈。贝克亦正是在这个意义上，提出概率必须被纳入政治学研究中。^② **政治学，是关于潜能、可能性的研究，它指向改变世界，而非预测世界。**

我们看到：基于量子本体论，量子政治学能够被妥当地重构为一种"可能性政治"。晚近钱旭红的如下论断，同作为可

---

① Barad, *Meeting the Universe Halfway: Quantum Physics and the Entanglement of Matter and Meaning*, p. 178.

② 量子政治学对确定性的瓦解，并不走向保尔·费耶阿本德所说的认识论无政府主义：激进的随机性与不确定性，是基于严谨的实验结果，而非"怎样都行"（anything goes）。参见费耶阿本德：《反对方法：无政府主义知识纲要》，周昌忠译，上海：上海译文出版社，2007。

第六章 政治+：量子政治学的地平线 / 467

能性政治的量子政治学相契合："人不是机器，国家也不是可以格式化的机器人工厂"，"人就像会行走的波函数……社会则是这些行走的波函数的相干、退相干和谐振与纠缠"。① 人类的"世界"，不是经典物理学所展示的牛顿主义世界，而是一个到处被穿孔的"世界"，充满着激进的不确定性与可能性。它无法被预测，但是可以被改变。而政治实践，就是在世界之中去"改变关于改变的诸种可能性"。

对于如何去推进可能性政治，芭拉德给出的答案是："**负责任地**想像与介入权力之构造的诸种方式，亦即，内行动地重新构造**空间-时间-物质**。"② 空间-时间-物质，都不是形而上学式的预先固化了的，而是结构性地具有被改变的可能性。这，就是量子政治学所指向的世界化成。

量子政治学是一种"负责任"的政治学：当我们行动时，就在改变某些关于改变的可能性，我们就承担有伦理性的责任，具有可追责性。我服膺赞诺蒂所说的，通过重构量子政治学，我们"勾勒一种量子本体论想像的政治潜能，来重塑我们的政治气质"。③ 这种政治气质将我们导向**诸种关于可能性的本体论实践**（改变世界），而非**诸种基于确定性的认识论抽象**（解释世界）。

---

① 钱旭红：《当奇点和量子碰撞社会科学》，《文汇报》2021 年 12 月 12 日。

② Barad, *Meeting the Universe Halfway: Quantum Physics and the Entanglement of Matter and Meaning*, p. 246, emphasis added.

③ Zanotti, *Ontological Entanglements, Agency, and Ethics in International Relations: Exploring the Crossroads*, p. 18.

结　语　世界兴亡，玩家有责

本章中的学理探索与重构，旨在重新激活政治学之量子转向。全新激活的量子政治学，实际上提出了一个激进革新以人类主义（内嵌个体、自由、权利、民主等价值）为框架的现代政治学（以及社会科学）的全新分析进路。

量子物理学告诉我们，"人"必须放弃认识论掌控。我们不可能获得整全知识（形而上学/元物理学），甚至不可能获得确定知识（从牛顿力学到爱因斯坦相对论）。

进而，建立在量子纠缠、本体论随机性、不连续性、叠加性、非定域性之上的量子思维，实质性地瓦解了牛顿主义世界观对人文与社会科学的长久统治，尤其是推翻了人类主义——实则为"人类例外主义"——的本体论特权。我们从来不独自思考，不独自行动。[1]

政治学的量子转向意味着，聚焦性地研究各种"后人类"与"亚个体"（前个体）的能动者，以纠缠化谱系学研究它们的施为与内行动，分析聚合体内诸种纠缠化内关联。量子政治学研究的前置性洞见就是：人类个体并不先天具有独立性、统一性与能动性。而这便意味着，基于个人主义意识形态的政治学说（尤其是福山笔下被界定为"终结"了历史的自由主义-

---

[1]　进一步参见吴冠军：《陷入奇点：人类世政治哲学研究》；吴冠军：《爱、谎言与大他者：人类世文明结构研究》；以及，马春雷、路强：《走向后人类的哲学与哲学的自我超越——吴冠军教授访谈录》，《晋阳学刊》2020年第4期。

资本主义），必须被激进地更新。

我们所处身其内的这个世界的"历史"，并没有如福山所预测的，在"冷战"之后进入终结。它仍然向未来打开。更为重要的是，量子力学告诉我们，未来并不会在昨天与今天的延长线上。

我们既无从确知这个世界在本体论层面上的"现实性／实在性"，也无法预测这个世界的未来会怎样；但可以知道的是，**未来充满着本体论的开放性、不确定性与可能性，并且在政治本体论意义上具有可被改变性**。诚如提摩西·莫顿对"使自身保持人类中心主义式的安全"的海德格尔的批评所言，世界并不是"整个地被密封起来的、固化的"，"不管我在哪个世界中，这个世界永远不是完成了的"。[①]

我们所处身其内的这个世界，在各种能动者——世界之**内**乃至之**外**的能动者——的彼此触动中，不断地"形成"：无以计数的能动者，内行动地重新构造着这个世界的空间-时间-物质（被体验为"物理现实"），以及它的政治性-文明性形态（被体验为"社会现实"）。

在最根本的意义上，"世界"有开始，也就会有终结——不是历史终结，而是世界整个终结。

在我们当下这个世界里，主导性的人类文明（"人类世文明"），正在进入剩余时间中。未来，既可能是一个激进更新后

[①]　Morton, *Being Ecological*, p. 39. 请同时参见本书第五章引言。

的非人类中心主义的"后人类世文明",也可能是文明整个的终结——这对于包括人类在内的很多能动者而言,就意味着世界的终结。①

如同导论中所提到的《道长去哪了》里的那个中唐世界,我们这个处在二十一世纪的世界,从很多迹象上看也正在陷入坍塌。②

当我们放弃虚幻的、基于牛顿主义-爱因斯坦主义范式的认识论掌控后,我们才能成为一个负责任的能动者。这个世界,需要世界内每一个负责任的玩家,一起来改变世界化成的可能性,一起来全情以赴地"沉浸"于攻克奇点资本主义(全球资本主义/化石燃料资本主义)这个难关险阻。

世界兴亡,匹夫(玩家)有责,世界上每一个能动者有责。

---

① 具体分析请参见本书第二章。
② 请同时参见吴冠军:《陷入奇点:人类世政治哲学研究》,上卷,第一章与第八章。

尾　论　从现实中醒来

我发现自己降生在一个宇宙中。我们发现彼此降生在了同一个宇宙中。我们发现所处身的这个世界正在塌方。在 game over 前，我们，会怎样做？

片段一　在宇宙中探索现实

我们降生在一个宇宙中。

我们进而主体间性地彼此确认，降生在了同一个宇宙中。[①]

通过学习和使用这个宇宙中已存在着的语言，我们获得了比我们早降生在这个宇宙中的前辈们留下的探索心得、攻略、知识。

我们看到，前贤们经由前赴后继的不停探索，对于这个宇宙已取得了不断"清晰化"的了解。譬如，现代科学迭代了此前古典形而上学（"元物理学"）对世界的模糊认知。

现代物理学，归根结底不是关于世界中各种事物"是"什么的知识，而是关于它们的"关系"——在对彼此"做"什

[①] 在理论物理学家肖恩·卡罗尔眼里，时间的方向，亦是主体间性地达成的："宇宙中时间坐标的方向是彻底武断的，约定俗成而制定的；它并没有外在的意义。我们碰巧喜欢的约定是'时间'在熵增加的方向上增加。重要之处在于，对于可观测宇宙内的每个人而言，熵是在同一个时间方向上增加，因此他们能够在时间箭头的方向上达成共识。"See Carroll, *From Eternity to Here: The Quest for the Ultimate Theory of Time*, p. 163.

么——的知识。经典力学也好，量子力学也好，都是在描述相互作用（"力"），描述形成、变化，而不是事物"是"什么样。

较之经典力学，量子力学的知识，使这个宇宙的"清晰度"大幅提升。可以说，我们已戴上了极其高清的显示镜片（霍金把我们理解现实的阐释性结构称作"镜片"）。

然而，使我们对这个宇宙的了解抵达亚原子尺度的量子力学，却并没有告诉我们电子"是"什么。我们只知道电子会在电磁场中做特定的运动（被描述为具有"电荷"），会参与角动量守恒的游戏（被描述为有"自旋"），会对引力场做出相应反应（被描述为有"质量"）……电子的一切物理"属性"（电荷、自旋、质量），并没有告诉我们它是什么，而只是描述了它怎么同其他事物发生相互作用。

比起"经典世界"来，"量子世界"更清晰地显示出："世界"并不是由实体性的"物体"构成，而是由关系性的"互动/相互作用"（海森堡笔下的"互玩"）构成。

石块这样的"物体"，是无数能动者互相触动所产生的"现象"，它同样处于不断变化的"形成"中——只是石块的变化从经典宏观尺度来模糊地"看"，不容易看出来而已。一块看上去千百年来屹立不动的巨石，在提升"清晰度"后再来观察，就能看到它实际上里里外外充满着起伏振动；它是无数能动者相互作用形成的一个聚合体，是在发生肉眼可见的显著变化（如彻底瓦解变成尘土）前较长时间维持住形状的一个过程（"肉眼""长时间"皆是人类的尺度）。

量子物理学家罗韦利就直接提出："世界不是由小石粒组成。这是一个振动的世界，一个持续的涨落，一个诸种转瞬即逝的小事件的微观集聚。"[1] 所有看上去像"物体"的，其实只是一个维持"时间"较长的事件。

从量子系统到石块再到世界，都是聚合体，不断处于"形成"中。量子力学告诉我们，宇宙内的一切"物体"，都是各种微小粒子相互作用的"现象"；而它们的属性，只有在这些粒子发生相互作用的瞬间，才能让我们观测到。

那么，"人"呢？罗韦利提出这样一个关于"人"的后人类主义观点：

> 一个人是什么？当然，它不是一个物；就像群山顶上的云，它是一个复杂的过程，在那里事物、信息、光、语词等等进进出出……它是一个社会关系网络中的众多结点之一，是一个化学进程网络中的众多结点之一，是一个和其同类情感交换之网络中的众多结点之一。[2]

"人"，同样并不是一个实体性的"个体"。每时每刻都有无数的粒子离开我们的身体，也有无数的粒子加入进来。每个"人"都是个流动的事件，是一个不断变化的"形成"（仅仅肉

---

[1] Rovelli, *Reality Is Not What It Seems: The Journey to Quantum Gravity*, p. 95.
[2] Rovelli, *The Order of Time*, p. 63.

眼层面上能暂时保持其外形）。"人"，并不占据人类主义（人类中心主义）框架所赋予的宇宙中心地位。"个体之人"，就是一个聚合体，因内外无数能动者（光、粒子、信息、话语、网络、其他人、动物、发光世界里的虚拟人物……[①]）彼此触动而不断形成。

量子力学，诚然开启了通向后人类主义的知识通道。

当追随前贤的脚步获取了对这个宇宙相当"高清"的图像后，我们发现最前沿的物理学知识，似乎仍然不够硬核——尽管获得了很多可检验的知识，但显然仍未触及这个宇宙的"底层现实"。

对于物理世界的体验，物理学家、科普作家万维钢写下了一段很生动的描述：

> 你伸手摸一摸身边的墙壁，你能感受到墙壁的硬度和温度，有一种很实在的质感。可是在物理层面，你的所有感觉都只不过是电磁相互作用而已。电磁力在宏观体现为一种分子间的斥力，让你的手不能穿墙而过；组成墙壁的物质的分子的热运动决定了墙壁的温度。而所有这一切机制，都只不过是数学关系。你以为你感受到了墙壁，其实是数学关系决定了物理行为，物理行为决定了化学信

---

① 信息、话语、网络都属于拉康笔下的"大他者"；其他人、动物、发光世界里的虚拟人物则都属于拉康笔下的"小他者"。

号，化学信号传递到你的大脑而已——这些都只不过是软件！①

我们所获取的"硬知识"越多，越难免会生出"虚拟感"：我们所体验到的"很实在的质感"，却似乎是经由一套很虚拟的方式被构建起来的。我们生活在一套"软件"中，后者根本性地规制着我们的"现实感"。所有的"硬知识"，并没有告诉我们这个宇宙的"硬件"，亦即，它本身是否真实（是否足够"硬"）。万维钢因此发出感慨："硬件似乎根本不重要，也许我们是生活在一个计算机模拟之中。"②

所幸，我们还有彼此。我们主体间地确认，我们生活在同一个宇宙中。

然而，归根结底我们并无法确知，这个宇宙内的其他能动者是否具有意识乃至自我意识。我们无法确知跟我们共享一个"生活世界"（借用现象学家埃德蒙·胡塞尔的术语）的朋友、亲人或陌生人，不是查默斯笔下的"纯粹拟者"③，亦即纯粹人工智能构建的 NPC。

在日剧《世界奇妙物语》2016 年春之特别篇《造梦机器》（改编自诸星大二郎的同名漫画）里，拥有漫画家梦想却始终得不到认可的健二（洼田正孝饰演），在和劝自己找工作的母

---

① 万维钢：《量子力学究竟是什么》，第 348 页。
② 同上。
③ Chalmers, *Reality+: Virtual Worlds and the Problems of Philosophy*, pp. 42-43.

亲发生争执时，意外发现突然"昏倒"的母亲竟是机器人，随后健二意识到，这个都市里绝大多数人都是机器人……

这就是哲学上著名的"他心问题"：我们只能观察到其他人的行为（"做什么"的现象），并无法知道其是否有"心智"（"是什么"的本质）。正是面对这个认识论困境，胡塞尔所倡导的现象学研究进路，彻底抛弃了对"心智"的预设——你讨论、阐释或研究的，是人、事、物向你呈现的形态（"现象"），而不是他们的"本质"。

进而，你对"现象"的体验抑或思考，本身会构成呈现在世界之中的该"现象"的一部分。你对《江南 Style》（"鸟叔"朴载相的洗脑神曲）的讨论与转发，会成为《江南 Style》现象的一部分。现象学的洞见在于，你的"意向性"不属于你，而是属于"意向性对象"，并且，"现象"结构性地大于同你的各种意向性关联。①

这样的话，我们就具有了一个活生生的"生活世界"，彼此共享许多现象，并参与了现象的形成。我们能够以"主体间性"的方式来进行确认的，仅仅是彼此都是能动者；我们无法确认彼此一定都是具有"心智"的"人"（遑论彼此都是具有"理性"的"现代主体"）。

———————————

① 举例来说，不是你有一个想法，而是这个特殊想法的现象既包含"你"，也包含该想法的具体内容。你可以现象学地研究出现在自己脑海中的想法。另外，关于"意向性"这个现象学术语，我同意丹尼尔·丹尼特的想法，"关涉性"（aboutness）一词实际上是更恰当的术语。See Daniel C. Dennett, *Intuition Pumps and Other Tools for Thinking*, New York: W. W. Norton, 2013 (ebook), p. 61.

归根结底，要了解世界，我们就只能倚赖自己那些有各种局限的感官，以及同样有各种局限的实验仪器。组成这个世界的，是各种现象。而现象只有在被观测、被描述、被注册进世界中后才"存在"。

我们至多能做到的，就是同和自己发生"互动／相互作用"的其他能动者，确认彼此身处同一个"世界"中。也正是因为世界是能动者发生相互作用而形成的聚合体，我们每个能动者，都能够参与**世界化成**，亦即，我们都能够"改变这个世界"（马克思的"第十一论纲"）。用芭拉德的话说，我们都能够"参与（重新）配置世界"；用《中庸》的话说，我们都能够"赞天地之化育"。①

至于这个世界本身是否具有"现实性／实在性"，生活在这个世界中的我们是否触及"底层现实"，任何物理学的"硬知识"，都无法给我们确定性的答案，用罗韦利的话说，"我们看见世界，我们描述它：我们给它一个秩序。我们几乎不知道我们所见的世界与世界本身之间的关系"。②

我们无从得知，自己体验为"真"的一切，绝非"拟真"出来的。

---

① 《中庸》第二十二章。同时请参见吴冠军:《重思"结构性不诚"——从当代欧陆思想到先秦中国思想》,《江苏行政学院学报》2019 年第 5 期。
② Rovelli, *The Order of Time*, p. 123.

片段二　在元宇宙中探索现实

2022 年 10 月 28 日，售价 1499 美元的 Meta 首款高端头戴显示器 Quest Pro 正式在世界范围内发售。扎克伯格在八分钟宣传片中以其虚拟"化身"宣称："它能让你做以前根本就是不可能的事。"^① 对比它的前作 Quest 2，Quest Pro 在"混合现实"沉浸式体验上的提升是巨大的。"现实"中的物品可被无缝地"混合"进元宇宙中，并可以跟你形成全新的互相触动形式。Quest Pro 所带来的元宇宙体验，是人们在主机游戏、电脑游戏与手机游戏上所完全无法体验的。

我们——在戴上高清头显后——让自己"降生"在一个宇宙中，"做以前根本就是不可能的事"。

在《头号玩家》的"发光世界"里，生活在世界各地的人一有时间，就会迫不及待地戴上头显进入游戏《绿洲》，以至于影片末尾英雄们在接手游戏运营控制权后，强行规定每周关闭服务器两天，为的是让人们跟"现实"这个"唯一真实的东西"保持足够的接触时间。^②

在我们这个世界里，也已经出现了不少规定，防止人们过度沉浸于"沉浸式游戏"中。

晚近，伴随着全球范围的"元宇宙热"，一场激烈的"现

①　"Zuckerberg Reveals Meta Quest Pro", *CNET Highlights*, <https://www.youtube.com/watch?v=iTJeo7-Keik>.

②　详细分析请参见本书第四章。

实保卫战"正在发生——已经有学者声称元宇宙的体验就如同吸毒体验,"吸毒之后,物理世界会变得虚幻,而幻觉世界会变得真实"。①

然而,基于当下"现实"对元宇宙做价值判断,本身就不是一个有"价值"的做法——没有任何"硬知识",能为当下"现实"的"现实性"进行背书。

更有思想价值的做法,是在元宇宙中重新考察当下"现实"。如果说量子力学让我们通过提高"精度"(把这个世界"放大"几十个数量级)来考察"现实",元宇宙则让我们通过重组"体验",进而参与性地构建"发光世界",来反思"现实"。

对元宇宙这个"发光世界"展开政治本体论探究,能使我们获取考察"现实世界"的另类视角。

我们可以用**交互对象性**(interobjectivity)来描述元宇宙中的互动体验。在元宇宙中,两个能动者即便经历过频繁与充分的互动,却仍然互为对象(而非互为主体)。

在你眼前走过的一只猫,可能是程序化的一串简单代码,亦可能是具有复杂算法的人工智能猫,更有可能是玩家的数字"化身"。Annapurna Interactive 出品的 2022 年爆款游戏《迷失》,就令玩家化身为猫,流浪在一座日渐衰败的赛博城市,探索霓虹闪烁的小巷以及各种脏乱阴暗的角落。

---

① 刘永谋:《元宇宙、沉浸与现代性》。对"毒品论"的分析,请参见本书第一章。

元宇宙是个被穿孔的世界。这个世界里面每一个数字"化身"，各自关联着不属于该世界的"部分"。这就意味着，每一个"化身"，都结构性地构成了世界的深渊性孔洞。

让我们从元宇宙反观外面的"现实"。在现实世界中，人以及非人类的彼此关联方式，实际上也都同样由交互对象性所界定。这个世界上的每一个能动者，都具有不透明的"黑箱"属性，这就是造成认识论上"他心问题"的本体论状况。更为关键的是，你和你自己之间，都不是全然透明的，换言之，这个"黑箱"不只是对他人不透明，甚至对自己也同样不透明。①

这就意味着，较之于尔根·哈贝马斯所说的交互主体性（intersubjectivity，亦即"主体间性"），交互对象性具有更为基础的本体论地位。这也意味着，尽管许多能动者之间，是能够建立起"可沟通性"的，但彻底透明的"沟通"，结构性地是一个不可能之事。正是因为完全沟通之不可能性，彼此触动与互相构建，才是**一个不会终结的本体论过程**。

让我们对元宇宙中的互动体验，再做一个观察。在元宇宙里，两个能动者发生着**非定域性的关联**。

在元宇宙里面，并不是你同某人（或 NPC）交谈或者用剑砍花花草草才叫发生关联，而是任何操作（或者不操作），

---

① 进一步的分析，请参见吴冠军：《爱的革命与算法革命——从平台资本主义到后人类主义》，《山西大学学报（哲学社会科学版）》2022 年第 5 期。

都与底层整个数据库发生着关联。换句话说，表面上的"无关联"也是关联，因为在元宇宙世界中，即便不做什么，数据也会以某种特定形态发生着底层关联。

在我们所处身的世界中，能动者们实际上也同样发生着各种非定域性的关联。贝尔实验揭示出，纠缠态弥漫于整个宇宙之中。这种纠缠化的关联既超出了我们日常生活中的经验性认知，也超出了经典物理学与社会科学研究的视域。[①]

关联，意味着存在着互相触动（定域性的因果关联），甚至形成整体性的谐动（非定域性的纠缠）。归根结底，关联以信息方式表现出来。这就是惠勒所说的"它来自比特"。[②]

电子游戏被称为"互动艺术"。游戏中的"互动/相互作用"，实际上不仅仅局限于玩家同其他玩家、NPC 或数字对象之间发生的互相触动，同时也包括同整个游戏的底层算法与数据结构发生互动。所有的互相触动，皆以信息的方式表现出来。你在游戏里面的每一个动作，借用米歇尔·福柯的话说，都"引致对整个网络的诸种效应"。[③]

并且，正是经由"网络"内的各种互动，玩家的"我"（"化身"）形成了，而不再只是一个静态的数据包。正是经由"网络"内的各种互动，世界（"宇宙/元宇宙"）才得以打开，而不再只是储存介质上的凝固的数字编码。

---

① 　请进一步参见本书第五章与第六章。

② 　参见本书第五章第七节与第八节。

③ 　Foucault, *Discipline and Punish: The Birth of the Prison*, p. 27.

同样地，在我们这个世界中，并不独立地**预先**存在具有能动性甚至主体性的"我"，然后**再**展开同其他人以及非人类的互动。相反，正是在这个世界（网状聚合体）中的各种互动，使得"我"得以形成。用量子物理学的术语来描述，那就是：正是所有能动者的"观测"行动，产生出了独立的、"个体"意义上的"我"（作为"退相干"效应）。这个意义上的互动，我们可以借用粒子物理学的术语，称之为"强互动"（亦即"强相互作用"）。①

在我们的世界中，当他人承认自己是你的"奴隶"时，你才是"主人"——"主/奴"皆非预先存在。当没人承认自己是你的"奴隶"时，那个瞬间你就立即不是"主人"，哪怕你们相距遥远。

我们的世界就是这样一个聚合体，在其中的能动者们不仅发生着各种定域性的互相触动，并且还处在各种非定域性的纠缠态中——他们之间能发生鬼魅般的超距作用。换言之，能动者之间互动带来的改变，不仅仅是因果性的，还可以是构成性的。

我们每个能动者，都能够改变这个世界：我们可以通过对其他能动者施加作用来**定域因果性地**改变世界，亦可以通过改变"大他者"的方式来**全局性地**（非定域性地、构成性地）改

① 在粒子物理学中，单独的一个夸克是不能被分离出来的。夸克与其他夸克经由强互动产生的特殊结合形态（亦即，"强子"），才是能够被观测的存在。请同时参见本书第四章第七节。

变世界。此处关键的是，真正的革命，总是通过后者发生——砍掉国王的脑袋，并不能真正改变世界；改变了"大他者"后，即便物质性状况依旧，"世界"也已经不同。①

因此，我们实际上身处一个本体论层面上无从界分"现实 / 拟真"的**超现实**中，彼此形成了无法完全用线性因果模型进行厘清的**超关联**（hyper-connections），并且同具有交互对象性的各种**超对象**（hyper-objects）发生着互动……②

片段三　生活在一个宇宙中（I）

"我"发现自己降生在一个宇宙中。

尽管在生活中一些特定的地点与时刻，自己会非自主地涌出些莫名其妙的"恍惚记忆"（déjà vu），但基本上我无法找到关于"前世"的证据，"今生"的记忆是非常连续性的。③

在阅读当代物理学研究者们最新发表的研究文献时，我发现没有任何实验性的结果，可确定这个宇宙的"现实性 / 实在性"。

---

① 请进一步参见本书第六章的分析。
② 此处的"超现实"一词借自让·鲍德里亚。"超对象"这个词借自提摩西·莫顿。"超关联"，则是我自己的概念，在这篇论文中使用：乌冠军（Guanjun Wu），"메타버스 안의 초연결성：시뮬레이션 우주에서 양자현실로"（Hyper-Connected in the Metaverse: From Simulated Universes to Quantum Realities），<초연결사회의 증후들 >，서울：앨피출판사，2022.
③ 索耶的科幻惊悚小说《量子之夜》，就围绕主角（一位心理学教授）发现自己的记忆不再连续、某块记忆"失踪"而展开。

看起来，这个我所当下生活其内的世界，对于我而言会是"由生而入其内，由死而出其外"（借用罗尔斯的表述）。我没有任何方式，来对它在本体论层面上的实在性加以判断，亦即，判断自己所体验的"现实"就是真实的。①

这实际上就意味着，过生活（living a life）与玩游戏（playing a game）在根本上是无从加以区分的。②

这个世界，为什么就不能是一个拟真世界？

我的感官告诉我这个世界很真实，然而，如果"头显"从我降生下来那一刻，就直接"长"在我头上呢？如果我不能把"穿戴设备"脱下，不仅如此，我还根本没有意识到它们是穿戴设备呢？如果我身上的器官都是设备（devices）呢？

我现下的生活，为什么就不能是一个我在玩的游戏？

在目下大多数沙盘游戏中，玩家离开虚拟世界，在该世界里便表现为"睡眠"——再进入该世界时，就是从睡眠中醒来。在我现下的生活中，我同样需要"睡眠"：我无法做到长时间不睡眠，甚至在睡眠时我还会"做梦"。在梦中，一切都是如此真实——直到我从那个"现实"中醒来的那一刻，"梦"中的世界坍塌。

为什么"睡眠"是必须的？为什么会有"梦"？"梦"里看到的影像，意味着什么？我现下身处的这个世界，是否也会

---

① 请同时参见本书第一章、第五章的分析。
② 请参见本书第四章的分析。

突然坍塌？

这个世界里关于"睡眠"与"梦"的当代探索，都旨在从生命科学研究与脑科学研究里找到答案，但目前为止并没有找到任何能为学术共同体所普遍接受的答案。

"睡眠"是不是实际上也是一种技术（柏拉图主义技术，看似没有多少"技术含量"的技术）——通过该技术，一种"转变"被引入进来？"睡眠"为什么就不是一种虚拟现实技术，通过该技术人们能够从一个发光世界进入另一个发光世界中？[①]

难怪，对于某些人（这些人被视作患上"失眠症"）来说，入睡是个"技术活"。

难怪，对于某些人（这些人被视作患上"睡眠瘫痪症"，民间亦称"鬼压床"）来说，从睡眠中醒来是个"技术活"。

庄周提出了这样的问题：为什么我当下的生活，不是一个蝴蝶在做的梦？在那个发光世界中，自己"栩栩然胡蝶也"，那么，在这个发光世界中，为什么不是蝴蝶"蘧蘧然周也"？[②]直到今天，科学研究，无法对这个问题给出回答。

这也就意味着，如下这个问题，其实并不如它表面上看上去那样荒诞不经：我当下的生活，为什么就不能是一款类《模

---

① 关于柏拉图主义技术（虚拟现实技术）的进一步讨论，请参见本书第三章第六节；以及吴冠军：《在发光世界中"眼见为实"——虚拟现实技术与影像本体论》，《电影艺术》2023年第3期。
② 《庄子·齐物论》。

拟人生》^①的沙盒游戏？

如果我觉得自己的人生是一个"开了挂"的人生，那就更增加了我正在玩一个游戏的概率了。

如果我觉得自己的人生处处充满着艰难困阻，那它们则标识了，很有可能我在玩的不是"模拟人生系"游戏，而是一款"魂系"游戏。^②后一类游戏大受欢迎，恰恰就是因为其"变态"的困难度设计，让玩家在一次次失败后感受到自己经验的累积以及技艺上的进步，从而获得无与伦比的成就感。只有咬紧牙关迎难而上，才是在"魂系"游戏的拟真世界活下去的唯一方式——"躺平"是没有活路的。

我很佩服许多"魂系"游戏的玩家：不断在论坛上分享自己的研究经验，推测各种攻防计算的公式，比较各种装备与技能，分析各类"职业"晋升路径，以及如何巧妙利用某些场景或道具来击败 Boss……他们可以无数个小时沉浸于克服那个"发光世界"中的某道险阻而不知疲倦。

然而，这群玩家中有很多人在自己的生活中，却是一遇困难就低头，甚至直接躺倒——完全是一种彻底相反的玩法。

为什么不在这个世界中，也做一个好的玩家呢？

---

① 《模拟人生》系列是美国艺电公司发行的著名的开放式沙盒类游戏。该系列作品没有既定的游戏目标，玩家所要做的就是控制游戏中的"拟者"（Sims），满足其需求和渴望，为他们规划一个完满的人生。

② "魂系"游戏的代表作品有《黑暗之魂》系列以及《恶魔之魂》《血源诅咒》《只狼：影逝二度》《艾尔登法环》等，皆由宫崎英高担任社长的 From Software 制作，因难度高而广受欢迎。

　　而且在这个世界中"死亡"——"game over"（游戏结束）——极有可能意味着无法重新进入，无法重新"开始游戏"或"载入游戏"（至少对是否能再玩，我们无从确知），为什么不努力玩好当下每一个关卡呢？

　　在游戏中当你卡在某个地方打不过去时，你多半还会使用不同技术与策略（正面"硬刚"抑或使用远程攻击乃至魔法）、换套装备、收集更多辅助道具，甚至换个"职业"，来反复尝试，那么在生活中为什么往往就怼天怼地抱怨一番，然后直接躺平？

　　我们身边还有许多不玩游戏的人，十分热衷于指责玩游戏（焉知不是在游戏中玩游戏）的人是玩物丧志。然而，如此沉浸性地全力以赴玩好游戏的精神，不正是他们中的很多人自己所缺的？

　　当然，这些指责者也并非全然言之无物——沉迷游戏者，从那个"发光世界"外面的"现实世界"看过来，就是躺平。你在游戏里面奋斗终生、挥洒青春，不过是为外面世界里的游戏发行商以及元宇宙资本家们打工，让他们变得更富有而已。①

　　但现在的**问题**（本体论问题）是：我们无法判断自己所处身其内的世界本身，是不是一款游戏。我们注定拥有《黑客帝国》里尼奥的本体论焦灼，并且貌似只有很小的可能性出现

---

① 　请参见本书第二章的分析。

这样的情况：在该世界中突然冲出来一群很酷的"黑客"（墨菲斯、崔尼蒂……），把我们带去（或强拉去）一个传说中的"真实之荒漠"。

这个让我们无法摆脱的**本体论状况**，指向唯一的一种**伦理学态度**：既然我们无法判断"现实"是否真实，那么，**做一个好的玩家**，就是唯一的负责任的生活态度。做一个好的玩家，就是阿伦特所说的"积极生活"。①

方白羽的系列小说《游戏时代》的每一卷，单拿出来都是一部精彩的冒险小说。然而，主人公在经历了起伏壮阔的爱情、友情、各种恩恩怨怨、见证并参与建立了种种伟业丰功，拼死到底最后仍功亏一篑时，却发现死亡后只是退出游戏，还可以再进入别的游戏，继续追查此前人生中遇到的某些可疑人物（包括共度人生的爱侣）、解开没弄清楚谜团……

当在世界中死亡并不意味着人生的尽头时，这个世界就成为一个**被穿孔的世界**。

齐泽克在研究这个世界中的本体论"孔洞"（他称之为"悖论""矛盾""不连贯性"）时，就曾想到以电子游戏为比拟：本体论层面上的各种悖论、矛盾、不连贯性之所以存在，是因为创造这个世界的"上帝"，就如同开发游戏的程序员（并且还是一个很懒的程序员），"创世"的工作始终没能做到

---

① 请参见本书第四章的分析。

完满。①

　　游戏里的"虫洞"，就是世界里的"孔洞"。而"上帝"像偷懒的程序员一样，以为这些孔洞、裂缝、矛盾不会被人发现，所以无须把创世这项工作做到彻底。结果，"游戏玩家"的细心程度超出了"上帝"的预估——这里面，有些人利用"虫洞"在游戏中作弊（如在该地点上"卡位"杀死对手），有些人则因为"虫洞"而觉得游戏完成度不高，索性退出不玩了……

　　小说《游戏时代》里的主人公，显然是一个全情投入的沉浸性玩家：即便在后期因发现各种问题（"虫洞"）而意识到自己所在的世界是一款游戏，仍然在每一次游戏历程中倾尽全力、至死方休。

　　小说给主人公所设定的唯一的所谓"金手指"② 是，因某种原因他不必使用作弊代码，就能保存游戏外的记忆（亦即，"前世"记忆）进入新的游戏。这个"金手指"看似没多厉害，比不上直接点开某个科技树或拥有超凡运气值，也未让主人公拥有强力"护体光环"（免死金牌式的被动技能），可以总遇险

---

① Žižek, *Less Than Nothing: Hegel and the Shadow of Dialectical Materialism*, pp. 743–744. 对齐泽克此论的批判性讨论，请参见本书第五章第三节。

② "金手指"原是任天堂公司出品的 GameBoy（GB）和 Nintendo Dual Screen（NDS）系列掌上游戏机的修改工具，用此工具可以篡改游戏原本的正常规则，使玩家快速增加自己的金钱、力量、等级、道具等。后来被广泛用于指虚拟作品中主角的超越常人的助力——在这些作品中，主角之所以能够从众人中脱颖而出，是因为作者给予主角极为特殊的助力，令其能快速提升自己的实力。

而不死。

然而，这个"金手指"却让人事实上具有**穿越世界**的能力。所有在此前游戏中积累的人生阅历（"经验值"），都不会烟消云散。

生活在当下世界中的我们，似乎都并不拥有这样的"金手指"（抑或拥有了也并不知道）。那么，在这个世界里竭尽全力地"玩"好，就成为唯一的伦理性向度。在政治层面上，"玩"好，就意味着"天下兴亡，匹夫有责"，意味着同这个世界上的所有能动者——人类能动者（虚拟"化身"）以及非人类能动者（NPC）———起参与世界化成。①

片段四　生活在一个宇宙中（Ⅱ）

"我"发现自己降生在一个宇宙中。

经过一段时间的生活，我发现这个世界正在摇摇欲坠：整个世界陷入行星尺度上的高烈度混乱，到处都在急剧熵增。这是一个"熵世"。这个世界里的人特别喜欢"撕"，连处在行星上地理距离最遥远的人们都动不动就"掐脖子"，这也是"熵世"的一个标志。这个世界，处在坍塌的边缘。

或许，这个世界如同八宝饭《道长去哪了》里的中唐世界一样，外面有神仙大拿在维护，然而这些神仙最近可能自身遭

---

① 请参见本书第六章的分析。

遇不测。①

　　我们可以等待神仙大拿解决自身危机后，出手拯救世界；抑或，等待外面维护服务器的技术人员（可能同时要维护四五十个副本），留意到这个世界出现问题。

　　然而，等待，不是一个好办法。这个世界在坍塌，而无人知道"我等的人，他在多远的未来"。②塞缪尔·贝克特的剧作《等待戈多》的剧末，那个必须来的戈多并没有被等来，主人公们决定明天带一条更合适的绳子（如果戈多不来就自杀）；做好这个决定后，他们决定离开，但是谁也不愿意迈出第一步……

　　我们可以等待世界外部的神仙抑或上帝（"戈多"），我们也可以在内部维护这个世界，联合可以联合的所有力量一起拼一下。用哲学与神学的术语来说，前者就是**超越性**（transcendence）的路径，后者则是**内在性**（immanence）的路径。③

　　在 2019 年郭帆执导的科幻影片《流浪地球》（改编自刘慈欣同名短篇小说）中，面对世界坍塌的危机，所有的人都并力齐上，不到力竭不放手（尽管以"人推人"的方式推撞针倍遭诟病）——要拯救行星，只有整个行星上绝大多数能动者一起

---

① 请参见本书导论引言。

② 引自《遇见》，易家扬词、林一峰曲，孙燕姿演唱。

③ 请参见吴冠军：《内在性的政治哲学》，载吴冠军：《第十一论纲：介入日常生活的学术》，第 264-271 页。

力往一处使。

而在 2016 年丹尼斯·维伦纽瓦执导的科幻影片《降临》（改编自姜峯楠荣获星云奖的科幻小说《你一生的故事》）中，危机的程度相似，但情况显然更为复杂。12 艘不知从何而来的贝壳状太空船某日突然降临地球，悬浮在行星的各大城市上空，但没有任何攻击性行动从飞船上发出。

面对不具有可沟通性的"异形"，各国政要都在寻找应对办法。一位来自中国的将军（好莱坞编剧毫无负担地把这个角色安排为中国将军）主张先行发动攻击，因为对方能来地球说明其科技远胜于地球文明，先发动攻击可能还有机会，不发动则一点机会都没有。

影片最末我们才知道，"异形"们来地球，是为了分享他们的技术，作为给人类的"礼物"，而在不远的未来他们则会需要人类的帮助。美国语言学家（艾米·亚当斯饰演）在解读出"异形"用意（亦即，建立起了可沟通性）后，说服中国将军放弃攻击计划，中美携手应对文明性的危机。随后，以中国主动分享其所拥有的"异形"资讯为首，所有国家陆续恢复信息分享。最后，这场行星层面的文明性危机，在各国齐心协力下化解。

《流浪地球》与《降临》各自描绘了制作者心目中应对灭世性灾难的领袖人物（中国航天员之子、美国女语言学家），但都极力地描绘了通力合作共同闯关的画面——在银幕上的那些发光世界中，人们没有把救世的希望放置于世界外部的"上帝"、"神仙大拿"或"服务器维护师"上，而是穷尽所有可能、凝集各类力量，从内部来拯救世界。

与卡尔·施米特把**政治**（the political）界定为"划分敌友"相反，**政治**的起点，恰恰是对**彼此需要**的确认。[1] 政治之域之所以能够被打开，正是因为所有能动者在本体论层面上彼此关联。大大小小的能动者在政治本体论意义上，都在参与着这个世界的构建。

其实，今天不少高难度的 MMOG 的许多关卡，在设计上就无法靠一个人打过去，必须联合各样力量携手共闯——远程输出的弓箭手／法师、善于养宠物和找帮手的召唤型法师、熟练操控机械的工程师、作为近战肉盾的野蛮型战士、拥有各种团队辅助能力的领袖型骑士……各类高手一个都不能少。

一起玩 MMOG 时，玩家们可以联手闯关，也可以互相伤

---

[1]　对施米特政治论的批判性分析，请参见吴冠军：《现实与正当之间——论施米特的〈政治的概念〉》，《开放时代》2003 年第 4 期；吴冠军：《施米特的实证主义——考析〈政治的概念〉的方法论进路》，《复旦政治哲学评论》2010 年第 1 期；吴冠军：《重思战争与和平——霍布斯、康德、施米特、罗尔斯的政治哲学史重疏》，《同济大学学报（社会科学版）》2019 年第 2 期。关于人工智能带来的"'不被需要'的政治学"的讨论，请参见吴冠军：《竞速统治与后民主政治——人工智能时代的政治哲学反思》，《当代世界与社会主义》2019 年第 6 期；以及吴冠军：《再见智人：技术–政治与后人类境况》，第三章第三节。

害——"分数"领先的玩家在"修昔底德陷阱"[1]视角下，拼命干掉在"排位"上赶上来的其他玩家。在《头号玩家》中，英雄们并没有把力气用在对付游戏中其他"分数"追赶上来的玩家，故此在关键时刻，他们背后得以有成千上万玩家一起并肩作战。

我们为什么要玩"排位赛"？我们为什么要在同一个向度里——考试分数、大学排名抑或国内生产总值（GDP）——竞争"座次"？

先不论这个世界已经进入熵世（人类世），即便它"资源"仍然充裕，**"排位赛"也结构性地是一个资源稀缺的竞争**，因为只会有一个第一（"冠军"）。"冠军"和"亚军"就处在紧张关系中（亦即，"修昔底德陷阱"）：亚军看着前方的背影就会想为什么我不是冠军；冠军则碎碎念没有这家伙我就坐稳了冠军了（其实还有季军在后头）。[2]

实际上，在现实世界（抑或在游戏）中，情况并不是这样，存在着多个甚至无穷多个赛道：你轻工业强，我农业强，他金融业和服务业强；我数学好，他化学好，她诗词写得好。

---

[1]　该术语由美国哈佛约翰·F. 肯尼迪政府学院讲座教授、首任院长，政治与国际关系理论家格雷汉姆·阿利森提出，意指"新崛起大国与既有大国必有一战"（See Graham Allison, "The Thucydides Trap: Are the U.S. and China Headed for War?" *The Atlantic*, Sep 24, 2015）。"修昔底德陷阱"一经提出就迅即被很多政界与学界人士追捧，甚至被视作主导世界的永恒"铁律"。对阿利森论说的讨论，请进一步参见吴冠军：《再见智人：技术-政治与后人类境况》，第二章第三节。

[2]　正是在这个意义上，我对自己名字（祖父给定）的解读是：nonchampion。

"排位稀缺"（positional scarcity），是人自己搞出来的玩法，然后自己把自己逼死，各种内卷各种撕，从"鸡娃式教育"到国际军备竞赛。

这个世界，是倚靠多样性来繁荣的（不论是物种演化还是文明发展）。人类世的后果，就是杀灭多样性。①

在一款游戏里，如果大家都抢着去做召唤系法师，那说明这款游戏平衡性没做好，很快就会没人玩的。

在《降临》里那个存在着"异形"（实际上是彼此互为"异形"）的宇宙中，多样性亦恰恰是繁荣的前提：如果地球文明所发展出的一切特色对方皆有，那么"降临"就真的可能会以"修昔底德陷阱"的逻辑进行了。

在陷入人类世的这个世界中，人类正在被自己发明的游戏玩死，连带这个世界中的其他能动者——"人类世文明结构"正在使得行星上绝大多数的生命生活在剩余时间，包括这个行星（"盖亚"）本身。② 今天已经在学界被半遗忘的史学家阿诺德·汤因比，在其晚年的追思录中提出，后辈要解决的重要问

---

① 参见吴冠军：《爱、谎言与大他者：人类世文明结构研究》，第一章。
② "盖亚"是古希腊神话中的大地之母。大气化学家詹姆斯·勒夫洛克于二十世纪七十年代提出"盖亚假说"（Gaia hypothesis），认为地球本身是一个"活着的行星"，其生态系统可以被看成一个自调节的"超级有机体"。他写道："我们的行星整个地不同于其死的兄弟马尔斯（火星）与维纳斯（金星）；就像我们中的一个，它控制其温度与组合方式以始终保持舒适。"（James Lovelock, *The Revenge of Gaia: Why the Earth is Fighting Back, and How We Can Still Save Humanity*, London: Penguin, 2007, pp. 208, 173, 2.）关于盖亚假说的分析，请参见吴冠军：《爱、谎言与大他者：人类世文明结构研究》，第二章。

题，就是"人类在人造环境中的自我奴役"。①人类世，正是最大的人造环境：整个行星，都变成了人造环境。

一万两千年前，智人开始农耕生活，开始一点一点地兴起文明，开始改变周遭的环境，驯服多种植物、动物，并发展出各种技术物。而在当下这个可以以"技术加速主义"作为标签的时代，人造环境，实已变成唯一的环境。

所以，"人类世"是一个很贴切的描述当下时代的术语。在这个单一物种——"人类"——就能改变行星面貌的地质学时代中，"自然"不复存在。行星整个被按上了人类这个物种的手印。拉图尔直接把"人类世"称作"后自然时期"。②人类的指纹，已经抹去了"自然"。后人类主义，就是对人类的指纹所展开的一个系统性的反思。

实际上，生活在农耕环境里时，我们就已经不是一种自然意义上的物种了。《庄子》曾提出："不开人之天，而开天之天。"③《庄子》的作者已强烈感受到生活在人造环境（"人之天"）中，人们已然跟非人造的那个"天之天"完全割裂了。

然而，除了对历史上少数精英产生过影响外，《庄子》对"天之天"的向往，却始终未能成为主流。那是因为，在农耕时代，人们长久以来面对的各种苦恼、挑战，大多来自"天

① 汤因比：《人类的明天会怎样？汤因比回思录》，刘冰晶译，上海：上海人民出版社，2022，第 354 页。
② Latour, *Facing Gaia: Eight Lectures on the New Climatic Regime*, p. 112.
③ 《庄子·达生》。

之天"。

但汤因比在他的时代就已经清晰地看到（尽管没有"人类世"这样的分析性术语供他使用），我们处在了人造环境的自我奴役中——我们绝大多数的苦难，都是自我施加的。今天的各种极端天气，按照庄子的说法，是"人之天"。

人为的碳排放，被认为是人类世中诸种气候灾难的主要肇因——尽管这里面的定域因果性分析还不完备，可以被视作缺少部分信息下的模糊认知。

我们正在见证的第六次物种大灭绝，也是因为这些物种生活在"人之天"下。也正因此，提摩西·莫顿坚决反对用"气候变异"抑或"全球变暖"来描述我们所面对的生态问题。在他看来，唯一恰当的表述，就是"大灭绝"。①

不只是气候灾难与生态危机，当前我们这个世界上的各种各样苦难、困境——不管是个人层面的，还是政治层面的——**几乎都是人造的**。今天的"鸡娃式教育"，本来可以不这样，但是父母们就集体进了这条轨道，导致"内卷"吞噬了孩子们的童年，乃至生命。② 军备竞赛同样如此。这种所有行动者都具有至高的自主决定权，但实际上却无法自主做出决定的状况，便是一种经典的"纳什均衡"（Nash equilibrium）。数学家、诺

---

① Morton, *Being Ecological*, p. 5.
② 具体的数据分析与学理反思，请参见吴冠军:《后人类状况与中国教育实践: 教育终结抑或终身教育? ——人工智能时代的教育哲学思考》,《华东师范大学学报（教育科学版）》2019 年第 1 期。

贝尔经济学奖得主约翰·纳什论证了存在一类策略对局状况，在其中没有任何局中人可以因为单独改变自己的策略而获利。

1967 年美国联邦通信委员会（FCC, Federal Communications Commission）发布规定，烟草公司可以在电视上做广告，但每条烟草广告必须搭配一条公益广告告知公众"吸烟有害健康"。烟草公司此时便陷入同类"纳什均衡"中：它可以选择不做广告，但这样的话顾客就会被对手抢走；而大家越做广告，整体顾客却越流失，因为更多人知晓了吸烟的危害，并被反复提醒。于是，明知该举措会整体上使所有公司都受害，也没有公司敢放弃做广告。[①]

基于同样的原理，"鸡娃式教育"与军备竞赛的前景，即便是灾难性的、不可承受的，但赛场内的玩家们谁也无法承受轻易退出所带来的风险。我们清晰地看到：这就是一个自我施加的困境、"人造环境中的自我奴役"。只要换一个视角看问题，大家就可以一起决定退出这种竞争。但是现实往往不是这样——更新视角，并付诸集体行动，是一件极其困难的事。故此这种"纳什均衡"，就变成了牢不可破的局面。

在体育场看球，原本大家都坐着看，有些观众非得站起来看（出于激动或想让视野更大），后面的人也就不得不站起来看，结果所有人都不得不站着看完整场比赛。全体站着看和全体坐着看，视野是一样的。这个"看球困境"是自我施加的：

---

① 这个案例，我受益自万维钢：《有一种解放叫禁止》，得到 APP。

本来可以不这样，但最后偏生成为这样。

本来可以选择不这样，但偏要这样。本来可以选择用更好的方式一起合作，可偏选择不合作。这，诚然就是一种最为愚蠢的"人造环境的自我奴役"，借用斯蒂格勒的术语，这就是一种"系统性愚蠢"（systemic stupidity）。我们选择彼此痛苦，我们选择彼此威胁，我们选择把双手掐到对方的脖子上。

"人造环境"的构成性元素，就是人。

"人类世"的构成性元素，就是人。

环境既然是人造的，那么就是人可以改变的。

只是，大家蠢到不愿意去改。

大家一头挤进"排位稀缺"的赛道中，在"修昔底德陷阱"视角下互相伤害，而不是互相合作。

人类世（熵世）意味着，我们已然生活在剩余时间中——尽管时间箭头本身就可能标识了我们所体验的现实，是一个宏观尺度上的低分辨率的"虚拟现实"。① 但我们就活在这样的现实中，活在一个正在坍塌的世界中。就我们目下的知识而言，这个世界是唯一的世界。

"我"发现自己降生在一个宇宙中。

"我们"发现彼此降生在了同一个宇宙中。

"我们"发现所处身其内的这个世界在塌方。

在 game over 前，"我们"，会怎样做？

---

① 关于时间箭头的具体讨论，请参见本书第二章第一节与第五章第六节。

后　记　幸运与君共宇宙

　　"能同途偶遇在这星球上，燃亮缥缈人生，我多么够运。"
这是林振强词、叶良俊曲、张国荣演唱的歌曲《春夏秋冬》中
的一句词。

　　在写作此书时，脑海中时常会响起这首歌。我无从得知存
在着多少个"世界"，但可以确知的是，我和生命旅途中燃亮
我的亲朋挚友，和翻看拙著有所思与有以教我的读者诸君，处
在同一个"世界"中——或者说，处在同一个"元宇宙"中，
处在同一个"游戏副本"中。

　　我多么够运。

　　在这个"世界"中，幸运如我，能与诸君彼此触动、互相
构建，更会有机会和可能性去并肩探索、联动创造，并以这个
方式共同参与这个"世界"的化成，一起"赞天地之化育"。
用学术术语来表达我的这份幸运的话，它就体现为——

　　　　我和诸君身处一个在本体论层面无从界分"现实／拟
　　真"的**超现实**中，彼此形成了无法用线性因果模型进行厘
　　清的**超关联**，并且同具有交互对象性的各种**超对象**发生着

内行动，从而有了这本书，和这本书的作者（"我"）。[①]

我实际上正是用这整本书的篇幅，阐释了自己的这份幸运。

这本书——乃至我、我的人生、我的"思想"——皆是在网状聚合体内各种触动与互相构建中得以形成。一个又一个名字（虚拟"化身"的代号），此刻正在我脑海中自由流淌，无以穷尽、无以列数。在以前著作之后记中，我曾写下过其中的一些名字。于此处我想再写下对这本书的形成具有构成性作用的那几个名字。

这本书得以**存在**，就来自程时音君和我的**强相互作用**上。时音老师的操持对本书的构建性力度，绝不亚于作为作者的我。

钱旭红院士多年来倡导"量子思维"[②]，并邀请我参加对量子论的跨学科探索。本书中对政治学之"量子转向"的分析与梳理，最初就发端于钱院士推动的量子研究项目中。

蓝江与姜宇辉二君，多年来在当代汉语学界逆流而上推动

---

① 请同时参见本书尾论片段二。

② 华东师范大学量子思维项目组：《量子思维宣言》，《哲学分析》2021 年第 5 期；钱旭红：《改变思维》，上海：上海文艺出版社，2021；钱旭红：《当奇点和量子碰撞社会科学》，《文汇报》2021 年 12 月 12 日。

游戏研究。① 没有这两位学术挚友经常督促我玩游戏，恐怕我
对各类最新游戏不会保持全面的熟悉度，而只会独独沉浸在深
爱三十余年的《三国志》系列中。

在二十五年前写作《第九艺术》时，蔡熠天与唐闻波二君
已经是我游戏研究中的良师益友，并和我共同创建了天骄创作
室（TeamJoy Studio）。蔡、唐二君在我生命旅途中留下的构建
性印迹，更是可追溯到垂髫之年。至今犹记弱冠时一次爬山遇
险，上下皆是绝壁，唐君和我手脚相携，生死不弃，在互相鼓
劲中身贴山壁爬回人间。无唐君在侧，我不知何处矣。

二十世纪九十年代因天骄创作室而在上海西南一隅相识相
聚的伙伴们，尤其是蒋侃、罗诚、顾懿诸君，皆是极小概率能
在人海中遇见的杰出之士，使我人生受益良多，多少次午夜

---

① 值得推荐的文献包括：蓝江：《双重凝视与潜能世界：电子游戏中的凝视理论》，
《上海大学学报（社会科学版）》2022 年第 3 期；蓝江：《文本、影像与虚体——走
向数字时代的游戏化生存》，《电影艺术》2021 年第 5 期；蓝江：《宁芙化身体与异
托邦：电子游戏世代的存在哲学》，《文艺研究》2021 年第 8 期；蓝江：《数码身
体、拟-生命与游戏生态学——游戏中的玩家-角色辩证法》，《探索与争鸣》2019
年第 4 期；蓝江、马文佳：《从"逍遥游"到数字主体：当代数字游戏哲学的主体
批判》，《太原理工大学学报（社会科学版）》2022 年第 2 期；姜宇辉：《游戏何以
政治？》，《读书》2022 年第 9 期；姜宇辉：《庞大宇宙中的小小梦魇——暗黑生态
与电子游戏的噩梦诗学》，《文艺理论研究》2022 年第 3 期；姜宇辉：《作为真理
游戏的电子游戏——跟随福柯的文本脉络探寻游戏哲学的建构可能》，《上海大学
学报（社会科学版）》2022 年第 3 期；姜宇辉：《从生命政治到游戏政治——云安
全时代游戏范式的基本形态》，《探索与争鸣》2022 年第 3 期；姜宇辉：《数字仙
境或冷酷尽头：重思电子游戏的时间性》，《文艺研究》2021 年第 8 期；姜宇辉：
《火、危险、交感：电子游戏中的情感》，《文化艺术研究》2021 年第 2 期；姜宇
辉：《"玩是谦恭，不是解放"——作为控制、反制与自制的电子游戏》，《探索与争
鸣》2019 年第 4 期。

梦回，都闪入那段岁月的许许多多画面。得良朋如斯，吾之幸也。

我的大学同学、校园内外的室友刘俊君，是把我带到游戏研究上的那个人。跃动的记忆，带我回到了半个多世纪前那无数个日夜，和刘君在我们共同租借的二室一厅中的各种趣事……他的智慧，他的仗义，他的情谊，是我深藏于生命中守卫呵护的珍品。刘君和其高中三位同学创建的流星雨工作室，同天骄创作室当年并称国内游戏界的双璧。刘君小我数月，尊我为兄，但我身上那股逆境越汹越从容的做事方式，是青葱岁月时旁观刘君接物处事学来的。

大学毕业后，刘君曾先后担任育碧（Ubisoft）市场部经理、久游市场总监，后自己创业，在国内游戏业界声誉卓著，为游戏事业倾洒心血。跟他在校内校外"同居"多年，我知道在他钟爱的事上他有多拼！还记得十一年前骤闻刘君噩耗的那个黄昏，心扉痛彻，神魂不守。是夜写下《金缕曲·寄刘君冥魂》一阕，词首小记："辛卯冬夜，以词代书。泪尽又淋，几不能竟书；待书成，却嘱谁为寄？呜呼呜呼，痛煞吾也！"词云：

> 吾弟安怡否？昔尝闻，上清乐土，蔼然无垢。一幕紫穹珠玉缀，浑是流星染就，笑浊世年年雨骤。应有趣游三千种，晤天骄、应有诗樵友。但尽饮，天池酒。
>
> 浓愁每借烛光透。倚微灯，苦凝诗笔，怕听更漏。祈

寄一书追碧落，约取心魂相守，风寂寂何知所授？此地悲愁三千股，恨凡间、只得灞桥柳。泪不尽，惟顿首。

词中"天骄"指天上仙客，然知吾与君者，尽皆知"天骄"与"流星雨"也。往事历历，每遽然思之，泪涌不禁。若这个世界的出口处，是那个我们所熟悉的界面（"新游戏""载入游戏""选项"……），想来刘君已沉浸在新的冒险中，继续全力以赴拼斗一个又一个险阻难关。

我也很想感谢"第九城市"董事长朱骏君，使我二十多年前就有机会把很多关于游戏的想法（一个元宇宙雏形）得以付诸实践。如若当时不是因外部环境剧烈变化，今天讨论元宇宙的历史，焉知不会在林登实验室的《第二人生》之前更多出一章？

"量子资本"董事长邵怡蕾君在元宇宙、区块链、人工智能、量子计算等论题上，多有洞见与深思。这位普林斯顿大学计算机科学博士竟和我一样，对跨学科无边界的思想实践怀有执念并身体力行。她跟我分享的那些对当代技术的分析，总是发人深省。在本书写作中，邵君亦屡屡过问进度并分享业界资讯，深感厚意。

段永朝、王俊秀二君以及"苇草智酷"其他同人曾多次组织关于元宇宙与"新人机世界"的讨论，段、王两位与姜奇平、刘永谋、段伟文诸君都对我的观点提出过很有价值的意见。正是诸位益友和我的强相互作用，使得本书嵌有不少辩论性的火花。

就在本书交稿之际，一个坏消息传来：我心中最伟大的当代人类学家布鲁诺·拉图尔，于法国当地时间 2022 年 10 月 9 日凌晨与世长辞。拉图尔老师曾对我的著作《巨龙幻想》提出许多宝贵意见，五年前更是邀请我参与他的"重置现代性"项目。这本书的核心思想资源之一，正是拉图尔。对于思想家的最私人化的悼念，就是让他的诸种虚拟"化身"，继续在我的著作中活着。能和这样的卓越心灵共生于此世（一个遗忘"盖亚"的人类世），面对面地交流想法，我何其幸运。

我还想写下一个人的名字：我的同事、"前任"刘擎君。①和刘擎老师相识二十六年，我人生旅途中的许多关键时刻，都有他的智慧与洞见所留下的印迹。他是少有的把最大剂量的浪漫与同等剂量的睿智有机融于一身的思想家。元宇宙是我们所共同关心的许多话题之一，我把这本书题献给刘擎老师。

我的博士研究生胡顺与虞昊二君敏思好学，在教与学的实践中我们互相构建——正是有一位又一位卓越的"学生"，"师者"才得以被构建起来。

尚有无数名字，正流淌于心间。想一一捕捉记下，然终究纸短情长，纸容不下的，就用心去收藏。世界很大，但全情沉浸的一颗心亦能够装下。

---

① 我们都任教于华东师范大学政治与国际关系学院，刘擎老师曾担任学院前身之一政治学系系主任，而我则是他的继任者。

幸运与君共宇宙。

窗外的秋天，正有落叶起舞。

吴冠军

壬寅深秋于丽娃河畔

征引文献

英文文献

Aaronson, Scott. "Because You Asked: The Simulation Hypothesis Has Not Been Falsified; Remains Unfalsifiable," *Shtetl-Optimized*, Oct 3, 2017.

Agamben, Giorgio. *The Coming Community*, trans. Michael Hardt, Minneapolis: University of Minnesota Press, 1993.

Agamben, Giorgio. *Homo Sacer: Sovereign Power and Bare Life*, trans. Daniel Heller-Roazen, Stanford: Stanford University Press, 1998.

Agamben, Giorgio. "The Messiah and the Sovereign: The Problem of Law in Walter Benjamin," in his *Potentialities: Collected Essays in Philosophy*, ed. and trans. Daniel Heller-Roazen, Stanford: Stanford University Press, 1998.

Agamben, Giorgio. *Means without End: Notes on Politics*, trans. Vincenzo Binetti and Cesare Casarino, Minneapolis: University of Minnesota Press, 2000.

Agamben, Giorgio. *The Time That Remains: A Commentary on the Letter to the Romans*, trans. Patricia Dailey, Stanford: Stanford University Press, 2005.

Agamben, Giorgio. *The Fire and the Tale*, trans. Lorenzo Chiesa, Stanford: Stanford University Press, 2017.

Allday, Jonathan. *Quantum Reality: Theory and Philosophy*, Boca Raton:

CRC Press, 2009.

Allison, Graham. "The Thucydides Trap: Are the U.S. and China Headed for War?" *The Atlantic*, Sep 24, 2015.

Arendt, Hannah. *Imperialism* (part two of *The Origins of Totalitarianism*), New York: Harcourt Brace Jovanovich, 1968.

Aspect, Alain. Philippe Grangier, and Gérard Roger, "Experimental Tests of Realistic Local Theories via Bell's Theorem", *Physical Review Letters*, 47(7), 1981, pp. 460–463.

Aspect, Alain, and Jean Dalibard, Gérard Roger. "Experimental Test of Bell's Inequalities Using Time-Varying Analyzers", *Physical Review Letters*, 49 (25), 1982, pp. 1804-1807.

Austin, J. L. *How to Do Things with Words*, Cambridge, Mass.: Harvard University Press, 1975.

Badiou, Alain. *The Communist Hypothesis*, trans. David Macey and Steve Corcoran, London: Verso, 2010.

Ball, Matthew. *The Metaverse and How It Will Revolutionize Everything*, New York: Liveright, 2022(ebook).

Ball, Philip. *Beyond Weird: Why Everything You Thought You Knew about Quantum Physics Is Different*, Chicago: University of Chicago Press, 2018.

Barad, Karen. *Meeting the Universe Halfway: Quantum Physics and the Entanglement of Matter and Meaning*, Durham: Duke University Press, 2007.

Bataille, Georges. *The Accursed Share: An Essay on General Economy, Volume I: Consumption*, trans. Robert Hurley, New York: Zone Books, 1988.

Baudrillard, Jean. *Simulations*, trans. Paul Foss, Paul Patton and Philip Beitchman, New York: Semiotext[e], 1983.

Baumbach, Nico. *Cinema-politics-philosophy*, New York: Columbia University Press, 2019 (ebook).

Becker, Theodore L. (ed.). *Quantum Politics: Applying Quantum Theory to Political Phenomena*, New York: Praeger, 1991.

Bell, John S. "On the Einstein Podolsky Rosen Paradox", *Physics Physique Fizika*, 1 (3), 1964.

Benjamin, Walter. "The Work of Art in the Age of Its Technological Reproducibility," trans. Edmund Jephcott and Harry Zohn, in his *The Work of Art in the Age of Its Technological Reproducibility, and Other Writings on Media*, ed. Michael W. Jennings, Brigid Doherty, and Thomas Y. Levin, Cambridge, Mass.: Harvard University Press, 2008.

Bennett, Jane. *Vibrant Matter: A Political Ecology of Things*, Durham: Duke University Press, 2010.

Bergson, Henri. *Creative Evolution*, trans. Arthur Mitchell, New York: Random House, 1944.

Bettig, Ronald V. *Copyrighting Culture: The Political Economy of Intellectual Property*, Oxford: Westview, 1996.

Bibeau-Delisle, Alexandre, and Gilles Brassard. "Probability and Consequences of Living Inside a Computer Simulation", in *Proceedings of the Royal Society A*, Vol. 477, no. 2247, 2021, pp. 1-17.

Bogost, Ian. "The Metaverse Is Bad", *The Atlantic*, October 22, 2021, available at <https://www.theatlantic.com/technology/archive/2021/10/facebook-metaverse-name-change/620449/>.

Bohm, David. "A Suggested Interpretation of the Quantum Theory in Terms of 'Hidden' Variables", *Physical Review*, 85 (2), 1952.

Bohr, Niels. *Atomic Theory and the Description of Nature*, Cambridge: Cambridge University Press, 1934.

Bohr, Niels. "Can Quantum-Mechanical Description of Physical Reality Be

Considered Complete?", *Physical Review*, 48 (8), 1935.

Bohr, Niels. "Causality and Complementarity", *Philosophy of Science*, 4(3), 1937, pp. 289-298.

Bordwell, David, and Noël Carroll. "Introduction", in Bordwell and Carroll (eds.), *Post-Theory: Reconstructing Film Studies*, Madison: University of Wisconsin Press, 1996.

Bostrom, Nick. "Are You Living in a Computer Simulation?", *Philosophical Quarterly*, 53(211), 2003, pp. 243–255.

Boundas, Constantin. "Ontology," in Adrian Parr (ed.), *The Deleuze Dictionary*, Edinburgh: Edinburgh University Press, 2005.

Bryant, Jr. William R. *Quantum Politics: Greening State Legislatures for the New Millennium*, Kalamazoo: New Issues Poetry & Prose, 1993.

Carroll, Noël. *Mystifying Movies: Fads and Fallacies in Contemporary Film Theory*, New York: Columbia University Press, 1988.

Carroll, Noël. "Prospects for Film Theory: A Personal Assessment", both in Bordwell and Carroll (eds.), *Post-Theory: Reconstructing Film Studies*, Madison: University of Wisconsin Press, 1996.

Carroll, Sean. *From Eternity to Here: The Quest for the Ultimate Theory of Time*, New York: Penguin, 2010.

Casetti, Francesco. *The Lumière Galaxy: Seven Key Words for the Cinema to Come*, New York: Columbia University Press, 2015.

Chalmers, David J. *Reality+: Virtual Worlds and the Problems of Philosophy*, New York: W.W. Norton, 2022 (ebook).

Crary, Jonathan. *24/7: Late Capitalism and the Ends of Sleep*, London: Verso, 2013.

Cremin, Colin. *Exploring Videogames with Deleuze and Guattari: Towards an Affective Theory of Form*, London: Routledge, 2016.Crutzen, Paul J. "Geology of Mankind: The Anthropocene," *Nature* 415, 2002.

Crutzen, Paul J., and Eugene F. Stoermer. "The Anthropocene," *IGBP Newsletter* 41, 2000, pp. 17–18.

Crutzen, Paul. J., and Eugene F. Stoermer. "Have we entered the 'Anthropocene'?", *Global IGBP Change*, October 31, 2010.

Crutzen, Paul J., and Will Steffen. "How Long Have We Been in the AnthropoceneEra?" *Climatic Change* 61 (3), 2003, pp. 251–257.

Davies, Jeremy. *The Birth of the Anthropocene*, Oakland, California: University of California Press, 2016.

De Kosnik, Abigail. "Fandom as Free Labor", in Trebor Scholz (ed.), *Digital Labor: The Internet as Playground and Factory*, London: Routledge, 2013.

Debord, Guy. *Oeuvres cinematographiques completes 1952-1978*, Paris: Gallimard, 1994.

Debord, Guy. *The Society of the Spectacle*, trans. Donald Nicholson-Smith, New York: Zone, 1995.

Deleuze, Gilles. *Cinema 2: The Time-Image*, trans. Hugh Tomlinson and Robert Galeta, Minneapolis, MN: University of Minnesota Press, 1989.

Deleuze, Gilles. "The Brain is the Screen: An Interview with Gilles Deleuze", trans. M. T. Guirgis, G. Flaxman (ed.), *The Brain is the Screen: Deleuze and the Philosophy of Cinema*, Minneapolis, MN: University of Minnesota Press, 2000.

Deleuze, Gilles. *Two Regimes of Madness, Texts and Interviews 1975-1995*, ed. David Lapoujade, trans. Ames Hodges and Mike Taormina, New York: Semiotext(e), 2006.

Deleuze, Gilles, and Félix Guattari. *What Is Philosophy?*, New York: Columbia University Press, 1994.

Deleuze, Gilles, and Félix Guattari. *A Thousand Plateaus: Capitalism and schizophrenia*, trans. Brian Massumi, London: Athlone, 1996.

Dennett, Daniel C. *Intuition Pumps and Other Tools for Thinking*, New York: W. W. Norton, 2013 (ebook).

Dibbell, Julian. *Play Money: Or How I Quit My Day Job and Struck It Rich in Virtual Loot Farming*, New York: Perseus Books, 2006.

diZerega, Gus. "Integrating Quantum Theory with Post-Modern Political Thought and Action: The Priority of Relationships over Objects", in Theodore L. Becker (ed.), *Quantum Politics: Applying Quantum Theory to Political Phenomena*, New York: Praeger, 1991.

Dolata, Ulrich. "Privatization, Curation, Commodification. Commercial Platforms on the Internet", Österreichische Zeitschrift für Soziologie 44, Suppl. 1, 2019.

Dyer-Witheford, Nick. "Digital Labour, Species Becoming and the Global Worker", *Ephemera* 10 (3–4), 2010.

Dyer-Witheford, Nick, and Greig De Peuter. *Games of Empire: Global Capitalism and Video Games*, Minneapolis: University of Minnesota Press, 2009.

Einstein, Albert. "Einstein to Max Born, December 4, 1926", in *The Born-Einstein Letters: The Correspondence Between Albert Einstein and Max and Hedwig Born, 1916–1955, with Commentaries by Max Born*, trans. Irene Born, New York: Walker and Co., 1971.

Einstein, Albert, and Boris Podolsky, Nathan Rosen. "Can Quantum-Mechanical Description of Physical Reality Be Considered Complete?", *Physical Review*, 47 (10), 1935.

Elsaesser, Thomas. *European Cinema and Continental Philosophy: Film as Thought Experiment*, New York: Bloomsbury, 2019.

Englert, Berthold-Georg. "On Quantum Theory", *European Physical Journal*, 67(238), 2013, available at <http://arxiv.org/abs/1308.5290>.

Erion, Gerald, and Barry Smith. "Skepticism, Morality, and *The Matrix*", in

William Irwin (ed.), *The Matrix and Philosophy: Welcome to the Desert of the Real*, Chicago: Open Court, 2002.

Ferguson, Kitty. *Stephen Hawking: His Life and Work*, London: Transworld, 2011.

Ferguson, Kitty. *Stephen Hawking: An Unfettered Mind*, New York: St Martin's Griffin, 2017.

Feynman, Michelle (ed.). *The Quotable Feynman*, Princeton: Princeton University Press, 2015.

Feynman, Richard P. "Simulating Physics with Computers", *International Journal of Theoretical Physics*, 21(6), 1982.

Feynman, Richard P., and Albert R. Hibbs, Daniel F. Styer, *Quantum Mechanics and Path Integrals*, Emended Edition, New York: Dover Publications, 2010.

Foucault, Michel. *The Foucault Reader*, ed. Paul Rabinow, London: Penguin, 1984.

Foucault, Michel. *Discipline and Punish: The Birth of the Prison*, trans. Alan Sheridan, New York: Vintage Books, 1995.

Foucault, Michel. *The Order of Things: An Archaeology of the Human Sciences*, London: Routledge, 2002.

Foucault, Michel. *Security, Territory, Population: Lectures at the Collège de France 1977–1978*, trans. Graham Burchell. New York: Palgrave Macmillan, 2007.

Fraser, Nancy. *Cannibal Capitalism: How Our System Is Devouring Democracy, Care, and the Planet—and What We Can Do about It*, London: Verso, 2022.

Fuchs, Christian. *Digital Labour and Karl Marx*, London: Routledge, 2014.

Fuchs, Christian. *Digital Capitalism: Media, Communication and Society*, Volume 3, London: Routledge, 2022.

Fuchs, Christopher, and Asher Peres. "Quantum Theory Needs No 'Interpretation'", *Physics Today*, March, 2000, pp. 70–71.

Fukuyama, Francis. "The End of History?" *The National Interest*, Summer 1989.

Fukuyama, Francis. *Political Order and Political Decay: From the Industrial Revolution to the Present Day*, New York: Farrar, Straus and Giroux, 2014.

Gaudreault, André, and Philippe Marion. *The End of Cinema? A Medium in Crisis in the Digital Age*, trans. Timothy Bernard, New York: Columbia University Press, 2015.

Gorz, André. *The Immaterial*, Calcutta: Seagull, 2010.

Goswami, Amit. *Quantum Politics: Saving Democracy*, Eugene: Luminare Press, 2020.

Greene, Brian. *The Fabric of the Cosmos*, Toronto: Alfred A. Knopf, 2004.

Greene, Brian. *The Hidden Reality: Parallel Universes and the Deep Laws of the Cosmos*, Toronto: Alfred A. Knopf, 2011 (ebook).

Hagener, Malte, and Vinzenz Hediger, Alena Strohmaier (eds.). *The State of Post-Cinema: Tracing the Moving Image in the Age of Digital Dissemination*, London: Palgrave Macmillan, 2016.

Hanson, Robin. "How to Live in a Simulation," *Journal of Evolution and Technology* 7, 2001.

Haraway, Donna. *Staying with the Trouble: Making Kin in the Chthulucene*, Durham: Duke University Press, 2016.

Hardt, Michael, and Antonio Negri. *Multitude: War and Democracy in the Age of Empire*, New York, Penguin, 2004.

Harvey, David. *The New Imperialism*, Oxford; New York: Oxford University Press, 2003.

Hawking, Stephen W. *The Theory of Everything: The Origin and Fate of the*

Universe, Beverly Hills: Phoenix Books, 2005.

Hawking, Stephen W. *A Brief History of Time: From the Big Bang to Black Holes*, New York: Bantam, 2009.

Hawking, Stephen W., and Leonard Mlodinow. *The Grand Design*, New York: Bantam, 2010.

Heidegger, Martin. "Letter on 'Humanism'," in his *Pathmarks*, ed. William McNeill, Cambridge: Cambridge University Press, 1998.

Heisenberg, Werner. *Physics and Philosophy*, London: Penguin, 1928.

Heisenberg, Werner. *Encounters with Einstein, and Other Essays on People, Places, and Particles*, Princeton: Princeton Science Library, 1983.

Hochschild, Arlie, and Anne Machung. *The Second Shift: Working Families and the Revolution at Home*, New York: Penguin, 2003.

Hornborg, Alf. "The Political Ecology of the Technocene: Uncovering Ecologically Unequal Exchange in the World-System", in Clive Hamilton, François Gemenne, and Christophe Bonneuil, *The Anthropocene and the Global Environmental Crisis: Rethinking Modernity in a New Epoch*, London: Routledge, 2015.

James, Tim. *Fundamental: How Quantum and Particle Physics Explain Absolutely Everything*, New York: Pegasus Books, 2020 (ebook).

Jameson, Fredric. *Archaeologies of the Future: The Desire Called Utopia and Other Science Fictions*, London: Verso, 2005.

Jappe, Anselm. *Guy Debord*, trans. Donald Nicholson-Smith, Oakland, CA: PM Press, 2018.

Jones, David M. "Gaming in the labyrinth", in Damian Sutton and David Martin Jones, *Deleuze Reframed: A Guide for the Arts Student*, London: I. B. Tauris, 2008.

Kant, Immanuel. *Immanuel Kant's Critique of Pure Reason*, trans. Norman K. Smith, London: Macmillan, 1929.

Kazemi, Ali Asghar. "Quantum Politics New Methodological Perspective", *International Studies Journal* (ISJ), 12 (1), Summer 2015, pp. 90-91.

Kiefer, Claus. (ed.) *Albert Einstein, Boris Podolsky, Nathan Rosen: Can Quantum-Mechanical Description of Physical Reality Be Considered Complete?*, Basel: Birkhäuser, 2022.

Kirby, Vicki. *Quantum Anthropologies: Life at Large*, Durham and London: Duke University Press, 2011.

Kishik, David. *The Power of Life: Agamben and the Coming Politics*, Stanford: Stanford University Press, 2012.

Kojève, Alexandre. *Introduction to the Reading of Hegel*, trans. J. H. Nichols, Ithaca: Cornell University Press, 1969.

Kuhn, Thomas S. *The Structure of Scientific Revolutions*, Chicago: The University of Chicago Press, 1996.

Kurzweil, Ray. *The Singularity Is Near: When Humans Transcend Biology*, London: Penguin, 2006.

Lacan, Jacques. *Écrites: A Selection*, trans. Alan Sheridan, London: Routledge, 1977.

Lacan, Jacques. *The Ego in Freud's Theory and in the Technique of Psychoanalysis,* trans., Sylvana Tomaselli, Now York: Norton, 1991.

Latour, Bruno. *The Pasteurization of France*, trans. Alan Sheridan & John Law, Cambridge, Mass.: Harvard University Press, 1988.

Latour, Bruno. *We Have Never Been Modern*, trans. Catherine Porter, Cambridge, Mass.: Harvard University Press, 1993.

Latour, Bruno. *Pandora's Hope: Essays on the Reality of Science Studies*, Cambridge, Mass.: Harvard University Press, 1999.

Latour, Bruno. *Politics of Nature: How to Bring the Sciences into Democracy*, trans. Catherine Porter, Cambridge, Mass.: Harvard University Press, 2004.

Latour, Bruno. *Reassembling the Social: An Introduction to Actor-Network-Theory*, Oxford: Oxford Press, 2005.

Latour, Bruno. *Facing Gaia: Eight Lectures on the New Climatic Regime*, trans. Catherine Porter, Cambridge: Polity, 2017.

Lefebvre, Henri. *Critique of Everyday Life (Volume 1)*, trans. John Moore, London: Verso, 2008.

López-Corona, Oliver, and Gustavo Magallanes-Guijón. "It Is Not an Anthropocene; It Is Really the Technocene: Names Matter in Decision Making Under Planetary Crisis" , *Frontiers in Ecology and Evolution*, Vol 8, 2020, <https://www.frontiersin.org/articles/10.3389/fevo.2020.00214/full>.

Lovelock, James. *The Revenge of Gaia: Why the Earth is Fighting Back, and How We Can Still Save Humanity*, London: Penguin, 2007.

Ludlow, Peter, and Mark Wallace. *The Second Life Herald: The Virtual Tabloid that Witnessed the Dawn of the Metaverse*, Cambridge, Mass.: The MIT Press, 2007.

Lyotard, Jean-François. *The Postmodern Condition: A Report on Knowledge*, trans. Geoffrey Bennington and Brian Massumi, Manchester: Manchester University Press, 1984.

Macpherson, C. B. *The Political Theory of Possessive Individualism: Hobbes to Locke*, Oxford: Oxford University Press, 2011.

Marx, Karl. *Capital: A Critique of Political Economy Vol. 1*. trans. Ben Fowkes, London: Penguin, 1976.

Marx, Karl. "The Poverty of Philosophy: Answer to the *Philosophy of Poverty* by M. Proudhon" , in Karl Marx and Frederick Engels, *Collected Works, Vol. 6 (1845–1848)*, New York: International Publishers, 1976.

Marx, Karl. "Theses on Feuerbach," in Eugene Kamenka (ed.), *The Portable Marx*, New York: Penguin, 1983.

Marx, Karl. *The Economic and Philosophic Manuscripts of 1844 (and the Communist Manifesto)*, trans. Martin Milligan, New York: Prometheus, 1988.

Marx, Karl. *Grundrisse: Foundations of the Critique of Political Economy*, trans. Martin Nicolaus, London: Penguin Books, 1993.

Masi, Marco. *Quantum Physics: An Overview of a Weird World*, Vol. 1 & 2, CreateSpace Independent Publishing Platform, 2019, 2020.

Maudlin, Tim. *Philosophy of Physics: Quantum Theory*, Princeton: Princeton University Press, 2019.

Meade, James. "External Economies and Diseconomies in a Competitive Situation," *Economic journal* 62 (245), 1952, pp. 54-67.

Mermin, N. David, "Is the Moon There When Nobody Looks? Reality and the Quantum Theory", *Physics Today*, April, 1985, pp. 38-47.

Montwill, Alex, and Ann Breslin. *The Quantum Adventure: Does God Play Dice?*, London: Imperial College Press, 2011.

Moore, Jason W. *Capitalism in the Web of Life: Ecology and the Accumulation of Capital*, London: Verso, 2015.

Moore, Jason W. (ed.) *Anthropocene or Capitalocene?: Nature, History, and the Crisis of Capitalism*, Oakland: PM Press, 2016.

Morton, Timothy. "How I Learned to Stop Worrying and Love the Term Anthropocene", *Cambridge Journal of Postcolonial Literary Inquiry* 1 (2), 2014, pp. 257-264.

Morton, Timothy. *Dark Ecology: For a Logic of Future Coexistence*, New York: Columbia University Press, 2016.

Morton, Timothy. *Being Ecological*, Cambridge, Mass.: The MIT Press, 2018.

Mosco, Vincent. *The Digital Sublime: Myth, Power, and Cyberspace*, Cambridge, Mass.: The MIT Press, 2004.

Mouffe, Chantal. *The Return of the Political*, London and New York: Verso,

1993.

Mouffe, Chantal. *On the Political,* London and New York: Routledge, 2005.

Munro, William Bennett. "Physics and Politics—An Old Analogy Revised", in Theodore L. Becker (ed.), *Quantum Politics: Applying Quantum Theory to Political Phenomena,* New York: Praeger, 1991.

Newman, James. *Videogames,* London: Routledge, 2004.

Nordin, Ingemar. "Review of *Quantum Politics," Reason Papers: A Journal of Interdisciplinary Normative Studies,* no. 19 (Fall 1994).

Nozick, Robert. *Anarchy, State, and Utopia,* Oxford: Blackwell, 1980.

Parikka, Jussi. *The Anthrobscene,* Minneapolis: University of Minnesota Press, 2014.

Park, Joon Sung (et al.). "Generative Agents: Interactive Simulacra of Human Behavior", Submitted on 7 Apr 2023, <https://arxiv.org/abs/2304.03442v1>.

Patel, Raj, and Jason W. Moore. *A History of the World in Seven Cheap Things: A Guide to Capitalism, Nature, and the Future of the Planet,* Oakland: University of California Press, 2017.

Petersen, Aage. "The Philosophy of Niels Bohr", *Bulletin of the Atomic Scientists* 19, 1963.

Petersen, Aage. *Quantum Physics and the Philosophical Tradition,* Cambridge, Mass.: The MIT Press, 1968.

Pigou, Arthur Cecil. *The Economics of Welfare,* London: Macmillan, 1920.

Plato, *The Republic,* trans. Tom Griffith, Cambridge: Cambridge University Press, 2000.

Rovelli, Carlo. *Reality Is Not What It Seems: The Journey to Quantum Gravity,* trans. Simon Carnell and Erica Segre, London: Penguin, 2016 (ebook).

Rovelli, Carlo. *The Order of Time,* trans. Erica Segre and Simon Carnell, New

York: Riverhead Books, 2018 (ebook).

Rawls, John. *Political Liberalism*, expanded edition, New York: Columbia University Press, 2005.

Schrödinger, Erwin. *What Is Life? The Physical Aspect of the Living Cell*, Cambridge: Cambridge University Press, 1992.

Shanahan, Murray. *The Technological Singularity*, Cambridge, Mass.: The MIT Press, 2015.

Shimony, Abner. "Metaphysical Problems in the Foundations of Quantum Mechanics," *Internotionol Philosophical Quanerly*, 18(1), 1978, pp. 2-17.

Sinnerbrink, Robert. *New Philosophies of Film: Thinking Images*, London: Continuum, 2011.

Situationist International, *Internationale Situationniste*, Mayenne: Libraire Arthème Fayard, 1997.

Sleep, Drew (ed.). *The History of Video Games*, Willenhall: Future PLC, 2021.

Smolin, Lee. *The Trouble with Physics: The Rise of String Theory, the Fall of a Science, and What Comes Next*, Boston; New York: Houghton Mifflin, 2006.

Smolin, Lee. *Time Reborn: From the Crisis in Physics to the Future of the Universe*, Toronto: Alfred A. Knopf, 2013 (ebook).

Smolin, Lee. *Einstein's Unfinished Revolution: The Search for What Lies Beyond the Quantum*, New York: Penguin, 2019 (ebook).

Smythe, Dallas W. "Communications: Blindspot of Western Marxism", *Canadian Journal of Political and Social Theory* 1 (3), 1977.

Sonnenberg-Schrank, Björn. *Actor-Network Theory at the Movies: Reassembling the Contemporary American Teen Film With Latour*, London: Palgrave Macmillan, 2020.

Stavrakakis, Yannis. *Lacan and the Political*, London: Routledge, 1999.

Steinhart, Eric. "Theological Implications of the Simulation Argument," *Ars Disputandi* 10 (1), 2010, pp. 23–37.

Stephenson, Neal. *Snow Crash*, New York: Bantam, 2003 (ebook).

Stiegler, Bernard. *For a New Critique of Political Economy*, trans. Daniel Ross, Cambridge: Polity Press, 2010.

Stiegler, Bernard. *The Neganthropocene*, trans. Daniel Ross, London: Open Humanities Press, 2018.

Sutton, Damian. "Virtual structures of the Internet", in Damian Sutton and David Martin Jones, *Deleuze Reframed: A Guide for the Arts Student*, London: I. B. Tauris, 2008.

Tegmark, Max. *Our Mathematical Universe: My Quest for the Ultimate Nature of Reality*, New York: Knopf, 2014(ebook).

Toffler, Alvin and Heidi. *The Third Wave*, New York: Bantam, 1981.

Tronti, Mario. *Workers and Capital*, trans. David Broder, Verso, 2019 (ebook).

Truffaut, François (ed.). *Hitchcock: The Definitive Study of Alfred Hitchcock*, London: Faber and Faber, 2017.

Virilio, Paul. *Speed and Politics: An Essay on Dromology*, trans. Mark Polizzotti, New York: Semiotext(e), 2006.

Wendt, Alexander. *Quantum Mind and Social Science: Unifying Physical and Social Ontology*, Cambridge: Cambridge University Press, 2015.

Wheeler, John A. "The 'Past' and the 'Delayed-Choice' Double-Slit Experiment", in A. R. Marlow, *Mathematical Foundations of Quantum Theory*, New York: Academic Press, 1978, pp. 9-48.

Wheeler, John A. "Information, Physics, Quantum: The Search for Links", in Wojciech H. Zurek (ed.), *Complexity, Entropy, and the Physics of Information*, Boca Raton: CRC Press, 2018, pp. 3-28.

Wheeler, John A., and Wojciech H. Zurek (eds). *Quantum Theory and Measurement*, Princeton: Princeton University Press, Princeton, 1983.

Wilczek, Frank. *Fundamentals: Ten Keys to Reality*, London: Penguin, 2021 (ebook).

Wittel, Andreas. "Digital Marx: Toward a Political Economy of Distributed Media", in Christian Fuchs and Vincent Mosco (eds.), *Marx in the Age of Digital Capitalism*, Leidon: Brill, 2016.

Worm, Boris (et al.). "Impacts of Biodiversity Loss on Ocean Ecosystem Services," *Science* 314 (5800), 2006, pp. 787-790.

Wu, Guanjun. *The Great Dragon Fantasy: A Lacanian Analysis of Contemporary Chinese Thought*, Singapore: World Scientific, 2014.

Wu, Guanjun. "The Rivalry of Spectacle: A Debordian-Lacanian Analysis of Contemporary Chinese Culture", *Critical Inquiry* 46(1), 2020, pp. 627-645.

Wu, Guanjun. "From the Castrated Subject to the Human Way: A Lacanian Reinterpretation of Ancient Chinese Thought", *Psychoanalysis and History*, 23(2), 2021, pp. 187-213.

우관쥔 (Guanjun Wu), "메타버스 안의 초연결성 : 시뮬레이션 우주에서 양자현실로 (Hyper-Connected in the Metaverse: From Simulated Universes to Quantum Realities)", < 초연결사회의 증후들 >, 서울 : 앨피출판사 , 2022.

Zagalo, Nelson (et. al.). *Virtual Worlds and Metaverse Platforms: New Communication and Identity Paradigms*, Hershey: Information Science Pub, 2012.

Zanotti, Laura. *Ontological Entanglements, Agency, and Ethics in International Relations: Exploring the Crossroads*, London: Routledge, 2019.

Zeh, Hans. "On the Interpretation of Measurement in Quantum Theory", *Foundations of Physics*, 1(1), 1970, pp. 69-76.

Zeilinger, Anton. "On the Interpretation and Philosophical Foundation of Quantum Mechanics", in U. Ketvel et al. (eds), *Vastakohtien todellisuus, Festschrift for K. V. Laurikainen*, Helsinki: Helsinki University Press, 1996.

Zeilinger, Anton. "Experiment and the Foundations of Quantum Physics", *Reviews of Modern Physics*, 71(2), 1999, pp. S288-S297.

Zeilinger, Anton. "The Message of the Quantum", *Nature*, Vol. 438, 2005.

Zeilinger, Anton. *Dance of the Photons: From Einstein to Quantum Teleportation*, New York: Farrar, Straus and Giroux, 2010 (ebook).

Žižek, Slavoj. *Looking Awry: An Introduction to Jacques Lacan through Popular Culture*, Cambridge, Mass.; London: The MIT Press, 1991.

Žižek, Slavoj. *The Fright of Real Tears: Kryzystof Kieślowski Between Theory and Post-Theory.* London: British Film Institute, 2001.

Žižek, Slavoj. *The Parallax View*, Cambridge, Mass.: The MIT Press, 2006.

Žižek, Slavoj. *The Indivisible Remainder: An Essay on Schelling and Related Matters*, London: Verso, 2007.

Žižek, Slavoj. *Less Than Nothing: Hegel and the Shadow of Dialectical Materialism*, London; New York: Verso, 2012.

Žižek, Slavoj. *Event: Philosophy in Transit*, London: Penguin, 2014.

Žižek, Slavoj. "Idcology Is the Original Augmented Reality", *Nautilus*, October 26, 2017, available at <https://nautil.us/ideology-is-the-original-augmented-reality-236862/>.

Zurek, Wojciech H. "Forword", in his (ed.), *Complexity, Entropy, and the Physics of Information*, Boca Raton: CRC Press, 2018.

中文文献

《论语》。

《尚书》。

《诗经》。

《荀子》。

《庄子》。

阿甘本:《神圣人:至高权力与赤裸生命》,吴冠军译,北京:中央编译出版社,2016。

阿甘本:《敞开:人与动物》,蓝江译,南京:南京大学出版社,2019。

八宝饭:《道长去哪了》,起点读书 APP。

白居易:《琵琶行》。

班固:《汉书·赵充国传》。

鲍尔:《元宇宙改变一切》,岑格蓝、赵奥博、王小桐译,杭州:浙江教育出版社,2022。

贝斯特、科尔纳:《后现代转向》,陈刚等译,南京:南京大学出版社,2002。

波兹曼:《娱乐至死》,章艳译,桂林:广西师范大学出版社,2004。

费耶阿本德:《反对方法:无政府主义知识纲要》,周昌忠译,上海:上海译文出版社,2007。

福柯:《批判的实践》,包亚明编:《权力的眼睛——福柯访谈录》,上海:上海人民出版社,1997。

福柯:《什么是启蒙?》,汪晖译,汪晖、陈燕谷编:《文化与公共性》,北京:生活·读书·新知三联书店,1998。

福山:《我们的后人类未来:生物科技革命的后果》,黄立志译,桂林:广西师范大学出版社,2017。

高奇琦、梁兴洲:《幻境与虚无:对元宇宙现象的批判性反思》,《学术界》2022 年第 2 期。

顾炎武:《日知录》卷十三《正始》。

哈桑:《后现代转向:后现代理论与文化论文集》,刘象愚译,上海:

上海人民出版社，2015。

海尔斯：《后人类主义在十字路口：危险因素、"破碎的星球"与另寻更好出路》，韦施伊、王峰译，《上海大学学报（社会科学版）》2022年第4期。

韩炳哲：《在群中：数字媒体时代的大众心理学》，程巍译，北京：中信出版集团，2019。

赫拉利：《人类简史：从动物到上帝》，林俊宏译，北京：中信出版集团，2014。

赫拉利：《未来简史：从智人到智神》，林俊宏译，北京：中信出版集团，2017。

华东师范大学量子思维项目组：《量子思维宣言》，《哲学分析》2021年第5期。

姜宇辉：《"玩是谦恭，不是解放"——作为控制、反制与自制的电子游戏》，《探索与争鸣》2019年第4期。

姜宇辉：《火、危险、交感：电子游戏中的情感》，《文化艺术研究》2021年第2期。

姜宇辉：《数字仙境或冷酷尽头：重思电子游戏的时间性》，《文艺研究》2021年第8期。

姜宇辉：《元宇宙作为未来之"体验"——一个基于媒介考古学的批判性视角》，《当代电影》2021年第12期。

姜宇辉：《从生命政治到游戏政治——云安全时代游戏范式的基本形态》，《探索与争鸣》2022年第3期。

姜宇辉：《作为真理游戏的电子游戏——跟随福柯的文本脉络探寻游戏哲学的建构可能》，《上海大学学报（社会科学版）》2022年第3期。

姜宇辉：《庞大宇宙中的小小梦魇——暗黑生态与电子游戏的噩梦诗学》，《文艺理论研究》2022年第3期。

姜宇辉：《游戏何以政治？》，《读书》2022年第9期。

克洛斯：《万物理论》，张孟雯译，北京：生活·读书·新知三联书店，2020。

蓝江:《数码身体、拟-生命与游戏生态学——游戏中的玩家-角色辩证法》,《探索与争鸣》2019 年第 4 期。

蓝江:《文本、影像与虚体——走向数字时代的游戏化生存》,《电影艺术》2021 年第 5 期。

蓝江:《宁芙化身体与异托邦：电子游戏世代的存在哲学》,《文艺研究》2021 年第 8 期。

蓝江:《双重凝视与潜能世界：电子游戏中的凝视理论》,《上海大学学报（社会科学版）》2022 年第 3 期。

蓝江、马文佳:《从"逍遥游"到数字主体：当代数字游戏哲学的主体批判》,《太原理工大学学报（社会科学版）》2022 年第 2 期。

李白:《梦游天姥吟留别 / 别东鲁诸公》。

刘向:《说苑·政理》。

刘永谋:《元宇宙的现代性忧思》,《阅江学刊》2022 年第 1 期。

刘永谋、李瞳:《元宇宙陷阱》,北京：电子工业出版社,2022。

卢梭:《论人类不平等的起源和基础》,李常山译,北京：商务印书馆,1997。

洛克:《政府论》（下篇）,叶启芳、翟菊农译,北京：商务印书馆,2007。

马春雷、路强:《走向后人类的哲学与哲学的自我超越——吴冠军教授访谈录》,《晋阳学刊》2020 年第 4 期。

马克思、恩格斯:《德意志意识形态》,《马克思恩格斯全集》第 3卷,北京：人民出版社,1960。

马克思:《经济学手稿（1857—1858 年）》,《马克思恩格斯全集》第 30 卷,北京：人民出版社,1995。

毛泽东:《水调歌头·游泳》。

南风窗杂志社编:《未来已来:〈南风窗〉"全球思想家"栏目精选》,广州：花城出版社,2016。

诺齐克：《无政府、国家和乌托邦》，姚大志译，北京：中国社会科学出版社，1991。

齐泽克：《幻想的瘟疫》，胡雨谭、叶肖译，南京：江苏人民出版社，2006。

钱旭红：《改变思维》，上海：上海文艺出版社，2021。

钱旭红：《当奇点和量子碰撞社会科学》，《文汇报》2021 年 12 月 12 日。

塞德曼编：《后现代转向：社会理论的新视角》，吴世雄等译，沈阳：辽宁教育出版社，2001。

沙伊德尔：《不平等社会：从石器时代到 21 世纪，人类如何应对不平等》，颜鹏飞译，北京：中信出版集团，2019。

斯洛特戴克、斯蒂格勒：《"欢迎来到人类纪"——彼得·斯洛特戴克和贝尔纳·斯蒂格勒的对谈》，许煜译，《新美术》2017 年第 2 期。

索卡尔等：《"索卡尔事件"与科学大战：后现代视野中的科学与人文的冲突》，蔡仲、邢冬梅译，南京：南京大学出版社，2002。

索卡尔、布里克蒙：《时髦的空话：后现代知识分子对科学的滥用》，蔡佩君译，杭州：浙江大学出版社，2022。

汤因比：《人类的明天会怎样？：汤因比回思录》，刘冰晶译，上海：上海人民出版社，2022。

万维钢：《量子力学究竟是什么》，北京：新星出版社，2022。

王国维：《题梅花画》。

温伯格：《量子力学讲义》，张礼、张璟译，合肥：中国科学技术大学出版社，2021。

吴冠军：《第九艺术》，《新潮电子》1997 年第 6 期。

吴冠军：《绝望之后走向哪里？——体验"绝境"中的现代性态度》，《开放时代》2001 年第 9 期。

吴冠军：《"承认的政治"，还是文化的民主？》（上），《开放时代》2001 年第 12 期。

吴冠军:《"承认的政治",还是文化的民主?》(下),《开放时代》2002 年第 1 期。

吴冠军:《多元的现代性:从"9·11"灾难到汪晖"中国的现代性"论说》,上海:上海三联书店,2002。

吴冠军:《现实与正当之间——论施米特的〈政治的概念〉》,《开放时代》2003 年第 4 期。

吴冠军:《日常现实的变态核心:后"9·11"时代的意识形态批判》,北京:新星出版社,2006。

吴冠军:《爱与死的幽灵学:意识形态批判六论》,长春:吉林出版集团,2008。

吴冠军:《"全球化"向何处去?——"次贷危机"与全球资本主义的未来》,《天涯》2009 年第 6 期。

吴冠军:《施米特的实证主义——考析〈政治的概念〉的方法论进路》,《复旦政治哲学评论》2010 年第 1 期。

吴冠军:《如何在当下激活古典思想——一种德勒兹主义进路》,《哲学分析》2010 年第 3 期。

吴冠军:《邓正来式的哈耶克——思想研究的一种德勒兹主义进路》,《开放时代》2010 年第 2 期。

吴冠军:《现时代的群学:从精神分析到政治哲学》,北京:中国法制出版社,2011。

吴冠军:《政治哲学的根本问题》,《开放时代》2011 年第 2 期。

吴冠军:《关于"使用"的哲学反思:阿甘本哲学中一个被忽视的重要面向》,《马克思主义与现实》2013 年第 6 期。

吴冠军:《施特劳斯与政治哲学的两个路向》,《华东师范大学学报(哲学社会科学版)》2014 年第 5 期。

吴冠军:《生命权力的两张面孔:透析阿甘本的生命政治论》,《哲学研究》2014 年第 8 期。

吴冠军:《阿甘本论神圣与亵渎》,《国外理论动态》2014 年第 3 期。

吴冠军:《第十一论纲:介入日常生活的学术》,北京:商务印书馆,2015。

吴冠军:《"卡拉 OK 式礼乐":卡拉 OK 实践与现代性问题》,《文艺理论研究》2015 年第 4 期。

吴冠军:《"生命政治"论的隐秘线索:一个思想史的考察》,《教学与研究》2015 年第 1 期。

吴冠军:《生命政治:在福柯与阿甘本之间》,《马克思主义与现实》2015 年第 1 期。

吴冠军:《有人说过"大他者"吗?——论精神分析化的政治哲学》,《同济大学学报(社会科学版)》2015 年第 5 期。

吴冠军:《"大他者"的喉中之刺:精神分析视野下的欧洲激进政治哲学》,《人民论坛 • 学术前沿》2016 年第 6 期。

吴冠军:《"历史终结"时代的"伊斯兰国":一个政治哲学分析》,《探索与争鸣》2016 年第 2 期。

吴冠军:《女性的凝视:对央视 86 版〈西游记〉的一个拉康主义分析》,《文艺理论研究》2016 年第 6 期。

吴冠军:《"我们所拥有的唯一时间"——透析阿甘本的弥赛亚主义》,《山东社会科学》2016 年第 9 期。

吴冠军:《从精神分析视角重新解读西方"古典性"——关于"雅典"和"耶路撒冷"两种路向的再思考》,《南京社会科学》2016 年第 6 期。

吴冠军:《齐泽克的"坏消息":政治主体、视差之见和辩证法》,《国外理论动态》2016 年第 3 期。

吴冠军:《德波的盛景社会与拉康的想像秩序:两条批判性进路》,《哲学研究》2016 年第 8 期。

吴冠军:《辩证法之疑:黑格尔与科耶夫》,《社会科学家》2016 年第 12 期。

吴冠军:《从英国脱欧公投看现代民主的双重结构性困局》,《当代世界与社会主义》2016 年第 6 期。

　　吴冠军：《作为死亡驱力的爱：精神分析与电影艺术之亲缘性》,《文艺研究》2017 年第 5 期。

　　吴冠军：《阈点中的民主：2016 美国总统大选的政治学分析》,《探索与争鸣》2017 年第 2 期。

　　吴冠军：《后人类纪的共同生活：正在到来的爱情、消费与人工智能》, 上海：上海文艺出版社, 2018。

　　吴冠军：《"非人"的三个银幕形象——后人类主义遭遇电影》,《电影艺术》2018 年第 1 期。

　　吴冠军：《电影院里的"非人"——重思"电影之死"与"人之死"》,《文艺研究》2018 年第 8 期。

　　吴冠军：《话语政治与怪物政治——透过大众文化重思政治哲学》,《探索与争鸣》2018 年第 3 期。

　　吴冠军：《政治秩序及其不满：论拉康对政治哲学的三重贡献》,《山东社会科学》2018 年第 10 期。

　　吴冠军：《家庭结构的政治哲学考察——论精神分析对政治哲学一个被忽视的贡献》,《哲学研究》2018 年第 4 期。

　　吴冠军：《现代性的"真诚性危机"——当代马克思主义的一个被忽视的理论贡献》,《江苏行政学院学报》2018 年第 5 期。

　　吴冠军：《神圣人、机器人与"人类学机器"——二十世纪大屠杀与当代人工智能讨论的政治哲学反思》,《上海师范大学学报（哲学社会科学版）》2018 年第 6 期。

　　吴冠军：《爱、死亡与后人类："后电影时代"重铸电影哲学》, 上海：上海文艺出版社, 2019。

　　吴冠军：《后人类状况与中国教育实践：教育终结抑或终身教育？——人工智能时代的教育哲学思考》,《华东师范大学学报（教育科学版）》2019 年第 1 期。

　　吴冠军：《在黑格尔与巴迪欧之间的"爱"——从张念的黑格尔批判

说起》,《华东师范大学学报（哲学社会科学版）》2019 年第 1 期。

吴冠军:《全球资本主义的结构性困境》,《当代国外马克思主义评论》2019 年第 1 期。

吴冠军:《重思战争与和平——霍布斯、康德、施米特、罗尔斯的政治哲学史重疏》,《同济大学学报（社会科学版）》2019 年第 2 期。

吴冠军:《重思"结构性不诚"——从当代欧陆思想到先秦中国思想》,《江苏行政学院学报》2019 年第 5 期。

吴冠军:《速度与智能：人工智能时代的三重哲学反思》,《山东社会科学》2019 年第 6 期。

吴冠军:《信任的"狡计"——信任缺失时代重思信任》,《探索与争鸣》2019 年第 12 期。

吴冠军:《竞速统治与后民主政治——人工智能时代的政治哲学反思》,《当代世界与社会主义》2019 年第 6 期。

吴冠军:《德勒兹，抑或拉康——身份政治的僵局与性差异的两条进路》,《中国图书评论》2019 年第 8 期。

吴冠军:《告别"对抗性模型"——关于人工智能的后人类主义思考》,《江海学刊》2020 年第 1 期。

吴冠军:《重思信任——从中导危机、武汉疫情到区块链》,《信睿周报》第 20 期（2020 年 3 月）。

吴冠军:《作为幽灵性场域的电影——"后电影状态"下重思电影哲学》,《电影艺术》2020 年第 2 期。

吴冠军:《一场袭向电影的"大流行"——论流媒体时代观影状态变迁》,《电影艺术》2020 年第 4 期。

吴冠军:《从"后理论"到"后自然"——通向一种新的电影本体论》,《文艺研究》2020 年第 8 期。

吴冠军:《健康码、数字人与余数生命——技术政治学与生命政治学的反思》,《探索与争鸣》,2020 年第 9 期。

吴冠军:《后新冠政治哲学的好消息与坏消息》,《山东社会科学》

2020 年第 10 期。

吴冠军：《陷入奇点：人类世政治哲学研究》，北京：商务印书馆，2021。

吴冠军：《概率、时刻与共同免疫体——新冠疫情的一个哲学分析》，《当代国外马克思主义评论》2021 年第 1 期。

吴冠军：《从幻想到真实：银幕上的科幻与爱情》，《电影艺术》2021 年第 1 期。

吴冠军：《从后电影状态到后人类体验》，《内蒙古社会科学》2021 年第 1 期。

吴冠军：《爱的本体论：一个巴迪欧主义 - 后人类主义重构》，《文化艺术研究》2021 年第 1 期。

吴冠军：《论"主体性分裂"：拉康、儒学与福柯》，《思想与文化》2021 年第 1 期。

吴冠军：《当代中国技术政治学的两个关键时刻》，《政治学研究》2021 年第 6 期。

吴冠军：《共同体内的奇点——探访政治哲学的"最黑暗秘密"》，《江苏行政学院学报》2022 年第 1 期。

吴冠军：《为什么要研究"技术政治学"》，《中国社会科学评价》2022 年第 1 期。

吴冠军：《大他者到身份政治：本质主义的本体起源与政治逻辑》，《文化艺术研究》2022 年第 3 期。

吴冠军：《爱的算法化与计算理性的限度——从婚姻经济学到平台资本主义》，《人民论坛·学术前沿》2022 年第 10 期。

吴冠军：《爱的革命与算法革命——从平台资本主义到后人类主义》，《山西大学学报（哲学社会科学版）》2022 年第 5 期。

吴冠军：《从规范到快感：政治哲学与精神分析的双重考察》，《同济大学学报（社会科学版）》2022 年第 5 期。

吴冠军：《从元宇宙到多重宇宙——透过银幕重思电子游戏本体论》，

《文艺研究》2022 年第 9 期。

吴冠军:《从人类世到元宇宙——当代资本主义演化逻辑及其行星效应》,《当代世界与社会主义》2022 年第 5 期。

吴冠军:《人类世、资本世与技术世———项政治经济学 - 政治生态学考察》,《山东社会科学》2022 年第 12 期。

吴冠军:《量子思维对政治学与人类学的激进重构》,载钱旭红等著:《量子思维》,上海:华东师范大学出版社,2022。

吴冠军:《爱、谎言与大他者:人类世文明结构研究》,上海:上海文艺出版社,2023。

吴冠军:《再见智人:技术-政治与后人类境况》,北京:北京大学出版社,2023。

吴冠军:《在发光世界中"眼见为实"——虚拟现实技术与影像本体论》,《电影艺术》2023 年第 3 期。

吴冠军:《通用人工智能:是"赋能"还是"危险"》,《人民论坛》2023 年第 5 期。

朱民编:《未来已来:全球领袖论天下》,北京:中信出版集团,2021。

网络与数字媒体

The Wikipedia entry of "Guy Debord", <https://en.wikipedia.org/wiki/Guy_Debord>.

The Wikipedia entry of "Horizon Worlds", <https://en.wikipedia.org/wiki/Horizon_Worlds>.

"Global share of wealth by wealth group, Credit Suisse, 2021", The Wikipedia entry of "Economic inequality", <https://en.wikipedia.org/wiki/Economic_inequality#/media/File:Global_Wealth_

Distribution_2020_(Property).svg>.

"Press release: The Nobel Prize in Physics 2022," *The Nobel Prize*, <https://www.nobelprize.org/prizes/physics/2022/press-release/>.

"The Metaverse and How We'll Build It Together—Connect 2021," *Meta* (at Youtube), October 28, 2021, <https://www.youtube.com/watch?v=Uvufun6xer8>.

"Zuckerberg Reveals Meta Quest Pro", *CNET Highlights*, <https://www.youtube.com/watch?v=iTJeo7-Keik>.

Arvan, Marcus. "The Peer-to-Peer Hypothesis and a new theory of free will", *Scientia Salon*, Jan 30, 2015, <https://scientiasalon.wordpress.com/2015/01/30/the-peer-to-peer-hypothesis-and-a-new-theory-of-free-will-a-brief-overview/>.

Dator, Jim. "Review of *Quantum Politics*," available at http://www.futures.hawaii.edu/publications/book-reviews/QuantumPolitics1991.pdf.

Elga, Adam. "Why Neo Was Too Confident that He Had Left the Matrix," <http://www.princeton.edu/~adame/matrix-iap.pdf>.

Frenkel, Edward. "Is the Universe a Simulation?", *The New York Times*, Feb 14, 2014, <http://www.nytimes.com/2014/02/16/opinion/sunday/is-the-universe-a-simulation.html>.

Heath, Alex. "Facebook is planning to rebrand the company with a new name", *The Verge*, October 20, 2021.

Musk, Elon. "Is life a video game?" talk given at *Code Conference 2016*, <https://www.youtube.com/watch?v=2KK_kzrJPS8&feature=youtu.be&t=142>.

Pulver, Andrew, and Angelique Chrisafis, "Jean-Luc Godard, giant of the French New Wave, dies at 91", *The Guardian*, <https://www.theguardian.com/film/2022/sep/13/jean-luc-godard-giant-of-the-french-new-wave-dies-at-91>.

Solon, Olivia. "Is our world a simulation? Why some scientists say it's more likely than not", *The Guardian*, Oct 11, 2016, <https://www.theguardian.com/technology/2016/oct/11/simulated-world-elon-musk-the-matrix>.

Takahashi, Dean. "Nvidia CEO Jensen Huang Weighs in on the Metaverse, Blockchain, and Chip Shortage," *Venture Beat*, June 12, 2021, <https://venturebeat.com/games/nvidia-ceo-jensen-huang-weighs-in-on-the-metaverse-blockchain-chip-shortage-arm-deal-and-competition/>.

Tassi, Paul "Valve's Gabe Newell Takes A Flamethrower To The Metaverse And NFTs", *Forbes*, <https://www.forbes.com/sites/paultassi/2022/02/26/valves-gabe-newell-takes-a-flamethrower-to-the-metaverse-and-nfts/>.

百度百科"3A 大作"词条，<https://baike.baidu.com/item/3A 大作 >。

百度百科"国民总时间"词条，<https://baike.baidu.com/item/ 国民总时间 >。

百度百科"海天盛宴"词条，<https://baike.baidu.com/item/ 海天盛宴 >。

百度百科"量子霸权"词条，<https://baike.baidu.com/item/ 量子霸权 >。

百度百科"摩尔定律"词条，<https://baike.baidu.com/item/ 摩尔定律 >。

百度百科"遇事不决，量子力学"词条，<https://baike.baidu.com/item/ 遇事不决，量子力学 >。

《ChatGPT 的创始人米拉·穆拉蒂在崔娃每日秀谈人工智能的力量》，微博，<https://weibo.com/1632990895/Myi2TvrCm>。

《程序员在〈我的世界〉中打造了一台虚拟电脑，能玩〈我的世界〉》，腾讯网，<https://new.qq.com/rain/a/20200727A0VNEM>。

《刚刚，2022 年诺贝尔物理学奖揭晓！》，华尔街见闻，<https://page.om.qq.com/page/OaKjURzc6tcKl4ZeT5NiAjNw0>。

《今年全球游戏玩家总数已达到 30 亿，到 2024 年游戏市场规模将达到 2187 亿美元 》，超能网，<https://baijiahao.baidu.com/s?id=1704139900980146088>。

《马斯克评元宇宙：现在就是个流行的营销术语》，上游新闻，<https://baijiahao.baidu.com/s?id=17197198172242275437>。

《美国"血检骗局"终结！美滴血验癌公司创始人入狱 11 年》，腾讯网，<https://new.qq.com/rain/a/20221121A015HO00>。

《全球人口突破 80 亿，这意味着什么？》，界面新闻，<https://baijiahao.baidu.com/s?id=1749552269892433850>。

《突然火爆的"元宇宙房产"到底是什么？记者体验了一次"元宇宙购房"》，北青网，<https://t.ynet.cn/baijia/31873566.html>。

《为什么游戏被称为"第九艺术"？》，游民圈子，<http://club.gamersky.com/activity/436432>。

《元宇宙 BIGANT 六大技术全景图》，知乎，<https://zhuanlan.zhihu.com/p/441371759>。

《扎克伯格展示四款 VR 头显原型》，新浪 VR，<https://baijiahao.baidu.com/s?id=1736213813134300997>。

"作为原 IP 粉丝，你觉得《黑客帝国 4：矩阵重启》拍得怎么样？"，知乎，<https://www.zhihu.com/question/392104212/answer/2282088703>。

阿布大树：《不连续性：上帝玩的也是沙盒游戏？》，知乎，<https://www.zhihu.com/market/paid_column/1517196714129252353/section/1529863013070331904>。

阿布大树：《延迟选择：鸡贼的程序员"回溯"了过去？》，知乎，<https://www.zhihu.com/market/paid_column/1517196714129252353/section/1529856780067074049>。

段成旌：《都说游戏是第九艺术，但这个说法到底是怎么来的？》，触乐，<http://www.chuapp.com/article/281795.html>。

福山：《从"历史的终结"到"民主的崩坏"》，潘竞男译，<https://www.dazuig.com/wenz/hwwz/709344.html>。

老师好我叫何同学：《有多快？5G 在日常使用中的真实体验》，哔哩哔哩，<https://www.bilibili.com/video/av54737593>。

李剑龙:《波函数实在性：不测量时，世界什么样？》，得到APP。

刘永谋:《元宇宙、沉浸与现代性》，腾讯网，<https://xw.qq.com/amphtml/20211206A080Q300>。

万维钢:《有一种解放叫禁止》，得到APP。

叶梓涛:《元宇宙的厕所会堵吗？》，微信公众号"落日间"，2022年5月30日。

索　引

人名索引

（按照汉语拼音顺序排列）

术语索引

（按照汉语拼音顺序排列）

大众文化作品索引

（按照汉语拼音顺序排列）